经济应用数学基础

微 积 分

主　编　曹菊生
副主编　孙曦浩　周铁丽

苏 州 大 学 出 版 社

图书在版编目(CIP)数据

微积分/曹菊生主编. —苏州：苏州大学出版社，2015.7(2025.7重印)
(经济应用数学基础)
ISBN 978-7-5672-1398-2

Ⅰ.①微… Ⅱ.①曹… Ⅲ.①微积分-高等学校-教材 Ⅳ.①O172

中国版本图书馆CIP数据核字(2015)第147982号

微积分

曹菊生 主编

责任编辑 肖 荣

苏州大学出版社出版发行
(地址:苏州市十梓街1号 邮编:215006)
广东虎彩云印刷有限公司印装
(地址：东莞市虎门镇黄村社区厚虎路20号C幢一楼 邮编：523898)

开本787×960 1/16 印张20.75 字数407千
2015年7月第1版 2025年7月第4次印刷
ISBN 978-7-5672-1398-2 定价:48.00元

苏州大学版图书若有印装错误,本社负责调换
苏州大学出版社营销部 电话:0512-67481020
苏州大学出版社网址 http://www.sudapress.com

前 言

本书是根据教育部高等学校数学与统计学指导委员会制定的“经济管理类本科数学基础课程教学基本要求”编写而成的.与“全国硕士研究生入学考试数学三考试大纲”中的微积分的内容相衔接，符合经济类、管理类各专业对数学要求越来越高的趋势，注重适当渗透现代数学思想，加强对学生应用数学方法解决经济问题的能力的培养，以适应新时代对经济类、管理类人才的培养要求.

在本书的编写过程中，我们对国内外近年来出版的同类教材的特点进行了比较和分析，在教材体系、内容安排和例题配置等方面吸取了它们的优点.尤其是在教材内容的安排上进行了精当的取舍，避免了偏多、偏深的弊端.并根据目前教学学时普遍减少的情况，力求做到教材难易适中，同时又为教师在教学过程中的补充和发挥留有余地.在编写时，我们着重注意了如下问题：

1. 尽可能做到简明扼要，深入浅出，语言准确，易于学生阅读.在引入概念时，注意以学生易于接受的方式叙述，略去教材中一些非重点内容的定理证明及章节内容，而以例题进行说明；教材中的重要定理、法则均给出了严格证明.个别定理证明标示“ * ”号，教学时可根据实际情况处理，略去不讲不会影响教材的系统性.

2. 力求例题、习题配置合理，难易适当，形式多样.每节内容后均附习题，以供学生巩固练习.每章后面配复习题，可作复习、总结、提高之用.书后附有参考答案.

3. 本书中插入了历史上对数学(尤其是近代数学)有杰出贡献的八位伟大数学家的简介，从他们的身上既能管窥近代数学发展的基本过程，又能领略数学家坚韧不拔地追求真理的人格魅力和科学精神.

4. 本书所需学时约为120学时(不含习题课),若学时较少,可略去第10章.

本书由曹菊生任主编,孙曦浩、周轶丽任副主编,黄昱、方正、王茂南、刘维龙、金锡嘉、袁玩贵、刘琪、黄芳、浦琰等参与了编写.全书由曹菊生统稿,张建华审阅.本书在编写过程中得到了编者所在单位江南大学理学院和无锡太湖学院的大力支持和帮助,在此表示衷心感谢.

由于编者水平所限,书中缺陷和错误在所难免,诚请广大读者批评指正.

编者

2015年7月

目 录

第1章 函 数

第2章 极限与连续

第3章 导数与微分

第4章 导数的应用

第5章 不定积分

第6章 定积分

第7章 微分方程

第8章 多元函数微分学

第1章

函　数

函数是数学中最重要的基本概念之一，是现实世界中量与量之间的依存关系在数学中的反映，也是经济数学的主要研究对象. 本章将在中学已有知识的基础上，进一步阐明函数的一般定义，总结在中学已学过的一些函数，并介绍一些经济学中的常用函数.

§1.1 函　数

在现实世界中，一切事物都在一定的空间中运动着. 17 世纪初，数学首先从对运动(如天文、航海等问题)的研究中引出了函数这个基本概念. 在那以后的 200 多年里，这个概念几乎在所有的科学研究工作中占据了中心位置.

本节将介绍函数的概念、函数关系的构建与函数的特性.

一、集合与区间

现代数学的一个基本概念是集合. **集合**是指具有某类属性的事物或满足某些条件、法则的研究对象的全体. 构成集合的事物或对象称为集合的**元素**. 通常，用大写字母 A,B,C,X,Y 等表示集合，用小写字母 a,b,c,x,y 等表示元素.

若 a 是集合 A 的元素，则记为 $a\in A$，读作"a 属于 A"；若 a 不是集合 A 的元素，则记为 $a\notin A$，读作"a 不属于 A". 不含任何元素的集合称为**空集**，记为$\varnothing$.

用元素描述一个集合的常用方式是：设 $P(x)$为某个与 x 有关的条件或法则，X 为满足 $P(x)$的全体 x 所构成的集合，则记 X 为

$$X=\{x\,|\,P(x)\}.$$

在微积分中常用的数集有：正整数集 $\mathbf{N}$，整数集 $\mathbf{Z}$，有理数集 $\mathbf{Q}$，实数集 $\mathbf{R}$.

若集合 A 的元素都是集合 B 的元素，则称 A 是 B 的**子集**，或者称 A **包含于** B 或 B **包含** A，记作 $A\subset B$ 或 $B\supset A$. 例如，对上述数集有

$$\mathbf{N}\subset\mathbf{Z}\subset\mathbf{Q}\subset\mathbf{R}.$$

由集合 A 与集合 B 的所有元素构成的集合，称为 A 与 B 的**并集**，记为 $A\cup B$，可表示为

$$A\cup B=\{x\mid x\in A \text{ 或 } x\in B\}.$$

由集合 A 与集合 B 的所有公共元素构成的集合，称为 A 与 B 的**交集**，记为 $A\cap B$，可表示为

$$A\cap B=\{x\mid x\in A \text{ 且 } x\in B\}.$$

在两个集合之间还可以定义**直积**或**笛卡尔乘积**. 设 A,B 是任意的两个集合，则 A 与 B 的直积记作 $A\times B$，定义为如下的由有序对 (a,b) 组成的集合：

$$A\times B=\{(a,b)\mid a\in A,b\in B\}.$$

例如，$\mathbf{R}\times\mathbf{R}=\{(x,y)\mid x\in\mathbf{R},y\in\mathbf{R}\}$，即为 xOy 平面上全体点的集合，常记作 $\mathbf{R}^2$.

区间和一点的邻域是最常用的一类实数集.

实数集 $\{x\mid a<x<b\}=(a,b)$ 称为**开区间**；$\{x\mid a\leqslant x\leqslant b\}=[a,b]$ 称为**闭区间**；$\{x\mid a\leqslant x<b\}=[a,b)$，$\{x\mid a<x\leqslant b\}=(a,b]$ 称为**半开半闭区间**，a,b 称为区间的端点. 这些区间统称为**有限区间**，它们都可以用数轴上长度有限的线段来表示，如图 1-1(a)、图 1-1(b) 分别表示闭区间 $[a,b]$ 与开区间 (a,b). 此外还有**无限区间**，引进记号 $+\infty$（读作正无穷大）及 $-\infty$（读作负无穷大）后，则可用类似的记号表示无限区间，如 $[a,+\infty)=\{x\mid x\geqslant a\}$，$(-\infty,b)=\{x\mid x<b\}$，$(-\infty,+\infty)=\{x\mid x\in\mathbf{R}\}$.

无限区间 $[a,+\infty)$，$(-\infty,b)$ 在数轴上的表示如图 1-1(c)、图 1-1(d) 所示.

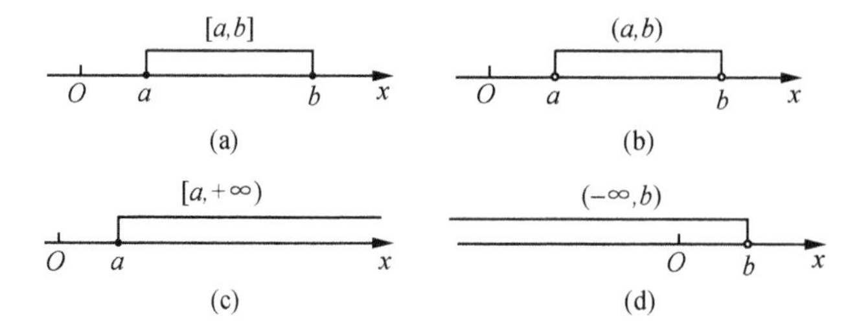

图 1-1

定义 1.1 设 δ 为某个正数，实数集 $\{x\mid |x-a|<\delta,\delta>0\}$，即开区间 $(a-\delta,$

$a+\delta$)称为**点 a 的 δ 邻域**，记为 $U(a,\delta)$，其中 a 称为**邻域的中心**，δ 称为**邻域的半径**(图 1-2).

点 a 的邻域去掉中心 a 后的集合 $\{x \mid 0<|x-a|<\delta\}$，即

$$(a-\delta,a)\cup(a,a+\delta)$$

称为点 a 的**去心邻域**，记为 $\mathring{U}(a,\delta)$，其中 $(a-\delta,a)$ 称为 a 的**左邻域**，$(a,a+\delta)$ 称为 a 的**右邻域**.

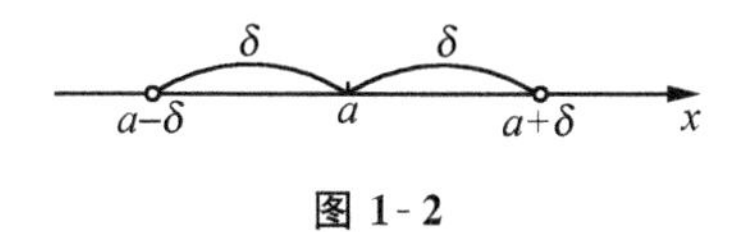

图 1-2

二、函数的概念

函数是描述变量间相互依赖关系的一种数学模型.

在某一自然现象或社会现象中，往往同时存在多个不断变化的量，即变量，这些变量并不是孤立变化的，而是相互联系并遵循一定的规律. 函数就是描述这种联系的一个法则. 本节我们先讨论两个变量的情形(多于两个变量的情形将在第 8 章中讨论).

例如，在自由落体运动中，设物体下落的时间为 t，下落的距离为 s. 假设开始下落的时刻为 $t=0$，则变量 s 与 t 之间的相依关系由数学模型

$$s=\frac{1}{2}gt^2$$

给定，其中 g 是重力加速度.

定义 1.2　设 x 和 y 是两个变量，D 是一个给定的非空数集. 如果对于每个数 $x\in D$，变量 y 按照一定法则总有确定的数值和它对应，那么称 y 是 x 的**函数**，记作

$$y=f(x),x\in D,$$

其中，x 称为**自变量**，y 称为**因变量**，数集 D 称为这个函数的**定义域**，也记为 D_f，即 $D_f=D$.

对 $x_0\in D$，按照对应法则 f，总有确定的值 y_0(记为 $f(x_0)$)与之对应，称 $f(x_0)$ 为函数在点 x_0 处的**函数值**. 因变量与自变量的这种相依关系通常称为**函数关系**.

当自变量 x 取遍 D 的所有数值时，对应的函数值 $f(x)$ 的全体构成的集合

称为函数 f 的**值域**，记为 R_f 或 $f(D)$，即

$$R_f=f(D)=\{y\mid y=f(x),x\in D\}.$$

函数的定义域与对应法则称为函数的两个要素，两个函数相同的充分必要条件是它们的定义域和对应法则均相同.

例 1.1 判断下列函数是否相同.

(1) $y=1+x^2$ 与 $y=(1+x^2)(\sin^2x+\cos^2x)$；

(2) $y=\dfrac{x}{x(1+x)}$ 与 $y=\dfrac{1}{1+x}$；

(3) $y=\ln x^2$ 与 $y=2\ln x$；

(4) $y=\sin x$ 与 $y=\sqrt{\sin^2x}$.

解 (1) 相同. 因为两个函数的定义域相同，均为 $\mathbf{R}$，而 $\sin^2x+\cos^2x\equiv1$，即有相同的对应法则，因此，这两个函数相同.

(2) 不相同. 因为定义域不同，前者定义域为 $(-\infty,-1)\cup(-1,0)\cup(0,+\infty)$，后者定义域为 $(-\infty,-1)\cup(-1,+\infty)$.

(3) 不相同. 因为定义域不同，前者定义域为 $(-\infty,0)\cup(0,+\infty)$，后者定义域为 $(0,+\infty)$.

(4) 不相同. 因为对应法则不同，前者为 $y=\sin x$，后者为 $y=|\sin x|$.

表示函数的主要方法有三种：表格法、图形法、解析法(公式法)，这在中学里大家已经熟悉，其中，用图形法表示函数是基于函数图形的概念，即坐标平面上的点集

$$\{P(x,y)\mid y=f(x),x\in D_f\}$$

称为函数 $y=f(x)$，$x\in D_f$ 的图形(图 1-3). 图中的 R_f 表示函数 $y=f(x)$ 的值域.

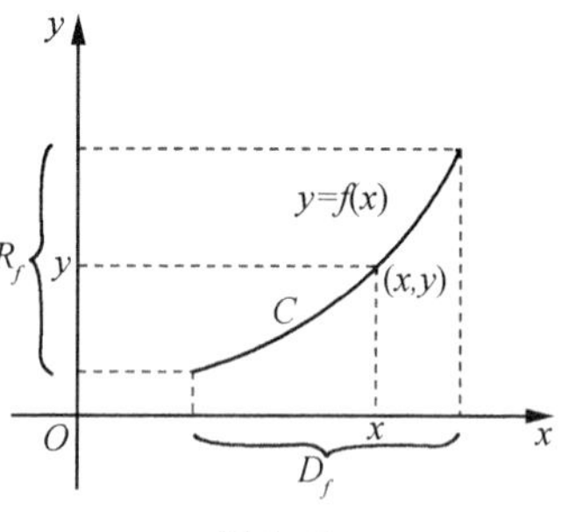

图 1-3

根据函数的解析表达式的形式不同，函数也可分为**显函数**、**隐函数**和**分段函数**三种：

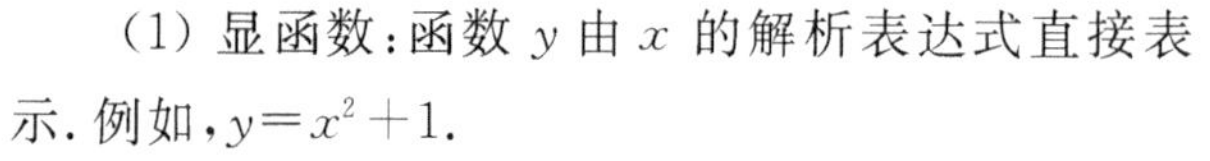

(1) 显函数：函数 y 由 x 的解析表达式直接表示. 例如，$y=x^2+1$.

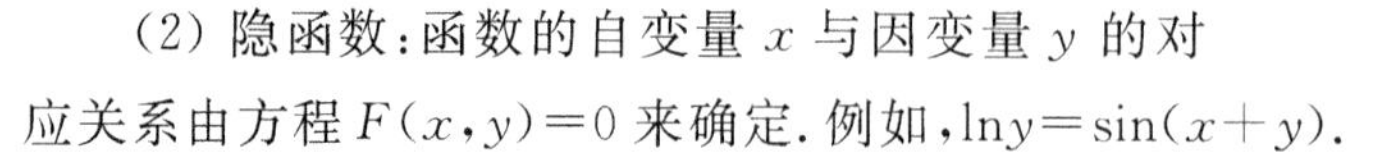

(2) 隐函数：函数的自变量 x 与因变量 y 的对应关系由方程 $F(x,y)=0$ 来确定. 例如，$\ln y=\sin(x+y)$.

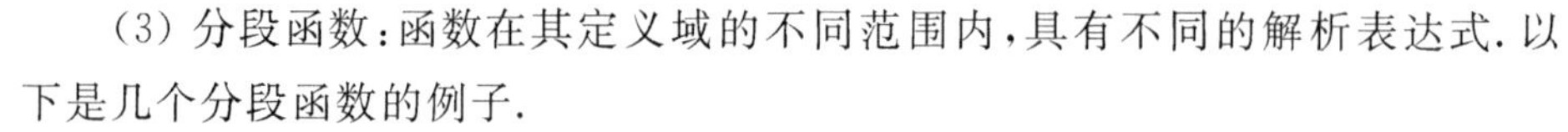

(3) 分段函数：函数在其定义域的不同范围内，具有不同的解析表达式. 以下是几个分段函数的例子.

例 1.2 绝对值函数

$$y=|x|=\begin{cases}x, & x\geqslant 0,\\ -x, & x<0\end{cases}$$

的定义域 $D=(-\infty,+\infty)$，值域 $R_f=[0,+\infty)$，图形如图 1-4 所示.

例 1.3 符号函数

$$y=\operatorname{sgn}x=\begin{cases}1, & x>0,\\ 0, & x=0,\\ -1, & x<0\end{cases}$$

的定义域 $D=(-\infty,+\infty)$，值域 $R_f=\{-1,0,1\}$，图形如图 1-5 所示.

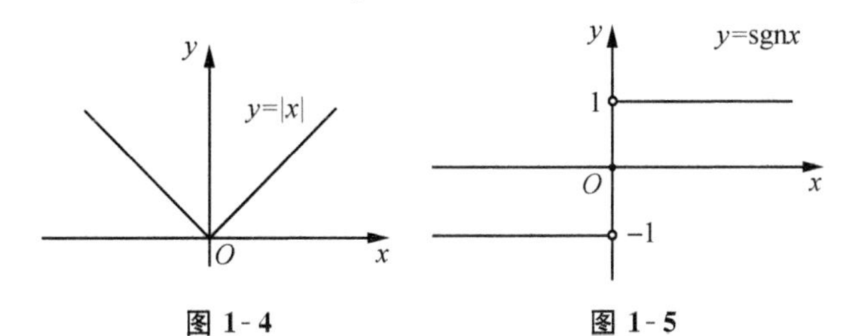

图 1-4　　图 1-5

例 1.4 取整函数 $y=[x]$，其中，$[x]$表示不超过 x 的最大整数. 例如，

$$[\pi]=3,[-2.3]=-3,[\sqrt{3}]=1.$$

易见，取整函数的定义域 $D=(-\infty,+\infty)$，值域 $R_f=\mathbf{Z}$，图形如图 1-6 所示.

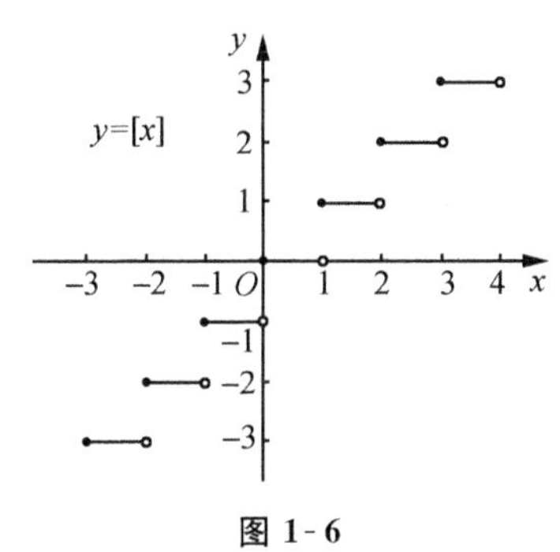

图 1-6

例 1.5 某商店对一种商品的售价规定如下：购买量不超过 5 千克时，每千克 0.8 元；购买量大于 5 千克而不超过 10 千克时，其中超过 5 千克部分优惠价为每千克 0.6 元；购买量大于 10 千克时，超过 10 千克部分每千克 0.4 元. 若购买 x 千克该商品的费用记为 $f(x)$，则

$$y=f(x)=\begin{cases}0.8x, & 0\leqslant x\leqslant 5,\\ 0.8\times 5+0.6(x-5), & 5<x\leqslant 10,\\ 0.8\times 5+0.6\times 5+0.4(x-10), & x>10,\end{cases}$$

即

$$y=f(x)=\begin{cases}0.8x, & 0\leqslant x\leqslant 5,\\ 1+0.6x, & 5<x\leqslant 10,\\ 3+0.4x, & x>10.\end{cases}$$

关于函数的定义域，在实际问题中应根据问题的实际意义具体确定. 若讨论的是纯粹数学问题，则往往取使函数表达式有意义的自变量取值的全体，这种定义域称为函数的**自然定义域**.

例 1.6 求函数 $f(x)=\sqrt{9-x^2}+\dfrac{1}{\sqrt{x^2-1}}$ 的定义域.

解 为使 $f(x)$ 有意义，应有

$$9-x^2\geqslant 0 \text{ 且 } x^2-1>0.$$

由 $9-x^2\geqslant 0$，得 $|x|\leqslant 3$，即 $x\in[-3,3]$；由 $x^2-1>0$，得 $x>1$ 或 $x<-1$，即 $x\in(-\infty,-1)\cup(1,+\infty)$. 综合得函数的定义域为

$$\begin{aligned}D_f&=[-3,3]\cap[(-\infty,-1)\cup(1,+\infty)]\\&=[-3,-1)\cup(1,3].\end{aligned}$$

三、函数的几何特性

1. 函数的有界性

定义 1.3 设函数 $f(x)$ 的定义域为 D，数集 $X\subset D$，若存在一个正数 M，使得对一切 $x\in X$，恒有

$$|f(x)|\leqslant M,$$

则称函数 $f(x)$ 在 X 上**有界**. 或称 $f(x)$ 是 X 上的**有界函数**. 每一个具有上述性质的正数 M，都是该函数的**界**.（图 1-7）.

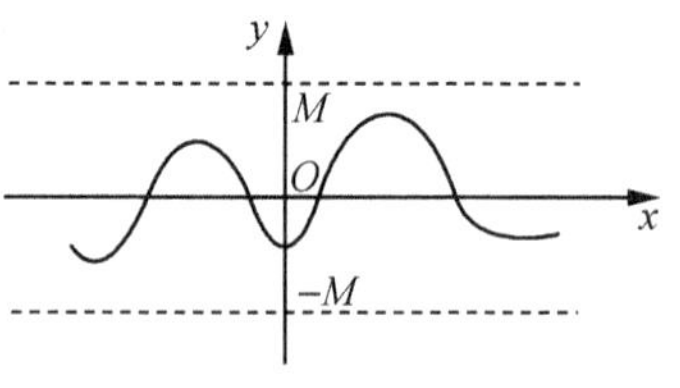

图 1-7

若具有上述性质的正数 M 不存在，则称 $f(x)$ 在 X 上**无界**，或称 $f(x)$ 是 X 上的**无界函数**.

例如，函数 $y=\sin x$ 在 $(-\infty,+\infty)$ 内有界，因

为对任何实数 x,恒有 $|\sin x|\leqslant 1$;函数 $y=\dfrac{1}{x}$ 在区间 $(0,1)$ 上无界,在 $[1,+\infty)$ 上有界.

2. **函数的单调性**

定义 1.4　设 x_1 和 x_2 为区间 (a,b) 内的任意两个数,若当 $x_1<x_2$ 时函数值 $f(x_1)<f(x_2)$,则称函数 $f(x)$ 在区间 (a,b) 内**单调增加**或**递增**;若当 $x_1<x_2$ 时有 $f(x_1)>f(x_2)$,则称函数 $f(x)$ 在区间 (a,b) 内**单调减少**或**递减**.

单调增加函数与单调减少函数统称为**单调函数**,使函数 $f(x)$ 单调的区间称为**单调区间**. 从几何直观来看,递增就是当 x 自左向右变化时,函数的图象上升;递减就是当 x 自左向右变化时,函数的图象下降(图 1-8).

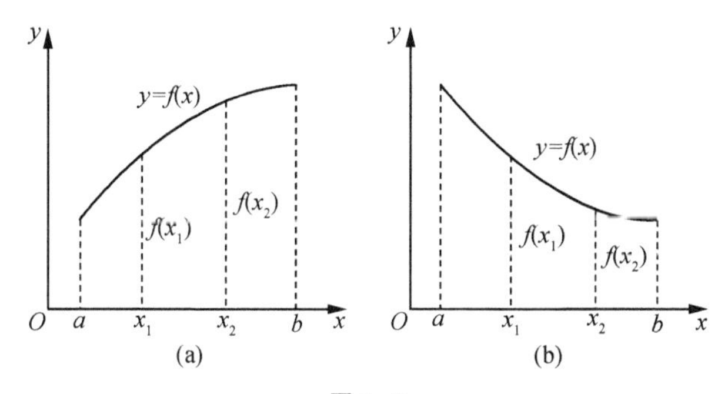

图 1-8

例如,$y=\tan x$ 在 $\left(-\dfrac{\pi}{2},\dfrac{\pi}{2}\right)$ 内递增;$y=\cot x$ 在 $(0,\pi)$ 内递减;$y=x^2$ 在 $(-\infty,0)$ 内递减,在 $(0,+\infty)$ 内递增;$y=x^3$ 在 $(-\infty,+\infty)$ 内递增.

3. **函数的奇偶性**

定义 1.5　设函数 $f(x)$ 的定义域 D 关于原点对称,若对任意的 $x\in D$,恒有

$$f(-x)=-f(x),$$

则称 $f(x)$ 为**奇函数**;若对任意的 $x\in D$,有

$$f(-x)=f(x),$$

则称 $f(x)$ 为**偶函数**.

由定义可知,偶函数的图形关于 y 轴对称,如图 1-9(a)所示;奇函数的图形关于原点对称,如图 1-9(b)所示.

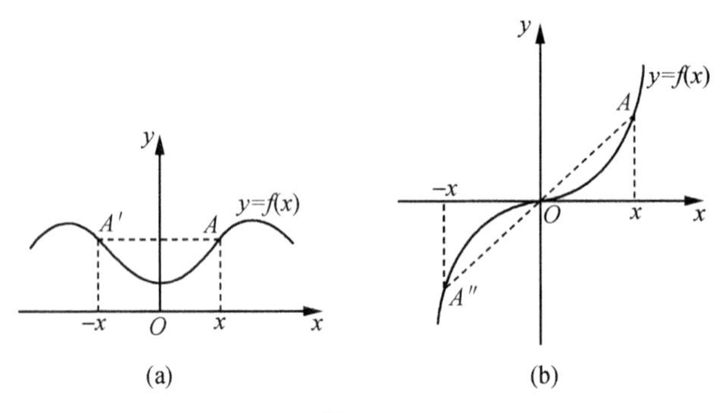

图 1-9

例如，函数 $y=\sin x$，$y=\operatorname{sgn} x$ 是奇函数，函数 $y=\cos x$，$y=x^2$ 是偶函数，而函数 $y=\sin x+\cos x$ 既不是奇函数又不是偶函数.

例 1.7 判断函数 $y=\ln(x+\sqrt{1+x^2})$ 的奇偶性.

解 因为函数的定义域为$(-\infty,+\infty)$，且

$$\begin{aligned}f(-x)&=\ln(-x+\sqrt{1+(-x)^2})=\ln(-x+\sqrt{1+x^2})\\&=\ln\frac{(-x+\sqrt{1+x^2})(x+\sqrt{1+x^2})}{x+\sqrt{1+x^2}}=\ln\frac{1}{x+\sqrt{1+x^2}}\\&=-\ln(x+\sqrt{1+x^2})=-f(x),\end{aligned}$$

所以 $f(x)$ 为奇函数.

4. **函数的周期性**

定义 1.6 设函数 $f(x)$ 的定义域为 D，若存在常数 $T>0$，使对任意的 $x\in D$，恒有

$$x+T\in D \text{ 且 } f(x+T)=f(x)$$

成立，则称 $f(x)$ 为**周期函数**，满足上式的最小正数 T 称为 $f(x)$ 的**周期**.

若 $f(x)$ 是周期为 T 的周期函数，则在长度为 T 的两个相邻的区间上，其函数图形的形状相同(图 1-10).

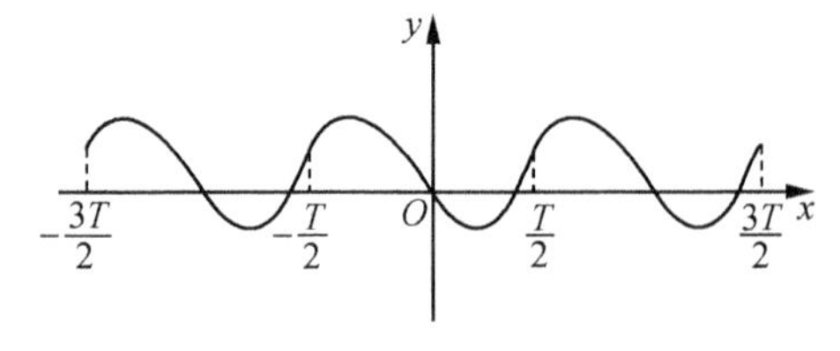

图 1-10

例如，三角函数 $\sin x$ 与 $\cos x$ 均是 **R** 上的周期函数，周期均为 2π；$\tan x$ 是周

期为 π 的周期函数.

习题 1-1

1. 判断下列各对函数是否相同,并说明理由.

(1) $f(x)=\dfrac{x^2-1}{x+1}, g(x)=x-1$;

(2) $f(x)=\sqrt{1-x}\cdot\sqrt{2+x}, g(x)=\sqrt{(1-x)(2+x)}$;

(3) $f(x)=\sqrt{2}\cos x, g(x)=\sqrt{1+\cos 2x}$;

(4) $f(x)=\ln(x^2-4x+3), g(x)=\ln(x-1)+\ln(x-3)$.

2. 求下列函数的定义域.

(1) $y=\sqrt{9-x^2}+\dfrac{1}{\ln(1-x)}$;　　(2) $y=\sqrt{\dfrac{(x-1)(x-2)}{x-3}}$;

(3) $y=\sqrt{\ln\dfrac{x^2-9x}{10}}$;　　(4) $y=\dfrac{1}{x}\ln\dfrac{1-x}{1+x}$;

(5) $y=\sqrt{\sin(\sqrt{x})}$;　　(6) $y=\dfrac{\arccos\dfrac{2x-1}{7}}{\sqrt{x^2-x-6}}$.

3. 设 $f(x)=\begin{cases}|\sin x|, & |x|<\dfrac{\pi}{3},\\ 0, & |x|\geqslant\dfrac{\pi}{3},\end{cases}$ 求 $f\left(\dfrac{\pi}{6}\right), f\left(\dfrac{\pi}{4}\right), f\left(-\dfrac{\pi}{4}\right), f(-2)$.

4. 讨论下列函数的单调性.

(1) $y=1+\sqrt{6x-x^2}$;　　(2) $y=e^{|x|}$.

5. 讨论下列函数是否有界.

(1) $y=e^{-x^2}$;　　(2) $y=\sin\dfrac{1}{x}$;　　(3) $y=\dfrac{1}{1-x}$.

6. 讨论下列函数的奇偶性.

(1) $f(x)=x\sin x+\cos x$;　　(2) $f(x)=\dfrac{e^x+e^{-x}}{2}$;

(3) $f(x)=\sin x e^{\cos x}$;　　(4) $f(x)=\ln\dfrac{1+x}{1-x}$.

7. 判别下列函数是否是周期函数，若是周期函数，求其周期.

(1) $f(x)=|\sin x|$； (2) $f(x)=x\cos x$； (3) $f(x)=1+\sin\pi x$.

8. 设 $f(x)$ 为定义在 $(-l,l)$ 内的奇函数，若 $f(x)$ 在 $(0,l)$ 内单调增加，证明：$f(x)$ 在 $(-l,0)$ 内也是单调增加的.

§1.2 初等函数

一、反函数

定义 1.7 设函数 $y=f(x)$ 的定义域为 D，值域为 R_f. 对任一 $y\in R_f$，都有唯一确定的 $x\in D$ 与之对应，且满足 $f(x)=y$，则 x 是定义在 R_f 上，以 y 为自变量的函数，称为函数 $y=f(x)$ 的**反函数**，记为

$$x=f^{-1}(y),y\in R_f.$$

显然，$x=f^{-1}(y)$ 与 $y=f(x)$ 互为反函数，且 $x=f^{-1}(y)$ 的定义域与值域分别为 $y=f(x)$ 的值域与定义域.

习惯上常用 x 作自变量、y 作因变量，故 $y=f(x)$ 的反函数常记为

$$y=f^{-1}(x),x\in R_f.$$

在平面直角坐标系 xOy 中，函数 $y=f(x)$ 的图形与其反函数 $y=f^{-1}(x)$ 的图形关于直线 $y=x$ 对称，如图 1-11 所示.

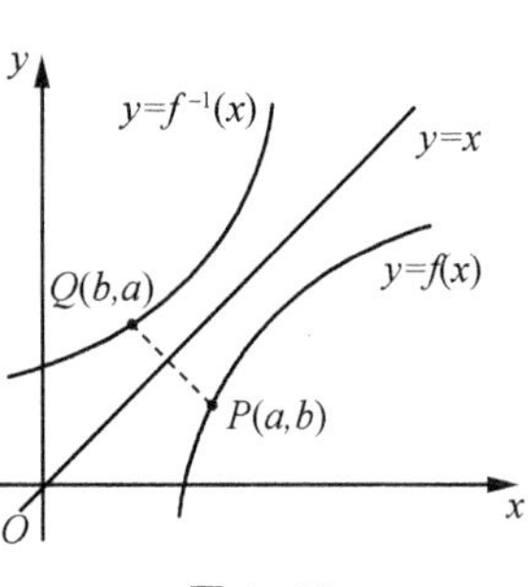

图 1-11

由定义可知，单调函数一定有反函数，求其反函数的步骤是：先由 $y=f(x)$ 解出 $x=f^{-1}(y)$，然后将 x 与 y 互换，即得 $y=f(x)$ 的反函数 $y=f^{-1}(x)$.

例 1.8 求函数 $y=1+\sqrt{e^x-1}$ 的反函数.

解 $y=1+\sqrt{e^x-1}$ 的定义域为 $x\geqslant 0$，值域为 $y\geqslant 1$. 由 $y=1+\sqrt{e^x-1}$，得

$$x=\ln(y^2-2y+2),y\geqslant 1.$$

将 x,y 互换，得反函数

$$y=\ln(x^2-2x+2),x\geqslant 1.$$

为保证反函数是单值的，通常将函数 $y=f(x)$ 限制在其定义域内的某一严

格单调区间上.例如,正弦函数 $y=\sin x$ 在区间 $\left[-\frac{\pi}{2},\frac{\pi}{2}\right]$ 上严格单调增加,且函数值由最小值 -1 增加到最大值 1,于是可定义正弦函数的反函数 $y=\arcsin x$,其定义域是 $[-1,1]$,值域是 $\left[-\frac{\pi}{2},\frac{\pi}{2}\right]$.

二、基本初等函数

通常,将常量函数、幂函数、指数函数、对数函数、三角函数与反三角函数等六类函数称为**基本初等函数**.下面介绍基本初等函数的表达式、定义域、图形特点与主要性质,读者对此应非常熟悉.

1. **幂函数**

$$y=x^{\mu}(\mu \text{ 为常数}).$$

幂函数的定义域随 μ 值的不同而相异,但不论 μ 取何值,$y=x^{\mu}$ 在区间 $(0,+\infty)$ 内总有定义.若 $\mu>0$,则 $y=x^{\mu}$ 在 $[0,+\infty)$ 内单调增加,其图形通过 $(0,0)$,$(1,1)$ 两点,如图 1-12(a)、图 1-12(b) 所示;若 $\mu<0$,则 $y=x^{\mu}$ 在 $(0,+\infty)$ 内单调减少,其图形通过 $(1,1)$ 点,如图 1-12(c) 所示.

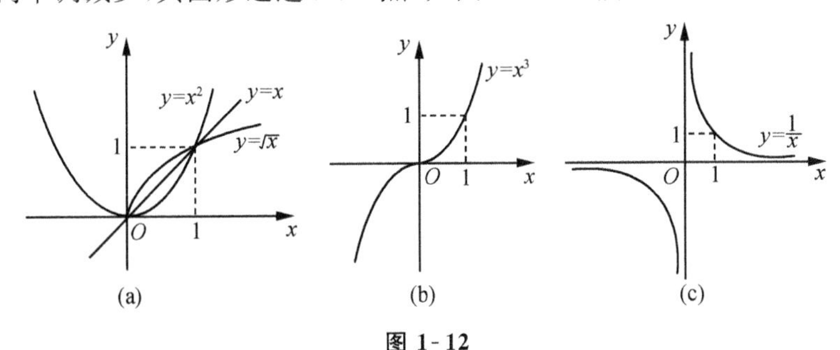

图 1-12

2. **指数函数**

$$y=a^{x}(a \text{ 为常数},a>0 \text{ 且 } a\neq 1).$$

指数函数的定义域为 $(-\infty,+\infty)$,值域为 $(0,+\infty)$.当 $0<a<1$ 时,$y=a^{x}$ 单调减少,当 $a>1$ 时,$y=a^{x}$ 单调增加,且均过点 $(0,1)$,如图 1-13 所示.

在实际应用中,常出现以 e 为底的指数函数 $y=\mathrm{e}^{x}$,其中 $\mathrm{e}=2.71828\cdots$.

3. **对数函数**

$$y=\log_{a}x(a \text{ 为常数},a>0 \text{ 且 } a\neq 1).$$

对数函数的定义域为 $(0,+\infty)$,值域为 $(-\infty,+\infty)$.当 $0<a<1$ 时,$y=\log_{a}x$ 单调减少,当 $a>1$ 时,$y=a^{x}$ 单调增加,且均过点 $(1,0)$,对数函数 $y=$

$\log_a x$ 是指数函数 $y=a^x$ 的反函数,如图 1-14 所示.

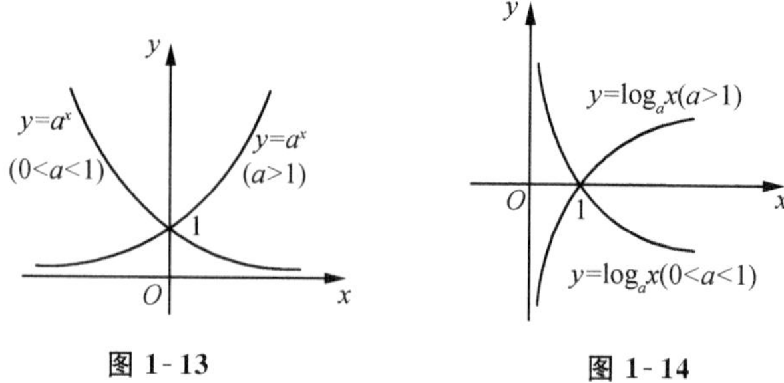

图 1-13　　　　图 1-14

通常,以 10 为底的对数函数记为 $y=\lg x$,以 e 为底的对数函数记为 $y=\ln x$. 对数函数常用到一个换底公式:

$$a^x=\mathrm{e}^{x\ln a}.$$

4. **三角函数**

$$y=\sin x(\text{正弦函数,图 1-15});$$

$$y=\cos x(\text{余弦函数,图 1-16});$$

$$y=\tan x=\frac{\sin x}{\cos x}(\text{正切函数,图 1-17});$$

$$y=\cot x=\frac{\cos x}{\sin x}(\text{余切函数,图 1-18});$$

$$y=\sec x=\frac{1}{\cos x}(\text{正割函数});$$

$$y=\csc x=\frac{1}{\sin x}(\text{余割函数}).$$

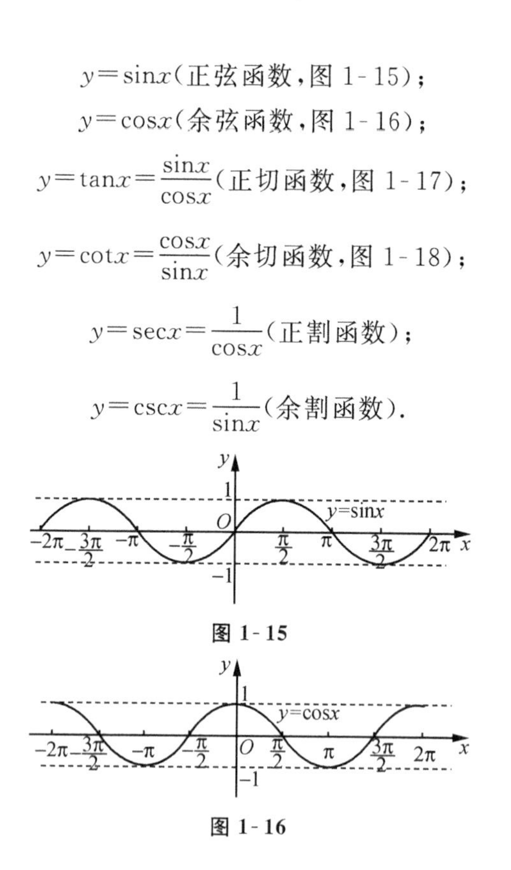

图 1-15

图 1-16

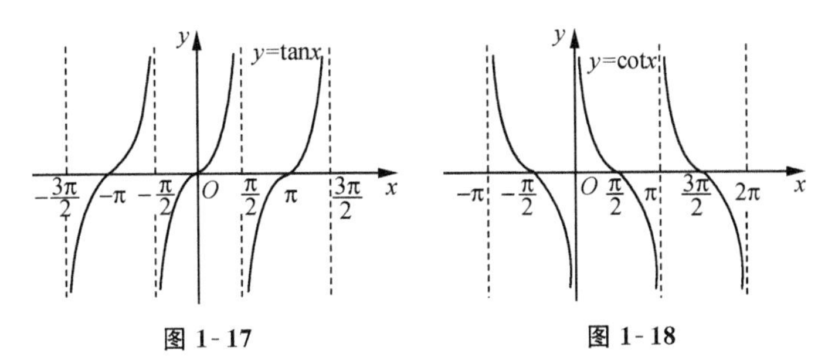

图 1-17　　　　图 1-18

正弦函数和余弦函数都是以 2π 为周期的周期函数，定义域都是 $(-\infty,+\infty)$，值域都是 $[-1,1]$. 正弦函数是奇函数，余弦函数是偶函数.

正切函数和余切函数都是以 π 为周期的周期函数，正切函数为奇函数，余切函数为偶函数，$\tan x$ 的定义域为 $\left\{x \middle| x\in\mathbf{R}, x\neq k\pi+\dfrac{\pi}{2}, k\in\mathbf{Z}\right\}$，$\cot x$ 的定义域为 $\{x|x\in\mathbf{R}, x\neq k\pi, k\in\mathbf{Z}\}$.

三角函数有如下常用的公式：

$$\sin(x\pm y)=\sin x\cos y\pm\cos x\sin y;$$

$$\cos(x\pm y)=\cos x\cos y\mp\sin x\sin y;$$

$$\sin x-\sin y=2\cos\frac{x+y}{2}\sin\frac{x-y}{2};$$

$$\cos x-\cos y=-2\sin\frac{x+y}{2}\sin\frac{x-y}{2};$$

$$\cos x+\cos y=2\cos\frac{x+y}{2}\cos\frac{x-y}{2};$$

$$\sin 2x=2\sin x\cos x;$$

$$\cos 2x=\cos^2 x-\sin^2 x=2\cos^2 x-1=1-2\sin^2 x;$$

$$\sin\frac{x}{2}=\sqrt{\frac{1-\cos x}{2}};\quad \cos\frac{x}{2}=\sqrt{\frac{1+\cos x}{2}};$$

$$1+\tan^2 x=\sec^2 x;\quad 1+\cot^2 x=\csc^2 x.$$

5. **反三角函数**

由于三角函数都是周期函数，在整个定义域上不是单调的，因而不存在反函数，但是，若限制 x 的取值区间，使三角函数在所选取的区间上为单调函数，则存在三角函数的反函数，即反三角函数.

(1) 反正弦函数 $y=\arcsin x$，定义域为 $[-1,1]$，值域为 $\left[-\dfrac{\pi}{2},\dfrac{\pi}{2}\right]$，是奇函

数，见图 1-19.

(2) 反余弦函数 $y=\arccos x$，定义域为$[-1,1]$，值域为$[0,\pi]$，是非奇非偶函数，见图 1-20.

(3) 反正切函数 $y=\arctan x$，定义域为$(-\infty,+\infty)$，值域为$\left(-\frac{\pi}{2},\frac{\pi}{2}\right)$，是奇函数，见图 1-21.

(4) 反余切函数 $y=\operatorname{arccot} x$，定义域为$(-\infty,+\infty)$，值域为$(0,\pi)$，是非奇非偶函数，见图 1-22.

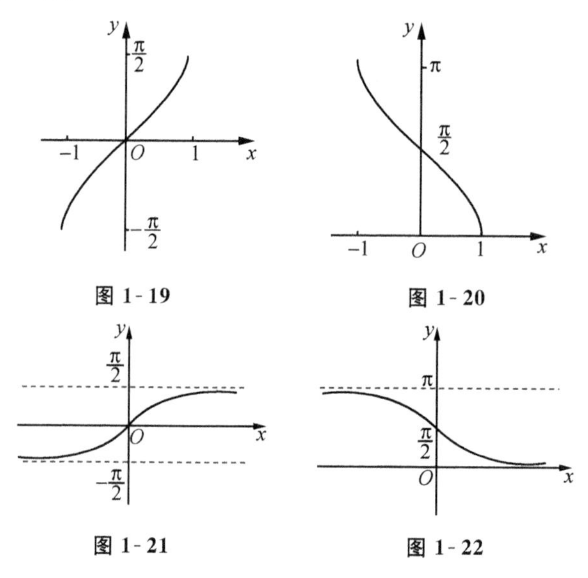

图 1-19　　图 1-20

图 1-21　　图 1-22

三、复合函数

定义 1.8　设函数 $y=f(u)$的定义域为 D_f，而函数 $u=g(x)$的值域为 R_g，若 $R_g\cap D_f\neq\varnothing$，则称函数 $y=f[g(x)]$为函数 $y=f(u)$和 $u=g(x)$的**复合函数**，其中，x 称为**自变量**，y 称为**因变量**，u 称为**中间变量**.

> **注** (1) 不是任何两个函数都可以复合成一个复合函数. 例如，$y=\arcsin u$，$u=2+x^2$，因前者的定义域为$[-1,1]$，而后者 $u=2+x^2\geqslant 2$，故这两个函数不能复合成复合函数.
>
> (2) 复合函数可以由两个以上的函数经过复合构成.

例 1.9　设 $y=f(u)=\ln u$，$u=g(x)=\sin x$，求复合函数及其定义域.

解 因 $D_f=\{u\,|\,u>0\}$，$R_g=[-1,1]$，故 $D_f\cap R_g=(0,1]\neq\varnothing$，所以，$f(u)=\ln u$ 与 $u=\sin x$ 可以复合成复合函数，其表达式为

$$y=\ln\sin x,$$

其定义域为

$$\{x\,|\,2k\pi<x<(2k+1)\pi,k=0,\pm1,\pm2,\cdots\}.$$

例 1.10 已知 $y=\arctan u$，$u=\dfrac{1}{\sqrt{v}}$，$v=x^2-1$，将 y 表示成 x 的复合函数.

解 将 $u=\dfrac{1}{\sqrt{v}}$，$v=x^2-1$ 依次代入 $y=\arctan u$，得

$$y=\arctan\frac{1}{\sqrt{v}}=\arctan\frac{1}{\sqrt{x^2-1}}.$$

例 1.11 将下列函数分解成基本初等函数的复合.

(1) $y=\sqrt[3]{\ln\sin^2x}$； (2) $y=3^{\arcsin\sqrt{1-x^2}}$； (3) $y=\cos^2\ln(2+\sqrt{1+x^2})$.

解 (1) 所给函数是由

$$y=\sqrt[3]{u},u-\ln v,v=w^2,w=\sin x$$

四个函数复合而成的；

(2) 所给函数是由

$$y=3^u,u=\arcsin v,v=\sqrt{w},w=1-x^2$$

四个函数复合而成的；

(3) 所给函数是由

$$y=u^2,u=\cos v,v=\ln w,w=2+t,t=\sqrt{h},h=1+x^2$$

六个函数复合而成的.

四、初等函数

定义 1.9 由基本初等函数经过有限次四则运算和有限次复合，并在定义域内由一个解析式表示的函数，称为**初等函数**.

例如，$y=e^{\sin x}$，$y=\ln(x+\sqrt{1+x^2})$，$y=\ln^2x+\cos x$ 等都是初等函数.

形如 $y=[f(x)]^{g(x)}$ 的函数，称为**幂指函数**，其中 $f(x)$，$g(x)$ 均为初等函数，且 $f(x)>0$，由恒等式

$$[f(x)]^{g(x)}=e^{g(x)\ln f(x)}$$

可知幂指函数为初等函数.

例如，$y=x^x(x>0)$，$y=x^{\sin x}(x>0)$，$y=(x-1)^{\frac{1}{x}}(x>1)$等都是幂指函数，因此，都是初等函数.

初等函数是微积分的主要研究对象，但根据实际需要，也会研究一些非初等函数. 例如，分段函数一般为非初等函数，因为其在定义域内由多个解析式表示，故仍可通过初等函数来研究它们. 以后章节中还会遇到隐函数、变限积分函数和幂级数函数等非初等函数，对它们的研究也离不开初等函数.

习题 1-2

1. 求下列函数的反函数.

(1) $y=\sqrt[5]{3x-5}$；　　(2) $y=\frac{1}{2}(e^x-e^{-x})$；

(3) $y=1+\ln(x-1)$；　　(4) $y=2\sin\frac{x}{3}, x\in\left[-\frac{\pi}{2},\frac{\pi}{2}\right]$.

2. 分析下列函数由哪些基本初等函数复合而成.

(1) $y=e^{\frac{2x}{1-x^2}}$；　　(2) $y=\sqrt{\tan e^x}$；

(3) $y=\ln[\ln(\ln x)]$；　　(4) $y=\arctan e^{\sin\sqrt{x}}$.

3. 设 $f(x)=\frac{x}{1-x}$，求 $f[f(x)]$ 和 $f\{f[f(x)]\}$.

4. 设 $f(\sin x)=\cos 2x+1$，求 $f(\cos x)$.

5. 已知 $f\left(x+\frac{1}{x}\right)=x^2+\frac{1}{x^2}$，求 $f(x)$.

6. 已知 $f[g(x)]=1-x^2$，$f(x)=\sin x$，求 $g(x)$及其定义域.

§1.3　经济学中常见的函数

经济学家在用数学方法解决实际经济问题时，经常需要建立实际经济问题的数学模型，即将问题涉及的变量之间相互依赖的关系用数学公式表达出来，亦即建立各变量之间的函数关系. 然后，利用所建立的数学模型进行分析、综合，以达到解决问题的目的.

本节介绍经济学中常见的几个函数.

一、成本函数、收益函数和利润函数

厂商在从事生产经营活动时,总希望尽可能降低产品的生产成本,增加收入与利润,而成本、收益与利润这些经济变量都与产品的产量或销量 x 密切相关,它们都可以看成是 x 的函数,分别称为**成本函数**,记为 $C(x)$;**收益函数**,记为 $R(x)$;**利润函数**,记为 $L(x)$.

通常,成本由**固定成本**与**变动成本**两部分构成.固定成本与产量 x 无关,如设备维修费与折旧费、企业管理费等;变动成本随产量的增加而增加,如原材料费、动力费、劳动者工资等.因此,成本函数 $C(x)$ 是 x 的单调增加函数.最简单的成本函数为线性函数

$$C(x)=a+bx(x>0),$$

其中 a,b 为正的常数,a 为固定成本,bx 为变动成本.而

$$\overline{C}(x)=\frac{C(x)}{x}(x>0)$$

称为**单位成本函数**或**平均成本函数**.

若产品的单位售价为 P,销售量为 x,则收益函数为

$$R(x)=Px.$$

利润等于收益减去成本,故利润函数为

$$L(x)=R(x)-C(x)=Px-C(x).$$

使 $L(x)=0$ 的点 x_0 称为**盈亏平衡点**或**保本点**.

例 1.12 某服装有限公司每年的固定成本为 10000 元,要生产某个式样的服装 x 套,除固定成本外,每套服装要花费 40 元,销售每套收入 100 元.

(1) 求一年生产 x 套服装的成本函数;

(2) 求盈亏平衡点;

(3) 假若该公司计划年利润为成本的 20%,问每年卖出 200 套的单位售价应为多少元?

解 (1) $C(x)=10000+40x,x\in[0,+\infty)$.

(2) 为求盈亏平衡点,需解方程

$$R(x)=C(x),\text{即 } 100x=10000+40x,$$

解之得 $x=166\frac{2}{3}$,所以盈亏平衡点约为 167 套.

(3) 设单位售价为 P,则利润函数为

$$L(x)=Px-C(x),$$

由题设,得

$$0.2C(x)=Px-C(x),$$

由此得

$$P=\frac{1.2C(x)}{x}=\frac{1.2(10000+40x)}{x}=\frac{12000}{x}+48,$$

因 $x=200$,故可得 $P=108$ 元.

二、需求函数与供给函数

一种商品的市场需求量 Q_d 与该商品的价格 P 有密切关系,如果不考虑其他影响需求量的因素(如消费者的收入、嗜好和相关商品的价格等),需求量 Q_d 可视为价格 P 的函数,称为**需求函数**,记为

$$Q_d=Q_d(P).$$

需求函数 $Q_d(P)$为价格 P 的单调减少函数,其反函数 $P-Q_d^{-1}(Q_d)$称为**价格函数**,习惯上将价格函数也统称为需求函数.

一种商品的市场供给量 Q_s 也与商品价格 P 有密切关系,价格上涨,将刺激生产者向市场提供更多的商品,供给量增加;反之,价格下跌将使供给量减少.因此,供给量 Q_s 也是价格 P 的函数,称为**供给函数**,记为

$$Q_s=Q_s(P),$$

供给函数为价格 P 的单调增加函数.

最常见的需求函数与供给函数为线性函数:

$$Q_d=aP+b(a<0,b>0);$$

$$Q_s=cP+d(c>0).$$

使一种商品的市场需求量与供给量相等的价格,称为**均衡价格**,记为 P_0.对应的需求量或供给量称为**均衡数量**,记为 Q_0.当市场价格 P 高于均衡价格 P_0 时,商品供过于求,价格将下降;反之,市场价格 P 低于均衡价格 P_0 时,商品供不应求,价格将上涨.如图 1-23 所示.

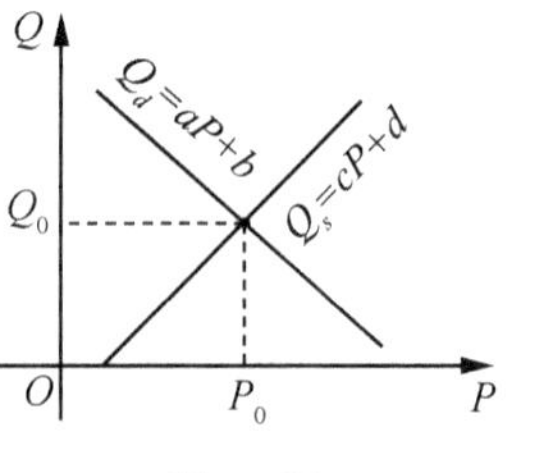

图 1-23

例 1.13 某种商品的供给函数和需求函数分别为

$$Q_s=25P-10,Q_d=200-5P,$$

求该商品的市场均衡价格和市场均衡数量.

解 由均衡条件 $Q_d=Q_s$ 得

$$200-5P=25P-10, \text{即 } 30P=210,$$

得 $P=P_0=7$,从而

$$Q_0=25P_0-10=165.$$

即市场均衡价格为7,市场均衡数量为165.

例1.14 某批发商每次以160元/台的价格将500台电扇批发给零售商,在这个基础上零售商每次多进100台电扇,则每台电扇的批发价相应降低2元,批发商最大批发量为每次1000台,试将电扇批发价格表示为批发量的函数,并求零售商每次进800台电扇时的批发价格.

解 由题意可看出,所求函数的定义域为[500,1000].已知每次多进100台,每台价格减少2元,设每次进电扇 x 台,则每次批发价减少了 $\frac{2}{100}(x-500)$ 元/台,即所求函数为

$$P=160-\frac{2}{100}(x-500)=160-\frac{2x-1000}{100}=170-\frac{x}{50}.$$

当 $x=800$ 时,

$$P=170-\frac{800}{50}=154(\text{元/台}),$$

即每次进800台电扇时的批发价格为154元/台.

三、戈珀兹(Gompertz)曲线

戈珀兹曲线是指数函数

$$y=ka^{b^t}.$$

在经济预测中,经常使用该曲线.当 $\lg a<0$, $0<b<1$ 时,其图形如图1-24所示.由图可见戈珀兹曲线当 $t>0$ 且无限增大时,其无限与直线 $y=k$ 接近,且始终位于该直线下方.在产品销售预测中,当预测销售量充分接近 k 值时,表示该产品在商业流通中将达到市场饱和.

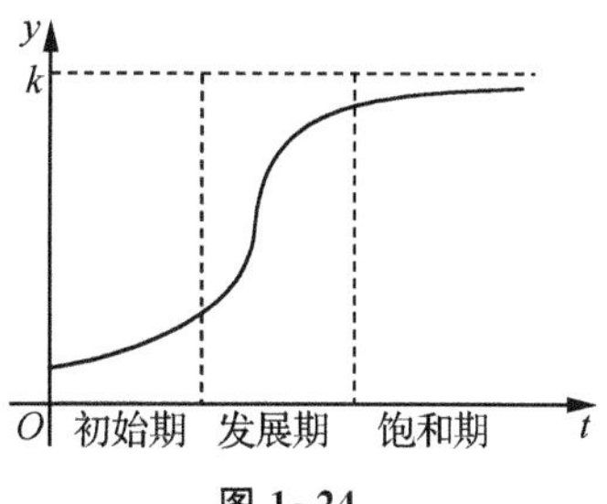

图1-24

习题 1-3

1. 设销售某种商品的收入 R 是销售量 x 的二次函数，且已知 $x=0,10,20$ 时，相应的 $R=0,800,1200$，求 R 与 x 的函数关系.

2. 某商品的成本函数(单位：元)为 $C=81+3Q$，其中 Q 为该商品的数量. 试问：

(1) 如果商品的售价为 12 元/件，该商品的保本点是多少？

(2) 当售价为 12 元/件时，售出 10 件商品时的利润为多少？

(3) 该商品的售价为什么不应定为 2 元/件？

3. 设某商品的成本函数和收入函数分别为 $C(Q)=7+2Q+Q^2$，$R(Q)=10Q$.

(1) 求该商品的利润函数；

(2) 求销售量为 4 时的总利润及平均利润；

(3) 求该商品的盈亏平衡点.

4. 某种电视机每台售价为 2000 元时，每月可售出 3000 台，每台售价降为 1800 元时，每月可多售出 600 台，求该电视机的线性需求函数.

5. 市场中某种商品的需求函数为 $Q_d=25-P$，而该种商品的供给函数为 $Q_s=\frac{20}{3}P-\frac{40}{3}$，试求市场均衡价格和市场均衡数量.

复习题一

1. 填空题.

(1) 已知函数 $f(x)$ 的定义域为 $(0,1]$，则函数 $f(e^x)$ 的定义域为________，函数 $f\left(x-\frac{1}{4}\right)+f\left(x+\frac{1}{4}\right)$ 的定义域为________.

(2) 已知函数 $f(x)=x\sqrt{1-x^2}$，则 $f(\sin x)=$________.

(3) 函数 $y=\arcsin\frac{x-3}{2}$ 的定义域为________.

(4) 设函数 $f(x)=3x+5$，则 $f[f(x)-2]=$________.

(5) 已知某商品的需求函数、供给函数分别为

$$Q_d=100-2P, Q_s=-20+10P,$$

则均衡价格 $P_0=$________，均衡数量 $Q_0=$________.

2. 单选题.

(1) 函数 $f(x)=\dfrac{1}{\ln(x-2)^2}$ 的定义域为________.

A. $(-\infty,2)\cup(2,+\infty)$

B. $(-\infty,1)\cup(1,+\infty)$

C. $(-\infty,2)\cup(2,3)\cup(3,+\infty)$

D. $(-\infty,1)\cup(1,2)\cup(2,3)\cup(3,+\infty)$

(2) 设 $f(x)=\begin{cases}1, & |x|<1,\\ 0, & |x|\geqslant 1,\end{cases}$ 则 $f\{f[f(x)]\}=$________.

A. 0　　　　B. 1

C. $\begin{cases}1, & |x|<1,\\ 0, & |x|\geqslant 1\end{cases}$　　　　D. $\begin{cases}1, & |x|\geqslant 1,\\ 0, & |x|<1\end{cases}$

(3) $y=\sin\dfrac{1}{x}$ 在定义域内是________.

A. 周期函数　　　　B. 单调函数

C. 偶函数　　　　D. 有界函数

(4) 设函数 $f(x)$ 在 $(-\infty,+\infty)$ 内有定义，下列函数中，________必为偶函数.

A. $y=|f(x)|$　　　　B. $y=[f(x)]^2$

C. $y=-f(-x)$　　　　D. $y=(\cos x)f(x^2)$

3. 设 $f\left(\dfrac{2x+1}{2x-2}\right)-\dfrac{1}{2}f(x)=x$，求 $f(x)$.

4. 设函数 $y=1+\lg(x+3)$，求它的反函数.

5. 判断下列函数的奇偶性.

(1) $y=\dfrac{3^x-3^{-x}}{2}$；　　　　(2) $y=\tan\dfrac{1}{x}$；

(3) $y=\sin x-\cos x+1$；　　　　(4) $y=xe^{-x^2}+\tan x$.

6. 证明函数 $y=x\sin x$ 在 $(0,+\infty)$ 上无界.

7. 已知函数 $f(x)$ 满足如下方程：

$$af(x)+bf\left(\frac{1}{x}\right)=\frac{c}{x},x\neq 0,$$

其中 a,b,c 为常数，且 $|a|\neq|b|$. 求 $f(x)$，并讨论 $f(x)$ 的奇偶性.

8. 设函数 $f(x)$ 的定义域为 $[0,1]$，求 $f(\sin x)$ 的定义域.

9. 生产某种产品的固定成本为 2 万元，每生产一件该产品所需费用为 50 元，若该产品出售的单价为 70 元，试求：生产 x 件该产品时的总成本、平均成本、总收入、总利润.

10. 某厂生产某种产品 1000 吨，当销售量在 700 吨以内时，售价为 130 元/吨；当销售量超过 700 吨时，超过部分按九折出售. 试将销售总收入表示成销售量的函数.

11. 已知生产某种商品的成本函数和收入函数分别为（单位：万元）

$$C=C(Q)=10-8Q+Q^2,R=R(Q)=4Q.$$

(1) 求该商品的利润函数及销量为 6 台时的总利润；

(2) 确定该商品销量为 7 台时是否赢利.

12. 某电器厂生产一种新产品，在定价时不只是根据生产成本而定，还要请各消费单位来出价，即他们愿意以什么价格来购买. 根据调查得出需求函数为

$$x=-900P+45000.$$

该厂生产该产品的固定成本是 270000 元，而单位产品的变动成本为 10 元. 为获得最大利润，出厂价格为多少？此时的最大利润为多少？

数学家简介[1]

阿基米德

——数学之神

阿基米德(Arobimedes,公元前287—前212)生于西西里岛(Sicilia,今属意大利)的叙拉古.阿基米德从小热爱学习,善于思考,喜欢辩论.当他刚满十一岁时,借助与王室的关系,漂洋过海到埃及的亚历山大求学.他向当时著名的科学家欧几里得的学生柯农学习哲学、数学、天文学、物理学等知识,最后博古通今,掌握了丰富的希腊文化遗产.回到叙拉古后,他坚持和亚历山大的学者们保持联系,交流科学研究成果.他继承了欧几里得证明定理时的严谨性,但他的才智和成就都远远高于欧几里得,他把数学研究和力学、机械学紧密结合起来,用数学研究力学和其他实际问题.

阿基米德

阿基米德的主要成就是在纯几何方面,他善于继承和创造.他运用穷竭法解决几何图形的面积、体积、曲线弧长等大量计算问题.这些方法是微积分的先导,其结果也与微积分的结果相一致.阿基米德在数学上的成就在当时达到了登峰造极的地步,对后世影响的深远程度也是其他任何一位数学家无与伦比的.阿基米德被后世的数学家尊称为“数学之神”.任何一张列出人类有史以来三位最伟大的数学家的名单中,必定会包含阿基米德.

最引人入胜,也使阿基米德最为人称道的是他从“智破金冠案”中发现了一个科学基本原理.国王让金匠做一顶新的纯金王冠,金匠如期完成了任务,理应得到奖赏,但这时有人告密说金匠从金冠中偷去了一部分金子,以等重的银子掺入.可是,做好的王冠无论从重量、外形上都看不出问题.国王把这个难题交给了阿基米德.

阿基米德日思夜想.一天,他去澡堂洗澡,当他慢慢坐进澡盆时,水从盆边溢了出来,他望着溢出来的水,突然大叫一声:“我知道了!”竟然一丝不挂地跑回家中.原来他想出办法了.阿基米德把金王冠放进一个装满水的缸中,一些水溢出来了.他取了王冠,把水装满,再将一块同王冠一样重的金子放进水里,又有一些

水溢出来.他把两次的水加以比较,发现第一次溢出来的水多于第二次,于是,断定金冠中掺了银子.经过一番试验,他算出了银子的重量.当他宣布他的发现时,金匠目瞪口呆.

这次试验的意义远远大过查出金匠欺骗国王.阿基米德从中发现了一条原理:即物体在液体中减轻的重量,等于它所排出的液体的重量.后人把这条原理以阿基米德的名字命名.一直到现代,人们还在利用这个原理测定船舶载重量等.

公元前215年,罗马将领马塞拉斯率领大军,乘坐战舰来到了历史名城叙拉古城下,马塞拉斯以为小小的叙拉古城会不攻自破,听到罗马大军的显赫名声,城里的人还不开城投降?然而,回答罗马军队的是一阵阵密集可怕的镖箭和石头.罗马人的小盾牌抵挡不住数不清的大大小小的石头,他们被打得丧魂落魄,争相逃命.突然,从城墙上伸出了无数巨大的起重机式的机械巨手,它们分别抓住罗马人的战船,把船吊在半空中摇来晃去,最后甩在海边的岩石上,或是把船重重地摔进海里,船毁人亡.马塞拉斯侥幸没有受伤,但惊恐万分,完全失去了刚来时的骄傲和狂妄,变得不知所措.最后只好下令撤退,把船开到安全地带.罗马军队死伤无数,被叙拉古人打得晕头转向.可是,敌人在哪里呢?他们连影子也找不到.马塞拉斯最后感慨万千地对身边的士兵说:“怎么样?在这位几何学‘百手巨人’面前,我们只得放弃作战.他拿我们的战船当游戏扔着玩.在刹那间,他向我们投射了这么多镖、箭和石块,他难道不比神话里的百手巨人还厉害吗?”

传说,阿基米德还曾利用抛物镜面的聚光作用,把集中的阳光照射到入侵叙拉古的罗马船上,让它们自己燃烧起来.罗马的许多船只都被烧毁了,但罗马人却找不到失火的原因.900多年后,有位科学家据史书介绍的阿基米德的方法制造了一面凹面镜,成功地点着了距离镜子45米远的木头,而且烧化了距离镜子42米远的铅.所以,许多科技史家通常都把阿基米德看成是人类利用太阳能的始祖.

马塞拉斯进攻叙拉古时屡受袭击,在万般无奈下,他带着舰队,远远离开了叙拉古附近的海面.他们采取了围而不攻的办法,断绝城内和外界的联系.3年以后,终因粮绝和内讧,叙拉古城陷落了.马塞拉斯十分敬佩阿基米德的聪明才智,下令不许伤害他,还派一名士兵去请他.此时阿基米德不知城门已破,还在凝视着木板上的几何图形沉思呢.当士兵的利剑指向他时,他却用身子护住木板,大叫:“不要动我的图形!”他要求把原理证明完再走,但激怒了那个鲁莽无知的士兵,他竟将利剑刺入阿基米德的胸膛,就这样,一位彪炳千秋的科学巨人惨死在野蛮的罗马士兵手下.阿基米德之死标志着古希腊灿烂文化毁灭的开始.

第 2 章

极限与连续

在微积分中，极限是一个重要的基本概念，微积分中其他的一些重要概念如微分、积分、级数等都是建立在极限概念的基础上的. 因此，有关极限的概念、理论与方法，自然成为微积分学的理论基石. 本章将讨论数列极限与函数极限的定义、性质及基本计算方法，并在此基础上讨论函数的连续性.

§2.1　数列的极限

极限思想是由求某些实际问题的精确解而产生的. 例如，春秋战国时期的哲学家庄子(公元前 4 世纪)在《庄子・天下篇》中对“截丈问题”有一段名言：“一尺之棰，日取其半，万世不竭”，其中隐含了深刻的极限思想. 又如，我国古代数学家刘徽(公元 3 世纪)利用圆内接正多边形来推算圆面积的方法——割圆术，就是极限思想在几何学上的应用.

设有一圆，首先作其内接正六边形，把它的面积记为 A_1；再作内接正十二边形，其面积记为 A_2；再作内接正二十四边形，其面积记为 A_3；依此下去，每次边数加倍. 一般地，把内接正 $6\times2^{n-1}$ 边形的面积记为 $A_n(n\in\mathbf{N}^*)$. 这样，就得到一系列内接正多边形的面积

$$A_1,A_2,A_3,\cdots,A_n,\cdots,$$

它们构成一列有次序的数. n 越大，内接正多边形与圆的差别就越小，从而以 A_n 作为圆面积的近似值也越精确. 但是无论 n 取得如何大，只要 n 取定了，A_n 终究只是多边形的面积，而不是圆的面积. 因此，设想 n 无限增大(记为 $n\to\infty$，读作 n 趋于无穷大)，即内接正多边形的边数无限增加，在这个过程中，内接正多边形无限接近于圆，同时 A_n 也无限接近于某一确定的数值，这个确定的数值就理解为

圆的面积.这个确定的数值在数学上称为上面这列有次序的数(所谓数列)A_1,A_2,A_3,…,A_n,…当$n\to\infty$时的极限.在圆面积问题中我们看到,正是这个数列的极限才精确地表达了圆的面积.

在解决实际问题中逐渐形成的这种极限方法,已成为微积分中的一种基本方法,因此有必要作进一步的阐明,为此我们首先引入数列的定义,再讨论数列的极限.

一、数列极限的概念

定义 2.1 无穷多个数按如下顺序排列

$$x_1,x_2,\cdots,x_n,\cdots$$

称为**数列**,简记为$\{x_n\}$.其中的每个数称为数列的项,x_n称为**一般项**或**通项**.

由函数的定义,数列$\{x_n\}$可以看作自变量为正整数n的函数,即$x_n=f(n)$,其定义域为全体正整数.

例如,下面的(1)—(6)都是数列的例子.

(1) $\left\{\frac{1}{n}\right\}$:$1,\frac{1}{2},\frac{1}{3},\cdots,\frac{1}{n},\cdots$;

(2) $\left\{(-1)^{n-1}\frac{1}{n}\right\}$:$1,-\frac{1}{2},\frac{1}{3},-\frac{1}{4},\cdots,(-1)^{n-1}\frac{1}{n},\cdots$;

(3) $\left\{\frac{n+(-1)^n}{n}\right\}$:$0,\frac{3}{2},\frac{2}{3},\frac{5}{4},\cdots,\frac{n+(-1)^n}{n},\cdots$;

(4) $\{2^n\}$:$2,4,8,\cdots,2^n,\cdots$;

(5) $\{(-1)^{n-1}\}$:$1,-1,1,\cdots,(-1)^{n-1},\cdots$;

(6) $\left\{(-1)^{n-1}\frac{1}{2^n}\right\}$:$\frac{1}{2},-\frac{1}{4},\frac{1}{8},\cdots,(-1)^{n-1}\frac{1}{2^n},\cdots$.

观察上述数列不难发现,当n无限增大时,通项x_n取值的变化可分两类:一类是,当n无限增大时,x_n无限趋近于某个数.例如,当n无限增大时,(1)(2)和(6)中的x_n无限趋近于数0,而(3)中的x_n无限趋近于数1.另一类无此特点,而是当n无限增大时,x_n不趋近于某个常数,如上面的(4)和(5).这种考察n无限增大时,通项x_n是否趋近于某个常数的思想,就是数列极限的思想.

定义 2.2 设数列$\{x_n\}$与常数a,若当n无限增大时,x_n无限接近于a,则称常数a为**数列**$\{x_n\}$**的极限**,或称为**数列**$\{x_n\}$**收敛于**a,记为

$$\lim_{n\to\infty}x_n=a \text{ 或 } x_n\to a(n\to\infty).$$

如果一个数列没有极限,就称该数列是**发散**的.

例如,上述 6 个数列,$\lim\limits_{n\to\infty}\frac{1}{n}=0$,$\lim\limits_{n\to\infty}(-1)^{n-1}\frac{1}{n}=0$,$\lim\limits_{n\to\infty}\frac{n+(-1)^n}{n}=1$,$\lim\limits_{n\to\infty}(-1)^{n-1}\frac{1}{2^n}=0$,但$\{2^n\}$及$\{(-1)^{n-1}\}$发散.

从定义 2.2 给出的数列极限概念的定性描述可见,下标 n 的变化过程与数列$\{x_n\}$的变化趋势均借助了"无限"这样一个明显带有直观模糊性的形容词.从文学的角度看,不可不谓尽善尽美,并且能激起人们诗一般的想象.几何直观在数学的发展和创造中扮演着充满活力的积极的角色,但在数学中仅凭直观是不可靠的,必须将凭直观产生的定性描述转化为用数学语言表达的超越现实原型的定量描述.

考察数列$\{x_n\}=\left\{\frac{n+(-1)^n}{n}\right\}$,$\{x_n\}$以 1 为极限,$x_n$ 与常数 1 的接近程度可用$|x_n-1|=\frac{1}{n}$小于某个正数 ε 来表示,若令 $\varepsilon_1=\frac{1}{10}$,要使$|x_n-1|=\frac{1}{n}<\varepsilon_1$,则当 $n>10$ 时,x_{10} 以后的任一项 x_{11},x_{12},…都能满足$|x_n-1|<\frac{1}{10}$;若再取一个更小的正数 $\varepsilon_2=\frac{1}{100}$,要使$|x_n-1|=\frac{1}{n}<\varepsilon_2$,则当 $n>100$ 时,x_{100} 以后的任一项 x_{101},x_{102},…都满足$|x_n-1|<\varepsilon_2$.由此可见,对于该数列,无论给定多么小的正数 ε,总有那么一个时刻,在那个时刻以后(即 n 充分大以后),$|x_n-1|=\frac{1}{n}<\varepsilon$.即对于任意小的正数 ε,要使$|x_n-1|=\frac{1}{n}<\varepsilon$,则当 $n>\left[\frac{1}{\varepsilon}\right]=N$ 时,数列 x_n 从第 $N+1$ 项起所有的 x_n 满足$|x_n-1|<\varepsilon$,此时,我们说数列$\{x_n\}=\left\{\frac{n+(-1)^n}{n}\right\}$以 1 为极限.

由此例可给出数列极限的严格数学定义如下:

定义 2.3　设有数列$\{x_n\}$与常数 a,若对于任意给定的正数 ε(不论它多么小),总存在正整数 N,使得对于 $n>N$ 时的一切 x_n,不等式

$$|x_n-a|<\varepsilon$$

都成立,则称常数 a 为**数列**$\{x_n\}$**的极限**,或称**数列**$\{x_n\}$**收敛于** a,记为

$$\lim_{n\to\infty}x_n=a \text{ 或 } x_n\to a(n\to\infty).$$

如果一个数列没有极限,就称该数列是**发散**的.

在微积分于17世纪诞生后的近200年间，虽然微积分的理论和应用有了巨大的发展，但整个微积分的理论却建立在直观的、模糊不清的极限概念上，没有一个牢固的基础，直到19世纪，由法国数学家柯西和德国数学家魏尔斯特拉斯建立了严密的极限理论后，才使微积分完全建立在严格的极限理论基础之上.

几点说明：

(1) 定义2.3中的正数 ε 是任意给定的(既是任意的，又是给定的). ε 用来刻画“x_n 无限趋近于 a”的程度，ε 越小，x_n 越接近于 a.

(2) 定义2.3中正整数 N 是随 ε 而定的，即 N 与 ε 有关，用来刻画“n 无限增大”的程度.

(3) 定义2.3的几何意义是：

若 $\lim\limits_{n\to\infty}x_n=a$，则对于任给的 $\varepsilon>0$，无论它多么小，都存在正整数 N，在 $\{x_n\}$ 中，从第 $N+1$ 项开始以后所有各项全部落在 a 的 ε 邻域中，在这个邻域之外，最多只有 $\{x_n\}$ 的有限项 $x_1,x_2,\cdots,x_N$(图2-1).

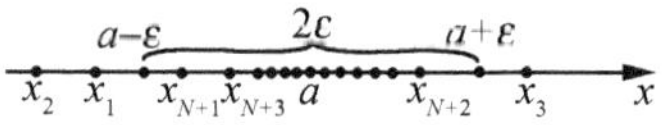

图2-1

例2.1 证明：$\lim\limits_{n\to\infty}\dfrac{n}{3n+2}=\dfrac{1}{3}$.

证 对任意给定的 $\varepsilon>0$，要使不等式

$$\left|x_n-\frac{1}{3}\right|=\left|\frac{n}{3n+2}-\frac{1}{3}\right|=\frac{2}{3(3n+2)}<\frac{2}{9n}<\varepsilon$$

成立，只需 $n>\dfrac{2}{9\varepsilon}$.

因此，若取 $N=\left[\dfrac{2}{9\varepsilon}\right]$，则当 $n>N$ 时，有 $n>\dfrac{2}{9\varepsilon}$，从而有

$$\left|x_n-\frac{1}{3}\right|<\varepsilon.$$

由定义2.3可知

$$\lim_{n\to\infty}\frac{n}{3n+2}=\frac{1}{3}.$$

例2.2 设 $|q|<1$，证明：$\lim\limits_{n\to\infty}q^n=0$.

证 令 $x_n=q^n$，当 $q=0$ 时，结论显然成立，以下假设 $0<|q|<1$. 任给 $\varepsilon>0$，要使

$$|x_n-0|=|q^n-0|=|q|^n<\varepsilon,$$

即 $n\ln|q|<\ln\varepsilon$，只要 $n>\dfrac{\ln\varepsilon}{\ln|q|}$. 取正整数 $N=\left[\dfrac{\ln\varepsilon}{\ln|q|}\right]$，则当 $n>N$ 时，有

$$|x_n-0|<\varepsilon.$$

由定义 2.3 可知

$$\lim_{n\to\infty}q^n=0.$$

二、收敛数列的性质

定义 2.4　设数列 $\{x_n\}$ 为给定的数列，若存在正数 M，使得对任意正整数 n，恒有 $|x_n|\leqslant M$，则称数列 $\{x_n\}$ **有界**.

利用数列极限的 $\varepsilon-N$ 定义(即定义 2.3)可证以下收敛数列的性质：

定理 2.1(唯一性)　若数列 $\{x_n\}$ 收敛，则其极限是唯一的.

定理 2.2(有界性)　收敛数列是有界的.

注　本论断的逆命题不成立，即有界数列未必收敛，如 $\{(-1)^n\}$ 是有界数列，但它没有极限.

定理 2.3(保号性)　若 $\lim\limits_{n\to\infty}x_n=a$，且 $a>0$(或 $a<0$)，则必存在正整数 N，当 $n>N$ 时，恒有 $x_n>0$(或 $x_n<0$).

根据定理 2.3，利用反证法可证以下推论：

推论 2.1　若数列 $\{x_n\}$ 从某项起有 $x_n>0$(或 $x_n<0$)，且 $\lim\limits_{n\to\infty}x_n=a$，则 $a\geqslant 0$(或 $a\leqslant 0$).

定理 2.4(收敛数列与其子数列间的关系)　若数列 $\{x_n\}$ 收敛于 a，则它的任一子数列也收敛于 a.

习题 2-1

1. 观察并判别下列数列的敛散性，若收敛，求其极限值.

(1) $x_n=\dfrac{5n-3}{n}$；　　(2) $x_n=\dfrac{1}{n}\cos n\pi$；

(3) $x_n=2+\left(-\dfrac{1}{2}\right)^n$；　　(4) $x_n=1+(-2)^n$；

(5) $x_n=\frac{n^2-1}{n}$；　　　　(6) $x_n=\ln\frac{1}{n}$.

2. 利用数列极限的定义证明下列极限.

(1) $\lim\limits_{n\to\infty}\frac{n^2+1}{n^2-1}=1$；　　　　(2) $\lim\limits_{n\to\infty}\frac{n+2}{n^2-2}\sin n=0$.

3. 设数列$\{x_n\}$的一般项 $x_n=\frac{1}{n}\sin\frac{n\pi}{2}$.

(1) 求$\lim\limits_{n\to\infty}x_n$；

(2) 求出 N，使当 $n>N$ 时，x_n 与其极限之差的绝对值小于正数 ε；

(3) 当 $\varepsilon=0.001$ 时，求出数 N.

4. 设 $x_n=\left(1+\frac{1}{n}\right)\cos\frac{n\pi}{2}$，证明数列$\{x_n\}$没有极限.

§2.2　函数的极限

数列可看作自变量为正整数 n 的函数：$x_n=f(n)$，数列$\{x_n\}$的极限为 a，即当自变量 n 取正整数且无限增大($n\to\infty$)时，对应的函数值 $f(n)$无限接近数 a. 若将数列极限概念中自变量 n 和函数值 $f(n)$的特殊性撇开，可以由此引出函数极限的一般概念：在自变量 x 的某个变化过程中，如果对应的函数值 $f(x)$无限接近于某个确定的数 A，那么 A 就称为 x 在该变化过程中函数 $f(x)$的极限. 显然，极限 A 是与自变量 x 的变化过程紧密相关的. 自变量的变化过程不同，函数的极限就有不同的表现形式. 本节分下列两种情况来讨论：

(1) 自变量趋于无穷大时函数的极限；

(2) 自变量趋于有限值时函数的极限.

一、$x\to x_0$ 时函数 $f(x)$的极限

研究当自变量 x 无限趋近于 x_0 时(记为 $x\to x_0$)，函数 $f(x)$的变化趋势. 若 $f(x)$无限趋近于某个常数 A，则称 $x\to x_0$ 时，函数 $f(x)$以 A 为极限或 $f(x)$的极限为 A.

例如，由观察可知，$x\to 2$ 时，函数 $f(x)=2x+1$ 的值无限趋近于数 5，即 $x\to 2$ 时，$f(x)=2x+1$ 的极限为 5，记为

$$\lim_{x \to 2}(2x+1)=5.$$

类似地，由观察可知

$$\lim_{x \to 2}(10x+9)=29, \lim_{x \to 2}\frac{1}{2x+1}=\frac{1}{5}.$$

在上述例子中，函数 $f(x)$ 在 $x_0=2$ 处是有定义的. 但是，有时需要考虑如下的极限问题：

$x \to 2$ 时，函数 $f(x)=\dfrac{2x^2-3x-2}{x-2}$ 的极限.

显然，由于 $x=2$ 不在 $f(x)$ 的定义域内，$x \to 2$ 时，应限定 $x \neq 2$，即限定 x 的取值应位于点 2 的某去心邻域内. 在点 2 的某去心邻域内有

$$f(x)=\frac{2x^2-3x-2}{x-2}=\frac{(2x+1)(x-2)}{x-2}=2x+1,$$

于是有

$$\lim_{x \to 2}f(x)=\lim_{x \to 2}\frac{2x^2-3x-2}{x-2}=\lim_{x \to 2}(2x+1)=5.$$

由图 2-2 可看出，$x \neq 2$ 时，曲线

$$f(x)=\frac{2x^2-3x-2}{x-2}=2x+1$$

上的动点 $M(x, f(x))$ 随其横坐标 $x \to 2$ 时，点 M 将向定点 $M_0(2,5)$ 无限趋近，即有 $\lim\limits_{x \to 2}f(x)=5$.

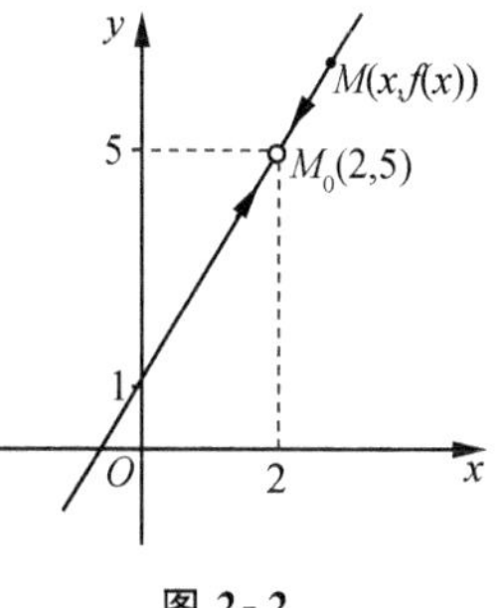

图 2-2

仿照对数列极限所作过的分析，当 $x \to 2$ 且 $x \neq 2$ 时，$f(x)=\dfrac{2x^2-3x-2}{x-2}$ 无限趋近于 5，是指

$$|f(x)-5|=\left|\frac{2x^2-3x-2}{x-2}-5\right|=|(2x+1)-5|=2|x-2|$$

可以任意小，即对任意给定的正数 ε（无论 ε 多么小），只需 x 满足不等式 $0<|x-2|<\dfrac{\varepsilon}{2}=\delta$，则恒有

$$|f(x)-5|=2|x-2|<\varepsilon.$$

由上述分析，我们可给出极限的如下严格的数学定义：

定义 2.5　设函数 $f(x)$ 在 x_0 的某去心邻域内有定义，A 为常数. 若对任意给定的 $\varepsilon>0$（无论 ε 多么小），总存在 $\delta>0$，使当 $0<|x-x_0|<\delta$ 时，恒有

$$|f(x)-A|<\varepsilon,$$

则称常数 A 为**函数 $f(x)$ 当 $x\to x_0$ 时的极限**. 记为

$$\lim_{x\to x_0} f(x)=A \text{ 或 } f(x)\to A(x\to x_0).$$

注 (1) 函数极限与 $f(x)$ 在点 x_0 处是否有定义无关；

(2) δ 与任意给定的正数 ε 有关；

(3) $\lim\limits_{x\to x_0} f(x)=A$ 的几何解释：任意给定

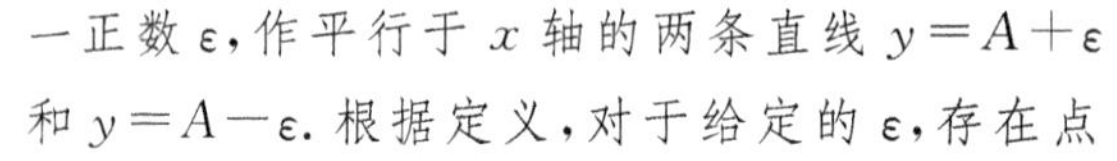

一正数 ε，作平行于 x 轴的两条直线 $y=A+\varepsilon$ 和 $y=A-\varepsilon$. 根据定义，对于给定的 ε，存在点 x_0 的一个 δ 去心邻域 $0<|x-x_0|<\delta$，当 $y=f(x)$ 的图形上的点的横坐标 x 落在该邻域内时，这些点对应的纵坐标落在带形区域 $A-\varepsilon<f(x)<A+\varepsilon$ 内(图 2-3).

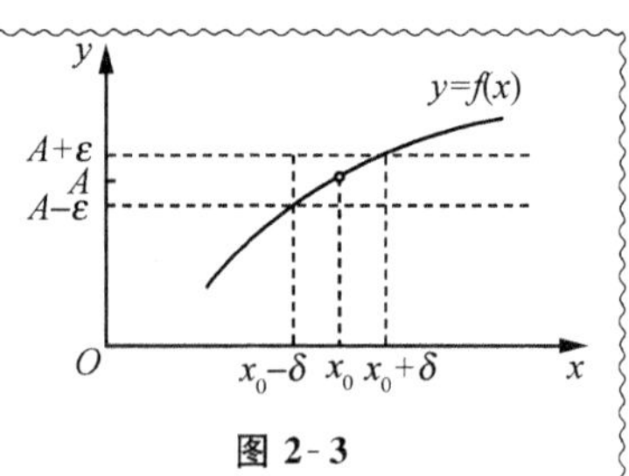

图 2-3

定义 2.5 中 $x\to x_0$ 的方式是任意的，x 既可从 x_0 的左侧趋于 x_0，也可从 x_0 的右侧趋于 x_0. 但是，有时需考虑 x 仅从 x_0 左侧($x<x_0$)趋于 x_0(记为 $x\to x_0^-$)或仅从 x_0 右侧($x>x_0$)趋于 x_0(记为 $x\to x_0^+$)时，函数 $f(x)$ 的极限. 例如，在函数定义区间的端点或分段函数的分界点处，就需要考虑这种单侧极限的情形.

定义 2.6 当 $x\to x_0^-$(或 $x\to x_0^+$)时，函数 $f(x)$ 趋于常数 A，则称 A 为 $f(x)$ 在点 x_0 处的**左极限(或右极限)**，记为

$$\lim_{x\to x_0^-} f(x)=A\left(\text{或} \lim_{x\to x_0^+} f(x)=A\right).$$

有时简记为

$$f(x_0-0)=a(\text{或 } f(x_0+0)=a).$$

函数的左、右极限与函数的极限是三个不同的概念，但三者之间有如下的关系：

定理 2.5 $\lim\limits_{x\to x_0} f(x)=A$ 的充分必要条件为

$$\lim_{x\to x_0^-} f(x)=\lim_{x\to x_0^+} f(x)=A.$$

例 2.3 用定义证明 $\lim\limits_{x\to 3}\dfrac{x^2-9}{x-3}=6$.

证 当 $x\neq 3$ 时，

$$|f(x)-A|=\left|\frac{x^2-9}{x-3}-6\right|=|x-3|,$$

任意给定 $\varepsilon>0$，要使 $|f(x)-A|<\varepsilon$，只要取 $\delta=\varepsilon$，则当 $0<|x-3|<\delta$ 时，就有

$$\left|\frac{x^2-9}{x-3}-6\right|<\varepsilon,$$

故由定义 2.5 知

$$\lim_{x\to 3}\frac{x^2-9}{x-3}=6.$$

例 2.4　设 $f(x)=\begin{cases}x-1, & x\leqslant 0,\\ x^2, & x>0,\end{cases}$ 讨论 $\lim\limits_{x\to 0}f(x)$ 是否存在.

解　由图 2-4 得

$$\lim_{x\to 0^-}f(x)=\lim_{x\to 0^-}(x-1)=-1,\lim_{x\to 0^+}f(x)=\lim_{x\to 0^+}x^2=0,$$

即有

$$\lim_{x\to 0^-}f(x)\neq\lim_{x\to 0^+}f(x),$$

所以 $\lim\limits_{x\to 0}f(x)$ 不存在.

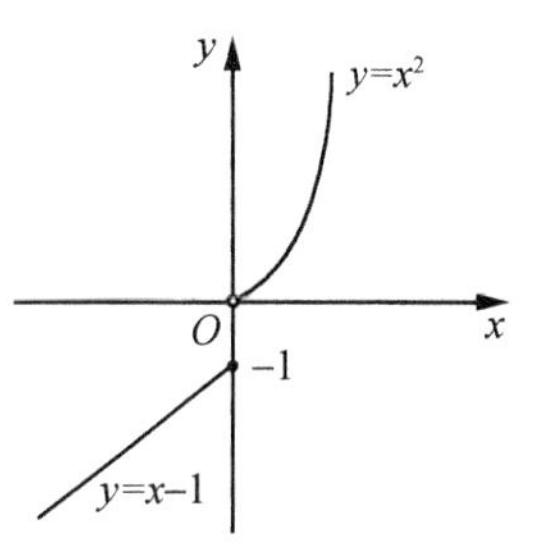

图 2-4

例 2.5　设 $f(x)=\begin{cases}\sqrt{x}, & x\geqslant 0,\\ \sin x, & x<0,\end{cases}$ 求 $\lim\limits_{x\to 0}f(x)$.

解　因为

$$\lim_{x\to 0^-}f(x)=\lim_{x\to 0^-}\sin x=0,\lim_{x\to 0^+}f(x)=\lim_{x\to 0^+}\sqrt{x}=0,$$

故

$$\lim_{x\to 0}f(x)=0.$$

二、$x\to\infty$ 时函数 $f(x)$ 的极限

对于函数 $f(x)$ 的自变量 x：若 x 取正值且无限增大，则记为 $x\to+\infty$；若 x 取负值且 $|x|$ 无限增大，则记为 $x\to-\infty$；若 x 既可取正值又可取负值，且其绝对值 $|x|$ 无限增大，则记为 $x\to\infty$.

定义 2.7　设函数 $f(x)$ 在 $|x|>M$（M 为正的常数）时有定义，当 $x\to\infty$ 时，函数 $f(x)$ 趋近于常数 A，称 A 为 $x\to\infty$ 时函数 $f(x)$ 的极限，记为

$$\lim_{x\to\infty}f(x)=A \text{ 或 } f(x)\to A(x\to\infty).$$

与数列极限类似，$x\to\infty$ 时函数 $f(x)$ 的极限的严格数学定义为：

定义 2.8　设函数 $f(x)$ 在 $|x|>M$（M 为正的常数）时有定义，A 为常数，若对任意给定的正数 ε（不论多么小），总存在正数 X，使当 $|x|>X$ 时，恒有

$$|f(x)-A|<\varepsilon,$$

则称常数 A 为 $x\to\infty$ 时函数 $f(x)$ 的极限，记为 $\lim\limits_{x\to\infty}f(x)=A$.

$\lim\limits_{x\to\infty}f(x)=A$ 的几何意义：作直线 $y=A-\varepsilon$ 和 $y=A+\varepsilon$，则总存在一个正数 X，使得当 $|x|>X$ 时，函数 $y=f(x)$ 的图形位于这两条直线之间(图 2-5).

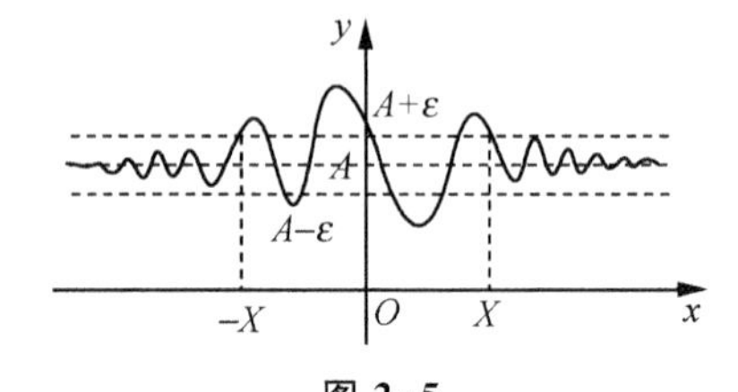

图 2-5

类似地，当 $x\to-\infty$(或 $x\to+\infty$)时，函数 $f(x)$ 趋近于常数 A，则称常数 A 为 $x\to-\infty$(或 $x\to+\infty$)时函数 $f(x)$ 的极限，记为

$$\lim_{x\to-\infty}f(x)=A\text{(或}\lim_{x\to+\infty}f(x)=A\text{)}.$$

与定理 2.5 类似，同样有如下结论：

$$\lim_{x\to\infty}f(x)=A\Leftrightarrow\lim_{x\to-\infty}f(x)=\lim_{x\to+\infty}f(x)=A.$$

例 2.6 用定义证明 $\lim\limits_{x\to\infty}\dfrac{\sin x}{x}=0$.

证 对任意给定的 $\varepsilon>0$，要使

$$\left|\frac{\sin x}{x}-0\right|=\left|\frac{\sin x}{x}\right|\leqslant\frac{1}{|x|}<\varepsilon,$$

只需 $|x|>\dfrac{1}{\varepsilon}$，因此，取 $X=\dfrac{1}{\varepsilon}$，则当 $|x|>X$ 时，必有

$$\left|\frac{\sin x}{x}-0\right|\leqslant\frac{1}{|x|}<\frac{1}{X}=\varepsilon,$$

于是由定义 2.8 知

$$\lim_{x\to\infty}\frac{\sin x}{x}=0.$$

例 2.7 讨论极限 $\lim\limits_{x\to\infty}\arctan x$ 是否存在.

解 由函数 $f(x)=\arctan x$ 的图形(图 1-21)可知：

$$\lim_{x\to-\infty}\arctan x=-\frac{\pi}{2},\ \lim_{x\to+\infty}\arctan x=\frac{\pi}{2}.$$

由于

$$\lim_{x\to-\infty}\arctan x\neq\lim_{x\to+\infty}\arctan x,$$

故$\lim\limits_{x\to\infty}\arctan x$不存在.

例 2.8　设 $f(x)=\dfrac{1-2^{\frac{1}{x}}}{1+2^{\frac{1}{x}}}$,求$\lim\limits_{x\to 0}f(x)$.

解　当 $x\to 0^-$ 时,$\dfrac{1}{x}\to-\infty$,即 $2^{\frac{1}{x}}\to 0$,因此

$$\lim_{x\to 0^-}f(x)=\lim_{x\to 0^-}\frac{1-2^{\frac{1}{x}}}{1+2^{\frac{1}{x}}}=1;$$

当 $x\to 0^+$ 时,$\dfrac{1}{x}\to+\infty$,则 $2^{\frac{1}{x}}\to+\infty$,因此

$$\lim_{x\to 0^+}f(x)=\lim_{x\to 0^+}\frac{1-2^{\frac{1}{x}}}{1+2^{\frac{1}{x}}}=\lim_{x\to 0^+}\frac{2^{-\frac{1}{x}}-1}{2^{-\frac{1}{x}}+1}=-1.$$

所以

$$\lim_{x\to 0^-}f(x)\neq\lim_{x\to 0^+}f(x),$$

因而$\lim\limits_{x\to 0}f(x)$不存在.

若$\lim\limits_{x\to\infty}f(x)=C$,则称直线 $y-C$ 为函数 $y=f(x)$图形的**水平渐近线**. 例如,例 2.6 中直线 $y=0$ 为 $y=\dfrac{\sin x}{x}$的水平渐近线,同样例 2.7 中直线 $y=-\dfrac{\pi}{2}$及 $y=\dfrac{\pi}{2}$均为 $y=\arctan x$ 的水平渐近线.

三、函数极限的性质

利用函数极限的定义,可以证明类似数列极限的一些相应性质. 下面仅以 $x\to x_0$ 的极限形式给出这些性质,至于其他形式的极限的性质,只需稍作修改即可得到.

定理 2.6　函数极限具有如下基本性质:

(1)(唯一性)　若$\lim\limits_{x\to x_0}f(x)$存在,则其极限值唯一;

(2)(局部有界性)　若$\lim\limits_{x\to x_0}f(x)$存在,则函数 $f(x)$在 x_0 的某去心邻域内有界;

(3)(局部保号性)　若$\lim\limits_{x\to x_0}f(x)=A$,且 $A>0$(或 $A<0$),则在 x_0 的某去心邻域内恒有

$$f(x)>0(\text{或 } f(x)<0);$$

(4) 若$\lim\limits_{x\to x_0}f(x)=A$，且在$x_0$的某去心邻域内$f(x)>0$（或$f(x)<0$），则有$A\geqslant 0$（或$A\leqslant 0$）.

习题 2-2

1. 利用函数极限的定义，证明下列极限.

(1) $\lim\limits_{x\to 3}(2x-1)=5$；　　(2) $\lim\limits_{x\to\infty}\dfrac{2x+3}{3x}=\dfrac{2}{3}$.

2. 讨论下列函数在给定点处的极限是否存在. 若存在，求其极限值.

(1) $f(x)=\begin{cases}1-\sqrt{1-x}, & x<1,\\ x-1, & x>1\end{cases}$ 在$x=1$处；

(2) $f(x)=\begin{cases}2x+1, & x\leqslant 1,\\ x^2-x+3, & 1<x\leqslant 2,\\ x^3-1, & x>2\end{cases}$ 在$x=1$与$x=2$处.

3. 求下列函数的极限.

(1) $\lim\limits_{x\to-\infty}\mathrm{e}^x$；　(2) $\lim\limits_{x\to+\infty}\operatorname{arccot}x$；　(3) $\lim\limits_{x\to+\infty}\left(\dfrac{1}{2}\right)^x$.

§2.3 无穷小与无穷大

对无穷小的认识问题，可以远溯到古希腊，那时，阿基米德就曾用无限小量方法得到许多重要的数学结果，但他认为无限小量方法存在着不合理的地方. 直到1821年，柯西在他的《分析教程》中才对无限小（即这里所说的无穷小）这一概念给出了明确的回答. 而有关无穷小的理论就是在柯西的理论基础上发展起来的.

定义 2.9 极限为零的变量（函数）称为**无穷小**.

例如，

(1) $\lim\limits_{x\to 0}\sin x=0$，函数$\sin x$是当$x\to 0$时的无穷小；

(2) $\lim\limits_{x\to\infty}\dfrac{1}{x}=0$，函数$\dfrac{1}{x}$是当$x\to\infty$时的无穷小；

(3) $\lim\limits_{n\to\infty}\frac{1}{2^n}=0$，$\frac{1}{2^n}$是当$n\to\infty$时的无穷小.

注 (1) 根据定义，无穷小本质上是这样一个变量(函数)：在某个过程(如$x\to x_0$或$x\to\infty$)中，该变量的绝对值能小于任意给定的正数ε. 无穷小不能与很小的数(如千万分之一)混淆. 但零是可以作为无穷小的唯一常数.

(2) 无穷小是相对于x的某个变化过程而言的. 例如，当$x\to\infty$时，$\frac{1}{x}$是无穷小；当$x\to 3$时，$\frac{1}{x}$不是无穷小.

定理 2.7 $\lim\limits_{x\to x_0}f(x)=A$的充分必要条件是

$$f(x)=A+\alpha(x),$$

其中$\alpha(x)$是当$x\to x_0$时的无穷小.

证 必要性 设$\lim\limits_{x\to x_0}f(x)=A$，则对任意给定的$\varepsilon>0$，存在$\delta>0$，使当$0<|x-x_0|<\delta$时，恒有

$$|f(x)-A|<\varepsilon,$$

令$\alpha=f(x)-A$，则α是当$x\to x_0$时的无穷小，且

$$f(x)=A+\alpha.$$

充分性 设$f(x)=A+\alpha$，其中A为常数，α是当$x\to x_0$时的无穷小，于是

$$|f(x)-A|=|\alpha|.$$

因为α是当$x\to x_0$时的无穷小，故对任意给定的$\varepsilon>0$，存在$\delta>0$，使当$0<|x-x_0|<\delta$时，恒有$|\alpha|<\varepsilon$，即

$$|f(x)-A|<\varepsilon,$$

从而$\lim\limits_{x\to x_0}f(x)=A$.

注 (1) 定理2.7对$x\to\infty$等其他情形也成立(读者自证).

(2) 定理2.7的结论在今后的学习中有重要的应用，尤其是在理论推导或证明中，它将函数的极限运算问题转化为常数与无穷小的代数运算问题.

利用极限的定义可证：

定理 2.8 无穷小有如下性质：

(1) 有限个无穷小的和或差仍为无穷小；

(2) 有限个无穷小的积仍为无穷小；

(3) 无穷小与有界函数之积是无穷小;常数与无穷小之积仍为无穷小.

例如,例 2.6 中,因 $x\to\infty$ 时,$\dfrac{1}{x}$是无穷小,而 $\sin x$ 是有界函数,由定理 2.8 立即得$\lim\limits_{x\to\infty}\dfrac{\sin x}{x}=0$.

例 2.9 求$\lim\limits_{x\to 0}x\sin\dfrac{1}{x}$.

解 因 $x\neq 0$ 时,$\left|\sin\dfrac{1}{x}\right|\leqslant 1$,故 $x\neq 0$ 时,$\sin\dfrac{1}{x}$为有界函数;又因 $x\to 0$ 时,x 为无穷小,由定理 2.8 可知,$x\to 0$ 时,$x\sin\dfrac{1}{x}$为无穷小,即有

$$\lim_{x\to 0}x\sin\frac{1}{x}=0.$$

二、无穷大

定义 2.10 当 $x\to x_0$(或 $x\to\infty$)时,函数 $f(x)$的绝对值$|f(x)|$无限增大(即大于预先给定的任意正数),则称函数 $f(x)$为 $x\to x_0$(或 $x\to\infty$)时的**无穷大**,记为

$$\lim_{x\to x_0}f(x)=\infty(\lim_{x\to\infty}f(x)=\infty).$$

若$\lim\limits_{x\to x_0}f(x)=+\infty$(或$\lim\limits_{x\to x_0}f(x)=-\infty$),则称函数 $f(x)$为 $x\to x_0$ 时的**正无穷大**(或**负无穷大**).

若$\lim\limits_{x\to x_0}f(x)=\infty$,则称直线 $x=x_0$ 为 $y=f(x)$图形的**铅直渐近线**.

例如,$x\to 1$ 时,$y=\dfrac{1}{x-1}$的绝对值无限增大,即当 $x\to 1$ 时,$y=\dfrac{1}{x-1}$是无穷大,故$\lim\limits_{x\to 1}\dfrac{1}{x-1}=\infty$,$x=1$ 为 $y=\dfrac{1}{x-1}$的铅直渐近线(图 2-6).

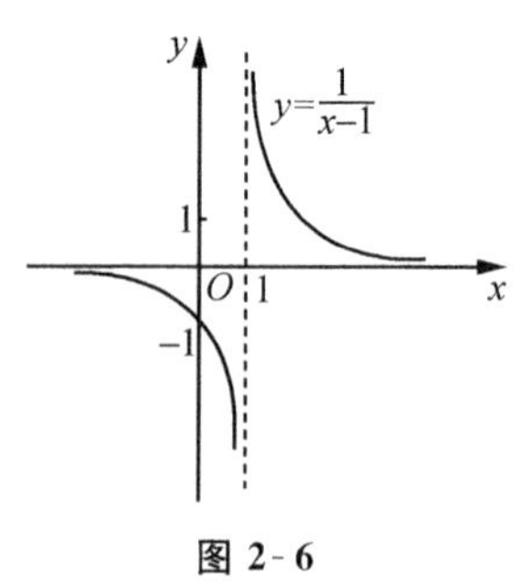

图 2-6

同理,$\lim\limits_{x\to+\infty}10^x=+\infty$,$\lim\limits_{x\to 0^+}\ln x=-\infty$,$\lim\limits_{n\to\infty}(1-n^2)=-\infty$,而$\lim\limits_{n\to\infty}(-1)^n n=\infty$.

无穷大与无穷小之间有一种简单的关系,即

定理 2.9 在自变量的同一变化过程中,若 $f(x)$为无穷大,则$\dfrac{1}{f(x)}$为无穷

小；反之，若 $f(x)$ 为无穷小，且 $f(x)\neq 0$，则 $\dfrac{1}{f(x)}$ 为无穷大.

例如，因 $\lim\limits_{x\to+\infty} e^{x}=+\infty$，故 $\lim\limits_{x\to+\infty} e^{-x}=0$；因 $\lim\limits_{x\to1}(x-1)=0$，故 $\lim\limits_{x\to1}\dfrac{1}{x-1}=\infty$.

例 2.10　求 $\lim\limits_{x\to2}\dfrac{x^3-2x^2}{(x-2)^2}$.

解　因为

$$\lim_{x\to2}\frac{(x-2)^2}{x^3-2x^2}=\lim_{x\to2}\frac{(x-2)^2}{x^2(x-2)}=\lim_{x\to2}\frac{x-2}{x^2}=0,$$

故 $x\to2$ 时，$\dfrac{(x-2)^2}{x^3-2x^2}$ 为无穷小，由定理 2.9 得

$$\lim_{x\to2}\frac{x^3-2x^2}{(x-2)^2}=\infty.$$

习题 2-3

1. 观察并判定下列变量当 x 趋近于何值时为无穷小.

(1) $f(x)=\dfrac{x-2}{x^2+2}$；　　(2) $f(x)=\ln(1+x)$；

(3) $f(x)=e^{1-x}$；　　(4) $f(x)=\dfrac{1}{\ln(4-x)}$.

2. 观察并判定下列变量当 x 趋近于何值时为无穷大.

(1) $f(x)=\dfrac{x^2+1}{x^2-4}$；　　(2) $f(x)=\ln|1-x|$；

(3) $f(x)=e^{-\frac{1}{x}}$；　　(4) $f(x)=\dfrac{1}{\sqrt{x-5}}$.

3. 求下列极限并写出相应的渐近线方程.

(1) $\lim\limits_{x\to\left(-\frac{\pi}{2}\right)^-}\tan x$；　　(2) $\lim\limits_{x\to\infty}\dfrac{\arctan x}{x}$.

§2.4 极限运算法则

本节建立极限的四则运算法则和复合函数的极限运算法则.在下面的讨论中自变量的变化过程仅指 $x\to x_0$,事实上,$x\to\infty$、单侧极限及数列极限完全类似.

一、极限的四则运算法则

利用极限与无穷小的关系(定理2.7)和无穷小的性质(定理2.8),可以证明如下的极限四则运算法则:

定理 2.10 设 $\lim\limits_{x\to x_0}f(x)=A$,$\lim\limits_{x\to x_0}g(x)=B$,则

(1) $\lim\limits_{x\to x_0}[f(x)\pm g(x)]=\lim\limits_{x\to x_0}f(x)\pm\lim\limits_{x\to x_0}g(x)=A\pm B$;

(2) $\lim\limits_{x\to x_0}[f(x)\cdot g(x)]=\lim\limits_{x\to x_0}f(x)\cdot\lim\limits_{x\to x_0}g(x)=A\cdot B$;

(3) $\lim\limits_{x\to x_0}\dfrac{f(x)}{g(x)}=\dfrac{\lim\limits_{x\to x_0}f(x)}{\lim\limits_{x\to x_0}g(x)}=\dfrac{A}{B}(B\neq 0)$.

证 现证明(2),其他留给读者考虑.

因为 $\lim\limits_{x\to x_0}f(x)=A$,$\lim\limits_{x\to x_0}g(x)=B$,由定理2.7有

$$f(x)=A+\alpha(x),g(x)=B+\beta(x),$$

其中 $\alpha(x)$,$\beta(x)$ 均为 $x\to x_0$ 时的无穷小.于是有

$$f(x)g(x)=AB+[A\beta(x)+B\alpha(x)+\alpha(x)\beta(x)].$$

由无穷小的性质(定理2.8)可知,$A\beta(x)+B\alpha(x)+\alpha(x)\beta(x)$ 为无穷小,再由定理2.7得

$$\lim_{x\to x_0}[f(x)\cdot g(x)]=AB=\lim_{x\to x_0}f(x)\cdot\lim_{x\to x_0}g(x).$$

上述极限的和、差、积的运算法则,可以推广到有限个函数的情形.

推论 2.2 设 $\lim\limits_{x\to x_0}f(x)$ 存在,C 为常数,则有

$$\lim_{x\to x_0}[Cf(x)]=C\lim_{x\to x_0}f(x).$$

推论 2.3 设 $\lim\limits_{x\to x_0}f_1(x)$,$\lim\limits_{x\to x_0}f_2(x)$,$\cdots$,$\lim\limits_{x\to x_0}f_n(x)$ 都存在,$C_1,C_2,\cdots,C_n$ 为常数,则有

(1) $\lim\limits_{x\to x_0}[C_1f_1(x)+C_2f_2(x)+\cdots+C_nf_n(x)]=C_1\lim\limits_{x\to x_0}f_1(x)+C_2\lim\limits_{x\to x_0}f_2(x)+\cdots+C_n\lim\limits_{x\to x_0}f_n(x)$.

(2) $\lim\limits_{x\to x_0}[f_1(x)f_2(x)\cdots f_n(x)]=\lim\limits_{x\to x_0}f_1(x)\lim\limits_{x\to x_0}f_2(x)\cdots\lim\limits_{x\to x_0}f_n(x)$，特别地，$\lim\limits_{x\to x_0}[f(x)]^n=[\lim\limits_{x\to x_0}f(x)]^n$.

例 2.11　求$\lim\limits_{x\to 3}(2x^2-3x+2)$.

解　由推论 2.3，得

$$\lim_{x\to 3}(2x^2-3x+2)=2(\lim_{x\to 3}x)^2-3\lim_{x\to 3}x+2$$
$$=2\times 3^2-3\times 3+2=11.$$

例 2.11 可以推广到一般多项式的极限.

设 $P_n(x)=a_0x^n+a_1x^{n-1}+\cdots+a_{n-1}x+a_n$，则

$$\lim_{x\to x_0}P_n(x)=a_0(\lim_{x\to x_0}x)^n+a_1(\lim_{x\to x_0}x)^{n-1}+\cdots+a_{n-1}\lim_{x\to x_0}x+a_n$$
$$=a_0x_0^n+a_1x_0^{n-1}+\cdots+a_{n-1}x_0+a_n=P_n(x_0).$$

例 2.12　求$\lim\limits_{x\to 2}\dfrac{x^4-3x-8}{2x^3-x^2+1}$.

解　因为$\lim\limits_{x\to 2}(2x^3-x^2+1)=2\times 2^3-2^2+1=13\neq 0$，由定理 2.10 得

$$\lim_{x\to 2}\frac{x^4-3x-8}{2x^3-x^2+1}=\frac{\lim\limits_{x\to 2}(x^4-3x-8)}{\lim\limits_{x\to 2}(2x^3-x^2+1)}=\frac{2^4-3\times 2-8}{2\times 2^3-2^2+1}=\frac{2}{13}.$$

设有理分式函数

$$F(x)=\frac{P_n(x)}{Q_m(x)},$$

其中 $P_n(x)$，$Q_m(x)$分别为 n 次和 m 次多项式，且 $Q_m(x_0)\neq 0$，则

$$\lim_{x\to x_0}F(x)=\lim_{x\to x_0}\frac{P_n(x)}{Q_m(x)}=\frac{\lim\limits_{x\to x_0}P_n(x)}{\lim\limits_{x\to x_0}Q_m(x)}=\frac{P_n(x_0)}{Q_m(x_0)}=F(x_0).$$

例 2.13　求$\lim\limits_{x\to 1}\dfrac{4x-1}{x^2+2x-3}$.

解　因$\lim\limits_{x\to 1}(x^2+2x-3)=0$，所以极限商的法则不能用. 又

$$\lim_{x\to 1}\frac{x^2+2x-3}{4x-1}=0,$$

由无穷小与无穷大的关系，得

$$\lim_{x\to 1}\frac{4x-1}{x^2+2x-3}=\infty.$$

例 2.14 求$\lim\limits_{x\to 1}\dfrac{x^2-1}{x^2+2x-3}$.

解 当$x\to 1$时,分子和分母的极限都是零,此时应先约去不为零的无穷小因子$(x-1)$后再求极限.

$$\lim_{x\to 1}\frac{x^2-1}{x^2+2x-3}=\lim_{x\to 1}\frac{(x+1)(x-1)}{(x+3)(x-1)}=\lim_{x\to 1}\frac{x+1}{x+3}=\frac{1}{2}.$$

例 2.15 求$\lim\limits_{x\to\infty}\dfrac{2x^3+3x^2+5}{7x^3+4x^2-1}$.

解 当$x\to\infty$时,分子和分母的极限都是无穷大,不能用极限商的法则,此时可采用分子、分母同除以x的最高次幂将其变形,即同除以x^3,有

$$\lim_{x\to\infty}\frac{2x^3+3x^2+5}{7x^3+4x^2-1}=\lim_{x\to\infty}\frac{2+\dfrac{3}{x}+\dfrac{5}{x^3}}{7+\dfrac{4}{x}-\dfrac{1}{x^3}}=\frac{2}{7}.$$

> **注** 当$a_0\neq 0, b_0\neq 0, m$和n为非负整数时,有
>
> $$\lim_{x\to\infty}\frac{a_0x^m+a_1x^{m-1}+\cdots+a_m}{b_0x^n+b_1x^{n-1}+\cdots+b_n}=\begin{cases}\dfrac{a_0}{b_0}, & n=m,\\ 0, & n>m,\\ \infty, & n<m.\end{cases}$$

例 2.16 求$\lim\limits_{n\to\infty}\left(\dfrac{1}{n^2}+\dfrac{2}{n^2}+\cdots+\dfrac{n}{n^2}\right)$.

解 当$n\to\infty$时,题设极限是无穷多个无穷小之和,先变形再求极限.

$$\begin{aligned}\lim_{n\to\infty}\left(\frac{1}{n^2}+\frac{2}{n^2}+\cdots+\frac{n}{n^2}\right)&=\lim_{n\to\infty}\frac{1+2+\cdots+n}{n^2}\\&=\lim_{n\to\infty}\frac{\frac{1}{2}n(n+1)}{n^2}\\&=\lim_{n\to\infty}\frac{1}{2}\left(1+\frac{1}{n}\right)=\frac{1}{2}.\end{aligned}$$

例 2.17 求$\lim\limits_{x\to+\infty}(\sqrt{x+1}-\sqrt{x})$.

解 当$x\to+\infty$时,$\sqrt{x+1}$与$\sqrt{x}$均为无穷大,但经有理化变形后,可得

$$\lim_{x\to+\infty}\sqrt{x+1}-\sqrt{x}=\lim_{x\to+\infty}\frac{1}{\sqrt{x+1}+\sqrt{x}}=0.$$

例 2.18　已知$\lim\limits_{x\to\infty}\left(\dfrac{x^2+2}{x-1}-ax-b\right)=0$，求常数 a,b.

解　由于

$$\lim_{x\to\infty}\left(\frac{x^2+2}{x-1}-ax-b\right)=\lim_{x\to\infty}\frac{(1-a)x^2+(a-b)x+2+b}{x-1}=0,$$

于是，上式中分子多项式的次数应为零，故有 $1-a=0$ 且 $a-b=0$，由此解得 $a=b=1$.

例 2.19　求$\lim\limits_{x\to\infty}\dfrac{x^2+1}{x^3+x+2}(\sin x+\cos x)$.

解　由于

$$\lim_{x\to\infty}\frac{x^2+1}{x^3+x+2}=0,$$

且$|\sin x+\cos x|<2$，故由无穷小的性质（定理 2.8(3)），得

$$\lim_{x\to\infty}\frac{x^2+1}{x^3+x+2}(\sin x+\cos x)=0.$$

> **注**　如下求解过程是错误的：
>
> $$\lim_{x\to\infty}\frac{x^2+1}{x^3+x+2}(\sin x+\cos x)=\lim_{x\to\infty}\frac{x^2+1}{x^3+x+2}\cdot\lim_{x\to\infty}(\sin x+\cos x)=0,$$
>
> 这是因为$\lim\limits_{x\to\infty}(\sin x+\cos x)$不存在，不能运用极限的乘积运算法则.

二、复合函数的极限

由极限的定义可以证明如下关于复合函数极限的定理，通常称为变量替换定理：

定理 2.11（变量替换定理）　设 $y=f(u)$ 与 $u=g(x)$ 构成复合函数 $y=f[g(x)]$. 若$\lim\limits_{x\to x_0}g(x)=u_0$，且 $g(x)\neq u_0(x\neq x_0)$，又$\lim\limits_{u\to u_0}f(u)=A$，则有

$$\lim_{x\to x_0}f[g(x)]=\lim_{u\to u_0}f(u)=A.$$

定理 2.11 为极限计算中经常用到的“变量替换法”提供了理论依据. 实际上，若令 $u=g(x)$，则极限$\lim\limits_{x\to x_0}f[g(x)]$就转化为求极限$\lim\limits_{u\to u_0}f(u)$，而后者可能较易计算.

例 2.20 求极限$\lim\limits_{x\to 1}\ln\dfrac{x^2-1}{2(x-1)}$.

解 由定理2.11有

$$\lim_{x\to 1}\ln\frac{x^2-1}{2(x-1)}=\ln\left[\lim_{x\to 1}\frac{x^2-1}{2(x-1)}\right]=\ln\left(\lim_{x\to 1}\frac{x+1}{2}\right)=\ln 1=0.$$

例 2.21 求$\lim\limits_{x\to\frac{\pi}{2}}\dfrac{\cos^2 x}{2-\sin x-\sin^2 x}$.

解 作变换$u=\sin x$,则当$x\to\dfrac{\pi}{2}$时,$u\to 1$,于是由定理2.11可得

$$\lim_{x\to\frac{\pi}{2}}\frac{\cos^2 x}{2-\sin x-\sin^2 x}=\lim_{u\to 1}\frac{1-u^2}{2-u-u^2}=\lim_{u\to 1}\frac{(1-u)(1+u)}{(1-u)(2+u)}$$

$$=\lim_{u\to 1}\frac{1+u}{2+u}=\frac{2}{3}.$$

习题 2-4

1. 求下列数列的极限.

(1) $\lim\limits_{n\to\infty}\dfrac{3n+5}{\sqrt{n^2+n+4}}$;

(2) $\lim\limits_{n\to\infty}(1+2^n+3^n)^{\frac{1}{n}}$;

(3) $\lim\limits_{n\to\infty}\dfrac{(-1)^n+2^n}{(-1)^{n+1}+2^{n+1}}$;

(4) $\lim\limits_{n\to\infty}\dfrac{1+\frac{1}{2}+\frac{1}{2^2}+\cdots+\frac{1}{2^n}}{1+\frac{1}{4}+\frac{1}{4^2}+\cdots+\frac{1}{4^n}}$.

2. 求下列函数的极限.

(1) $\lim\limits_{x\to 0}\dfrac{(x+a)^2-a^2}{x}$($a$为常数);

(2) $\lim\limits_{x\to 1}\left(\dfrac{1}{1-x}-\dfrac{3}{1-x^3}\right)$;

(3) $\lim\limits_{x\to 1}\dfrac{\sqrt{3-x}-\sqrt{1+x}}{x^2-1}$;

(4) $\lim\limits_{x\to\infty}\dfrac{3x^2+5x+1}{x^2+3x+4}$;

(5) $\lim\limits_{x\to\infty}\dfrac{(x-1)^{10}(3x-1)^{10}}{(x+1)^{20}}$;

(6) $\lim\limits_{x\to\infty}\dfrac{2x^3+3x+1}{4x^5+2x+7}$;

(7) $\lim\limits_{x\to+\infty}x(3x-\sqrt{9x^2-6})$;

(8) $\lim\limits_{x\to+\infty}\dfrac{\cos x}{e^x+e^{-x}}$.

3. 求解下列各题中的常数a和b.

(1) 已知$\lim\limits_{x\to 3}\dfrac{x-3}{x^2+ax+b}=1$；

(2) 已知$\lim\limits_{x\to+\infty}(\sqrt{x^2+x+1}-ax-b)=k$（$k$ 为已知常数）.

§2.5　极限存在准则与两个重要极限

一、极限存在准则

利用数列极限的定义与函数极限的定义，易证下列极限存在准则.

定理 2.12（**夹逼准则**）

(1) 若数列$\{x_n\}$，$\{y_n\}$，$\{z_n\}$满足下列条件：

1) $y_n\leqslant x_n\leqslant z_n$（$n\geqslant N$，$N$ 是个正整数），

2) $\lim\limits_{n\to\infty}y_n=\lim\limits_{n\to\infty}z_n=a$，

则数列$\{x_n\}$的极限存在，且$\lim\limits_{n\to\infty}x_n=a$.

(2) 假设在 x_0 的某去心邻域内有

$$g(x)\leqslant f(x)\leqslant h(x),$$

且有

$$\lim_{x\to x_0}g(x)=\lim_{x\to x_0}h(x)=A,$$

则极限$\lim\limits_{x\to x_0}f(x)$存在，且有$\lim\limits_{x\to x_0}f(x)=A$.

例 2.22　求$\lim\limits_{n\to\infty}\left(\dfrac{1}{\sqrt{n^2+1}}+\dfrac{1}{\sqrt{n^2+2}}+\cdots+\dfrac{1}{\sqrt{n^2+n}}\right)$.

解　设 $x_n=\dfrac{1}{\sqrt{n^2+1}}+\dfrac{1}{\sqrt{n^2+2}}+\cdots+\dfrac{1}{\sqrt{n^2+n}}$，因

$$\frac{n}{\sqrt{n^2+n}}\leqslant x_n\leqslant\frac{n}{\sqrt{n^2+1}},$$

又

$$\lim_{n\to\infty}\frac{n}{\sqrt{n^2+n}}=\lim_{n\to\infty}\frac{1}{\sqrt{1+\frac{1}{n}}}=1,\ \lim_{n\to\infty}\frac{n}{\sqrt{n^2+1}}=\lim_{n\to\infty}\frac{1}{\sqrt{1+\frac{1}{n^2}}}=1,$$

由夹逼准则得

$$\lim_{n\to\infty}x_n=\lim_{n\to\infty}\left(\frac{1}{\sqrt{n^2+1}}+\frac{1}{\sqrt{n^2+2}}+\cdots+\frac{1}{\sqrt{n^2+n}}\right)=1.$$

定义 2.11 若数列$\{x_n\}$满足条件

$$x_1\leqslant x_2\leqslant\cdots\leqslant x_n\leqslant x_{n+1}\leqslant\cdots,$$

则称数列$\{x_n\}$是单调增加的;若数列$\{x_n\}$满足条件

$$x_1\geqslant x_2\geqslant\cdots\geqslant x_n\geqslant x_{n+1}\geqslant\cdots,$$

则称数列$\{x_n\}$是单调减少的.单调增加和单调减少的数列统称为**单调数列**.

定理 2.13 单调有界数列必有极限.

由定理 2.2 知收敛的数列必定有界,但有界的数列不一定收敛.定理 2.13 表明,若一数列不仅有界,而且单调,则该数列一定收敛.

例 2.23 设有数列 $x_1=\sqrt{3}$,$x_2=\sqrt{3+x_1}$,$\cdots$,$x_n=\sqrt{3+x_{n-1}}$,$\cdots$,求$\lim\limits_{n\to\infty}x_n$.

解 显然 $x_{n+1}>x_n$,故$\{x_n\}$是单调增加的.下面用数学归纳法证明数列$\{x_n\}$有界.

因为 $x_1=\sqrt{3}<3$,假定 $x_k<3$,则有

$$x_{k+1}=\sqrt{3+x_k}<\sqrt{3+3}<3.$$

故$\{x_n\}$是有界的.根据定理 2.13 知$\lim\limits_{n\to\infty}x_n$ 存在.

设$\lim\limits_{n\to\infty}x_n=A$,因为

$$x_{n+1}=\sqrt{3+x_n},\text{即 } x_{n+1}^2=3+x_n,$$

所以

$$\lim_{n\to\infty}x_{n+1}^2=\lim_{n\to\infty}(3+x_n),$$

即

$$A^2=3+A.$$

解得

$$A=\frac{1+\sqrt{13}}{2}\text{或 }A=\frac{1-\sqrt{13}}{2}\text{(舍去)}.$$

所以

$$\lim_{n\to\infty}x_n=\frac{1+\sqrt{13}}{2}.$$

二、两个重要极限

1. $\lim\limits_{x\to 0}\frac{\sin x}{x}=1$

证　在图 2-7 所示的单位圆中，设圆心角$\angle AOB=x\left(0<x<\frac{\pi}{2}\right)$，点 A 处的切线与 OB 的延长线相交于点 D，又 $BC\perp OA$，则

$$\sin x=CB,\ x=\overset{\frown}{AB},\ \tan x=AD.$$

因为$\triangle AOB$ 的面积<扇形 AOB 的面积<$\triangle AOD$ 的面积，所以

$$\frac{1}{2}\sin x<\frac{1}{2}x<\frac{1}{2}\tan x,$$

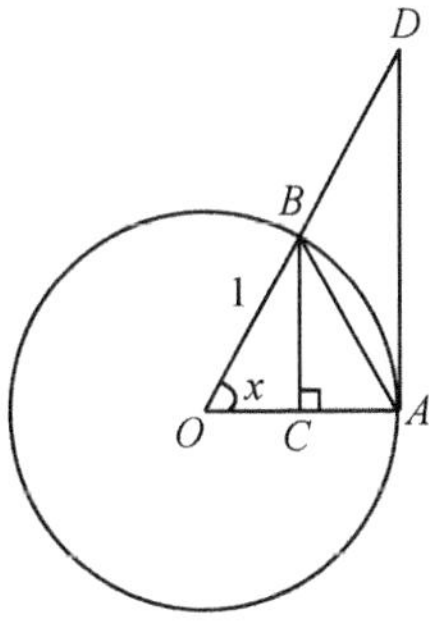

即

$$\sin x<x<\tan x,$$

不等式各项同除以 $\sin x$，有

$$1<\frac{x}{\sin x}<\frac{1}{\cos x},$$

图 2-7

从而

$$\cos x<\frac{\sin x}{x}<1.$$

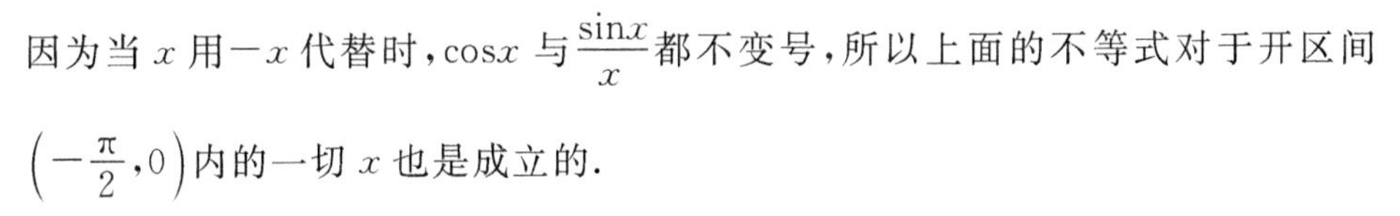

因为当 x 用 $-x$ 代替时，$\cos x$ 与$\frac{\sin x}{x}$都不变号，所以上面的不等式对于开区间$\left(-\frac{\pi}{2},0\right)$内的一切 x 也是成立的.

又$\lim\limits_{x\to 0}\cos x=1$，由夹逼准则，得

$$\lim_{x\to 0}\frac{\sin x}{x}=1. \tag{2.1}$$

利用重要极限 1，可求很多涉及三角函数的极限.

例 2.24　求下列极限.

(1) $\lim\limits_{x\to 0}\frac{\tan x}{x}$；　　(2) $\lim\limits_{x\to 0}\frac{1-\cos x}{x^2}$；

(3) $\lim\limits_{x\to 0}\frac{\arctan x}{x}$；　　(4) $\lim\limits_{x\to 0}\frac{x-\sin 2x}{x+\sin 2x}$.

解 (1) $\lim\limits_{x\to 0}\dfrac{\tan x}{x}=\lim\limits_{x\to 0}\dfrac{\sin x}{x}\cdot\dfrac{1}{\cos x}=\lim\limits_{x\to 0}\dfrac{\sin x}{x}\cdot\lim\limits_{x\to 0}\dfrac{1}{\cos x}=1$；

(2) $\lim\limits_{x\to 0}\dfrac{1-\cos x}{x^2}=\lim\limits_{x\to 0}\dfrac{2\sin^2\dfrac{x}{2}}{x^2}=\lim\limits_{x\to 0}\left(\dfrac{\sin\dfrac{x}{2}}{\dfrac{x}{2}}\right)^2\cdot\dfrac{1}{2}=\dfrac{1}{2}$；

(3) 令 $u=\arctan x$，则 $x=\tan u$，且 $x\to 0$ 时，$u\to 0$，于是

$$\lim_{x\to 0}\frac{\arctan x}{x}=\lim_{u\to 0}\frac{u}{\tan u}=\lim_{u\to 0}\frac{u}{\sin u}\cdot\cos u=1;$$

(4) $\lim\limits_{x\to 0}\dfrac{x-\sin 2x}{x+\sin 2x}=\lim\limits_{x\to 0}\dfrac{1-\dfrac{\sin 2x}{x}}{1+\dfrac{\sin 2x}{x}}=\lim\limits_{x\to 0}\dfrac{1-\dfrac{\sin 2x}{2x}\cdot 2}{1+\dfrac{\sin 2x}{2x}\cdot 2}=\dfrac{1-2}{1+2}=-\dfrac{1}{3}$.

2. $\lim\limits_{x\to\infty}\left(1+\dfrac{1}{x}\right)^x=\mathrm{e}$

考虑 x 取正整数 n 而趋向于 $+\infty$ 的情形.

设 $x_n=\left(1+\dfrac{1}{n}\right)^n$，我们来证明数列 x_n 单调增加并且有界，按牛顿二项公式，有

$$\begin{aligned}x_n&=\left(1+\frac{1}{n}\right)^n=1+\frac{n}{1!}\cdot\frac{1}{n}+\frac{n(n-1)}{2!}\cdot\frac{1}{n^2}+\frac{n(n-1)(n-2)}{3!}\cdot\frac{1}{n^3}+\cdots\\&\quad+\frac{n(n-1)\cdots(n-n+1)}{n!}\cdot\frac{1}{n^n}\\&=1+1+\frac{1}{2!}\left(1-\frac{1}{n}\right)+\frac{1}{3!}\left(1-\frac{1}{n}\right)\left(1-\frac{2}{n}\right)+\cdots\\&\quad+\frac{1}{n!}\left(1-\frac{1}{n}\right)\left(1-\frac{2}{n}\right)\cdots\left(1-\frac{n-1}{n}\right).\end{aligned}$$

类似地，

$$\begin{aligned}x_{n+1}&=1+1+\frac{1}{2!}\left(1-\frac{1}{n+1}\right)+\frac{1}{3!}\left(1-\frac{1}{n+1}\right)\left(1-\frac{2}{n+1}\right)+\cdots\\&\quad+\frac{1}{n!}\left(1-\frac{1}{n+1}\right)\left(1-\frac{2}{n+1}\right)\cdots\left(1-\frac{n-1}{n+1}\right)\\&\quad+\frac{1}{(n+1)!}\left(1-\frac{1}{n+1}\right)\left(1-\frac{2}{n+1}\right)\cdots\left(1-\frac{n}{n+1}\right).\end{aligned}$$

比较 x_n 和 x_{n+1} 的展开式，可以看到除前两项外，x_n 的每一项都小于 x_{n+1} 的对应项，并且 x_{n+1} 还多了最后一项，其值大于 0，因此

$$x_n < x_{n+1}.$$

这就说明数列 x_n 是单调增加的. 这个数列同时还是有界的. 因为，如果 x_n 的展开式各项括号内的数用较大的数 1 代替，就有

$$x_n < 1+1+\frac{1}{2!}+\frac{1}{3!}+\cdots+\frac{1}{n!} < 1+1+\frac{1}{2}+\frac{1}{2^2}+\cdots+\frac{1}{2^{n-1}}$$

$$=1+\frac{1-\frac{1}{2^n}}{1-\frac{1}{2}}=3-\frac{1}{2^{n-1}}<3,$$

这就说明数列 $\{x_n\}$ 是有界的. 由单调有界收敛准则知 $\lim\limits_{n\to\infty}x_n$ 存在，利用数值计算发现这个极限为 e，即

$$\lim_{n\to\infty}\left(1+\frac{1}{n}\right)^n=\mathrm{e}. \tag{2.2}$$

可以证明(利用夹逼准则)，对一般实数 x，仍有

$$\lim_{x\to\infty}\left(1+\frac{1}{x}\right)^x=\mathrm{e}. \tag{2.3}$$

若令 $\alpha=\frac{1}{x}$，则式(2.3)为

$$\lim_{\alpha\to 0}(1+\alpha)^{\frac{1}{\alpha}}=\mathrm{e}. \tag{2.4}$$

例 2.25　求下列极限.

(1) $\lim\limits_{n\to\infty}\left(1+\frac{1}{n}\right)^{n+3}$；　　(2) $\lim\limits_{x\to\infty}\left(1+\frac{k}{x}\right)^x (k\neq 0)$；

(3) $\lim\limits_{x\to 0}(1-2x)^{\frac{1}{x}}$；　　(4) $\lim\limits_{x\to\infty}\left(\frac{x+3}{x+2}\right)^{2x}$.

解　(1) $\lim\limits_{n\to\infty}\left(1+\frac{1}{n}\right)^{n+3}=\lim\limits_{n\to\infty}\left(1+\frac{1}{n}\right)^n\cdot\left(1+\frac{1}{n}\right)^3=\mathrm{e}\cdot 1^3=\mathrm{e}$；

(2) $\lim\limits_{x\to\infty}\left(1+\frac{k}{x}\right)^x=\lim\limits_{x\to\infty}\left[\left(1+\frac{k}{x}\right)^{\frac{x}{k}}\right]^k=\left[\lim\limits_{x\to\infty}\left(1+\frac{k}{x}\right)^{\frac{x}{k}}\right]^k=\mathrm{e}^k$；

(3) $\lim\limits_{x\to 0}(1-2x)^{\frac{1}{x}}=\lim\limits_{x\to 0}[1+(-2x)]^{\frac{1}{-2x}\cdot(-2)}=\mathrm{e}^{-2}$；

(4) $\lim\limits_{x\to\infty}\left(\frac{x+3}{x+2}\right)^{2x}=\lim\limits_{x\to\infty}\left(\frac{1+\frac{3}{x}}{1+\frac{2}{x}}\right)^{2x}=\frac{\left[\lim\limits_{x\to\infty}\left(1+\frac{3}{x}\right)^{\frac{x}{3}}\right]^6}{\left[\lim\limits_{x\to\infty}\left(1+\frac{2}{x}\right)^{\frac{x}{2}}\right]^4}=\frac{\mathrm{e}^6}{\mathrm{e}^4}=\mathrm{e}^2$.

例 2.26　求下列极限.

(1) $\lim\limits_{x\to 0}\dfrac{\ln(1+x)}{x}$；　　　　(2) $\lim\limits_{x\to 0}\dfrac{e^x-1}{x}$.

解　(1) $\lim\limits_{x\to 0}\dfrac{\ln(1+x)}{x}=\lim\limits_{x\to 0}\ln(1+x)^{\frac{1}{x}}=\ln[\lim\limits_{x\to 0}(1+x)^{\frac{1}{x}}]=\ln e=1$；

(2) 令 $u=e^x-1$，则 $x=\ln(1+u)$，且 $x\to 0$ 时，$u\to 0$，于是由(1)得

$$\lim_{x\to 0}\frac{e^x-1}{x}=\lim_{u\to 0}\frac{u}{\ln(1+u)}=1.$$

在利用第二个重要极限求函数极限时，常遇到幂指函数$[f(x)]^{g(x)}$的极限问题，如果$\lim\limits_{x\to x_0}f(x)=A>0$，$\lim\limits_{x\to x_0}g(x)=B$，那么可以证明

$$\lim_{x\to x_0}[f(x)]^{g(x)}=A^B. \tag{2.5}$$

例 2.27　求$\lim\limits_{x\to 0}(1+x)^{\frac{3}{\tan x}}$.

解　$\lim\limits_{x\to 0}(1+x)^{\frac{3}{\tan x}}=\lim\limits_{x\to 0}[(1+x)^{\frac{1}{x}}]^{\frac{3x}{\tan x}}$，

因为

$$\lim_{x\to 0}(1+x)^{\frac{1}{x}}=e,\lim_{x\to 0}\frac{3x}{\tan x}=3,$$

所以

$$\lim_{x\to 0}(1+x)^{\frac{3}{\tan x}}=e^3.$$

三、连续复利

设有一笔本金 A_0 存入银行，年利率为 r，则第一年年末结算时，其本利和为

$$A_1=A_0+rA_0=A_0(1+r).$$

若一年分两期计息，每期利率为$\dfrac{r}{2}$，且前一期的本利和为后一期的本金，则第一年年末的本利和为

$$A_2=A_0\left(1+\frac{r}{2}\right)+A_0\left(1+\frac{r}{2}\right)\frac{r}{2}=A_0\left(1+\frac{r}{2}\right)^2.$$

若一年分 n 期计息，每期利率为$\dfrac{r}{n}$，且前一期的本利和为后一期的本金，则第 t 年年末的本利和为

$$A_n(t)=A_0\left(1+\frac{r}{n}\right)^{nt}. \tag{2.6}$$

令 $n\to\infty$，则表示利息随时计入本金，因此，第 t 年年末的本利和为

$$A(t)=\lim_{n\to\infty}A_n(t)=\lim_{n\to\infty}A_0\left(1+\frac{r}{n}\right)^{nt}=A_0\lim_{n\to\infty}\left[\left(1+\frac{r}{n}\right)^{\frac{n}{r}}\right]^{rt}=A_0e^{rt}.\quad(2.7)$$

式(2.6)称为第 t 年年末本利和的**离散复利公式**，而式(2.7)称为第 t 年年末本利和的**连续复利公式**. 本金 A_0 称为**现在值**或**现值**，第 t 年年末本利和 $A_n(t)$ 或 $A(t)$ 称为**未来值**. 已知现在值 A_0，求未来值 $A_n(t)$ 或 $A(t)$，称为**复利问题**；已知未来值 $A_n(t)$ 或 $A(t)$，求现在值 A_0，称为**贴现问题**，这时称利率 r 为**贴现率**.

习题 2-5

1. 求下列极限.

(1) $\lim\limits_{x\to0}\dfrac{\sin5x}{2x}$；　(2) $\lim\limits_{x\to\infty}x\sin\dfrac{1}{x}$；

(3) $\lim\limits_{x\to0}\dfrac{\sin^2(2x)}{x^2}$；　(4) $\lim\limits_{x\to0}\dfrac{\tan5x-\sin2x}{x}$；

(5) $\lim\limits_{x\to0^+}\dfrac{x}{\sqrt{1-\cos x}}$；　(6) $\lim\limits_{x\to\pi}\dfrac{\sin x}{\pi-x}$.

2. 求下列极限.

(1) $\lim\limits_{x\to\infty}\left(1+\dfrac{2}{x}\right)^{3x}$；　(2) $\lim\limits_{x\to\infty}\left(1+\dfrac{5}{x}\right)^{-x}$；

(3) $\lim\limits_{x\to0}(1-\sin x)^{\frac{1}{x}}$；　(4) $\lim\limits_{x\to\infty}\left(\dfrac{x-2}{x+2}\right)^{x}$；

(5) $\lim\limits_{x\to\frac{\pi}{2}}(1+\cos x)^{5\sec x}$；　(6) $\lim\limits_{x\to0}(\sec^2x)^{\cot^2x}$.

3. 已知 $\lim\limits_{x\to\infty}\left(\dfrac{x+a}{x-a}\right)^{\frac{x}{2}}=3$，求常数 a.

§2.6　无穷小的比较

一、无穷小比较的概念

根据无穷小的运算性质，两个无穷小的和、差、积仍是无穷小. 但两个无穷小的商却会出现不同情况. 例如，当 $x\to0$ 时，x，x^2，$\sin x$ 都是无穷小，而

$$\lim_{x\to 0}\frac{x^2}{x}=0,\lim_{x\to 0}\frac{x}{x^2}=\infty,\lim_{x\to 0}\frac{\sin x}{x}=1.$$

从中可看出各无穷小趋于0的快慢程度：x^2 比 x 快些，x 比 x^2 慢些，$\sin x$ 与 x 大致相同. 即无穷小之比的极限不同，反映了无穷小趋向于零的快慢程度不同.

定义 2.12 设 α,β 是在自变量变化的同一过程中的两个无穷小，且 $\alpha\neq 0$.

(1) 若 $\lim\frac{\beta}{\alpha}=0$，则称 β 是比 α **高阶的无穷小**，记作 $\beta=o(\alpha)$.

(2) 若 $\lim\frac{\beta}{\alpha}=\infty$，则称 β 是比 α **低阶的无穷小**.

(3) 若 $\lim\frac{\beta}{\alpha}=C(C\neq 0)$，则称 β 与 α 是**同阶的无穷小**；特别地，若 $\lim\frac{\beta}{\alpha}=1$，则称 β 与 α 是**等价的无穷小**，记作 $\alpha\sim\beta$.

(4) 若 $\lim\frac{\beta}{\alpha^k}=C(C\neq 0,k>0)$，则称 β 是 α 的 k **阶无穷小**.

例如，就前述三个无穷小 $x,x^2,\sin x(x\to 0)$ 而言，根据定义知道，x^2 是比 x 高阶的无穷小，x 是比 x^2 低阶的无穷小，而 $\sin x$ 与 x 是等价无穷小.

例 2.28 证明：当 $x\to 0$ 时，$4x\tan^3 x$ 为 x 的四价无穷小.

解 因为

$$\lim_{x\to 0}\frac{4x\tan^3 x}{x^4}=4\lim_{x\to 0}\left(\frac{\tan x}{x}\right)^3=4,$$

故当 $x\to 0$ 时，$4x\tan^3 x$ 为 x 的四阶无穷小.

例 2.29 当 $x\to 0$ 时，求 $\tan x-\sin x$ 关于 x 的阶数.

解 因为

$$\lim_{x\to 0}\frac{\tan x-\sin x}{x^3}=\lim_{x\to 0}\left(\frac{\tan x}{x}\cdot\frac{1-\cos x}{x^2}\right)=\frac{1}{2},$$

故当 $x\to 0$ 时，$\tan x-\sin x$ 为 x 的三阶无穷小.

二、等价无穷小

根据等价无穷小的定义，可以证明，当 $x\to 0$ 时，有下列常用等价无穷小关系：

$\sin x\sim x,\tan x\sim x,\arcsin x\sim x,\arctan x\sim x,1-\cos x\sim\frac{1}{2}x^2,\ln(1+x)\sim x,$

$e^x-1\sim x,a^x-1\sim x\ln a(a>0),(1+x)^\alpha-1\sim\alpha x(\alpha\neq 0$ 且为常数).

> **注** 当 $x\to 0$ 时，x 为无穷小. 在常用等价无穷小中，用任意一个无穷小 $\beta(x)$ 代替 x 后，上述等价关系依然成立.
>
> 例如，$x\to 1$ 时，有 $(x-1)^2\to 0$，从而
> $$\sin(x-1)^2\sim(x-1)^2\ (x\to 1).$$

定理 2.14　设 $\alpha,\alpha',\beta,\beta'$ 是同一过程中的无穷小，且 $\alpha\sim\alpha',\beta\sim\beta'$，$\lim\frac{\beta'}{\alpha'}$ 存在，则

$$\lim\frac{\beta}{\alpha}=\lim\frac{\beta'}{\alpha'}.$$

证　$\lim\frac{\beta}{\alpha}=\lim\left(\frac{\beta}{\beta'}\cdot\frac{\beta'}{\alpha'}\cdot\frac{\alpha'}{\alpha}\right)=\lim\frac{\beta}{\beta'}\cdot\lim\frac{\beta'}{\alpha'}\cdot\lim\frac{\alpha'}{\alpha}=\lim\frac{\beta'}{\alpha'}.$

定理 2.14 表明，在求两个无穷小之比的极限时，分子及分母都可以用等价无穷小替换. 因此，如果无穷小的替换运用得当，则可化简极限的计算.

例 2.30　求 $\lim\limits_{x\to 0}\frac{\tan 2x}{\sin 5x}$.

解　当 $x\to 0$ 时，$\tan 2x\sim 2x$，$\sin 5x\sim 5x$，故

$$\lim_{x\to 0}\frac{\tan 2x}{\sin 5x}=\lim_{x\to 0}\frac{2x}{5x}=\frac{2}{5}.$$

例 2.31　求 $\lim\limits_{x\to 0}\frac{\tan x-\sin x}{\sin^3 2x}$.

错解　当 $x\to 0$ 时，$\tan x\sim x$，$\sin x\sim x$，所以

$$\text{原式}=\lim_{x\to 0}\frac{x-x}{(2x)^3}=0.$$

正解　当 $x\to 0$ 时，$\sin 2x\sim 2x$，$\tan x-\sin x=\tan x(1-\cos x)\sim\frac{1}{2}x^3$，故

$$\lim_{x\to 0}\frac{\tan x-\sin x}{\sin^3 2x}=\lim_{x\to 0}\frac{\frac{1}{2}x^3}{(2x)^3}=\frac{1}{16}.$$

例 2.32　求 $\lim\limits_{x\to 0}\frac{\sqrt{1+\tan x}-\sqrt{1-\tan x}}{\sqrt{1+2x}-1}$.

解　由于 $x\to 0$ 时，$\sqrt{1+2x}-1\sim\frac{1}{2}(2x)$，$\tan x\sim x$，故

$$\lim_{x\to 0}\frac{\sqrt{1+\tan x}-\sqrt{1-\tan x}}{\sqrt{1+2x}-1}=\lim_{x\to 0}\frac{2\tan x}{x(\sqrt{1+\tan x}+\sqrt{1-\tan x})}$$

$$=\lim_{x\to0}\frac{\tan x}{x}\cdot\lim_{x\to0}\frac{2}{\sqrt{1+\tan x}+\sqrt{1-\tan x}}$$

$$=\lim_{x\to0}\frac{2}{\sqrt{1+\tan x}+\sqrt{1-\tan x}}=1.$$

习题 2-6

1. 当 $x\to0$ 时，$2x-x^2$ 与 x^2-x^3 相比，哪一个是高阶无穷小？

2. 当 $x\to1$ 时，无穷小 $1-x$ 与 $\frac{1}{2}(1-x^2)$ 是否同阶？是否等价？

3. 当 $x\to0$ 时，$\sqrt{a+x^3}-\sqrt{a}(a>0)$ 是 x 的几阶无穷小？

4. 利用等价无穷小替换，求下列极限.

(1) $\lim\limits_{x\to0}\frac{\arctan 2x}{\sin 4x}$；　　(2) $\lim\limits_{x\to0}\frac{\ln(1+2x^2)}{9x^2}$；

(3) $\lim\limits_{x\to0}\frac{\ln(1+3x\sin x)}{\tan x^2}$；　　(4) $\lim\limits_{x\to0}\frac{(\sin x^3)(e^{5x}-1)}{1-\cos x^2}$；

(5) $\lim\limits_{x\to0}\frac{\sqrt{1+x\tan x}-1}{x\arctan x}$；　　(6) $\lim\limits_{x\to e}\frac{\ln x-1}{x-e}$.

§2.7 函数的连续性

在观察自然与社会现象时，所观察到的许多变量都是“连续不断”变化的，如物体的运动、气温的升降、人和生物的生长、物价的涨跌等. 这些现象在数学中体现为函数的连续性，连续性的实质在于：自变量的微小变化仅引起因变量的微小变化. 与连续性相反的现象是“间断”，如断裂、爆炸、恶性通货膨胀、由自然灾害或战争引起的人与生物的大量死亡等. 间断的实质在于自变量的微小变化将导致因变量的剧烈变化. 当然，这里所谓“微小”与“剧烈”变化的确切含义尚需说明，这得借助极限的概念.

一、连续与间断的概念

定义 2.13　设函数 $f(x)$ 在点 x_0 的某邻域内有定义.

(1) 若

$$\lim_{x\to x_0} f(x)=f(x_0), \tag{2.8}$$

则称 $f(x)$ 在点 x_0 处**连续**,并称 x_0 为 $f(x)$ 的一个**连续点**;

(2) 若 $f(x)$ 在开区间 (a,b) 内每一点都连续,则称 $f(x)$ 在 (a,b) 内连续;

(3) 若 x_0 不是 $f(x)$ 的连续点,则称 x_0 为 $f(x)$ 的**间断点**,或称 $f(x)$ 在点 x_0 处间断.

若令 $\Delta x=x-x_0$, $\Delta y=f(x)-f(x_0)$,则式(2.8)等价于

$$\Delta y=f(x_0+\Delta x)-f(x_0)\to 0(\Delta x\to 0).$$

这正是前面所说的"自变量的微小变化仅引起因变量的微小变化"的含义.

连续与间断具有明显的几何解释:若 $f(x)$ 连续,则曲线 $y=f(x)$ 的图形是一条连续不间断的曲线;若 x_0 是 $f(x)$ 的间断点,则曲线 $y=f(x)$ 在点 $(x_0,f(x_0))$ 处发生断裂.图 2-8 所示的函数 $f(x)$ 在区间 (a,b) 内共有三个间断点:x_1,x_2,x_3.在这三个点附近 $f(x)$ 的图形形态各异,但其共同点是曲线 $y=f(x)$ 在三个点处出现"断裂".

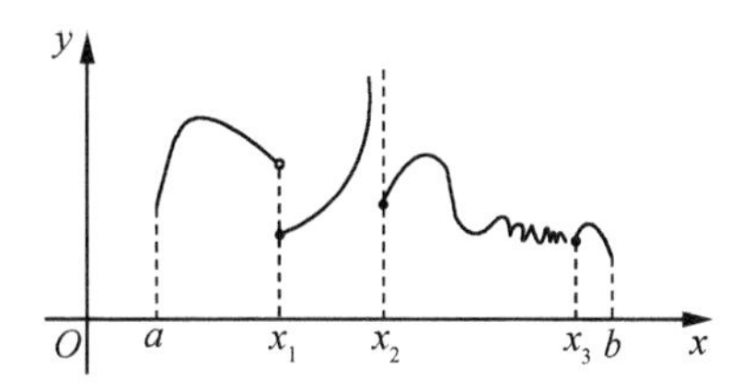

图 2-8

利用单侧极限可定义单侧连续的概念.

定义 2.14 (1) 若 $f(x)$ 在点 x_0 的某左邻域内有定义,且 $\lim\limits_{x\to x_0^-} f(x)=f(x_0)$,则称 $f(x)$ 在点 x_0 处**左连续**;若 $f(x)$ 在点 x_0 的某右邻域内有定义,且 $\lim\limits_{x\to x_0^+} f(x)=f(x_0)$,则称 $f(x)$ 在点 x_0 处**右连续**.

(2) 若 $f(x)$ 在闭区间 $[a,b]$ 上有定义,在开区间 (a,b) 内连续,且在点 a 处右连续、在点 b 处左连续,则称 $f(x)$ 在闭区间 $[a,b]$ 上**连续**.

若 $f(x)$ 在点 x_0 的某邻域内有定义,则由定义 2.14 和左、右极限与极限的关系可知:

$$f(x)\text{在点 }x_0\text{ 处连续}\Leftrightarrow f(x)\text{在点 }x_0\text{ 处既左连续又右连续}.$$

例 2.33 讨论函数

$$f(x)=\begin{cases}1+x, & x\leqslant 0,\\ 1+x^2, & 0<x\leqslant 1,\\ 5-x, & x>1\end{cases}$$

在点 $x=0$ 和 $x=1$ 处的连续性.

解 在点 $x=0$ 处,有

$$f(0)=1+0=1,$$
$$\lim_{x\to 0^-} f(x)=\lim_{x\to 0^-}(1+x)=1,$$
$$\lim_{x\to 0^+} f(x)=\lim_{x\to 0^+}(1+x^2)=1.$$

由此可知

$$\lim_{x\to 0} f(x)=1=f(0).$$

因此,由定义可知 $f(x)$在 $x=0$ 处连续.

在点 $x=1$ 处,有

$$f(1)=1+1^2=2,$$
$$\lim_{x\to 1^-} f(x)=\lim_{x\to 1^-}(1+x^2)=2,$$
$$\lim_{x\to 1^+} f(x)=\lim_{x\to 1^+}(5-x)=4.$$

因左、右极限不相等,故$\lim\limits_{x\to 1} f(x)$不存在,依定义 $x=1$ 是 $f(x)$的间断点.但是,由 $\lim\limits_{x\to 1^-} f(x)=f(1)=2$ 可知,$f(x)$在 $x=1$ 处左连续.

该函数的图形如图 2-9 所示.

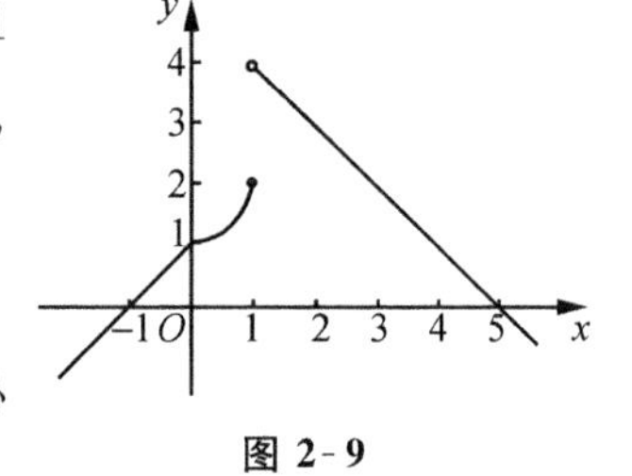

图 2-9

由定义 2.13 可知,函数 $f(x)$在点 x_0 处连续必须满足三个条件:

(1) $f(x)$在点 x_0 处有定义;

(2) $\lim\limits_{x\to x_0} f(x)$存在;

(3) $\lim\limits_{x\to x_0} f(x)=f(x_0)$.

这三个条件中只要有一个条件不满足,则依定义,$f(x)$在 x_0 处不连续或 x_0 是 $f(x)$的间断点.据此,可将间断点进行分类.

定义 2.15 (1) 若 x_0 是 $f(x)$的间断点,且左、右极限 $\lim\limits_{x\to x_0^-} f(x)$, $\lim\limits_{x\to x_0^+} f(x)$ 皆存在,则称 x_0 为 $f(x)$的**第一类间断点**.其中,若 $\lim\limits_{x\to x_0^-} f(x)=\lim\limits_{x\to x_0^+} f(x)\neq f(x_0)$

或 $f(x_0)$ 无定义，则称 x_0 为 $f(x)$ 的**可去间断点**（重新定义 $f(x_0)=\lim\limits_{x\to x_0^-}f(x)=\lim\limits_{x\to x_0^+}f(x)$，可消去间断）；若 $\lim\limits_{x\to x_0^-}f(x)\neq\lim\limits_{x\to x_0^+}f(x)$，则称 x_0 为**跳跃间断点**.

(2) 若 x_0 为 $f(x)$ 的间断点，且 $\lim\limits_{x\to x_0^-}f(x)$ 与 $\lim\limits_{x\to x_0^+}f(x)$ 中至少有一个不存在，则称 x_0 为 $f(x)$ 的**第二类间断点**. 其中，若 $\lim\limits_{x\to x_0^-}f(x)$，$\lim\limits_{x\to x_0^+}f(x)$ 中至少有一个为无穷大，则称 x_0 为**无穷间断点**；否则，称 x_0 为**非无穷第二类间断点**.

例如，例 2.33 中的 $x=1$ 为该函数的跳跃间断点.

例 2.34　讨论 $f(x)=x\sin\dfrac{1}{x}$ 在 $x=0$ 处的连续性.

解　因为

$$\lim_{x\to 0}f(x)=\lim_{x\to 0}x\sin\frac{1}{x}=0,$$

而 $f(0)$ 没有定义，故 $f(x)$ 在 $x=0$ 处间断，$x=0$ 为 $f(x)$ 的可去间断点.

注　若修改定义为 $f(x)=\begin{cases}x\sin\dfrac{1}{x}, & x\neq 0,\\ 0, & x=0,\end{cases}$ 则 $f(x)$ 在 $x=0$ 处连续.

例 2.35　讨论 $f(x)=\begin{cases}\dfrac{1}{x}, & x>0,\\ x, & x\leqslant 0\end{cases}$ 在 $x=0$ 处的连续性.

解　因为

$$\lim_{x\to 0^-}f(x)=\lim_{x\to 0^-}x=0,\ \lim_{x\to 0^+}f(x)=\lim_{x\to 0^+}\frac{1}{x}=\infty,$$

所以 $x=0$ 为无穷间断点(图 2-10).

例 2.36　讨论 $f(x)=\sin\dfrac{1}{x}$ 在 $x=0$ 处的连续性.

解　因为在 $x=0$ 处函数无定义，且 $\lim\limits_{x\to 0}\sin\dfrac{1}{x}$ 不存在，所以 $x=0$ 为第二类间断点，且为振荡间断点(图 2-11).

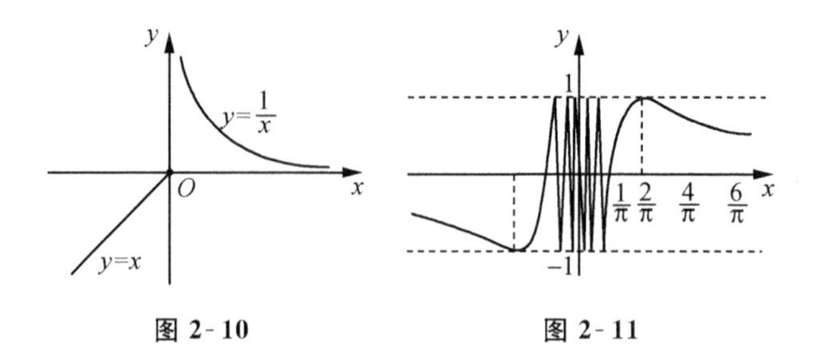

图 2-10　　　　图 2-11

二、连续函数的运算性质

函数的连续性是在极限理论基础上建立的，因而利用函数极限的性质可以证明连续函数具有如下性质：

定理 2.15（连续函数的四则运算）　设 $f(x)$ 与 $g(x)$ 在点 x_0 处（或区间 I 上）连续，则

(1) $f(x)\pm g(x)$ 在点 x_0 处（或 I 上）连续；

(2) $f(x)g(x)$ 在点 x_0 处（或 I 上）连续；

(3) 当 $g(x_0)\neq 0$（或 $g(x)\neq 0, x\in I$）时，$\dfrac{f(x)}{g(x)}$ 在点 x_0 处（或 I 上）连续.

利用极限的复合运算法则容易证明.

定理 2.16（复合函数的连续性）　设函数 $y=f(u)$ 在点 u_0 处连续，$u=\varphi(x)$ 在点 x_0 处连续，且 $\varphi(x_0)=u_0$，则复合函数 $y=f[\varphi(x)]$ 在点 x_0 处连续，即有

$$\lim_{x\to x_0} f[\varphi(x)]=f[\varphi(x_0)].$$

由复合函数极限的定理（定理 2.11）直接可得.

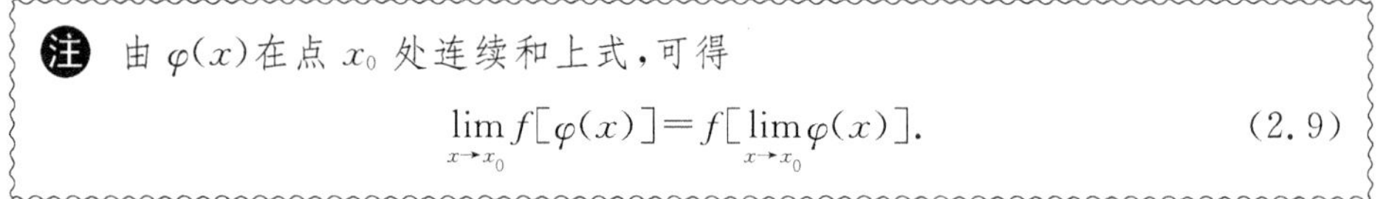

注　由 $\varphi(x)$ 在点 x_0 处连续和上式，可得

$$\lim_{x\to x_0} f[\varphi(x)]=f[\lim_{x\to x_0}\varphi(x)]. \tag{2.9}$$

式(2.9)表明，函数 $f(x)$ 在点 x_0 处连续时，函数符号“f”与极限符号“$\lim\limits_{x\to x_0}$”可以交换. 利用式(2.9)可简化很多函数极限的求解过程，后面将举例说明.

定理 2.17（反函数的连续性）　设函数 $y=f(x)$ 在区间 $[a,b]$ 上单调、连续，且 $f(a)=\alpha, f(b)=\beta$，则其反函数 $y=f^{-1}(x)$ 在区间 $[\alpha,\beta]$ 或 $[\beta,\alpha]$ 上单调、连续.

证明超出大纲要求，从略.

利用定理 2.15—定理 2.17，可以证明：

定理 2.18　一切初等函数在其定义区间内都是连续的.

利用函数连续性求极限时,分如下两种情况:一是直接利用函数连续性定义,即式(2.8);二是利用复合函数的连续性,即式(2.9),特别是§2.5中的幂指函数的极限$\lim\limits_{x\to x_0}[f(x)]^{g(x)}$,即式(2.5).

例 2.37　求$\lim\limits_{x\to 1}\frac{4\arctan x}{1+\ln(1+x^2)}$.

解　所给函数为初等函数,其定义域为**R**,故由初等函数的连续性得

$$\lim_{x\to 1}\frac{4\arctan x}{1+\ln(1+x^2)}=\frac{4\times\frac{\pi}{4}}{1+\ln 2}=\frac{\pi}{1+\ln 2}.$$

例 2.38　求$\lim\limits_{x\to 1}\arcsin\frac{1-\sqrt{x}}{1-x}$.

解　由于 $\arcsin u$ 是连续函数,由定理 2.16 可知

$$\begin{aligned}\lim_{x\to 1}\arcsin\frac{1-\sqrt{x}}{1-x}&=\arcsin\left(\lim_{x\to 1}\frac{1-\sqrt{x}}{1-x}\right)\\&=\arcsin\left[\lim_{x\to 1}\frac{1-\sqrt{x}}{(1-\sqrt{x})(1+\sqrt{x})}\right]\\&=\arcsin\left(\lim_{x\to 1}\frac{1}{1+\sqrt{x}}\right)\\&=\arcsin\frac{1}{2}=\frac{\pi}{6}.\end{aligned}$$

例 2.39　求$\lim\limits_{x\to 0}(\cos x)^{\frac{1}{\sin^2 x}}$.

解　$\lim\limits_{x\to 0}(\cos x)^{\frac{1}{\sin^2 x}}=\lim\limits_{x\to 0}(\sqrt{1-\sin^2 x})^{\frac{1}{\sin^2 x}}=\lim\limits_{x\to 0}[(1-\sin^2 x)^{-\frac{1}{\sin^2 x}}]^{-\frac{1}{2}}=e^{-\frac{1}{2}}$.

例 2.40　求$\lim\limits_{x\to\infty}\left(1+\frac{1}{x^2}\right)^x$.

解　由式(2.5)得

$$\lim_{x\to\infty}\left(1+\frac{1}{x^2}\right)^x=\lim_{x\to\infty}\left(1+\frac{1}{x^2}\right)^{x^2\cdot\frac{1}{x}}=e^{\lim\limits_{x\to\infty}\frac{1}{x}}=e^0=1.$$

例 2.41　讨论函数

$$f(x)=\begin{cases}1-e^{\frac{1}{x-2}}, & x<2,\\ \sin\left(\frac{\pi}{x}\right), & x\geqslant 2\end{cases}$$

的连续性.

解 $f(x)$在其定义域$(-\infty,+\infty)$内不是初等函数.但在$(-\infty,2)$内$f(x)=1-e^{\frac{1}{x-2}}$为初等函数,在$(2,+\infty)$内$f(x)=\sin\left(\frac{\pi}{x}\right)$也为初等函数,故$f(x)$在$(-\infty,2)\cup(2,+\infty)$内连续.在分段点$x=2$处,有

$$\lim_{x\to2^-}f(x)=\lim_{x\to2^-}(1-e^{\frac{1}{x-2}})=1=f(2),$$

$$\lim_{x\to2^+}f(x)=\lim_{x\to2^+}\sin\left(\frac{\pi}{x}\right)=1=f(2).$$

因此,$f(x)$在$x=2$处既左连续又右连续,从而$f(x)$在$x=2$处连续.

综上所述,$f(x)$在其定义域$(-\infty,+\infty)$内连续.

此例表明,讨论分段函数的连续性时,首先利用初等函数的连续性,分段说明函数在各分段子区间内的连续性;然后按连续性定义,讨论函数在各分段点处的连续性,最后得出函数的连续区域.

三、闭区间上连续函数的性质

本小段不加证明地介绍闭区间上连续函数的两个重要性质:最值定理与介值定理,它们是某些理论证明的基础,后续内容中将会多次用到.

定义 2.16 设函数$f(x)$在区间I上有定义.若存在$x_0\in I$,使对I内的一切x,恒有

$$f(x)\leqslant f(x_0)\text{或}f(x)\geqslant f(x_0),$$

则称$f(x_0)$是$f(x)$在I上的**最大值**或**最小值**.最大值与最小值统称为**最值**.

定理 2.19(最值定理) 设函数$f(x)$在闭区间$[a,b]$上连续,则$f(x)$在$[a,b]$上必能取得最大值与最小值.即在$[a,b]$上至少存在两点x_1,x_2,使对任意的$x\in[a,b]$,恒有

$$f(x_1)\leqslant f(x)\leqslant f(x_2).$$

由上式可得如下推论:

推论 2.4 闭区间上的连续函数一定是有界函数.

定理 2.20(介值定理) 设函数$f(x)$在闭区间$[a,b]$上连续,且$f(x)$在$[a,b]$上的最大值为M,最小值为m,则对任何实数$C(m<C<M)$,至少存在一点$x_0\in(a,b)$,使得

$$f(x_0)=C.$$

推论 2.5(零值定理)　设函数 $f(x)$ 在闭区间 $[a,b]$ 上连续，且 $f(a)f(b)<0$，则至少存在一点 $x_0\in(a,b)$，使得

$$f(x_0)=0.$$

注　(1) 最值定理与介值定理的几何意义如图 2-12 所示.

图 2-12 中，$f(x_1)=m$ 与 $f(x_2)=M$ 分别为 $f(x)$ 的最小值与最大值，而 $m<f(x_3)=f(x_4)=C<M$.

(2) 最值定理与介值定理中的条件“$f(x)$ 在闭区间上连续”是必要的，否则定理不一定成立. 例如，函数

$$f(x)=\begin{cases}1-x, & 0\leqslant x<1,\\ 1, & x=1,\\ 3-x, & 1<x\leqslant 1.5\end{cases}$$

在闭区间 $[0,1.5]$ 上不连续. 该函数既不能取得最小值($m=0$)，也不能取得最大值($M=2$)；当 $C\in(1,1.5)$ 时，也不存在 $x_0\in(0,1.5)$，使得 $f(x_0)=C$，如图 2-13 所示.

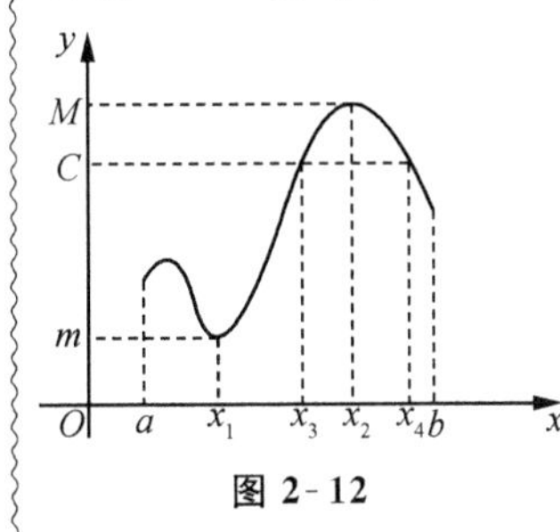

图 2-12

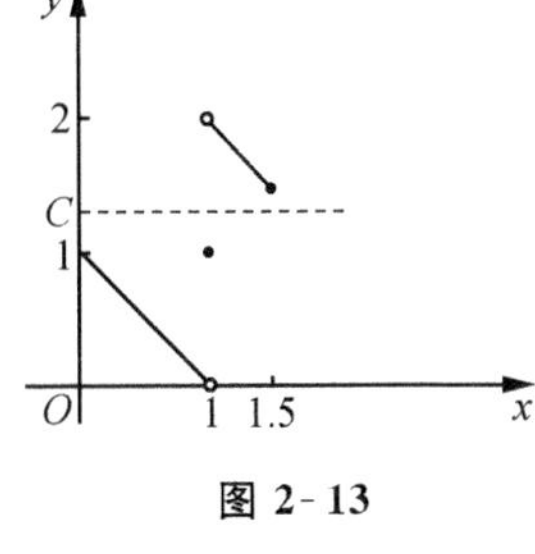

图 2-13

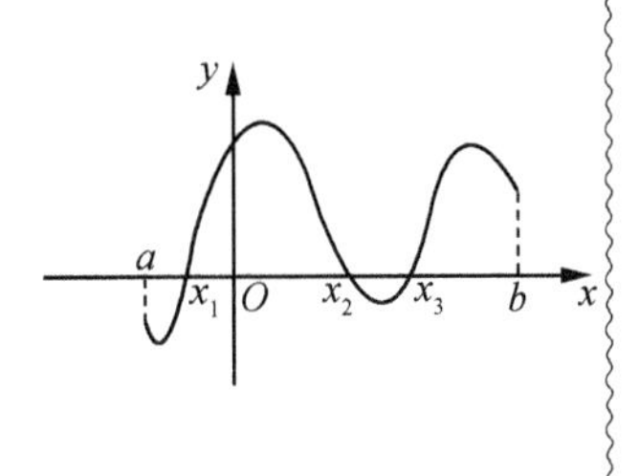

图 2-14

(3) 零值定值(推论 2.5)的几何意义如图 2-14 所示. 图中共有三个点满足：

$$f(x_i)=0, i=1,2,3.$$

零值定理常用于证明方程实根的存在性.

例 2.42　证明：方程 $e^x-3x=0$ 在 $(0,1)$ 内至少有一个实根.

证　设 $f(x)=e^x-3x$，则 $f(x)$ 为初等函数，它在闭区间 $[0,1]$ 上连续，且有

$$f(0)=1>0, f(1)=e-3<0.$$

于是，由零值定理可知，方程

$$f(x)=e^x-3x=0$$

在 $(0,1)$ 内至少有一个实根 x_0.

例 2.43　设函数 $f(x)$ 在闭区间 $[0,1]$ 上连续，且 $0<f(x)<1, x\in[0,1]$，

证明：存在 $\xi\in(0,1)$，使得 $f(\xi)=\xi$.

证 构造辅助函数 $F(x)=f(x)-x$，由于 $f(x)$ 在区间 $[0,1]$ 上连续，因此 $F(x)$ 在 $[0,1]$ 上连续，且

$$F(0)=f(0),F(1)=f(1)-1,$$

因为 $0<f(0)<1,0<f(1)<1$，则 $F(0)>0,F(1)<0$.

由零值定理知，存在 $\xi\in(0,1)$，使

$$F(\xi)=f(\xi)-\xi=0,$$

即 $f(\xi)=\xi$.

习题 2-7

1. 讨论下列函数的连续性.

(1) $f(x)=\begin{cases}\dfrac{x}{1-\sqrt{1-x}}, & x<0,\\ x+2, & x\geqslant 0;\end{cases}$ (2) $f(x)=\begin{cases}e^{\frac{1}{x}}, & x<0,\\ 0, & x=0,\\ \dfrac{1}{x}\ln(1+x^2), & x>0.\end{cases}$

2. 指出下列函数的间断点及其类型.

(1) $f(x)=\begin{cases}\dfrac{1-x^2}{1+x}, & x\neq -1,\\ 0, & x=-1;\end{cases}$ (2) $f(x)=\begin{cases}x^2, & x\leqslant 0,\\ \ln x, & x>0;\end{cases}$

(3) $f(x)=\dfrac{x}{|x|}$; (4) $f(x)=\cos^2\dfrac{1}{x}$.

3. 求常数 a,b，使下列函数在其定义域内连续.

(1) $f(x)=\begin{cases}\dfrac{1}{x}\sin x, & x<0,\\ a, & x=0,\\ x\sin\dfrac{1}{x}+b, & x>0;\end{cases}$ (2) $f(x)=\begin{cases}a+x^2, & x<0,\\ 1, & x=0,\\ \ln(b+x+x^2), & x>0.\end{cases}$

4. 求下列极限.

(1) $\lim\limits_{x\to 0}\ln\dfrac{\sin x}{x}$; (2) $\lim\limits_{x\to 1}\dfrac{\sqrt{5x-4}-\sqrt{x}}{\sqrt{x}-1}$;

(3) $\lim\limits_{x\to\infty}\left(\dfrac{x^2-1}{x^2+1}\right)^x$；　　　　(4) $\lim\limits_{x\to 0}(\cos x)^{\frac{1}{\ln(1+x^2)}}$.

5. 证明：方程 $x^5-3x=1$ 在$(1,2)$内至少有一个实根.

6. 设 $f(x)$在区间$[0,1]$上连续，且 $f(0)=1$，$f(1)=0$，试证明：存在 $\xi\in(0,1)$，使得 $f(\xi)=\xi$.

复习题二

1. 填空题.

(1) $\lim\limits_{x\to 0}\dfrac{\ln(x+a)-\ln a}{x}(a>0)=$________.

(2) 若 $\lim\limits_{x\to+\infty}\dfrac{x^{2014}}{x^{n+1}-(x-1)^{n+1}}=k\neq 0$，$n$ 为正整数，则 $n=$______，$k=$______.

(3) 当 $x\to 0$ 时，$\sqrt{1+x}-\sqrt{1-x}$是 x 的________无穷小.

(4) 当 $x\to\infty$时，$f(x)$与$\dfrac{1}{x^2}$是等价无穷小，则$\lim\limits_{x\to\infty}3x^2f(x)=$________.

(5) $\lim\limits_{x\to 0}\dfrac{\sin 7x}{\tan 5x}=$________.

(6) 若$\lim\limits_{x\to 3}\dfrac{x^2-2x+k}{x-3}=4$，则 $k=$________.

(7) 设 $f(x)=\begin{cases}\dfrac{\sin x}{x}, & x\neq 0,\\ k+2, & x=0\end{cases}$ 在$(-\infty,+\infty)$内连续，则 $k=$________.

(8) 设 $f(x)=\sin x\sin\dfrac{1}{x}$，则 $x=0$ 是 $f(x)$的________间断点.

2. 单选题.

(1) 下列结论正确的是________.

A. 无界变量一定是无穷大

B. 无界变量与无穷大的乘积是无穷大

C. 两个无穷大的和仍是无穷大

D. 两个无穷大的乘积仍是无穷大

(2) 下列极限存在的是________.

A. $\lim\limits_{x\to+\infty}\sin x$　　B. $\lim\limits_{x\to+\infty}e^{-x^2}$

C. $\lim\limits_{x\to+\infty}\ln x$　　D. $\lim\limits_{x\to\infty}e^x$

(3) 下列变量在给定的变化过程中为无穷小量的是________.

A. $\sin\frac{1}{x}(x\to0)$　　B. $e^{\frac{1}{x}}(x\to0)$

D. $\ln(1+x^2)(x\to0)$　　D. $\frac{x-3}{x^2-9}(x\to-3)$

(4) 设 $f(x)=\frac{1-x}{1+x}$,$g(x)=1-\sqrt[3]{x}$,则当 $x\to1$ 时,________.

A. $f(x)$与 $g(x)$为等价无穷小

B. $f(x)$是比 $g(x)$高阶的无穷小

C. $f(x)$是比 $g(x)$低阶的无穷小

D. $f(x)$与 $g(x)$为同阶但不等价的无穷小

(5) 下列等式成立的是________.

A. $\lim\limits_{x\to\infty}(1+x)^{\frac{1}{x}}=e$　　B. $\lim\limits_{x\to0}(1+2x)^{\frac{1}{x}}=e$

C. $\lim\limits_{x\to\infty}(1-x)^{\frac{1}{x}}=e$　　D. $\lim\limits_{x\to0}(1+x)^{\frac{1}{x}+3}=e$

(6) 下列函数在定义域内连续的是________.

A. $f(x)=\begin{cases}\cos x, & x\leqslant0,\\ \sin x, & x>0\end{cases}$　　B. $f(x)=\begin{cases}\frac{1}{\sqrt{x}}, & x>0,\\ x, & x\leqslant0\end{cases}$

D. $f(x)=\begin{cases}x+1, & x\leqslant0,\\ x-1, & x>0\end{cases}$　　D. $f(x)=\begin{cases}1-e^{-\frac{1}{x^2}}, & x\neq0,\\ 1, & x=0\end{cases}$

3. 求下列数列的极限.

(1) $\lim\limits_{n\to\infty}(1+2^n)^{\frac{1}{n}}$;　　(2) $\lim\limits_{n\to\infty}3^n\cdot\sin\frac{x}{3^n}$;

(3) $\lim\limits_{n\to\infty}\left(\frac{n}{n+2}\right)^n$;　　(4) $\lim\limits_{n\to\infty}\frac{(3n^4+2n^2+n+6)^3(2n^2-3)^9}{(5n^6-4n^3+7)^4(n^3-1)^2}$.

4. 求下列函数的极限.

(1) $\lim\limits_{x\to0}\frac{\sqrt{x+1}-1}{\sin2x}$;　　(2) $\lim\limits_{x\to+\infty}x(\sqrt{x^2+3}-\sqrt{x^2-1})$;

(3) $\lim\limits_{x\to0}\frac{1}{x}\ln\sqrt{1+8x}$;　　(4) $\lim\limits_{x\to0}\left[\frac{\ln(\cos^2x+\sqrt{1-x^2})}{e^x+\sin x}+(1+x)^{\frac{2}{x}}\right]$;

(5) $\lim\limits_{x\to 0}\dfrac{1-\cos^2 x}{x^2}$；　　(6) $\lim\limits_{x\to\infty}\left(\sin\dfrac{1}{x}+\cos\dfrac{1}{x}\right)^x$；

(7) $\lim\limits_{x\to+\infty}\dfrac{\ln(1+x)-\ln x}{x}$；　　(8) $\lim\limits_{x\to 1}\dfrac{\sqrt[3]{1+(x-1)^2}-1}{\sin^2(x-1)}$.

5. 设 $f(x)=\begin{cases}2(1-\cos 2x), & x<0,\\ ax^2+x^3, & x\geqslant 0,\end{cases}$ 问极限 $\lim\limits_{x\to 0}\dfrac{f(x)}{x^2}$ 是否存在？

6. 当 $x\to 0$ 时，$\sqrt{1+ax^2}-1$ 与 $\sin^2 x$ 是等价无穷小，求 a 的值.

7. 求极限 $\lim\limits_{x\to 0}\dfrac{\ln(\mathrm{e}^x+\sin^2 x)-x}{\ln(\mathrm{e}^{2x}+x^2)-2x}$.

8. 设 $f(x)=\begin{cases}\dfrac{\sin 2x}{x}+x\sin\dfrac{1}{x}, & x<0,\\ \mathrm{e}^{2x}+a, & x\geqslant 0\end{cases}$ 在 $x=0$ 处连续，求 a 的值.

9. 设 $f(x)=\lim\limits_{u\to+\infty}\dfrac{1}{u}\ln(\mathrm{e}^u+x^u)\ (x>0)$.

(1) 求 $f(x)$；　　(2) 讨论 $f(x)$ 的连续性.

10. 证明：方程 $x\cdot 3^x=1$ 在 $[0,1]$ 内至少存在一个根.

数学家简介[2]

柯　西

——业绩永存的数学大师

柯西(Cauchy,1789—1857),法国数学家、物理学家.19世纪初期,微积分已发展成一个庞大的分支,内容丰富,应用非常广泛,与此同时,它的薄弱之处也越来越暴露出来,微积分的理论基础并不严格.为解决新问题并理清微积分概念,数学家们展开了数学分析严谨化的工作,在分析基础的奠基工作中,做出卓越贡献的要首推伟大的数学家柯西.

柯　西

柯西1789年8月21日出生于巴黎.父亲是一位精通古典文学的律师,与当时法国的大数学家拉格朗日和拉普拉斯交往密切.柯西少年时代的数学才华颇受这两位数学家的赞赏,并预言柯西日后必成大器.拉格朗日向其父建议"赶快给柯西一种坚实的文学教育",以便他的爱好不致把他引入歧途.父亲因此加强了对柯西的文学教养,使他在诗歌方面也表现出很高的才华.

1807—1810年,柯西在工学院学习.他曾当过交通道路工程师,由于身体欠佳,他接受了拉格朗日和拉普拉斯的劝告,放弃工程师而致力于纯数学的研究.柯西在数学上的最大贡献是在微积分中引进了极限概念,并以极限为基础建立了逻辑清晰的分析体系.这是微积分发展史上的精华,也是柯西对人类科学发展所做的巨大贡献.

1821年,柯西提出极限定义的ε方法,把极限过程用不等式来刻画,后经魏尔斯特拉斯改进,成为现在所说的柯西极限定义或叫ε-δ定义.当今所有微积分的教科书都还(至少是在本质上)沿用着柯西等人关于极限、连续、导数、收敛等概念的定义.他对微积分的解释被后人普遍采用.柯西对定积分做了最系统的开创性工作,他把定积分定义为和的"极限".在定积分运算之前,强调必须确立积分的存在性.他利用中值定理首先严格证明了微积分基本定理.通过柯西以及后来魏尔斯特拉斯的艰苦工作,使数学分析的基本概念得到严格的论述.从而结束了微积分两百年来在思想上的混乱局面,把微积分及其推广从对几何概念、运动

和直观了解的完全依赖中解放出来，并使微积分发展成现代数学最基础、最庞大的数学学科.

数学分析严谨化的工作一开始就产生了很大的影响.在一次学术会议上，柯西提出了级数收敛性理论.会后，拉普拉斯急忙赶回家中，根据柯西的严谨判别法，逐一检查其巨著《天体力学》中所用到的级数是否都收敛.

柯西在其他方面的研究成果也很丰富.复变函数的微积分理论就是由他创立的.在代数、理论物理、光学、弹性理论等方面也有突出贡献.柯西的数学成就不仅辉煌，而且数量惊人.《柯西全集》有27卷，其论著有800多篇.在数学史上是仅次于欧拉的多产数学家.他的光辉名字与许多定理、准则一起铭记在当今许多教材中.

作为一位学者，他思路敏捷，功绩卓著.由柯西卷帙浩大的论著和成果，人们不难想象他一生是怎样孜孜不倦地勤奋工作.但柯西却是个具有复杂性格的人.他是忠诚的保王党人、热心的天主教徒、落落寡合的学者.尤其作为久负盛名的科学泰斗，他常常忽视青年学者的创造.例如，由于柯西"失落"了才华出众的年轻数学家阿贝尔与伽罗华的开创性的论文手稿，造成群论晚问世约半个世纪.

1857年5月23日，柯西在巴黎病逝.他临终的一句名言"人总是要死的，但是，他们的业绩永存"长久地叩击着一代又一代学子的心扉.

第3章

导数与微分

在科学研究与实际生活中，除了需要了解变量之间的函数关系外，还经常遇到以下问题：(1) 求给定函数 y 相对于自变量 x 的变化率；(2) 当自变量 x 发生微小变化时，求函数 y 的改变量的近似值．这两个问题分别导致导数与微分概念的产生，它们是微分学中的基本概念．本章以极限概念为基础，引进导数与微分的定义，建立导数与微分的计算方法．

§3.1 导数的概念

一、引例

为了说明微分学的基本概念——导数，我们先讨论两个问题：速度问题和切线问题，这两个问题在历史上都与导数概念的形成有密切的关系．

1. 变速直线运动的瞬时速度

从物理学中知道，如果物体做直线运动，它所移动的路程 s 是时间 t 的函数，记为 $s=s(t)$，那么从时刻 t_0 到 $t_0+\Delta t$ 的时间间隔内它的平均速度为

$$\frac{\Delta s}{\Delta t}=\frac{s(t_0+\Delta t)-s(t_0)}{\Delta t}.$$

在匀速运动中，这个比值是常量，但在变速运动中，它不仅与 t_0 有关，而且与 Δt 也有关．当 Δt 很小时，显然$\frac{\Delta s}{\Delta t}$与在 t_0 时刻的速度相近似．如果当 Δt 趋于零时，平均速度$\frac{\Delta s}{\Delta t}$的极限存在，那么，我们可以把这个极限值叫作物体在时刻 t_0 时的瞬时速度，简称速度，记作 $v(t_0)$，即

$$v(t_0)=\lim_{\Delta t\to 0}\frac{s(t_0+\Delta t)-s(t_0)}{\Delta t}.$$

2. 曲线切线的斜率

设点 P_0 是曲线 L 上的一个定点，点 P 是动点，当点 P 沿曲线 L 趋向于点 P_0 时，如果割线 PP_0 的极限位置 P_0T 存在，那么称直线 P_0T 为曲线 L 在点 P_0 处的切线.(图 3-1)

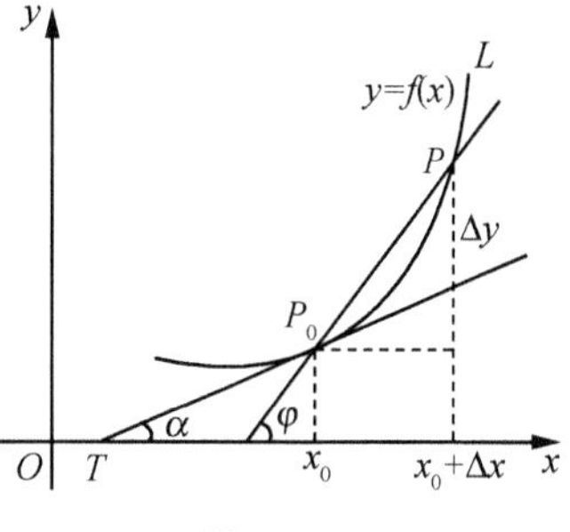

图 3-1

曲线的切线斜率如何计算呢？设曲线的方程为 $y=f(x)$(图 3-1)，在点 $P_0(x_0,y_0)$ 的附近取一点 $P(x_0+\Delta x,y_0+\Delta y)$，那么割线 P_0P 的斜率为

$$\tan\varphi=\frac{\Delta y}{\Delta x}=\frac{f(x_0+\Delta x)-f(x_0)}{\Delta x}.$$

如果当点 P 沿曲线趋向于点 P_0 时，割线 P_0P 的极限位置存在，即点 P_0 处的切线存在，此刻 $\Delta x\to 0,\varphi\to\alpha$，割线斜率 $\tan\varphi$ 趋向于切线 P_0T 的斜率 $\tan\alpha$，即

$$\tan\alpha=\lim_{\Delta x\to 0}\frac{f(x_0+\Delta x)-f(x_0)}{\Delta x}.$$

以上虽然是两个不同的具体问题，但都是关于某个量 $y=f(x)$ 的变化率问题，其计算可归结为如下的极限问题：

$$\lim_{\Delta x\to 0}\frac{f(x_0+\Delta x)-f(x_0)}{\Delta x},$$

其中 $\frac{f(x_0+\Delta x)-f(x_0)}{\Delta x}$ 为函数增量与自变量增量之商，表示函数的平均变化率，而当 $\Delta x\to 0$ 时平均变化率的极限即为函数 $f(x)$ 在点 x_0 处的变化率.

在实际生活中还有很多不同类型的变化率问题，例如细杆的线密度、电流强度、人口增长率以及经济学中的边际成本、边际利润等，涉及众多不同的领域，这就要求我们用统一的方法来加以处理，从而引进导数的概念.

二、导数的定义

定义 3.1 设 $y=f(x)$ 在点 x_0 的某个邻域内有定义，当自变量 x 在 x_0 处取得增量 Δx(点 $x_0+\Delta x$ 仍在该邻域内)时，相应地，函数 y 取得增量

$$\Delta y=f(x_0+\Delta x)-f(x_0),$$

若当 $\Delta x\to 0$ 时，极限

$$\lim_{\Delta x\to 0}\frac{\Delta y}{\Delta x}=\lim_{\Delta x\to 0}\frac{f(x_0+\Delta x)-f(x_0)}{\Delta x} \tag{3.1}$$

存在，则称此极限值为函数 $y=f(x)$ 在点 x_0 处的**导数**，并称函数 $y=f(x)$ 在点 x_0 处**可导**，记为

$$f'(x_0),\ y'\big|_{x=x_0},\ \frac{\mathrm{d}y}{\mathrm{d}x}\bigg|_{x=x_0} \text{或} \frac{\mathrm{d}f(x)}{\mathrm{d}x}\bigg|_{x=x_0}.$$

若令 $x=x_0+\Delta x$，则 $\Delta x\to 0$ 时，$x\to x_0$，于是式(3.1)可表示为

$$f'(x_0)=\lim_{x\to x_0}\frac{f(x)-f(x_0)}{x-x_0}. \tag{3.2}$$

若式(3.1)或(3.2)右端极限不存在，则称函数 $f(x)$ 在点 x_0 处**不可导**，称 x_0 为 $f(x)$ 的**不可导点**. 特别地，若上述极限为无穷大，此时导数不存在，有时也称 $f(x)$ 在点 x_0 处的导数为无穷大.

注 导数概念是函数变化率这一概念的精确描述，它撇开了自变量和因变量所代表的几何或物理等方面的特殊意义，纯粹从数量方面来刻画函数变化率的本质：函数增量与自变量增量的比值 $\frac{\Delta y}{\Delta x}$ 是函数 y 在以 x_0 和 $x_0+\Delta x$ 为端点的区间上的平均变化率，而导数 $y'\big|_{x=x_0}$ 则是函数 y 在点 x_0 处的变化率，它反映了函数随自变量变化而变化的快慢程度.

有时需要考虑函数 $f(x)$ 在点 x_0 的左侧或右侧的导数，如在定义区间端点或分段函数的分段点就需要考虑单侧导数.

定义 3.2 设函数 $f(x)$ 在点 x_0 的某个左邻域(或右邻域)内有定义，且极限 $\lim\limits_{\Delta x\to 0^-}\frac{\Delta y}{\Delta x}$ (或 $\lim\limits_{\Delta x\to 0^+}\frac{\Delta y}{\Delta x}$) 存在，则称此极限值为 $f(x)$ 在点 x_0 的**左导数**(或**右导数**)，记为 $f'_-(x_0)$ (或 $f'_+(x_0)$)，即

$$f'_-(x_0)=\lim_{\Delta x\to 0^-}\frac{f(x_0+\Delta x)-f(x_0)}{\Delta x}=\lim_{x\to x_0^-}\frac{f(x)-f(x_0)}{x-x_0} \tag{3.3}$$

$$\left(\text{或 } f'_+(x_0)=\lim_{\Delta x\to 0^+}\frac{f(x_0+\Delta x)-f(x_0)}{\Delta x}=\lim_{x\to x_0^+}\frac{f(x)-f(x_0)}{x-x_0}\right). \tag{3.4}$$

根据函数极限与左、右极限的关系可得

定理 3.1 函数 $y=f(x)$ 在点 x_0 处可导的充分必要条件是：函数 $y=f(x)$ 在点 x_0 处的左、右导数均存在且相等，即

$$f'(x_0)=A\Leftrightarrow f'_-(x_0)=f'_+(x_0)=A.$$

> **注** 定理 3.1 常被用于判断分段函数在分段点处是否可导.

例 3.1 讨论 $f(x)=|x|$ 在点 $x=0$ 处的可导性.

解 $f'_-(0)=\lim\limits_{\Delta x\to 0^-}\dfrac{f(\Delta x+0)-f(0)}{\Delta x}=\lim\limits_{\Delta x\to 0^-}\dfrac{|\Delta x|}{\Delta x}=\lim\limits_{\Delta x\to 0^-}\dfrac{-\Delta x}{\Delta x}=-1$,

而

$f'_+(0)=\lim\limits_{\Delta x\to 0^+}\dfrac{f(\Delta x+0)-f(0)}{\Delta x}=\lim\limits_{\Delta x\to 0^+}\dfrac{|\Delta x|}{\Delta x}=\lim\limits_{\Delta x\to 0^+}\dfrac{\Delta x}{\Delta x}=1$,

由于 $f'_-(0)\neq f'_+(0)$,因而 $f(x)=|x|$ 在 $x=0$ 处不可导. 其图形如图 3-2 所示.

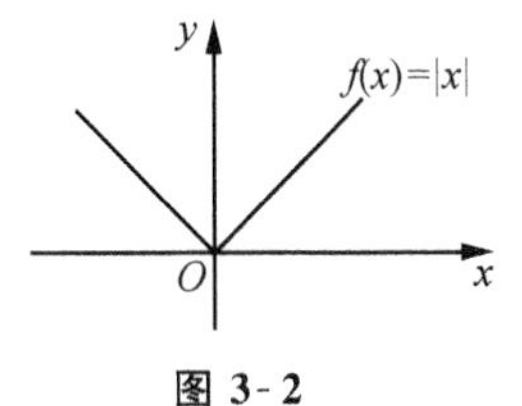

图 3-2

例 3.2 求函数 $f(x)=\begin{cases}\sin x, & x<0,\\ x, & x\geqslant 0\end{cases}$ 在 $x=0$ 处的导数.

解 当 $\Delta x<0$ 时,

$$\Delta y=f(0+\Delta x)-f(0)=\sin\Delta x-0=\sin\Delta x,$$

故

$$f'_-(0)=\lim_{\Delta x\to 0^-}\frac{\Delta y}{\Delta x}=\lim_{\Delta x\to 0^-}\frac{\sin\Delta x}{\Delta x}=1.$$

当 $\Delta x>0$ 时,

$$\Delta y=f(0+\Delta x)-f(0)=\Delta x-0=\Delta x,$$

故

$$f'_+(0)=\lim_{\Delta x\to 0^+}\frac{\Delta y}{\Delta x}=\lim_{\Delta x\to 0^+}\frac{\Delta x}{\Delta x}=1.$$

由 $f'_-(0)=f'_+(0)=1$,得

$$f'(0)=\lim_{\Delta x\to 0}\frac{\Delta y}{\Delta x}=1.$$

定义 3.3 若函数 $f(x)$ 在开区间 (a,b) 内每一点都可导,则称 $f(x)$ **在** (a,b) **内可导**;若 $f(x)$ 在 (a,b) 内可导,且在点 a 右侧可导,在点 b 左侧可导,则称 $f(x)$ **在闭区间** $[a,b]$ **上可导**.

注意,$f(x)$ 在 (a,b) 内可导时,对任意的 $x\in(a,b)$,总存在唯一的导数值 $f'(x)$ 与之对应. 因此,$f'(x)$ 是 x 的函数,称 $f'(x)$ 为 $f(x)$ 的**导函数**,简称**导数**,导函数 $f'(x)$ 也可记为

$$y',\frac{\mathrm{d}y}{\mathrm{d}x},\frac{\mathrm{d}f}{\mathrm{d}x}.$$

显然,函数 $f(x)$在点 x_0 处的导数 $f'(x_0)$就是导函数 $f'(x)$在点 x_0 处的函数值,即

$$f'(x_0)=f'(x)|_{x=x_0}.$$

三、用定义计算导数

下面我们根据导数的定义来求部分基本初等函数的导数.

例 3.3 求函数 $f(x)=C$(C 为常数)的导数.

解 $f'(x)=\lim\limits_{\Delta x\to 0}\frac{f(x+\Delta x)-f(x)}{\Delta x}=\lim\limits_{\Delta x\to 0}\frac{C-C}{\Delta x}=0$,

即

$$(C)'=0.$$

例 3.4 求函数 $f(x)=x^a$($a\neq 0$ 为常数)的导数.

解 $f'(x)=\lim\limits_{\Delta x\to 0}\frac{(x+\Delta x)^a-x^a}{\Delta x}=x^a\lim\limits_{\Delta x\to 0}\frac{\left(1+\frac{\Delta x}{x}\right)^a-1}{\Delta x}$,

因为 $\Delta x\to 0$ 时,$\left(1+\frac{\Delta x}{x}\right)^a-1\sim a\frac{\Delta x}{x}$,所以

$$f'(x)=x^a\lim_{\Delta x\to 0}\frac{a\frac{\Delta x}{x}}{\Delta x}=ax^{a-1},$$

即

$$(x^a)'=ax^{a-1}(a\neq 0).$$

例如,$(\sqrt{x})'=\frac{1}{2\sqrt{x}}$,$\left(\frac{1}{x}\right)'=-\frac{1}{x^2}$.

例 3.5 设函数 $f(x)=\sin x$,求 $f'(x)$及 $f'\left(\frac{\pi}{4}\right)$.

解
$$\begin{aligned}f'(x)&=\lim_{\Delta x\to 0}\frac{\sin(x+\Delta x)-\sin x}{\Delta x}\\&=\lim_{\Delta x\to 0}\frac{2\cos\left(x+\frac{\Delta x}{2}\right)\sin\frac{\Delta x}{2}}{\Delta x}\\&=\lim_{\Delta x\to 0}\frac{2\cos\left(x+\frac{\Delta x}{2}\right)\cdot\frac{\Delta x}{2}}{\Delta x}\end{aligned}$$

$$=\cos x,$$

即

$$(\sin x)'=\cos x, f'\left(\frac{\pi}{4}\right)=\cos\frac{\pi}{4}=\frac{\sqrt{2}}{2}.$$

类似可得

$$(\cos x)'=-\sin x.$$

例 3.6　设函数 $f(x)=a^x(a>0, a\neq 1$ 为常数$)$，求 $f'(x)$.

解　$f'(x)=\lim\limits_{\Delta x\to 0}\dfrac{a^{x+\Delta x}-a^x}{\Delta x}=a^x\cdot\lim\limits_{\Delta x\to 0}\dfrac{a^{\Delta x}-1}{\Delta x}$，

而 $\Delta x\to 0$ 时，$a^{\Delta x}-1\sim\Delta x\cdot\ln a$，因而

$$f'(x)=a^x\cdot\lim_{\Delta x\to 0}\frac{\Delta x\cdot\ln a}{\Delta x}=a^x\ln a,$$

即

$$(a^x)'=a^x\ln a, (\mathrm{e}^x)'=\mathrm{e}^x.$$

例 3.7　设 $f'(x_0)$存在，求极限$\lim\limits_{\Delta x\to 0}\dfrac{f(x_0+\Delta x)-f(x_0-2\Delta x)}{\Delta x}$.

解

$$\begin{aligned}&\lim_{\Delta x\to 0}\frac{f(x_0+\Delta x)-f(x_0-2\Delta x)}{\Delta x}\\&=\lim_{\Delta x\to 0}\frac{[f(x_0+\Delta x)-f(x_0)]-[f(x_0-2\Delta x)-f(x_0)]}{\Delta x}\\&=\lim_{\Delta x\to 0}\frac{f(x_0+\Delta x)-f(x_0)}{\Delta x}+2\cdot\lim_{\Delta x\to 0}\frac{f(x_0-2\Delta x)-f(x_0)}{(-2\Delta x)}\\&=f'(x_0)+2f'(x_0)=3f'(x_0).\end{aligned}$$

四、导数的几何意义

由前面的讨论我们已经知道：函数 $y=f(x)$在点 x_0 处的导数 $f'(x_0)$在几何上表示曲线 $y=f(x)$在点 $M(x_0, f(x_0))$处的切线的斜率，即

$$f'(x_0)=\tan\alpha,$$

其中 α 是切线的斜倾角(图 3-3).

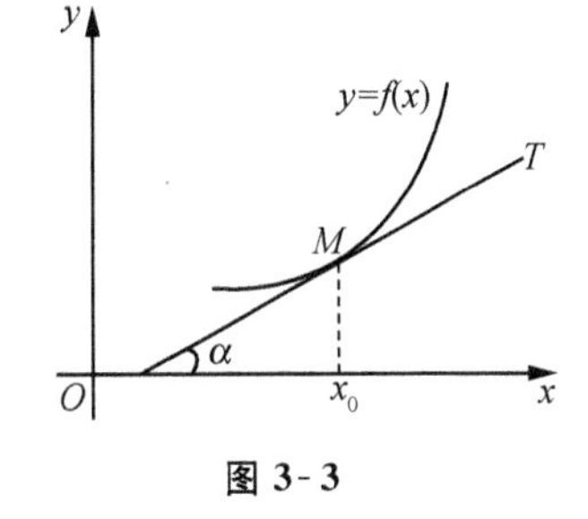

图 3-3

如果 $y=f(x)$在点 x_0 处的导数为无穷大，这时曲线 $y=f(x)$的割线以垂直于 x 轴的直线 $x=x_0$ 为极限位置，即曲线 $y=f(x)$在点 $M(x_0, f(x_0))$处具有垂直于 x 轴的切线 $x=x_0$.

根据导数的几何意义并应用直线的点斜式方程，可知曲线 $y=f(x)$ 在点 $M(x_0,y_0)$ 处的切线方程为

$$y-y_0=f'(x_0)(x-x_0). \tag{3.5}$$

法线方程为

$$y-y_0=-\frac{1}{f'(x_0)}(x-x_0). \tag{3.6}$$

例 3.8 求曲线 $y=x^3$ 在点(1,1)处的切线方程和法线方程.

解 因为

$$y'|_{x=1}=3x^2|_{x=1}=3,$$

故所求曲线的切线方程为

$$y-1=3(x-1),$$

即

$$3x-y-2=0.$$

法线方程为

$$y-1=-\frac{1}{3}(x-1),$$

即

$$x+3y-4=0.$$

五、函数的可导性与连续性的关系

初等函数在其定义域上都是连续的，那么函数的连续性与可导性之间有什么联系呢？下面的定理从一方面回答了这个问题.

定理 3.2 若函数 $y=f(x)$ 在点 x_0 处可导，则它在 x_0 处连续.

证 因为函数 $y=f(x)$ 在点 x_0 处可导，故有

$$\lim_{\Delta x\to 0}\frac{\Delta y}{\Delta x}=f'(x_0),$$

$$\frac{\Delta y}{\Delta x}=f'(x_0)+\alpha,$$

其中，$\alpha\to 0$(当 $\Delta x\to 0$ 时)，$\Delta y=f'(x_0)\Delta x+\alpha\Delta x$，从而

$$\lim_{\Delta x\to 0}\Delta y=\lim_{\Delta x\to 0}[f'(x_0)\Delta x+\alpha\Delta x]=0,$$

所以，函数 $f(x)$ 在点 x_0 处连续.

注　该定理的逆命题不成立，即函数在某点连续，但在该点不一定可导. 反例如例 3.1 中的 $f(x)=|x|$ 在 $x=0$ 处连续但不可导.

例 3.9　设

$$f(x)=\begin{cases} e^x, & x\leqslant 0, \\ x^2+ax+b, & x>0, \end{cases}$$

问 a,b 取何值时，函数 $f(x)$ 在 $x=0$ 处可导？

解　$f(x)$ 在 $x=0$ 处可导，其必要条件是 $f(x)$ 在 $x=0$ 处连续，即

$$\lim_{x\to 0^+} f(x)=\lim_{x\to 0^-} f(x)=f(0).$$

因为

$$f(0)=1,$$

$$\lim_{x\to 0^+} f(x)=\lim_{x\to 0^+}(x^2+ax+b)=b,$$

$$\lim_{x\to 0^-} f(x)=\lim_{x\to 0^-} e^x=1,$$

所以 $b=1$.

又

$$f'_+(0)=\lim_{x\to 0^+}\frac{f(x)-f(0)}{x-0}=\lim_{x\to 0^+}\frac{(x^2+ax+1)-1}{x}=a,$$

$$f'_-(0)=\lim_{x\to 0^-}\frac{f(x)-f(0)}{x-0}=\lim_{x\to 0^-}\frac{e^x-1}{x}=1,$$

若要 $f(x)$ 在 $x=0$ 处可导，必有 $a=1$.

所以，当 $a=1,b=1$ 时，函数 $f(x)$ 在 $x=0$ 处可导.

例 3.10　讨论 $f(x)=\begin{cases} x\sin\dfrac{1}{x}, & x\neq 0, \\ 0, & x=0 \end{cases}$ 在 $x=0$ 处的连续性与可导性.

解　注意到 $\sin\dfrac{1}{x}$ 是有界函数，则有

$$\lim_{x\to 0} x\sin\frac{1}{x}=0,$$

由 $\lim\limits_{x\to 0} f(x)=0=f(0)$ 知，函数 $f(x)$ 在 $x=0$ 处连续.

但在 $x=0$ 处有

$$\frac{\Delta y}{\Delta x}=\frac{(0+\Delta x)\sin\dfrac{1}{0+\Delta x}-0}{\Delta x}=\sin\frac{1}{\Delta x}.$$

因为极限$\lim\limits_{\Delta x\to 0}\dfrac{\Delta y}{\Delta x}$不存在，所以 $f(x)$在 $x=0$ 处不可导.

习题 3-1

1. 设函数 $f(x)$在点 x_0 处可导，求下列极限.

(1) $\lim\limits_{\Delta x\to 0}\dfrac{f(x_0-\Delta x)-f(x_0)}{\Delta x}$；　　(2) $\lim\limits_{\Delta x\to 0}\dfrac{f(x_0+3\Delta x)-f(x_0)}{\Delta x}$；

(3) $\lim\limits_{\Delta x\to 0}\dfrac{f(x_0+\Delta x)-f(x_0-\Delta x)}{\Delta x}$；　　(4) $\lim\limits_{\Delta x\to 0}\dfrac{f[x_0-3(\Delta x)^2]-f(x_0)}{\sin^2(\Delta x)}$.

2. 设函数 $f(x)$在 $x=0$ 处可导，且 $f(0)=0$，求下列极限($a\neq 0$ 为常数).

(1) $\lim\limits_{x\to 0}\dfrac{f(ax)}{x}$；　　(2) $\lim\limits_{x\to 0}\dfrac{f(ax)-f(-ax)}{x}$.

3. 求曲线 $y-\sin x$ 在点$\left(\dfrac{\pi}{6},\dfrac{1}{2}\right)$处的切线方程和法线方程.

4. 讨论下列函数在 $x=0$ 处的连续性与可导性；若可导，求出 $f'(0)$.

(1) $f(x)=\begin{cases}1+x, & x<0,\\ 1-x, & x\geqslant 0;\end{cases}$　　(2) $f(x)=\begin{cases}x, & x<0,\\ \ln(1+x), & x\geqslant 0;\end{cases}$

(3) $f(x)=\begin{cases}\dfrac{1}{5}x^5, & x\leqslant 0,\\ x, & x>0;\end{cases}$　　(4) $f(x)=\begin{cases}x^2\sin\dfrac{1}{x}, & x\neq 0,\\ 0, & x=0.\end{cases}$

5. 确定常数 a,b，使函数

$$f(x)=\begin{cases}ax+b\sqrt{x}, & x>1,\\ x^2, & x\leqslant 1\end{cases}$$

在 $x=1$ 处可导，并求 $f'(1)$.

§3.2 求导法则与导数公式

按照导数的定义，可以且已经求出一些函数的导数. 但是，对于一些比较复杂的函数，直接按定义求它们的导数将是很困难的. 因此，需要建立一些求导的法则，以便简化求导的过程.

一、导数的四则运算法则

定理 3.3　如果函数 $u=u(x)$ 及 $v=v(x)$ 都在点 x 处具有导数，那么它的和、差、积、商（除分母为零的点外）都在点 x 处具有导数，且

(1) $[u(x)\pm v(x)]'=u'(x)\pm v'(x)$；

(2) $[u(x)v(x)]'=u'(x)v(x)+u(x)v'(x)$；

(3) $\left[\dfrac{u(x)}{v(x)}\right]'=\dfrac{u'(x)v(x)-u(x)v'(x)}{v^2(x)}\ (v(x)\neq 0)$.

以上三个法则都可用导数的定义和极限的运算法则来验证，下面以法则(2)为例.

证

$$\begin{aligned}[u(x)v(x)]'&=\lim_{\Delta x\to 0}\frac{u(x+\Delta x)v(x+\Delta x)-u(x)v(x)}{\Delta x}\\&=\lim_{\Delta x\to 0}\left[\frac{u(x+\Delta x)-u(x)}{\Delta x}v(x+\Delta x)+u(x)\cdot\frac{v(x+\Delta x)-v(x)}{\Delta x}\right]\\&=\lim_{\Delta x\to 0}\frac{u(x+\Delta x)-u(x)}{\Delta x}\lim_{\Delta x\to 0}v(x+\Delta x)+u(x)\cdot\lim_{\Delta x\to 0}\frac{v(x+\Delta x)-v(x)}{\Delta x}\\&=u'(x)v(x)+u(x)v'(x),\end{aligned}$$

其中

$$\lim_{\Delta x\to 0}v(x+\Delta x)=v(x)$$

是由于 $v'(x)$ 存在，故 $v(x)$ 在点 x 处连续，于是法则(2)获得证明. 法则(2)可简单地表示为

$$(uv)'=u'v+uv'.$$

注　法则(1)(2)均可推广到有限多个函数运算的情形. 例如，设 $u=u(x)$，$v=v(x)$，$w=w(x)$ 均可导，则有

$$(u-v+w)'=u'-v'+w'.$$

$$(uvw)'=[(uv)w]'=(uv)'w+(uv)w'=(u'v+uv')w+uvw',$$

即

$$(uvw)'=u'vw+uv'w+uvw'.$$

若在法则(2)中令 $v(x)=C$（C 为常数），则有

$$[Cu(x)]'=Cu'(x).$$

若在法则(3)中令 $u(x)=C$（C 为常数），则有

$$\left[\frac{C}{v(x)}\right]'=-C\frac{v'(x)}{v^2(x)}.$$

例 3.11 设 $f(x)=5x^3+10e^x-2\cos x+\sin\frac{\pi}{7}$，求 $f'(x)$.

解 $f'(x)=5(x^3)'+10(e^x)'-2(\cos x)'+\left(\sin\frac{\pi}{7}\right)'$

$$=15x^2+10e^x+2\sin x.$$

例 3.12 求 $y=2\sqrt{x}\sin x$ 的导数.

解 $y'=2[(\sqrt{x})'\sin x+\sqrt{x}(\sin x)']$

$$=2\left(\frac{1}{2\sqrt{x}}\sin x+\sqrt{x}\cos x\right)$$

$$=\frac{1}{\sqrt{x}}\sin x+2\sqrt{x}\cos x.$$

例 3.13 求 $y=\tan x$ 的导数.

解 $y'=\left(\frac{\sin x}{\cos x}\right)'$

$$=\frac{(\sin x)'\cos x-\sin x(\cos x)'}{\cos^2 x}$$

$$=\frac{\cos x\cos x-\sin x(-\sin x)}{\cos^2 x}$$

$$=\frac{1}{\cos^2 x}=\sec^2 x,$$

即

$$(\tan x)'=\sec^2 x.$$

同理可得

$$(\cot x)'=-\csc^2 x.$$

例 3.14 求 $y=\sec x$ 的导数.

解 $y'=\left(\frac{1}{\cos x}\right)'$

$$=\frac{(1)'\cdot\cos x-1\cdot(\cos x)'}{\cos^2 x}$$

$$=\frac{\sin x}{\cos^2 x}=\tan x\sec x,$$

即

$$(\sec x)'=\sec x\tan x.$$

同理可得

$$(\csc x)'=-\csc x\cot x.$$

二、反函数的求导法则

定理3.4 设函数 $x=\varphi(y)$ 在区间 I_y 内单调、可导且 $\varphi'(y)\neq 0$，则其反函数 $y=f(x)$ 在对应区间 I_x 内也可导，且

$$f'(x)=\frac{1}{\varphi'(y)} \text{或} \frac{\mathrm{d}y}{\mathrm{d}x}=\frac{1}{\frac{\mathrm{d}x}{\mathrm{d}y}}.$$

即**反函数的导数等于直接函数导数的倒数.**

***证** 因为函数 $x=\varphi(y)$ 在区间 I_y 内单调、可导且 $\varphi'(y)\neq 0$（从而连续），所以其反函数 $y=f(x)$ 在对应区间 I_x 内也单调、连续.

任取 $x\in I_x$，给 x 以增量 $\Delta x(\Delta x\neq 0, x+\Delta x\in I_x)$，由 $y=f(x)$ 的单调性可知 $\Delta y\neq 0$，于是

$$\frac{\Delta y}{\Delta x}=\frac{1}{\frac{\Delta x}{\Delta y}}.$$

因为 $y=f(x)$ 连续，所以 $\lim\limits_{\Delta x\to 0}\Delta y=0$，从而

$$f'(x)=\lim_{\Delta x\to 0}\frac{\Delta y}{\Delta x}=\lim_{\Delta x\to 0}\frac{1}{\frac{\Delta x}{\Delta y}}=\frac{1}{\varphi'(y)}.$$

例3.15 求函数 $y=\arcsin x$ 的导数.

解 因为 $y=\arcsin x$ 的反函数 $x=\sin y$ 在 $I_y=\left(-\frac{\pi}{2},\frac{\pi}{2}\right)$ 内单调、可导，且

$$(\sin y)'=\cos y>0,$$

所以在对应区间 $I_x=(-1,1)$ 内，有

$$(\arcsin x)'=\frac{1}{(\sin y)'}=\frac{1}{\cos y}=\frac{1}{\sqrt{1-\sin^2 y}}=\frac{1}{\sqrt{1-x^2}},$$

即

$$(\arcsin x)'=\frac{1}{\sqrt{1-x^2}}.$$

同理可得

$$(\arccos x)'=-\frac{1}{\sqrt{1-x^2}},(\arctan x)'=\frac{1}{1+x^2},(\operatorname{arccot} x)'=-\frac{1}{1+x^2}.$$

例3.16 求函数 $y=\log_a x(a>0$ 且 $a\neq 1)$ 的导数.

解 因为 $y=\log_a x$ 的反函数 $x=a^y$ 在 $I_y=(-\infty,+\infty)$ 内单调、可导，且

$$(a^y)'=a^y\ln a\neq 0,$$

所以在对应区间 $I_x=(0,+\infty)$ 内，有

$$(\log_a x)'=\frac{1}{(a^y)'}=\frac{1}{a^y\ln a}=\frac{1}{x\ln a},$$

即

$$(\log_a x)'=\frac{1}{x\ln a},(\ln x)'=\frac{1}{x}.$$

三、复合函数的求导法则

定理 3.5 若函数 $u=g(x)$ 在点 x 处可导，而 $y=f(u)$ 在点 $u=g(x)$ 处可导，则复合函数 $y=f[g(x)]$ 在点 x 处可导，且其导数为

$$\frac{\mathrm{d}y}{\mathrm{d}x}=f'(u)\cdot g'(x)\text{或}\frac{\mathrm{d}y}{\mathrm{d}x}=\frac{\mathrm{d}y}{\mathrm{d}u}\cdot\frac{\mathrm{d}u}{\mathrm{d}x}.$$

* **证** 因为 $y=f(u)$ 在点 u 处可导，所以

$$\lim_{\Delta u\to 0}\frac{\Delta y}{\Delta u}=f'(u).$$

根据极限与无穷小的关系，有

$$\frac{\Delta y}{\Delta u}=f'(u)+\alpha,$$

其中 α 是 $\Delta u\to 0$ 时的无穷小. 上式中若 $\Delta u\neq 0$，则有

$$\Delta y=f'(u)\Delta u+\alpha\Delta u. \tag{3.7}$$

当 $\Delta u=0$ 时，规定 $\alpha=0$，此时 $\Delta y=f(u+\Delta u)-f(u)=0$，而式(3.7)的右端亦为零，故式(3.7)对 $\Delta u=0$ 也成立. 从而

$$\lim_{\Delta x\to 0}\frac{\Delta y}{\Delta x}=\lim_{\Delta x\to 0}\left[f'(u)\frac{\Delta u}{\Delta x}+\alpha\frac{\Delta u}{\Delta x}\right]=f'(u)\lim_{\Delta x\to 0}\frac{\Delta u}{\Delta x}+\lim_{\Delta x\to 0}\alpha\lim_{\Delta x\to 0}\frac{\Delta u}{\Delta x}$$
$$=f'(u)g'(x),$$

即

$$\frac{\mathrm{d}y}{\mathrm{d}x}=f'(u)\cdot g'(x).$$

复合函数求导法则可推广到多个中间变量的情形. 例如，设

$$y=f(u),u=\varphi(v),v=\psi(x),$$

则复合函数 $y=f\{\varphi[\psi(x)]\}$ 的导数为

$$\frac{\mathrm{d}y}{\mathrm{d}x}=\frac{\mathrm{d}y}{\mathrm{d}u}\cdot\frac{\mathrm{d}u}{\mathrm{d}v}\cdot\frac{\mathrm{d}v}{\mathrm{d}x}.$$

例 3.17　求下列函数的导数.

(1) $y=(x^2+1)^{10}$；　　(2) $y=\mathrm{e}^{\sin\frac{1}{x}}$.

解　(1) 设 $y=u^{10}$, $u=x^2+1$, 则

$$\frac{\mathrm{d}y}{\mathrm{d}x}=\frac{\mathrm{d}y}{\mathrm{d}u}\cdot\frac{\mathrm{d}u}{\mathrm{d}x}=10\cdot u^9\cdot 2x=20x(x^2+1)^9;$$

(2) 设 $y=\mathrm{e}^u$, $u=\sin v$, $v=\dfrac{1}{x}$, 则

$$\frac{\mathrm{d}y}{\mathrm{d}x}=\frac{\mathrm{d}y}{\mathrm{d}u}\cdot\frac{\mathrm{d}u}{\mathrm{d}v}\cdot\frac{\mathrm{d}v}{\mathrm{d}x}=\mathrm{e}^u\cdot\cos v\cdot\left(-\frac{1}{x^2}\right)=-\frac{1}{x^2}\mathrm{e}^{\sin\frac{1}{x}}\cos\frac{1}{x}.$$

通常,我们不必每次都写出具体的复合结构,只要记住哪些为中间变量,哪个是自变量,然后由外向内逐层依次求导,并注意不要遗漏,熟练掌握这一方法可提高求导速度.

例 3.18　求下列函数的导数.

(1) $y=\mathrm{e}^{-x}\sin\sqrt{2x}$；　(2) $y=\tan(1+2^x)$；　(3) $y=\ln\cos(\mathrm{e}^{-x})$.

解　(1)
$$\begin{aligned}
y'&=(\mathrm{e}^{-x})'\sin\sqrt{2x}+\mathrm{e}^{-x}(\sin\sqrt{2x})'\\
&=\mathrm{e}^{-x}\cdot(-x)'\cdot\sin\sqrt{2x}+\mathrm{e}^{-x}\cdot\cos\sqrt{2x}(\sqrt{2x})'\\
&=-\mathrm{e}^{-x}\sin\sqrt{2x}+\mathrm{e}^{-x}\cos\sqrt{2x}\cdot\sqrt{2}\cdot\frac{1}{2\sqrt{x}}\\
&=\mathrm{e}^{-x}\left(\frac{\cos\sqrt{2x}}{\sqrt{2x}}-\sin\sqrt{2x}\right);
\end{aligned}$$

(2)
$$\begin{aligned}
y'&=[\tan(1+2^x)]'\\
&=\sec^2(1+2^x)\cdot(1+2^x)'\\
&=\sec^2(1+2^x)\cdot 2^x\ln 2;
\end{aligned}$$

(3)
$$\begin{aligned}
y'&=[\ln\cos(\mathrm{e}^{-x})]'\\
&=\frac{1}{\cos(\mathrm{e}^{-x})}[\cos(\mathrm{e}^{-x})]'\\
&=\frac{-\sin(\mathrm{e}^{-x})}{\cos(\mathrm{e}^{-x})}\cdot(\mathrm{e}^{-x})'\\
&=-\tan(\mathrm{e}^{-x})\cdot\mathrm{e}^{-x}\cdot(-x)'\\
&=\mathrm{e}^{-x}\cdot\tan(\mathrm{e}^{-x}).
\end{aligned}$$

例 3.19 设 $f(x)=\arctan e^x-\ln\sqrt{\dfrac{e^{2x}}{e^{2x}+1}}$,求 $f'(0)$.

解 因为

$$f(x)=\arctan e^x-\frac{1}{2}[\ln e^{2x}-\ln(e^{2x}+1)]=\arctan e^x-x+\frac{1}{2}\ln(e^{2x}+1),$$

所以

$$\begin{aligned}f'(x)&=\frac{1}{1+(e^x)^2}\cdot e^x-1+\frac{1}{2}\cdot\frac{1}{e^{2x}+1}\cdot e^{2x}\cdot 2\\&=\frac{e^x}{1+e^{2x}}-1+\frac{e^{2x}}{e^{2x}+1}=\frac{e^x-1}{e^{2x}+1},\end{aligned}$$

因此

$$f'(0)=\frac{e^0-1}{e^0+1}=0.$$

例 3.20 已知 $f(u)$ 可导,求函数 $y=f(\sec x)$ 的导数.

解 $y'=f'(\sec x)\cdot(\sec x)'=f'(\sec x)\cdot\sec x\tan x$.

四、基本求导法则与导数公式

基本初等函数的导数公式与本节中所讨论的求导法则,在初等函数的求导运算中起着重要的作用,我们必须熟练地掌握它们.为了便于查阅,现在把这些导数公式和求导法则归纳如下:

1. 常数和基本初等函数的导数公式

(1) $(C)'=0$;　　(2) $(x^\mu)'=\mu x^{\mu-1}$;

(3) $(\sin x)'=\cos x$;　　(4) $(\cos x)'=-\sin x$;

(5) $(\tan x)'=\sec^2 x$;　　(6) $(\cot x)'=-\csc^2 x$;

(7) $(\sec x)'=\sec x\tan x$;　　(8) $(\csc x)'=-\csc x\cot x$;

(9) $(a^x)'=a^x\ln a$;　　(10) $(e^x)'=e^x$;

(11) $(\log_a x)'=\dfrac{1}{x\ln a}$;　　(12) $(\ln x)'=\dfrac{1}{x}$;

(13) $(\arcsin x)'=\dfrac{1}{\sqrt{1-x^2}}$;　　(14) $(\arccos x)'=-\dfrac{1}{\sqrt{1-x^2}}$;

(15) $(\arctan x)'=\dfrac{1}{1+x^2}$;　　(16) $(\text{arccot}\, x)'=-\dfrac{1}{1+x^2}$.

2. 函数的和、差、积、商的求导法则

设 $u=u(x),v=v(x)$ 都可导,则

(1) $(u\pm v)'=u'\pm v'$；　　(2) $(Cu)'=Cu'$（C 是常数）；

(3) $(uv)'=u'v+uv'$；　　(4) $\left(\frac{u}{v}\right)'=\frac{u'v-uv'}{v^2}(v\neq0)$.

3. **反函数的求导法则**

设 $x=f(y)$ 在区间 I_y 内单调、可导，且 $f'(y)\neq0$，则它的反函数 $y=f^{-1}(x)$ 在 $I_x=f(I_y)$ 内也可导，且

$$[f^{-1}(x)]'=\frac{1}{f'(y)}\text{或}\frac{\mathrm{d}y}{\mathrm{d}x}=\frac{1}{\frac{\mathrm{d}x}{\mathrm{d}y}}.$$

4. **复合函数的求导法则**

设 $y=f(u)$，$u=g(x)$，且 $f(u)$ 及 $g(x)$ 都可导，则复合函数 $y=f[g(x)]$ 的导数为

$$\frac{\mathrm{d}y}{\mathrm{d}x}=\frac{\mathrm{d}y}{\mathrm{d}u}\cdot\frac{\mathrm{d}u}{\mathrm{d}x}\text{或}y'(x)=f'(u)\cdot g'(x).$$

习题 3-2

1. 求下列函数的导数.

(1) $y=4x-\frac{2}{x^2}+\sin1$；　　(2) $y=5x^3-2^x+3\mathrm{e}^x$；

(3) $y=(\sqrt{x}+3)\left(\frac{1}{\sqrt{x}}-5\right)$；　　(4) $y=\frac{1}{2}x^2-\frac{2}{x^2}+x\sqrt{x\sqrt{x}}$；

(5) $y=\frac{x^2-1}{x^2+1}$；　　(6) $y=x\sec x+\csc x$；

(7) $y=x^2\ln x\cos x$；　　(8) $y=\frac{\cos x-x\sin x}{\sin x+x\cos x}$；

(9) $y=\frac{x-\ln x}{x+\ln x}$；　　(10) $y=x\sin x\ln\sqrt{x}$；

(11) $y=\mathrm{e}^x\arctan x$；　　(12) $y=x^2\arccos x$.

2. 求下列复合函数的导数.

(1) $y=\mathrm{e}^{-2x^2+3x-1}$；　　(2) $y=\left(\frac{1-x}{1+x^2}\right)^3$；

(3) $y=\frac{x}{\sqrt{1-x^2}}$；　　(4) $y=\mathrm{e}^{-\frac{x}{2}}\cos3x$；

(5) $y=\ln\tan x$;　　(6) $y=\ln^4\ln x$;

(7) $y=\sqrt{1+\ln^2 x}$;　　(8) $y=3^{\ln x}$;

(9) $y=\sec^2(\mathrm{e}^{3x})$;　　(10) $y=\arctan\dfrac{1+x}{1-x}$;

(11) $y=\left(\arcsin\dfrac{x}{2}\right)^2$;　　(12) $y=\ln(x+\sqrt{1+x^2})$;

(13) $y=\ln(\sec x+\tan x)$;　　(14) $y=\ln\sqrt{\dfrac{\mathrm{e}^{4x}}{\mathrm{e}^{4x}+1}}$.

3. 设 $f(x)$ 为可导函数,求 $\dfrac{\mathrm{d}y}{\mathrm{d}x}$.

(1) $y=f(\sin^2 x)+f(\cos^2 x)$;　　(2) $y=f\left(\arcsin\dfrac{1}{x}\right)$;

(3) $y=\mathrm{e}^{\sin f(2x)}$.

4. 设 $f(1-x)=x\mathrm{e}^{-x}$,且 $f(x)$ 可导,求 $f'(x)$.

5. 设 $f(x)=\begin{cases}2\tan x+1, & x<0,\\ \mathrm{e}^x, & x\geqslant 0,\end{cases}$ 求 $f'(x)$.

§3.3 高阶导数

我们知道,当函数 $f(x)$ 在区间 I 上可导时,其导函数 $f'(x)$ 仍然是 x 的函数,它可能仍然存在导数.也就是说,我们将面临对导函数进行求导的问题,这种导数称为高阶导数.

定义 3.4　若函数 $y=f(x)$ 的导函数 $f'(x)$ 在点 x 处可导,则称导函数 $f'(x)$ 在点 x 处的导数为函数 $f(x)$ 的**二阶导数**,记为

$$y'',f''(x),\frac{\mathrm{d}^2y}{\mathrm{d}x^2}\text{或}\frac{\mathrm{d}^2f}{\mathrm{d}x^2}.$$

类似地,定义 $y=f(x)$ 的二阶导数 $f''(x)$ 的导数为**三阶导数**,记为

$$y''',f'''(x),\frac{\mathrm{d}^3y}{\mathrm{d}x^3}\text{或}\frac{\mathrm{d}^3f}{\mathrm{d}x^3}.$$

一般地,$y=f(x)$ 的 $n-1$ 阶导数的导数称为 $f(x)$ 的 n **阶导数**,记为

$$y^{(n)},f^{(n)}(x),\frac{\mathrm{d}^ny}{\mathrm{d}x^n}\text{或}\frac{\mathrm{d}^nf}{\mathrm{d}x^n}.$$

二阶和二阶以上的导数统称为**高阶导数**.

例 3.21 设 $y=(1+x^2)\arctan x$,求 $y''(1)$.

解 $y'=2x\cdot\arctan x+(1+x^2)\cdot\dfrac{1}{1+x^2}=2x\arctan x+1$,

$$y''=2\arctan x+2x\cdot\frac{1}{1+x^2},$$

故

$$y''(1)=\frac{\pi}{2}+1.$$

例 3.22 设 $f(x)=\arctan x$,求 $f''(0)$,$f'''(0)$.

解

$$f'(x)=\frac{1}{1+x^2},$$

$$f''(x)=\left(\frac{1}{1+x^2}\right)'=\frac{-2x}{(1+x^2)^2},$$

$$f'''(x)=\left[\frac{-2x}{(1+x^2)^2}\right]'=\frac{2(3x^2-1)}{(1+x^2)^3},$$

所以

$$f''(0)=\frac{-2x}{(1+x^2)^2}\bigg|_{x=0}=0,$$

$$f'''(0)=\frac{2(3x^2-1)}{(1+x^2)^3}\bigg|_{x=0}=-2.$$

下面介绍几个初等函数的 n 阶导数.

例 3.23 求下列函数的 n 阶导数.

(1) $y=x^n$(n 为正整数); (2) $y=a^x$($a>0$ 且 $a\neq1$);

(3) $y=\sin x$; (4) $y=\ln(1+x)$.

解 (1) $y'=nx^{n-1}$,$y''=n(n-1)x^{n-2}$,$\cdots$,$y^{(n)}=n!$,

即

$$(x^n)^{(n)}=n!,(x^n)^{(n+1)}=0. \tag{3.8}$$

(2) $y'=a^x\ln a$,$y''=a^x(\ln a)^2$,$\cdots$,$y^{(n)}=a^x(\ln a)^n$,

即

$$(a^x)^{(n)}=a^x(\ln a)^n,(\mathrm{e}^x)^{(n)}=\mathrm{e}^x. \tag{3.9}$$

(3) $y'=(\sin x)'=\cos x=\sin\left(x+\dfrac{\pi}{2}\right)$,

$$y''=\left[\sin\left(x+\frac{\pi}{2}\right)\right]'=\cos\left(x+\frac{\pi}{2}\right)=\sin\left(x+2\cdot\frac{\pi}{2}\right),$$

$$y'''=\left[\sin\left(x+2\cdot\frac{\pi}{2}\right)\right]'=\cos\left(x+2\cdot\frac{\pi}{2}\right)=\sin\left(x+3\cdot\frac{\pi}{2}\right),$$

归纳得

$$y^{(n)}=\sin\left(x+n\cdot\frac{\pi}{2}\right),$$

即

$$(\sin x)^{(n)}=\sin\left(x+n\cdot\frac{\pi}{2}\right). \tag{3.10}$$

同理,有

$$(\cos x)^{(n)}=\cos\left(x+n\cdot\frac{\pi}{2}\right). \tag{3.11}$$

(4) $y'=[\ln(1+x)]'=\dfrac{1}{1+x}=(1+x)^{-1}$,

$y''=-(1+x)^{-2}$,

$y'''=(-1)^2\cdot 2\cdot 1(1+x)^{-3}$,

归纳得

$$y^{(n)}=(-1)^{n-1}(n-1)!\ (1+x)^{-n},$$

即

$$[\ln(1+x)]^{(n)}=\frac{(-1)^{n-1}(n-1)!}{(1+x)^n},$$

而

$$\left(\frac{1}{1+x}\right)^{(n)}=\frac{(-1)^n n!}{(1+x)^{n+1}}. \tag{3.12}$$

若函数 $u=u(x)$ 及 $v=v(x)$ 都在点 x 处具有 n 阶导数,则易得

$$[u(x)\pm v(x)]^{(n)}=u^{(n)}(x)\pm v^{(n)}(x); \tag{3.13}$$

$$[Cu(x)]^{(n)}=Cu^{(n)}(x); \tag{3.14}$$

$$[u(ax+b)]^{(n)}=a^n u^{(n)}(ax+b)(a\neq 0). \tag{3.15}$$

例 3.24 求下列函数的 n 阶导数.

(1) $y=\dfrac{1}{x^2-1}$;　　　　(2) $y=\ln(1+2x-3x^2)$.

解 (1) $y=\dfrac{1}{x^2-1}=\dfrac{1}{2}\left(\dfrac{1}{x-1}-\dfrac{1}{x+1}\right)$,

由式(3.13)及式(3.12),得

$$y^{(n)}=\frac{1}{2}\left[\left(\frac{1}{x-1}\right)^{(n)}-\left(\frac{1}{x+1}\right)^{(n)}\right]$$

$$=\frac{1}{2}\left[\frac{(-1)^n n!}{(x-1)^{n+1}}-\frac{(-1)^n n!}{(x+1)^{n+1}}\right].$$

(2) $y=\ln(1+2x-3x^2)=\ln(1-x)+\ln(1+3x)$,

由式(3.15)及式(3.12),得

$$y^{(n)}=[\ln(1-x)]^{(n)}+[\ln(1+3x)]^{(n)}$$

$$=\frac{(-1)^{n-1}\cdot(-1)^n\cdot(n-1)!}{(1-x)^n}+\frac{(-1)^{n-1}\cdot 3^n\cdot(n-1)!}{(1+3x)^n}.$$

习题 3-3

1. 求下列函数的二阶导数.

(1) $y-x^2\ln x$;　　(2) $y=\ln\sqrt{1-x^2}$;

(3) $y=xe^{x^2}$;　　(4) $y=e^x\cos x$;

(5) $y=\ln(x+\sqrt{1+x^2})$;　　(6) $y=\sin(\ln x)$.

2. 设 $f(x)=\frac{e^x}{x}$,求 $f''(2)$.

3. 设 $y=\ln[f(x)]$,且 $f''(x)$存在,求$\frac{d^2y}{dx^2}$.

4. 求下列函数的 n 阶导数.

(1) $y=\frac{1}{ax+b}(ab\neq0)$;　　(2) $y=\frac{x}{x^2-3x+2}$.

§3.4　隐函数的导数

一、隐函数的导数

前面讨论的函数 $y=f(x)$都是以自变量 x 的明显形式表达因变量 y,这种函数称为**显函数**. 例如, $y=x^2\cos x$. 然而,表示变量间对应关系的函数形式有多种,其中一种是自变量 x 与因变量 y 之间的函数关系由方程

$$F(x,y)=0 \tag{3.16}$$

确定,这时称由此方程确定的函数 $y(x)$ 为**隐函数**. 大多数隐函数无法显化,如由方程

$$e^x-e^y-xy=0$$

确定隐函数 $y=y(x)$,但无法显化.

隐函数求导的方法是:利用复合函数求导法则,式(3.16)两边同时对 x 求导(y 为中间变量),再解出所求导数$\frac{dy}{dx}$.

例 3.25 求由方程 $x^3+y^3-3xy=0$ 所确定的隐函数 $y=y(x)$的导数 y'.

解 方程两边同时对 x 求导,得

$$3x^2+3y^2\cdot y'-3(y+x\cdot y')=0,$$

由此解出 y',得

$$y'=\frac{x^2-y}{x-y^2}.$$

例 3.26 求由方程 $xy+\ln y=1$ 所确定的函数 $y=f(x)$在点 $M(1,1)$处的切线方程.

解 方程两边对 x 求导,得

$$y+xy'+\frac{1}{y}\cdot y'=0,$$

解得

$$y'=-\frac{y^2}{xy+1}.$$

在点 $M(1,1)$处

$$y'\Big|_{\substack{x=1\\y=1}}=-\frac{1}{2},$$

于是,点 $M(1,1)$处的切线方程为

$$y-1=-\frac{1}{2}(x-1),$$

即

$$x+2y-3=0.$$

例 3.27 设 $y=f(x)$由方程 $y-2x=(x-y)\ln(x-y)$确定,求$\frac{d^2y}{dx^2}$.

解　方程两边对 x 求导，得

$$y'-2=(1-y')\ln(x-y)+(x-y)\cdot\frac{1-y'}{x-y},$$

解得

$$y'=1+\frac{1}{2+\ln(x-y)}.\tag{3.17}$$

式(3.17)两边再对 x 求导，得

$$\frac{d^2y}{dx^2}=-\frac{[2+\ln(x-y)]'}{[2+\ln(x-y)]^2}=-\frac{\frac{1-y'}{x-y}}{[2+\ln(x-y)]^2},\tag{3.18}$$

将式(3.17)代入上式中的 y'，得

$$\frac{d^2y}{dx^2}=\frac{1}{(x-y)[2+\ln(x-y)]^3}.$$

注　求隐函数的二阶导数时，在得到一阶导数的表达式后，再进一步求二阶导数的表达式，此时，要注意将一阶导数的表达式代入其中，如本例的式(3.18).

二、对数求导法

对幂指函数 $y=u(x)^{v(x)}$，直接使用前面介绍的求导法则不能求出其导数. 对于这类函数，可以先在函数两边取对数，然后在等式两边同时对自变量 x 求导，最后解出所求导数. 我们把这种方法称为**对数求导法**.

例 3.28　设 $y=x^{\sin x}(x>0)$，求 y'.

解　在题设等式两边取对数，得

$$\ln y=\sin x\ln x,$$

等式两边对 x 求导，得

$$\frac{1}{y}y'=\cos x\ln x+\sin x\cdot\frac{1}{x},$$

所以

$$y'=y\left(\cos x\ln x+\sin x\cdot\frac{1}{x}\right)=x^{\sin x}\left(\cos x\ln x+\frac{\sin x}{x}\right).$$

一般地，设 $y=u(x)^{v(x)}(u(x)>0)$，在等式两边取对数，得

$$\ln y=v(x)\ln u(x),$$

在等式两边同时对自变量 x 求导，得

$$\frac{y'}{y}=v'(x)\cdot\ln u(x)+\frac{v(x)u'(x)}{u(x)},$$

从而

$$y'=u(x)^{v(x)}\left[v'(x)\ln u(x)+\frac{v(x)u'(x)}{u(x)}\right].\tag{3.19}$$

此外，对数法求导还常用于求多个函数乘积的导数.

例 3.29 设 $y=\frac{(x+1)^3\sqrt{x-1}}{(x+4)^2\mathrm{e}^x}\ (x>1)$，求 y'.

解 由题设等式两边取对数，得

$$\ln y=\ln(x+1)+\frac{1}{3}\ln(x-1)-2\ln(x+4)-x,$$

上式两边对 x 求导，得

$$\frac{1}{y}y'=\frac{1}{x+1}+\frac{1}{3}\cdot\frac{1}{x-1}-\frac{2}{x+4}-1,$$

因此

$$y'=\frac{(x+1)^3\sqrt{x-1}}{(x+4)^2\mathrm{e}^x}\left[\frac{1}{x+1}+\frac{1}{3(x-1)}-\frac{2}{x+4}-1\right].$$

*三、参数方程表示的函数的导数

若由参数方程

$$x=\varphi(t),y=\psi(t)\tag{3.20}$$

确定 y 与 x 之间的函数关系，则称此函数关系所表示的函数为**参数方程表示的函数**.

在实际问题中，有时需要计算由参数方程(3.20)所表示的函数的导数. 但要从方程(3.20)中消去参数 t 有时会有困难. 因此，希望有一种能直接由参数方程出发计算出它所表示的函数的导数的方法. 下面具体讨论.

一般地，设 $x=\varphi(t)$ 具有单调、连续的反函数 $t=\varphi^{-1}(x)$，则变量 y 与 x 构成复合函数关系

$$y=\psi[\varphi^{-1}(x)].$$

现在，要计算这个复合函数的导数. 为此，假定函数 $x=\varphi(t)$，$y=\psi(t)$ 都可导，且 $\varphi'(t)\neq0$，则由复合函数与反函数的求导法则，有

$$\frac{\mathrm{d}y}{\mathrm{d}x}=\frac{\mathrm{d}y}{\mathrm{d}t}\cdot\frac{\mathrm{d}t}{\mathrm{d}x}=\frac{\frac{\mathrm{d}y}{\mathrm{d}t}}{\frac{\mathrm{d}x}{\mathrm{d}t}}=\frac{\psi'(t)}{\varphi'(t)}.\tag{3.21}$$

若函数 $x=\varphi(t)$，$y=\psi(t)$二阶可导，则可进一步求出 $y=y(x)$的二阶导数.令式(3.21)为

$$\frac{\mathrm{d}y}{\mathrm{d}x}=\frac{\psi'(t)}{\varphi'(t)}=F(t),\tag{3.22}$$

式(3.22)两边对 x 求导，得

$$\frac{\mathrm{d}^2y}{\mathrm{d}x^2}=\frac{\mathrm{d}F(t)}{\mathrm{d}x}=\frac{\mathrm{d}F(t)}{\mathrm{d}t}\cdot\frac{\mathrm{d}t}{\mathrm{d}x}=\frac{\frac{\mathrm{d}F(t)}{\mathrm{d}t}}{\frac{\mathrm{d}x}{\mathrm{d}t}}=\frac{F'(t)}{\varphi'(t)}.\tag{3.23}$$

例 3.30　设参数方程$\begin{cases}x=\arctan t,\\ y=\ln(1+t^2)\end{cases}$确定函数 $y=y(x)$，求$\frac{\mathrm{d}y}{\mathrm{d}x},\frac{\mathrm{d}^2y}{\mathrm{d}x^2}$.

解　$\frac{\mathrm{d}y}{\mathrm{d}x}=\frac{\frac{\mathrm{d}y}{\mathrm{d}t}}{\frac{\mathrm{d}x}{\mathrm{d}t}}=\frac{\frac{2t}{1+t^2}}{\frac{1}{1+t^2}}=2t,$

由式(3.23)，得

$$\frac{\mathrm{d}^2y}{\mathrm{d}x^2}=\frac{(2t)'}{[\arctan t]'}=\frac{2}{\frac{1}{1+t^2}}=2(1+t^2).$$

习题 3-4

1. 求由下列方程确定的隐函数 $y=y(x)$的导数.

(1) $\frac{1}{3}y^3+y-x-\frac{1}{5}x^5=0$；　　(2) $\mathrm{e}^{xy}+y^3-5x=0$；

(3) $\sin(xy)=x$；　　(4) $\arctan\frac{y}{x}=\ln\sqrt{x^2+y^2}$.

2. 求由方程 $\sin(x-y)+\ln(y-x)=x$ 所确定的曲线 $y=y(x)$在点 $x=0$ 处的切线方程.

3. 设方程 $y=1+x\mathrm{e}^y$ 确定隐函数 $y=y(x)$，求$\frac{\mathrm{d}^2y}{\mathrm{d}x^2}$.

4. 用对数法求下列函数的导数.

(1) $y=\left(\dfrac{1+x}{1-x}\right)^{x}$；　　　　(2) $y=(\sin x)^{\cos x}$；

(3) $y=\sqrt{\dfrac{x-1}{(x+1)(x+2)}}$.

*5. 设参数方程$\begin{cases}x=a(t-\sin t),\\y=a(1-\cos t)\end{cases}$确定函数 $y=y(x)$，求$\dfrac{\mathrm{d}y}{\mathrm{d}x}$.

*6. 设参数方程$\begin{cases}x=t-t^{2},\\y=t-t^{3}\end{cases}$确定函数 $y=y(x)$，求$\dfrac{\mathrm{d}^{2}y}{\mathrm{d}x^{2}}$.

§3.5 函数的微分

一、微分的概念

先分析一个具体问题.设有一块边长为 x_0 的正方形金属薄片，由于受到温度变化的影响，边长从 x_0 变到 $x_0+\Delta x$，问此薄片的面积改变了多少？

如图 3-4 所示，此薄片原面积 $A=x_0^2$. 薄片受到温度变化的影响后，面积变为$(x_0+\Delta x)^2$，故面积 A 的改变量为

$$\Delta A=(x_0+\Delta x)^2-x_0^2=2x_0\Delta x+(\Delta x)^2.$$

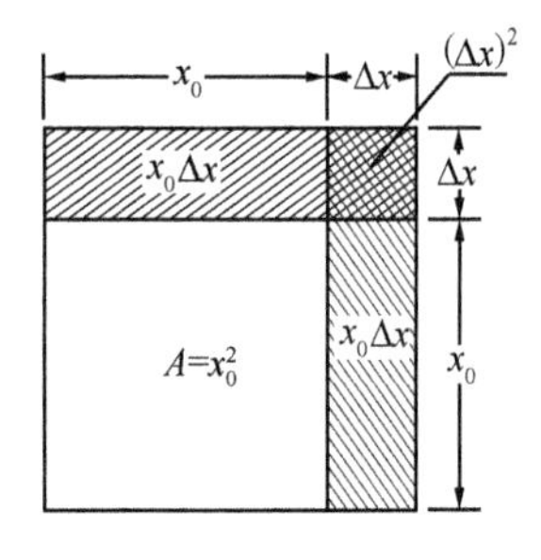

图 3-4

上式包含两部分，第一部分 $2x_0\Delta x$ 是 Δx 的线性函数，即图 3-4 中带有单斜线的两个矩形面积之和；第二部分$(\Delta x)^2$ 是图中带有交叉斜线的小正方形的面积. 当 $\Delta x\to 0$ 时，$(\Delta x)^2$ 是比 Δx 高阶的无穷小，即

$$(\Delta x)^2=o(\Delta x)\,(\Delta x\to 0).$$

由此可见，如果边长有微小改变时(即$|\Delta x|$很小时)，我们可以将第二部分$(\Delta x)^2$这个高阶无穷小忽略，而用第一部分 $2x_0\Delta x$ 近似地表示 ΔA，即 $\Delta A\approx 2x_0\Delta x$. 我们把 $2x_0\Delta x$ 称为 $A=x^2$ 在点 x_0 处的微分.

定义 3.5 设函数 $y=f(x)$在某区间内有定义，x_0 及 $x_0+\Delta x$ 在该区间内，若函数的增量 $\Delta y=f(x_0+\Delta x)-f(x_0)$可表示为

$$\Delta y=A\Delta x+o(\Delta x), \tag{3.24}$$

其中 A 是与 Δx 无关的常数，则称函数 $y=f(x)$ 在点 x_0 处**可微**，并且称 $A\Delta x$ 为函数 $y=f(x)$ 在点 x_0 处相应于自变量的改变量 Δx 的**微分**，记作 $\mathrm{d}y$，即

$$\mathrm{d}y=A\Delta x. \tag{3.25}$$

由定义可知，若函数 $y=f(x)$ 在点 x_0 处可微，则微分 $\mathrm{d}y$ 是自变量的改变量 Δx 的线性函数，称 $\mathrm{d}y$ 为 Δy 的**线性主部**，由式(3.24)得

$$\Delta y-\mathrm{d}y=o(\Delta x),$$

即当 $|\Delta x|$ 很小时，$\Delta y\approx \mathrm{d}y$，这表明非线性问题可以近似转化为线性问题."可微"与"可导"有如下关系：

定理 3.6　函数 $y=f(x)$ 在点 x 处可微的充分必要条件是函数 $y=f(x)$ 在点 x 处可导，且 $\mathrm{d}y=f'(x)\mathrm{d}x$.

***证**　设 $y=f(x)$ 在点 x 处可微，即有

$$\Delta y=A\Delta x+o(\Delta x),$$

两边同除以 Δx，得

$$\frac{\Delta y}{\Delta x}=A+\frac{o(\Delta x)}{\Delta x}.$$

于是，当 $\Delta x\to 0$ 时，由上式就得到

$$A=\lim_{\Delta x\to 0}\frac{\Delta y}{\Delta x}=f'(x).$$

即函数 $y=f(x)$ 在点 x 处可导，且 $A=f'(x)$.

反之，若函数 $y=f(x)$ 在点 x 处可导，即有

$$\lim_{\Delta x\to 0}\frac{\Delta y}{\Delta x}=f'(x),$$

根据极限与无穷小的关系，得

$$\frac{\Delta y}{\Delta x}=f'(x)+\alpha,$$

其中 $\alpha\to 0$(当 $\Delta x\to 0$)，由此得到

$$\Delta y=f'(x)\Delta x+\alpha\Delta x.$$

因为 $\alpha\Delta x=o(\Delta x)$，且 $f'(x)$ 不依赖于 Δx，由微分的定义可知，函数 $y=f(x)$ 在点 x 处可微.

因 $A=f'(x)$，约定 $\Delta x=\mathrm{d}x$，则微分式(3.25)可表示为

$$\mathrm{d}y=f'(x)\mathrm{d}x, \tag{3.26}$$

从而有

$$\frac{dy}{dx}=f'(x),$$

即函数的导数等于函数的微分与自变量的微分的商，因此，导数又称为**微商**.

例 3.31 设函数 $y=x^3$，求函数的微分及函数在 $x=1$ 处当 $\Delta x=0.01$ 时的微分.

解 $dy=y'(x)dx=3x^2dx$，当 $x=1$ 且 $dx=\Delta x=0.01$ 时，

$$dy\Big|_{\substack{x=1\\ \Delta x=0.01}}=3\times1^2\times0.01=0.03.$$

二、微分的几何意义

函数的微分有明显的几何意义. 在直角坐标系中，函数 $y=f(x)$ 的图形是一条曲线. 设 $M(x_0,y_0)$ 是该曲线上的一个定点，当自变量 x 在点 x_0 处取改变量 Δx 时，就得到曲线上另一个点 $N(x_0+\Delta x, y_0+\Delta y)$. 由图 3-5 可知：

$$MQ=\Delta x, QN=\Delta y.$$

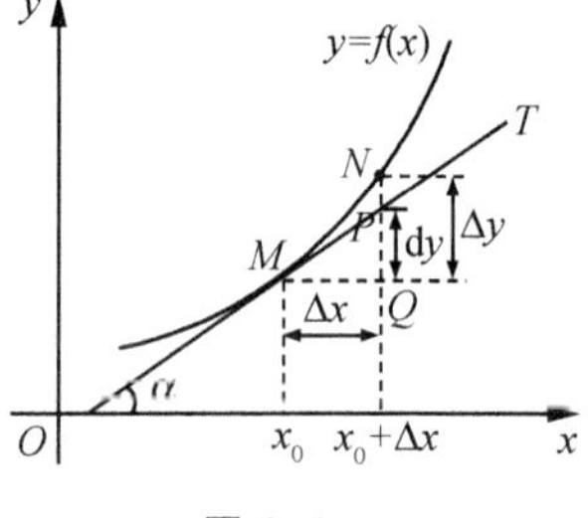

图 3-5

过点 M 作曲线的切线 MT，它的倾角为 α，则 $QP=MQ\cdot\tan\alpha=\Delta x\cdot f'(x_0)$，即

$$dy=QP=f'(x_0)dx.$$

由此可知，当 Δy 是曲线 $y=f(x)$ 上点的纵坐标的增量时，dy 就是曲线的切线上点的纵坐标的增量.

三、微分的基本公式与运算法则

由式(3.26)可知，求微分 dy 只需求出导数 $f'(x)$ 即可，因此，利用导数基本公式与运算法则，可直接导出微分的基本公式与运算法则.

1. 基本初等函数的微分公式

(1) $d(C)=0$ (C 为常数)；

(2) $d(x^\mu)=\mu x^{\mu-1}dx$；

(3) $d(\sin x)=\cos x dx$；

(4) $d(\cos x)=-\sin x dx$；

(5) $d(\tan x)=\sec^2 x dx$；

(6) $d(\cot x)=-\csc^2 x dx$；

(7) $d(\sec x)=\sec x\tan x dx$；

(8) $d(\csc x)=-\csc x\cot x dx$；

(9) $d(a^x)=a^x\ln a dx$；

(10) $d(e^x)=e^x dx$；

(11) $d(\log_a x)=\frac{1}{x\ln a}dx$；

(12) $d(\ln x)=\frac{1}{x}dx$；

(13) $d(\arcsin x)=\dfrac{1}{\sqrt{1-x^2}}dx$；　(14) $d(\arccos x)=-\dfrac{1}{\sqrt{1-x^2}}dx$；

(15) $d(\arctan x)=\dfrac{1}{1+x^2}dx$；　(16) $d(\text{arccot}\, x)=-\dfrac{1}{1+x^2}dx$.

2. 微分的四则运算法则

(1) $d(Cu)=Cdu$；　(2) $d(u\pm v)=du\pm dv$；

(3) $d(uv)=vdu+udv$；　(4) $d\left(\dfrac{u}{v}\right)=\dfrac{vdu-udv}{v^2}$.

3. 微分形式不变性

设 $y=f(u)$是可微函数，若 u 是自变量，则由式(3.26)得

$$dy=f'(u)du.$$

若 $y=f(u)$，$u=g(x)$，且两者均可导，则由复合函数的求导法则得

$$dy=y'(x)dx=f'(u)g'(x)dx=f'(u)du.$$

由上述分析可知，若函数 $y=f(u)$可微，则不论 u 是自变量还是中间变量，其微分形式 $dy=f'(u)du$ 保持不变，称这一性质为**微分形式不变性**.

微分形式不变性对微分的计算有重要意义.

例 3.32　求下列函数的微分 dy.

(1) $y=x^3e^{2x}$；　(2) $y=\ln(1+e^{x^2})$；　(3) $y=e^{1-3x}\sin 2x$.

解　(1) 由微分四则运算法则及微分形式不变性，有

$$\begin{aligned}dy&=e^{2x}d(x^3)+x^3d(e^{2x})\\&=e^{2x}\cdot 3x^2dx+x^3e^{2x}d(2x)\\&=e^{2x}\cdot 3x^2dx+x^3e^{2x}\cdot 2dx\\&=x^2e^{2x}(3+2x)dx.\end{aligned}$$

(2) 由微分形式不变性，得

$$dy=\frac{d(1+e^{x^2})}{1+e^{x^2}}=\frac{e^{x^2}d(x^2)}{1+e^{x^2}}=\frac{2xe^{x^2}}{1+e^{x^2}}dx.$$

(3) 由式(3.26)得

$$\begin{aligned}y'&=-3e^{1-3x}\sin 2x+e^{1-3x}2\cos 2x\\&=e^{1-3x}(2\cos 2x-3\sin 2x),\end{aligned}$$

于是，有

$$dy=e^{1-3x}(2\cos 2x-3\sin 2x)dx.$$

例 3.33　设 $y=f(x)$由方程 $e^{xy}=2x+y^3$ 确定，求微分 dy.

解 方程两边同时微分，得

$$d(e^{xy})=d(2x+y^3),$$

由微分形式不变性，有

$$e^{xy}d(xy)=2dx+d(y^3),$$

$$e^{xy}(ydx+xdy)=2dx+3y^2dy,$$

解出 dy，得

$$dy=\frac{ye^{xy}-2}{3y^2-xe^{xy}}dx.$$

*四、微分在近似计算中的应用

在工程问题中，经常会遇到一些复杂的计算公式．如果直接用这些公式进行计算，那是很费力的．利用微分往往可以把一些复杂的计算公式用简单的近似公式来代替．

前面说过，当 $y=f(x)$ 在点 x_0 处的导数 $f'(x_0)\neq 0$，且 $|\Delta x|$ 很小时，我们有

$$\Delta y\approx dy=f'(x_0)\Delta x.$$

这个式子也可以写为

$$\Delta y=f(x_0+\Delta x)-f(x_0)\approx f'(x_0)\Delta x \tag{3.27}$$

或

$$f(x_0+\Delta x)\approx f(x_0)+f'(x_0)\Delta x. \tag{3.28}$$

在式(3.28)中令 $x=x_0+\Delta x$，即 $\Delta x=x-x_0$，那么式(3.28)可改写为

$$f(x)\approx f(x_0)+f'(x_0)(x-x_0). \tag{3.29}$$

如果 $f(x_0)$ 与 $f'(x_0)$ 都容易计算，那么可利用式(3.27)来近似计算 Δy，利用式(3.28)来近似计算 $f(x_0+\Delta x)$，或利用式(3.29)来近似计算 $f(x)$．这种近似计算的实质就是用 x 的线性函数 $f(x_0)+f'(x_0)(x-x_0)$ 来近似表达函数 $f(x)$．从导数的几何意义可知，这也就是用曲线 $y=f(x)$ 在点 $(x_0,f(x_0))$ 处的切线近似代替该曲线（就切点邻近部分来说）．

例 3.34 一个外直径为 10 cm 的球，球壳厚度为 $\frac{1}{16}$ cm．试求球壳体积的近似值．

解 半径为 r 的球的体积为

$$V=f(r)=\frac{4}{3}\pi r^3.$$

球壳体积为 ΔV，用 $\mathrm{d}V$ 作为其近似值，有

$$\mathrm{d}V=f'(r)\mathrm{d}r=4\pi r^2\mathrm{d}r=4\pi\cdot 5^2\cdot\left(-\frac{1}{16}\right)$$

$$\approx -19.63\left(其中\ r=5,\mathrm{d}r=-\frac{1}{16}\right),$$

所求球壳体积 $|\Delta V|$ 的近似值 $|\mathrm{d}V|$ 为 19.63 cm^3.

例 3.35　求 $\sqrt[3]{1.02}$ 的近似值.

解　我们将这个问题看成求函数 $f(x)=\sqrt[3]{x}$ 在点 $x=1.02$ 处的函数值的近似值问题. 由式(3.29)得

$$f(x)\approx f(x_0)+f'(x_0)\Delta x=\sqrt[3]{x_0}+\frac{1}{3\sqrt[3]{x_0^2}}\Delta x.$$

令 $x_0=1,\Delta x=0.02$，便有

$$\sqrt[3]{1.02}\approx\sqrt[3]{1}+\frac{1}{3\sqrt[3]{1^2}}\cdot 0.02\approx 1.0067.$$

习题 3-5

1. 已知 $y=x^2-3x+5$，在点 $x=1$ 处且 $\Delta x=0.01$ 时，求 Δy 及 $\mathrm{d}y$.

2. 将适当的函数填入下列括号内，使等式成立.

(1) $\mathrm{d}(\qquad)=5x\mathrm{d}x$；　　(2) $\mathrm{d}(\qquad)=\sin\omega x\mathrm{d}x$；

(3) $\mathrm{d}(\qquad)=\mathrm{e}^{-2x}\mathrm{d}x$；　　(4) $\mathrm{d}(\qquad)=\sec^2 2x\mathrm{d}x$.

3. 求下列函数的微分.

(1) $y=(\mathrm{e}^x+\mathrm{e}^{-x})^2$；　　(2) $y=\ln\sqrt{1-x^3}$；

(3) $y=x^2\mathrm{e}^{2x}$；　　(4) $y=\arctan\mathrm{e}^x$.

4. 求由下列方程确定的隐函数的微分.

(1) $y=x+\arccos y$；　　(2) $y\sin x-x\sin y=a$.

*5. 求 $\ln 1.002$ 的近似值.

复习题三

1. 填空题.

(1) 设函数 $f(x)=(x-\mathrm{e})g(x)$,其中 $g(x)$在点 $x=\mathrm{e}$ 处连续,则 $f'(\mathrm{e})=$______.

(2) 设 $f(x)=\cos(\mathrm{e}^{-x})$,则 $f'(0)=$__________.

(3) 已知 $y=f\left(\dfrac{3x-2}{3x+2}\right)$,$f'(x)=\arctan x^2$,则 $y'(0)=$__________.

(4) 曲线 $y=x+\sin^2 x$ 在点$\left(\dfrac{\pi}{2},1+\dfrac{\pi}{2}\right)$处的切线方程是__________.

(5) 设 $f(t)=\lim\limits_{x\to\infty}t\left(\dfrac{x+t}{x-t}\right)^x$,则 $f'(t)=$__________.

(6) 设 $x+y=\tan y$,则 $\mathrm{d}y=$__________.

(7) 设 $f(x)=x\mathrm{e}^x$,则 $f''(0)=$__________.

(8) 设 $f(x)=\dfrac{1-x}{1+x}$,则 $f^{(n)}(x)=$__________.

2. 单选题.

(1) 设 $f(x)$在点 x_0 处可导,且 $f'(x_0)=-2$,则 $\lim\limits_{\Delta x\to 0}\dfrac{f(x_0)-f(x_0-\Delta x)}{\Delta x}$ $=$______.

A. 0　　B. 2　　C. -2　　D. 不存在

(2) 设 $f'(x_0)$存在,若 $\lim\limits_{\Delta x\to 0}\dfrac{f(x_0+k\Delta x)-f(x_0)}{\Delta x}=\dfrac{1}{3}$,则常数 $k=$______.

A. $f'(x_0)$　　B. $3f'(x_0)$　　C. $\dfrac{1}{3f'(x_0)}$　　D. 任意实数

(3) 设 $f(x)=\arctan x^2$,则 $\lim\limits_{x\to 2}\dfrac{f(x)-f(2)}{x-2}=$______.

A. $\dfrac{1}{17}$　　B. $\dfrac{4}{17}$　　C. $\dfrac{1}{5}$　　D. $\dfrac{4}{5}$

(4) 函数 $f(x)$在点 x_0 处连续是在该点处可导的______.

A. 必要不充分条件　　B. 充分不必要条件

C. 充要条件　　D. 无关条件

(5) 设 $f(x)=\begin{cases}\dfrac{1-e^{-x^2}}{x}, & x\neq 0,\\ 0, & x=0,\end{cases}$ 则 $f'(0)=$______.

A. 0　　B. $\dfrac{1}{2}$　　C. 1　　D. -1

(6) 设曲线 $y=x^3+ax$ 与曲线 $y=bx^2+1$ 在点$(-1,0)$处相切,则______.

A. $a=b=-1$　　B. $a=-1,b=1$

C. $a=b=1$　　D. $a=1,b=-1$

3. 求下列函数的导数.

(1) $y=\dfrac{x}{\ln x}$;　　(2) $y=x\sin x\cos x$;

(3) $y=3x^5e^x\sin x$;　　(4) $y=3^x\arcsin x$;

(5) $y=\dfrac{t+\sin t}{t+\cos t}$;　　(6) $y=(\sin\sqrt{1-x^2})^2$;

(7) $y=x\arcsin\dfrac{x}{2}+\sqrt{4-x^2}$;　　(8) $y=(\tan x)^{\sin x}$.

4. 设 $f(x)$可导,求下列函数的导数.

(1) $y=\sin f(3x)$;　　(2) $y=\ln[1+f^2(x)]$.

5. 求下列函数的二阶导数.

(1) $y=x\sin 3x$;　　(2) $y=\ln\sqrt{\dfrac{1-x}{1+x^2}}$.

6. 求下列函数的微分.

(1) $y=3^{\cos x}$;　　(2) $y=\ln\ln x^2$;

(3) $y=\left(\arcsin\dfrac{x^2}{2}\right)^2$;　　(4) $y=x^x$.

7. 设 $e^y+xy=e$ 确定函数 $y=y(x)$,求 $y''(0)$.

8. 设 $y\sin(x+y)=x\cos(x+y)$确定隐函数 $y=y(x)$,求 dy.

数学家简介[3]

拉格朗日

——数学世界里一座高耸的金字塔

拉格朗日(Lagrange,1736—1813)是18世纪伟大的数学家、力学家和天文学家,1736年生于意大利都灵.青年时代,在数学家雷维里(F. A. Revelli)的指导下学习几何学,激发了他的数学天才.17岁开始专攻当时迅速发展的数学分析.19岁时,拉格朗日写出了用纯分析方法求变分极值的论文,对变分法的创立做出了贡献,此成果使他在都灵出名.当年,他被聘为都灵皇家炮兵学校教授.1763年,拉格朗日完成的关于"月球天平动研究"的论文因较好地解释了月球自转和公转的角速度的差异,获得巴黎科学院1764年度奖,此后他还四次获得巴黎科学院征奖课题研究的年度奖.1766年,在达朗贝尔和欧拉的推荐下,普鲁士国王腓特烈大帝写信给拉格朗日说:欧洲最大之王希望欧洲最大之数学家来他的宫廷工作.拉格朗日接受邀请,于当年的8月21日离开都灵前往柏林科学院,并担任了柏林科学院数学部主任一职,一直到1787年才移居巴黎.

拉格朗日

拉格朗日的学术生涯主要在18世纪后半期.当时数学、物理学和天文学是自然科学的主体.数学的主流是由微积分发展起来的数学分析,以欧洲大陆为中心;物理学的主流是力学;天文学的主流是天体力学.数学分析的发展使力学和天体力学得以深化,而力学和天体力学的课题又成为数学分析发展的动力.拉格朗日在数学、力学和天文学三个学科中都有重大的历史性贡献,但他主要是数学家,研究力学和天文学的目的是表明数学分析的威力.他的全部著作、论文、学术报告记录、学术通讯超过500篇.几乎在当时所有的数学领域中,拉格朗日都做出了重要贡献,其最突出的贡献是在使数学分析的基础脱离几何与力学方面起了决定性的作用.他使得数学的独立性更为清楚,而不仅仅是其他学科的工具.他的工作总结了18世纪的数学成果,同时又开辟了19世纪数学研究的道路.

拉格朗日在使天文学力学化、力学分析化方面也起了决定性作用,促使力学

和天文学更深入地发展.他最精心之作当推《天体力学》,他为之倾注了 37 年的心血,用数学把宇宙描绘成一个优美和谐的力学体系,被哈密顿(Hamilton)誉为"科学诗".

拉格朗日科学的思想方法,也对后人产生了深远的影响.拉格朗日常数变易法,其实质就是矛盾转化法.他在探索微分方程求解的过程中,巧妙地运用了高阶与低阶、常量与变量、线性与非线性、齐次与非齐次等各种转化.拉格朗日解决数学问题的精妙之处,就在于他能洞察到数学对象之间的深层次联系,从而创造有利条件,使问题迎刃而解.

拉格朗日是欧洲最伟大的数学家之一,拿破仑曾称赞他是"一座高耸在数学世界的金字塔".

第4章 导数的应用

第3章介绍了导数与微分的概念及计算方法，本章将介绍导数在求未定式的极限、函数几何特性的判别、经济问题等方面的应用. 为此，首先要介绍微分学的几个中值定理，它们是导数应用的基础.

§4.1 微分中值定理

一、罗尔(Rolle)定理

观察图4-1，设函数 $y=f(x)$ 在区间 $[a,b]$ 上的图形是一条连续光滑的曲线弧，这条曲线在区间 (a,b) 内每一点都存在不垂直于 x 轴的切线，且区间 $[a,b]$ 的两个端点的函数值相等，即 $f(a)=f(b)$，则可以发现在曲线弧上的最高点或最低点处，曲线有水平切线，即有 $f'(\xi)=0$. 如果用数学分析的语言把这种几何现象描述出来，即为下面的罗尔定理.

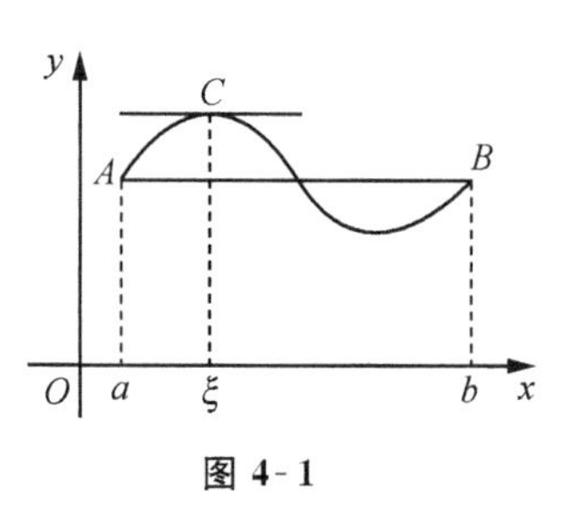

图 4-1

定理 4.1(罗尔定理) 若函数 $y=f(x)$ 满足：

(1) 在闭区间 $[a,b]$ 上连续，

(2) 在开区间 (a,b) 内可导，

(3) 在区间端点处的函数值相等，即 $f(a)=f(b)$，

则在 (a,b) 内至少存在一点 $\xi(a<\xi<b)$，使得 $f'(\xi)=0$.

***证** 由于 $f(x)$ 在闭区间 $[a,b]$ 上连续，根据闭区间上连续函数的最大值和最小值定理，$f(x)$ 在 $[a,b]$ 上必有最大值 M 和最小值 m. 现分两种情况来讨论：

若 $M=m$，则 $f(x)$ 在 $[a,b]$ 上必为常数，这时对任意的 $\xi\in(a,b)$，都有

$$f'(\xi)=0.$$

若 $M>m$，由条件(3)知，M 和 m 中至少有一个不在区间端点 a 和 b 处取得. 不妨设 $M\neq f(a)$，则在开区间 (a,b) 内至少存在一点 ξ，使得 $f(\xi)=M$. 下面来证明 $f'(\xi)=0$.

由条件(2)知 $f'(\xi)$ 存在，则 $f'(\xi)=f'_+(\xi)=f'_-(\xi)$. 由于 $f(\xi)$ 为最大值，所以不论 Δx 为正或为负，只要 $\xi+\Delta x\in[a,b]$，总有

$$f(\xi+\Delta x)-f(\xi)\leqslant 0.$$

因此，当 $\Delta x>0$ 时，有

$$\frac{f(\xi+\Delta x)-f(\xi)}{\Delta x}\leqslant 0.$$

根据函数极限的保号性知

$$f'_+(\xi)=\lim_{\Delta x\to 0^+}\frac{f(\xi+\Delta x)-f(\xi)}{\Delta x}\leqslant 0.$$

同样，当 $\Delta x<0$ 时，有 $\dfrac{f(\xi+\Delta x)-f(\xi)}{\Delta x}\geqslant 0$，所以

$$f'_-(\xi)=\lim_{\Delta x\to 0^-}\frac{f(\xi+\Delta x)-f(\xi)}{\Delta x}\geqslant 0.$$

故 $f'(\xi)=0$.

注　由罗尔定理易知，若函数 $f(x)$ 在 $[a,b]$ 上满足定理的三个条件，则其导函数 $f'(x)$ 在 (a,b) 内至少存在一个零点. 但要注意，在一般情况下，罗尔定理只给出了导函数的零点的存在性，通常这样的零点是不易具体求出的.

例 4.1　不求导数，判断函数 $f(x)=(x-1)(x-2)(x-3)$ 的导数有几个零点及这些零点所在的范围.

解　因为 $f(1)=f(2)=f(3)=0$，所以 $f(x)$ 在闭区间 $[1,2]$，$[2,3]$ 上满足罗尔定理的三个条件，所以，在 $(1,2)$ 内至少存在一点 ξ_1，使 $f'(\xi_1)=0$，即 ξ_1 是 $f'(x)$ 的一个零点；又在 $(2,3)$ 内至少存在一点 ξ_2，使 $f'(\xi_2)=0$，即 ξ_2 也是 $f'(x)$ 的一个零点.

又因为 $f'(x)$ 为二次多项式，最多只能有两个零点，故 $f'(x)$ 恰好有两个零点，分别在区间 $(1,2)$ 和 $(2,3)$ 内.

例 4.2　证明：方程 $x^5-5x+1=0$ 有且仅有一个小于 1 的正实根.

证 设 $f(x)=x^5-5x+1$，则 $f(x)$ 在 $[0,1]$ 上连续，且 $f(0)=1$，$f(1)=-3$. 由零值定理知，存在点 $x_0\in(0,1)$，使 $f(x_0)=0$，即 x_0 是题设方程的小于 1 的正实根.

再来证明 x_0 是题设方程的小于 1 的唯一正实根. 用反证法，设另有 $x_1\in(0,1)$，$x_1\neq x_0$，使 $f(x_1)=0$. 易见函数 $f(x)$ 在以 x_0，x_1 为端点的区间上满足罗尔定理的条件，故至少存在一点 ξ（介于 x_0，x_1 之间），使得 $f'(\xi)=0$. 但

$$f'(x)=5(x^4-1)<0,x\in(0,1),$$

矛盾，所以 x_0 即为题设方程的小于 1 的唯一正实根.

例 4.3 设 $f(x)$ 在 $[0,1]$ 上连续，在 $(0,1)$ 内可导，且 $f(1)=0$. 求证：至少存在一点 $\xi\in(0,1)$，使 $f'(\xi)=-\frac{f(\xi)}{\xi}$.

证 构造辅助函数 $F(x)=xf(x)$，因为 $f(x)$ 在 $[0,1]$ 上连续，在 $(0,1)$ 内可导，所以 $F(x)$ 也在 $[0,1]$ 上连续，在 $(0,1)$ 内可导，且 $F(0)=F(1)=0$，由罗尔定理知，在 $(0,1)$ 内至少存在一点 ξ，使 $F'(\xi)=0$，即

$$\xi f'(\xi)+f(\xi)=0,$$

故 $f'(\xi)=-\frac{f(\xi)}{\xi}$.

二、拉格朗日中值定理

罗尔定理中，$f(a)=f(b)$ 这个条件是相当特殊的，它使罗尔定理的应用受到了限制. 拉格朗日在罗尔定理的基础上作了进一步研究，取消了罗尔定理中这个条件的限制，但仍保留了其余两个条件，得到了在微分学中具有重要地位的拉格朗日中值定理.

定理 4.2（拉格朗日中值定理） 若函数 $y=f(x)$ 满足：

(1) 在闭区间 $[a,b]$ 上连续，

(2) 在开区间 (a,b) 内可导，

则在 (a,b) 内至少存在一点 $\xi(a<\xi<b)$，使得

$$f(b)-f(a)=f'(\xi)(b-a). \tag{4.1}$$

在证明之前，先看一下定理的几何意义. 式(4.1)可改写为

$$\frac{f(b)-f(a)}{b-a}=f'(\xi), \tag{4.2}$$

由图 4-2 可见，$\frac{f(b)-f(a)}{b-a}$ 为弦 AB 的斜率，而 $f'(\xi)$ 为曲线在点 C 处的切线的

斜率. 拉格朗日中值定理表明，在满足定理条件的情况下，曲线 $y=f(x)$ 上至少有一点 C，使曲线在点 C 处的切线平行于弦 AB.

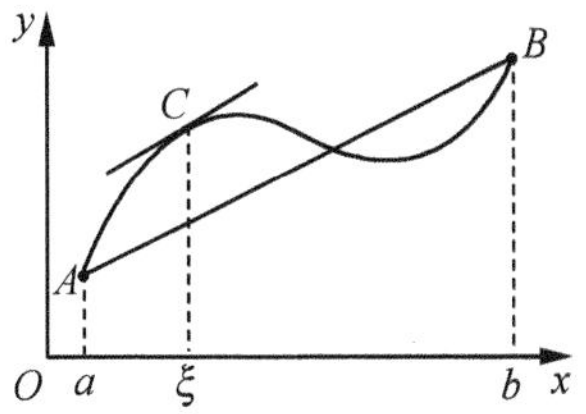

图 4-2

证　构造辅助函数

$$F(x)=f(x)-\left[f(a)+\frac{f(b)-f(a)}{b-a}(x-a)\right].$$

容易验证 $F(x)$ 满足罗尔定理的条件，从而在 (a,b) 内至少存在一点 ξ，使得 $F'(\xi)=0$，即

$$f'(\xi)-\frac{f(b)-f(a)}{b-a}=0 \text{ 或 } f(b)-f(a)=f'(\xi)(b-a).$$

> **注**　式(4.1)和式(4.2)均称为**拉格朗日中值公式**.

设 $x, x+\Delta x\in(a,b)$，在以 $x, x+\Delta x$ 为端点的区间上应用式(4.1)，则有

$$f(x+\Delta x)-f(x)=f'(x+\theta\Delta x)\Delta x\,(0<\theta<1),$$

即

$$\Delta y=f'(x+\theta\Delta x)\Delta x\,(0<\theta<1). \tag{4.3}$$

式(4.3)精确地表达了函数在一个区间上的增量与函数在该区间内某点处的导数之间的关系，这个公式又称为**有限增量公式**.

拉格朗日中值定理在微分学中占有重要地位，有时也称这个定理为微分中值定理. 在某些问题中，当自变量 x 取得有限增量 Δx 而需要函数增量的准确表达式时，拉格朗日中值定理就突显出其重要价值. 利用拉格朗日中值定理，可得下列推论.

推论 4.1　如果函数 $f(x)$ 在区间 I 上的导数恒为零，那么 $f(x)$ 在区间 I 上是一个常数.

证　在区间 I 上任取两点 $x_1, x_2\,(x_1<x_2)$，在区间 $[x_1, x_2]$ 上应用拉格朗日中值定理，得

$$f(x_2)-f(x_1)=f'(\xi)(x_2-x_1)\,(x_1<\xi<x_2).$$

由条件知 $f'(\xi)=0$，所以

$$f(x_2)-f(x_1)=0, f(x_2)=f(x_1).$$

再由 x_1, x_2 的任意性知，$f(x)$ 在区间 I 上任意点处的函数值都相等，即 $f(x)$ 在区间 I 上是一个常数.

注 推论 4.1 表明，导数为零的函数就是常数函数. 由推论 4.1 立即可得下面的推论 4.2.

推论 4.2 如果函数 $f(x)$ 与 $g(x)$ 在区间 I 上恒有 $f'(x)=g'(x)$，那么在区间 I 上有

$$f(x)=g(x)+C(C\text{ 为常数}).$$

例 4.4 证明 $\arcsin x+\arccos x=\frac{\pi}{2}(-1\leqslant x\leqslant 1)$.

证 设 $f(x)=\arcsin x+\arccos x, x\in[-1,1]$，因为

$$f'(x)=\frac{1}{\sqrt{1-x^2}}+\left(-\frac{1}{\sqrt{1-x^2}}\right)=0, x\in(-1,1),$$

所以 $f(x)\equiv C, x\in(-1,1)$. 又

$$f(0)=\arcsin 0+\arccos 0=0+\frac{\pi}{2}=\frac{\pi}{2},$$

故 $C=\frac{\pi}{2}$，所以 $f(x)=\frac{\pi}{2}, x\in(-1,1)$. 又因为

$$f(-1)=\arcsin(-1)+\arccos(-1)=-\frac{\pi}{2}+\pi=\frac{\pi}{2},$$

$$f(1)=\arcsin 1+\arccos 1=\frac{\pi}{2}+0=\frac{\pi}{2},$$

从而

$$\arcsin x+\arccos x=\frac{\pi}{2}(-1\leqslant x\leqslant 1).$$

例 4.5 证明：当 $x>0$ 时，$\frac{x}{1+x}<\ln(1+x)<x$.

证 设 $f(x)=\ln(1+x)$，显然，$f(x)$ 在 $[0,x]$ 上满足拉格朗日中值定理的条件，由式(4.1)，有

$$f(x)-f(0)=f'(\xi)(x-0)(0<\xi<x).$$

因为 $f(0)=0, f'(x)=\frac{1}{1+x}$，故上式即为

$$\ln(1+x)=\frac{x}{1+\xi}(0<\xi<x).$$

由于 $0<\xi<x$，所以

$$\frac{x}{1+x}<\frac{x}{1+\xi}<x,\text{即}\frac{x}{1+x}<\ln(1+x)<x.$$

*三、柯西中值定理

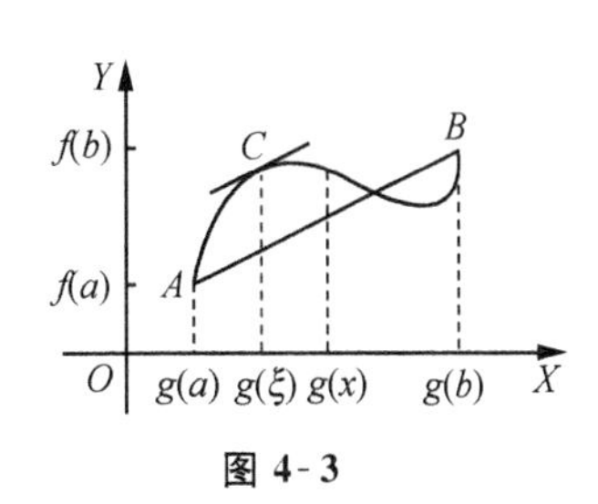

图 4-3

拉格朗日中值定理表明：若连续曲线弧$\overset{\frown}{AB}$上除端点外处处具有不垂直于横轴的切线，则这段弧上至少有一点 C，使曲线在点 C 处的切线平行于弦 AB. 设弧$\overset{\frown}{AB}$的参数方程为$\begin{cases}X=g(x),\\Y=f(x)\end{cases}$$(a\leqslant x\leqslant b)$（图 4-3），其中 x 是参数.

那么曲线上点(X,Y)处的斜率为

$$\frac{\mathrm{d}Y}{\mathrm{d}X}=\frac{f'(x)}{g'(x)},$$

弦 AB 的斜率为

$$\frac{f(b)-f(a)}{g(b)-g(a)}.$$

假设点 C 对应于参数 $x=\xi$，那么曲线上点 C 处的切线平行于弦 AB，即

$$\frac{f(b)-f(a)}{g(b)-g(a)}=\frac{f'(x)}{g'(x)}.$$

与这一事实相应的是下述定理.

定理 4.3（柯西中值定理）　若函数 $f(x)$及 $g(x)$满足：

(1) 在闭区间$[a,b]$上连续，

(2) 在开区间(a,b)内可导，

(3) 在(a,b)内每一点处 $g'(x)\neq 0$，

则在(a,b)内至少存在一点 $\xi(a<\xi<b)$，使得

$$\frac{f(b)-f(a)}{g(b)-g(a)}=\frac{f'(\xi)}{g'(\xi)}. \tag{4.4}$$

证　构造辅助函数

$$\varphi(x)=f(x)-f(a)-\frac{f(b)-f(a)}{g(b)-g(a)}[g(x)-g(a)].$$

易知 $\varphi(x)$满足罗尔定理的条件，故在(a,b)内至少存在一点 ξ，使得 $\varphi'(\xi)=0$，即

$$f'(\xi)-\frac{f(b)-f(a)}{g(b)-g(a)}\cdot g'(\xi)=0,$$

从而

$$\frac{f(b)-f(a)}{g(b)-g(a)}=\frac{f'(\xi)}{g'(\xi)}.$$

注 若取 $g(x)=x$，则 $g(b)-g(a)=b-a$，$g'(x)=1$，这时，柯西中值定理就变成了拉格朗日中值定理.

例 4.6 设函数 $f(x)$ 在 $[a,b]$ 上连续，在 (a,b) 内可导 $(a>0)$，试证明：至少存在一点 $\xi\in(a,b)$ 使得 $f(b)-f(a)=\xi f'(\xi)\ln\frac{b}{a}$.

证 易见题设结论可变形为

$$\frac{f(b)-f(a)}{\ln b-\ln a}=\frac{f'(\xi)}{\frac{1}{\xi}}.$$

因此，可设 $g(x)=\ln x$，则 $f(x)$，$g(x)$ 在 $[a,b]$ 上满足柯西中值定理的条件，所以在 (a,b) 内至少存在一点 ξ，使 $\frac{f(b)-f(a)}{\ln b-\ln a}=\frac{f'(\xi)}{\frac{1}{\xi}}$，即

$$f(b)-f(a)=\xi f'(\xi)\ln\frac{b}{a}.$$

习题 4-1

1. 对函数 $f(x)=\ln\sin x$ 在区间 $\left[\frac{\pi}{6},\frac{5\pi}{6}\right]$ 上验证罗尔定理成立，并求出 ξ.

2. 对函数 $f(x)=e^x$ 在区间 $[a,b]$ $(a<b)$ 上验证拉格朗日中值定理成立，并求出 ξ.

3. 证明方程 $x^3+2x+1=0$ 在区间 $(-1,0)$ 内存在唯一实根.

4. 证明等式：$2\arctan x+\arcsin\frac{2x}{1+x^2}=\pi\ (x\geqslant1)$.

5. 证明下列不等式.

(1) 当 $b>a>0$ 时，$\frac{b-a}{b}<\ln\frac{b}{a}<\frac{b-a}{a}$；

(2) 当 $x>1$ 时，$e^x>ex$.

6. 一位货车司机在收费亭拿到一张罚款单，说他在限速为 65 km/h 的收费道路上在 2 h 内走了 159 km，罚款单列出违章理由为该司机超速行驶，为什么？

§4.2　洛必达法则

若当 $x \to a$（或 $x \to \infty$）时，两个函数 $f(x)$ 与 $g(x)$ 都趋于零或都趋于无穷大，则极限 $\lim\limits_{x \to a}\dfrac{f(x)}{g(x)}$ $\left(或 \lim\limits_{x \to \infty}\dfrac{f(x)}{g(x)}\right)$ 可能存在，也可能不存在. 例如，$\lim\limits_{x \to 0}\dfrac{\sin x}{x}=1$，而 $\lim\limits_{x \to 0}\dfrac{\sin x}{x^2}$ 不存在. 通常称这种类型的极限为 $\dfrac{0}{0}$ 型未定式或 $\dfrac{\infty}{\infty}$ 型未定式. 对这种未定式极限的计算，不能用函数商的极限运算法则计算，而要用一个既重要又简便的计算方法——洛必达（L'Hospital）法则.

一、$\dfrac{0}{0}$ 型未定式

定理 4.4（洛必达法则 Ⅰ）　设函数 $f(x)$，$g(x)$ 满足下列条件：

(1) $\lim\limits_{x \to a} f(x)=\lim\limits_{x \to a} g(x)=0$，

(2) 在点 a 的某去心邻域内可导，且 $g'(x) \neq 0$，

(3) $\lim\limits_{x \to a}\dfrac{f'(x)}{g'(x)}=A$（$A$ 有限）或 ∞，

则

$$\lim_{x \to a}\frac{f(x)}{g(x)}=\lim_{x \to a}\frac{f'(x)}{g'(x)}=A \text{ 或 } \infty. \tag{4.5}$$

证　因为极限 $\lim\limits_{x \to a}\dfrac{f(x)}{g(x)}$ 是否存在与 $f(a)$ 和 $g(a)$ 取何值无关，故可补充定义

$$f(a)=g(a)=0.$$

于是，由(1)(2)可知，函数 $f(x)$ 及 $g(x)$ 在点 a 的某一邻域内是连续的. 设 x 是该邻域内任意一点（$x \neq a$），则 $f(x)$ 及 $g(x)$ 在以 x 及 a 为端点的区间上满足柯西中值定理的条件，从而存在 ξ（ξ 介于 x 与 a 之间），使得

$$\frac{f(x)}{g(x)}=\frac{f(x)-f(a)}{g(x)-g(a)}=\frac{f'(\xi)}{g'(\xi)}.$$

当 $x \to a$ 时，有 $\xi \to a$，所以

$$\lim_{x \to a}\frac{f(x)}{g(x)}=\lim_{\xi \to a}\frac{f'(\xi)}{g'(\xi)}=\lim_{x \to a}\frac{f'(x)}{g'(x)}=A \text{ 或 } \infty.$$

注 (1) 应用洛必达法则之前,必须判定所求极限为$\frac{0}{0}$型未定式.

(2) 定理4.4中极限过程$x\to a$改为$x\to a^{-}$,$x\to a^{+}$,$x\to\infty$,$x\to-\infty$,$x\to+\infty$时,定理4.4仍适用.

(3) 若$\lim\limits_{x\to a}\frac{f'(x)}{g'(x)}$仍为$\frac{0}{0}$型未定式,可再次运用洛必达法则,直至极限值求出为止.

(4) 在应用洛必达法则之前或求解过程中,应尽可能用其他方法简化所求极限,如等价无穷小替换等.

例 4.7 求$\lim\limits_{x\to 1}\frac{x^2-1}{\ln x}$.

解 该极限为$\frac{0}{0}$型未定式,由洛必达法则,得

$$\lim_{x\to 1}\frac{x^2-1}{\ln x}=\lim_{x\to 1}\frac{2x}{\frac{1}{x}}=2.$$

例 4.8 求$\lim\limits_{x\to 1}\frac{x^3-3x+2}{x^3-x^2-x+1}$.

解 这是$\frac{0}{0}$型未定式,连续应用洛必达法则两次,可得

$$\lim_{x\to 1}\frac{x^3-3x+2}{x^3-x^2-x+1}=\lim_{x\to 1}\frac{3x^2-3}{3x^2-2x-1}=\lim_{x\to 1}\frac{6x}{6x-2}=\frac{3}{2}.$$

注 上式中的$\lim\limits_{x\to 1}\frac{6x}{6x-2}$已经不是未定式,不能再对它应用洛必达法则,否则会导致错误.

例 4.9 求$\lim\limits_{x\to 0}\frac{e^x-e^{-x}-2x}{x-\sin x}$.

解
$$\lim_{x\to 0}\frac{e^x-e^{-x}-2x}{x-\sin x}=\lim_{x\to 0}\frac{e^x+e^{-x}-2}{1-\cos x}$$
$$=\lim_{x\to 0}\frac{e^x+e^{-x}-2}{\frac{x^2}{2}}\text{(等价无穷小替换)}$$
$$=\lim_{x\to 0}\frac{e^x-e^{-x}}{x}$$

$$=\lim_{x\to 0}\frac{e^x+e^{-x}}{1}=2.$$

例 4.10　求$\lim\limits_{x\to 0}\dfrac{\tan x-x}{x-\sin x}$.

解　$$\lim_{x\to 0}\frac{\tan x-x}{x-\sin x}=\lim_{x\to 0}\frac{\sec^2 x-1}{1-\cos x}$$

$$=\lim_{x\to 0}\frac{\tan^2 x}{1-\cos x}$$

$$=\lim_{x\to 0}\frac{x^2}{\frac{x^2}{2}}=2.$$

例 4.11　求$\lim\limits_{x\to 0}\dfrac{3x-\sin 3x}{(1-\cos x)\ln(1+2x)}$.

解　当 $x\to 0$ 时，$1-\cos x\sim\dfrac{x^2}{2}$，$\ln(1+2x)\sim 2x$，得

$$\lim_{x\to 0}\frac{3x-\sin 3x}{(1-\cos x)\ln(1+2x)}=\lim_{x\to 0}\frac{3x-\sin 3x}{x^3}$$

$$=\lim_{x\to 0}\frac{3-3\cos 3x}{3x^2}$$

$$=\lim_{x\to 0}\frac{\frac{9x^2}{2}}{x^2}=\frac{9}{2}.$$

例 4.12　求$\lim\limits_{x\to+\infty}\dfrac{\frac{\pi}{2}-\arctan x}{\frac{1}{x}}$.

解　$$\lim_{x\to+\infty}\frac{\frac{\pi}{2}-\arctan x}{\frac{1}{x}}=\lim_{x\to+\infty}\frac{-\frac{1}{1+x^2}}{-\frac{1}{x^2}}=\lim_{x\to+\infty}\frac{x^2}{1+x^2}=1.$$

二、$\dfrac{\infty}{\infty}$型未定式

定理 4.5（洛必达法则Ⅱ）　设函数 $f(x)$，$g(x)$满足下列条件：

(1) $\lim\limits_{x\to a}f(x)=\lim\limits_{x\to a}g(x)=\infty$，

(2) $f(x)$，$g(x)$在 a 的某去心邻域内可导，且 $g'(x)\neq 0$，

(3) $\lim\limits_{x\to a}\dfrac{f'(x)}{g'(x)}=A$(或$\infty$)，

则

$$\lim_{x \to a}\frac{f(x)}{g(x)}=\lim_{x \to a}\frac{f'(x)}{g'(x)}=A(\text{或}\infty).$$

证明略.

注 $x \to a$ 改为 $x \to a^{-}$，$x \to a^{+}$，$x \to \infty$ 等，定理 4.5 仍有效.

例 4.13 求 $\lim\limits_{x \to +\infty}\dfrac{\ln x}{x^{\alpha}}(\alpha>0)$.

解 这是$\dfrac{\infty}{\infty}$型未定式，由洛必达法则，得

$$\lim_{x \to +\infty}\frac{\ln x}{x^{\alpha}}=\lim_{x \to +\infty}\frac{\frac{1}{x}}{\alpha x^{\alpha-1}}=\lim_{x \to +\infty}\frac{1}{\alpha x^{\alpha}}=0.$$

例 4.14 求 $\lim\limits_{x \to +\infty}\dfrac{x^{n}}{e^{\lambda x}}$ （n 为正整数，$\lambda>0$）.

解 反复应用洛必达法则 n 次，得

$$\lim_{x \to +\infty}\frac{x^{n}}{e^{\lambda x}}=\lim_{x \to +\infty}\frac{nx^{n-1}}{\lambda e^{\lambda x}}=\lim_{x \to +\infty}\frac{n(n-1)x^{n-2}}{\lambda^{2}e^{\lambda x}}=\cdots=\lim_{x \to +\infty}\frac{n!}{\lambda^{n}e^{\lambda x}}=0.$$

例 4.15 求 $\lim\limits_{x \to 0^{+}}\dfrac{\ln\cot x}{\ln x}$.

解 这是$\dfrac{\infty}{\infty}$型未定式，应用洛必达法则，得

$$\begin{aligned}\lim_{x \to 0^{+}}\frac{\ln\cot x}{\ln x}&=\lim_{x \to 0^{+}}\frac{\frac{1}{\cot x}(-\csc^{2}x)}{\frac{1}{x}}\\&=\lim_{x \to 0^{+}}\frac{-x}{\sin x\cos x}\\&=-\lim_{x \to 0^{+}}\frac{x}{x\cos x}\ (x \to 0^{+},\sin x \sim x)\\&=-\lim_{x \to 0^{+}}\frac{1}{\cos x}=-1.\end{aligned}$$

例 4.16 求 $\lim\limits_{x \to \infty}\dfrac{x+\sin x}{x-\sin x}$.

解 这是$\dfrac{\infty}{\infty}$型未定式，由于

$$\lim_{x\to\infty}\frac{(x+\sin x)'}{(x-\sin x)'}=\lim_{x\to\infty}\frac{1+\cos x}{1-\cos x},$$

右边极限不存在，也非∞，故不能用洛必达法则.

注意到，$x\to\infty$时，$\frac{1}{x}$为无穷小，$\sin x$ 为有界函数，于是$\lim\limits_{x\to\infty}\frac{1}{x}\sin x=0$，从而

$$\lim_{x\to\infty}\frac{x+\sin x}{x-\sin x}=\lim_{x\to\infty}\frac{1+\frac{1}{x}\sin x}{1-\frac{1}{x}\sin x}=1.$$

三、其他类型的未定式

除了$\frac{0}{0}$和$\frac{\infty}{\infty}$型外，未定式还有 $0\cdot\infty$，$\infty-\infty$，0^0，1^∞，∞^0 等类型，经过简单的变换，它们一般都可化为$\frac{0}{0}$或$\frac{\infty}{\infty}$型未定式，然后再利用洛必达法则求极限.

例 4.17　求 $\lim\limits_{x\to 0^+}x\ln x$.

解　这是 $0\cdot\infty$型未定式，将乘积化为除的形式，得

$$\lim_{x\to 0^+}x\ln x=\lim_{x\to 0^+}\frac{\ln x}{\frac{1}{x}}=\lim_{x\to 0^+}\frac{\frac{1}{x}}{-\frac{1}{x^2}}=\lim_{x\to 0^+}(-x)=0.$$

例 4.18　求$\lim\limits_{x\to 1}\left(\frac{x}{x-1}-\frac{1}{\ln x}\right)$.

解　这是$\infty-\infty$型未定式，利用通分得

$$\lim_{x\to 1}\left(\frac{x}{x-1}-\frac{1}{\ln x}\right)=\lim_{x\to 1}\frac{x\ln x-x+1}{(x-1)\ln x}=\lim_{x\to 1}\frac{\ln x}{\ln x+\frac{x-1}{x}}$$

$$=\lim_{x\to 1}\frac{\frac{1}{x}}{\frac{1}{x}+\frac{1}{x^2}}=\lim_{x\to 1}\frac{x}{x+1}=\frac{1}{2}.$$

例 4.19　求 $\lim\limits_{x\to 0^+}x^{\tan x}$.

解　这是 0^0 型未定式，将它变形为

$$\lim_{x\to 0^+}x^{\tan x}=\mathrm{e}^{\lim\limits_{x\to 0^+}\tan x\ln x}.$$

由于

$$\lim_{x\to0^+}\tan x\ln x=\lim_{x\to0^+}x\ln x=\lim_{x\to0^+}\frac{\ln x}{\frac{1}{x}}=\lim_{x\to0^+}\frac{\frac{1}{x}}{-\frac{1}{x^2}}=0,$$

故

$$\lim_{x\to0^+}x^{\tan x}=e^0=1.$$

例 4.20 求 $\lim\limits_{x\to0^+}(\cot x)^{\frac{1}{\ln x}}$.

解 这是∞^0 型未定式,恒等变形为

$$\lim_{x\to0^+}(\cot x)^{\frac{1}{\ln x}}=e^{\lim\limits_{x\to0^+}\frac{1}{\ln x}\ln(\cot x)},$$

由例 4.15 可得

$$\lim_{x\to0^+}\frac{\ln\cot x}{\ln x}=-1,$$

故

$$\lim_{x\to0^+}(\cot x)^{\frac{1}{\ln x}}=e^{-1}.$$

习题 4-2

1. 求下列极限.

(1) $\lim\limits_{x\to0}\dfrac{e^x-e^{-x}}{\sin x}$;

(2) $\lim\limits_{x\to\frac{\pi}{2}}\dfrac{\ln\sin x}{(\pi-2x)^2}$;

(3) $\lim\limits_{x\to+\infty}\dfrac{\ln\left(1+\frac{1}{x}\right)}{\operatorname{arccot}x}$;

(4) $\lim\limits_{x\to0}\dfrac{e^x+\sin x-1}{\ln(1+x)}$;

(5) $\lim\limits_{x\to0}\dfrac{e^x-e^{\sin x}}{\sin^3x}$;

(6) $\lim\limits_{x\to1}\dfrac{x^3-1+\ln x}{e^x-e}$.

2. 求下列极限.

(1) $\lim\limits_{x\to0^+}\dfrac{\ln\sin x}{\ln\sin5x}$;

(2) $\lim\limits_{x\to+\infty}\dfrac{e^x}{x^2+x+1}$.

3. 求下列极限.

(1) $\lim\limits_{x\to0}x^2e^{\frac{1}{x^2}}$;

(2) $\lim\limits_{x\to1}(x-1)\tan\dfrac{\pi x}{2}$;

(3) $\lim\limits_{x\to\infty}x(\mathrm{e}^{\frac{1}{x}}-1)$；　　(4) $\lim\limits_{x\to\frac{\pi}{2}}(\sec x-\tan x)$；

(5) $\lim\limits_{x\to 0}\left(\dfrac{1}{x}-\dfrac{1}{\mathrm{e}^x-1}\right)$；　　(6) $\lim\limits_{x\to 0^+}x^{\ln(1+x)}$；

(7) $\lim\limits_{x\to 0^+}(\sin x)^{\frac{2}{1+\ln x}}$；　　(8) $\lim\limits_{x\to\infty}(1+x^2)^{\frac{1}{x}}$.

4. 设函数 $f(x)$ 的二阶导数连续，且 $f(0)=0, f'(0)=1$，求 $\lim\limits_{x\to 0}\dfrac{f(x)-x}{x^2}$.

§4.3　函数的单调性与曲线的凹凸性

在第 1 章中已给出函数单调性的定义(见定义 1.4). 一般地，直接按定义判别函数的单调性是不容易的. 本节将介绍一种利用导数符号判别函数单调性的既方便又有效的方法. 同时，利用二阶导数来讨论曲线的凹凸性.

一、函数的单调性

函数 $y=f(x)$ 的单调性表现在图形上是：沿 x 轴正方向，曲线上的点上升或下降，如图 4-4 所示.

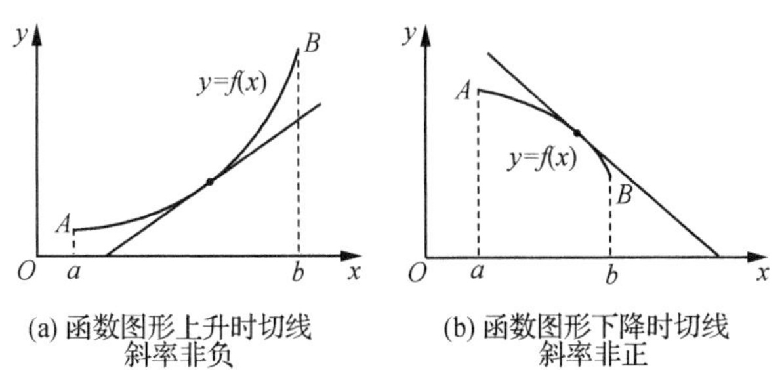

(a) 函数图形上升时切线斜率非负　　(b) 函数图形下降时切线斜率非正

图 4-4

由图 4-4 知，单调性与曲线上各点处的切线斜率的正负有关，由此可知，函数的单调性与其导数的符号有密切关系.

定理 4.6　设函数 $y=f(x)$ 在 $[a,b]$ 上连续，在 (a,b) 内可导.

(1) 若在 (a,b) 内 $f'(x)>0$，则函数 $y=f(x)$ 在 $[a,b]$ 上单调增加；

(2) 若在 (a,b) 内 $f'(x)<0$，则函数 $y=f(x)$ 在 $[a,b]$ 上单调减少.

证　任取两点 $x_1, x_2\in(a,b)$，设 $x_1<x_2$，由拉格朗日中值定理知，存在

$\xi(x_1<\xi<x_2)$，使得

$$f(x_2)-f(x_1)=f'(\xi)(x_2-x_1).$$

(1) 若在(a,b)内，$f'(x)>0$，则 $f'(\xi)>0$，所以 $f(x_2)>f(x_1)$，即 $y=f(x)$ 在$[a,b]$上单调增加；

(2) 若在(a,b)内，$f'(x)<0$，则 $f'(\xi)<0$，所以 $f(x_2)<f(x_1)$，即 $y=f(x)$ 在$[a,b]$上单调减少.

注 (1) 将定理 4.6 中的闭区间$[a,b]$换成其他各种区间(包括无穷区间)，定理的结论仍成立.

(2) 判定一个函数 $f(x)$ 的单调区间的步骤是：

1) 求导数 $f'(x)$，并求出 $f'(x)$ 等于 0 和导数不存在的点；

2) 以 1) 中求出的点作为 $f(x)$ 的定义域的分界点，将 $f(x)$ 的定义域划分成若干个子区间；

3) 讨论 $f'(x)$ 在各子区间上的符号，从而由定理 4.6 确定 $f(x)$ 在各子区间上的单调性.

例 4.21 确定函数 $f(x)=2x^3-9x^2+12x-3$ 的单调区间.

解 题设函数的定义域为$(-\infty,+\infty)$，又

$$f'(x)=6x^2-18x+12=6(x-1)(x-2),$$

解方程 $f'(x)=0$，得 $x_1=1,x_2=2$. 列表讨论如下：

表 4-1

x	$(-\infty,1)$	$(1,2)$	$(2,+\infty)$
$f'(x)$	+	−	+
$f(x)$	↑	↓	↑

这里符号"↑"表示函数单调增加，符号"↓"表示函数单调减少.(下同)

于是，函数 $f(x)$ 的单调增加区间为$(-\infty,1]$和$[2,+\infty)$，单调减少区间为$[1,2]$(图 4-5).

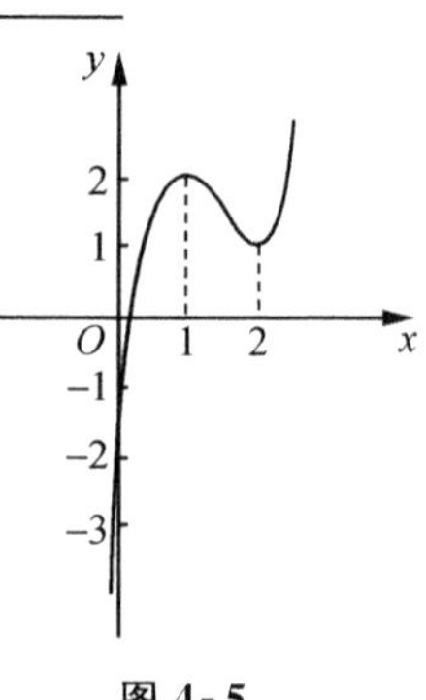

图 4-5

例 4.22 确定函数 $f(x)=(x-5)\sqrt[3]{x^2}$的单调区间.

解 $f(x)$的定义域为$(-\infty,+\infty)$，又

$$f'(x)=\sqrt[3]{x^2}+(x-5)\cdot\frac{2}{3}x^{-\frac{1}{3}}=\frac{5}{3}\frac{x-2}{\sqrt[3]{x}},$$

由此可知，$x_1=0$ 时，$f'(x)$不存在，$x_2=2$ 时，$f'(2)=0$. 列表讨论如下：

表 4-2

x	$(-\infty,0)$	$(0,2)$	$(2,+\infty)$
$f'(x)$	$+$	$-$	$+$
$f(x)$	↑	↓	↑

由表 4-2 知，$f(x)$在$(-\infty,0)$和$(2,+\infty)$内单调增加，在$(0,2)$内单调减少.

函数的单调性常用于不等式的证明.

例 4.23　证明不等式：当 $x>1$ 时，$2\sqrt{x}>3-\dfrac{1}{x}$.

证　令

$$f(x)=2\sqrt{x}-\left(3-\frac{1}{x}\right),$$

则 $f(x)$在$[1,+\infty)$上连续，在$(1,+\infty)$上可导，且当 $x>1$ 时，

$$f'(x)=\frac{1}{\sqrt{x}}-\frac{1}{x^2}=\frac{x\sqrt{x}-1}{x^2}>0,$$

故当 $x>1$ 时，$f(x)$单调增加. 又因 $f(1)=0$，所以，$x>1$ 时，$f(x)>0$，即

$$2\sqrt{x}>3-\frac{1}{x}.$$

例 4.24　证明不等式：当 $x>0$ 时，$x-\dfrac{x^2}{2}<\ln(1+x)<x$.

证　令

$$f(x)=\ln(1+x)-x+\frac{1}{2}x^2,$$

因为 $f(x)$在$[0,+\infty)$上连续，在$(0,+\infty)$内可导，且

$$f'(x)=\frac{1}{1+x}-1+x=\frac{x^2}{1+x},$$

当 $x>0$ 时，$f'(x)>0$. 又 $f(0)=0$，故当 $x>0$ 时，$f(x)>f(0)=0$，所以

$$\ln(1+x)>x-\frac{1}{2}x^2.$$

再令

$$g(x)=x-\ln(1+x),$$

又

$$g'(x)=1-\frac{1}{1+x}=\frac{x}{1+x}>0(x>0),$$

所以，$x>0$ 时，$g(x)$单调增加. 又因 $g(x)$在$[0,+\infty)$上连续，且 $g(0)=0$，所以，$x>0$ 时，$g(x)>0$，即

$$x>\ln(1+x).$$

综上，当 $x>0$ 时，$x-\frac{x^2}{2}<\ln(1+x)<x$.

二、曲线的凹凸性与拐点

函数的单调性反映在图形上，就是曲线的上升或下降，但如何上升，如何下降？如图 4-6 中的两条曲线弧，虽然都是单调上升的，图形却有明显的不同. 曲线 ACB 是向上凸的，曲线 ADB 是向上凹的，即它们的凹凸性是不同的. 下面我们就来研究曲线的凹凸性及其判定方法.

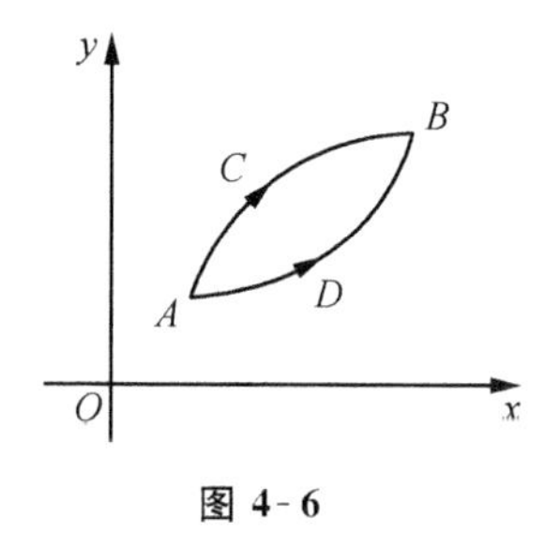

图 4-6

关于曲线凹凸性的定义，我们先从几何直观来分析. 在图 4-7 中，如果任取两点 x_1，x_2，那么连结这两点的弦总位于这两点间的弧段的上方；而在图 4-8 中，则正好相反. 因此，曲线的凹凸性可以用连结曲线弧上任意两点的弦的中点与曲线上相应点的位置关系来描述.

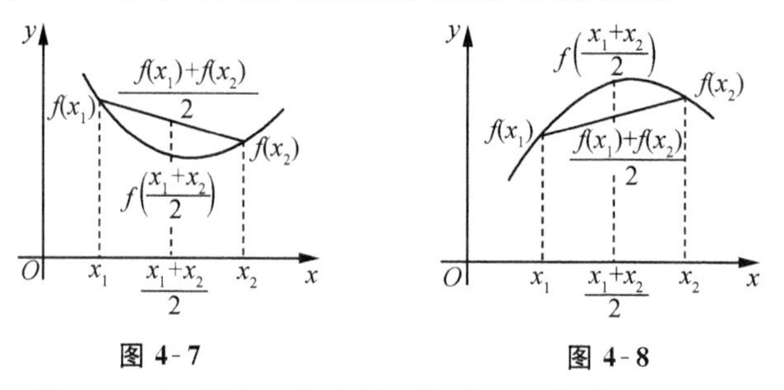

图 4-7　　图 4-8

定义 4.1　设 $f(x)$在区间 I 内连续，若对 I 上任意两点 x_1，x_2，恒有

$$f\left(\frac{x_1+x_2}{2}\right)<\frac{f(x_1)+f(x_2)}{2},$$

则称 $f(x)$在 I 上的图形是(**向上**)**凹的**(或**凹弧**)；若恒有

$$f\left(\frac{x_1+x_2}{2}\right)>\frac{f(x_1)+f(x_2)}{2},$$

则称 $f(x)$在 I 上的图形是(**向上**)**凸的**(或**凸弧**).

曲线的凹凸具有明显的几何意义，对于凹曲线，当 x 逐渐增加时，其上每一点切线的斜率是逐渐增大的，即导函数 $f'(x)$ 是单调增加函数(图 4-9)；而对于凸曲线，其上每一点切线的斜率是逐渐减小的，即导函数 $f'(x)$ 是单调减少函数(图 4-10). 于是有下述判断曲线凹凸性的定理.

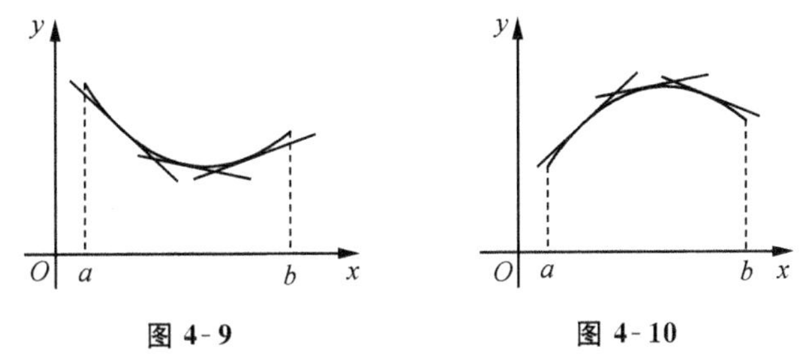

图 4-9　　　　图 4-10

定理 4.7　设 $f(x)$ 在 $[a,b]$ 上连续，在 (a,b) 内具有一阶和二阶导数.

(1) 若在 (a,b) 内，$f''(x)>0$，则 $f(x)$ 在 $[a,b]$ 上的图形是凹的；

(2) 若在 (a,b) 内，$f''(x)<0$，则 $f(x)$ 在 $[a,b]$ 上的图形是凸的.

证明从略.

例 4.25　判定下列曲线的凹凸性.

(1) $y=x^3$；　　　　(2) $y=\sqrt[3]{x}$.

解　(1) $y'=3x^2$，$y''=6x$.

当 $x<0$ 时，$y''<0$，所以曲线 $y=x^3$ 在 $(-\infty,0]$ 内是凸的；当 $x>0$ 时，$y''>0$，所以曲线 $y=x^3$ 在 $[0,+\infty)$ 内是凹的.

(2) 当 $x\neq 0$ 时，$y'=\dfrac{1}{3\sqrt[3]{x^2}}$，$y''=-\dfrac{2}{9x\sqrt[3]{x^2}}$.

当 $x=0$ 时，$y''(0)$ 不存在；当 $x<0$ 时，$y''>0$，所以曲线 $y=\sqrt[3]{x}$ 在 $(-\infty,0]$ 上是凹的；当 $x>0$ 时，$y''<0$，所以曲线 $y=\sqrt[3]{x}$ 在 $[0,+\infty)$ 上是凸的.

由例 4.25，注意到点 $(0,0)$ 是使曲线凹凸性发生改变的分界点，此类分界点称为曲线的拐点.

定义 4.2　对于连续曲线 $y=f(x)$ 上的点 $(x_0,f(x_0))$，若在此点两侧曲线的凹凸性发生改变，则称此点为该曲线的**拐点**.

从例 4.25 可见，使二阶导数 $f''(x)$ 等于零的点以及使 $f''(x)$ 不存在的点都有可能是曲线的拐点，于是由定理 4.7 可得拐点判别定理：

定理 4.8　设 $f(x)$ 在 x_0 的某去心邻域内二阶可导，$f''(x_0)=0$ 或 $f''(x_0)$ 不存在，若在 x_0 的两侧，$f''(x)$ 的符号相反，则 $(x_0,f(x_0))$ 为曲线 $f(x)$ 的拐点.

综上所述，判定曲线的凹凸性与求曲线的拐点的一般步骤为：

(1) 确定函数的定义域，并求其二阶导数 $f''(x)$；

(2) 令 $f''(x)=0$，解出全部实根，并求出所有使二阶导数 $f''(x)$ 不存在的点；

(3) 对步骤(2)中求出的每一个点，检查其邻近左、右两侧 $f''(x)$ 的符号；

(4) 根据 $f''(x)$ 的符号确定曲线的凹凸区间和拐点.

例 4.26 求曲线 $y=3x^4-4x^3+1$ 的凹凸区间及拐点.

解 定义域为 $(-\infty,+\infty)$，又

$$y'=12x^3-12x^2,y''=36x^2-24x=36x\left(x-\frac{2}{3}\right),$$

令 $y''=0$，解得 $x_1=0,x_2=\frac{2}{3}$，列表讨论如下：

表 4-3

x	$(-\infty,0)$	0	$\left(0,\frac{2}{3}\right)$	$\frac{2}{3}$	$\left(\frac{2}{3},+\infty\right)$
y''	+	0	−	0	+
y	凹的	拐点 $(0,1)$	凸的	拐点 $\left(\frac{2}{3},\frac{11}{27}\right)$	凹的

所以，曲线的凹区间为 $(-\infty,0]$，$\left[\frac{2}{3},+\infty\right)$，凸区间为 $\left[0,\frac{2}{3}\right]$，拐点为 $(0,1)$ 和 $\left(\frac{2}{3},\frac{11}{27}\right)$.

例 4.27 求曲线 $y=(x-1)x^{\frac{2}{3}}$ 的拐点及凹凸区间.

解 (1) 题设函数的定义域为 $(-\infty,+\infty)$，又

$$y'=\frac{2}{3}(x-1)x^{-\frac{1}{3}}+x^{\frac{2}{3}},y''=\frac{2}{3}x^{-\frac{1}{3}}-\frac{2}{9}(x-1)x^{-\frac{4}{3}}+\frac{2}{3}x^{-\frac{1}{3}}=\frac{10x+2}{9x\sqrt[3]{x}}.$$

(2) 令 $y''=0$，解得 $x_1=-\frac{1}{5}$. 在 $x_2=0$ 处，y'' 不存在.

(3) 列表讨论如下：

表 4-4

x	$\left(-\infty,-\frac{1}{5}\right)$	$-\frac{1}{5}$	$\left(-\frac{1}{5},0\right)$	0	$(0,+\infty)$
y''	−	0	+	不存在	+
y	凸的	拐点	凹的		凹的

(4) 曲线的凹区间为$\left[-\frac{1}{5},0\right]$,$[0,+\infty)$,凸区间为$\left(-\infty,-\frac{1}{5}\right]$,拐点为$\left(-\frac{1}{5},-\frac{6}{5}\sqrt[3]{25}\right)$.

习题 4-3

1. 确定下列函数的单调区间.

(1) $f(x)=x^3-3x^2-45x+1$;　　(2) $f(x)=\frac{2}{3}x-\sqrt[3]{x^2}$;

(3) $f(x)=2x^2-\ln x$;　　(4) $f(x)=\frac{x^2}{1+x}$.

2. 证明下列不等式.

(1) $\frac{x-1}{x+1}<\frac{1}{2}\ln x(x>1)$;　　(2) $\frac{2x}{\pi}<\sin x<x\left(0<x<\frac{\pi}{2}\right)$;

(3) $\ln(1+x)>\frac{\arctan x}{1+x}(x>0)$;　　(4) $\arctan x>x-\frac{x^3}{3}(x>0)$.

3. 求下列曲线的凹凸区间及拐点.

(1) $y=(x-3)^{\frac{5}{3}}$;　　(2) $y=xe^{-x}$;

(3) $y=\frac{x+1}{x^2}-1$;　　(4) $y=\ln(x^2+1)$.

4. 问 a 及 b 为何值时,点$(1,3)$为曲线 $y=ax^3+bx^2$ 的拐点?

§4.4　函数的极值与最值

极值问题是自然科学、工程技术、国民经济和生活实践中经常遇到的问题,也是数学家长期、深入研究过的问题,并形成了一些与实践密切相关的数学分支,如最优化理论、变分法与最优控制理论等现代极值理论,然而,现代极值理论的基本思想实际上源于微分学的应用,本节将介绍这方面的基本内容.

一、函数的极值与求法

在讨论函数的单调性时,曾遇到这样的情形,函数先是单调增加(或减少),

到达某一点后又变为单调减少(或增加),这一类点实际上就是使函数单调性发生变化的分界点.例如,在上节例4.21的图4-5中,点$x=1$和点$x=2$就是具有这样性质的点.易见,对$x=1$的某个邻域内的任一点$x(x\neq 1)$,恒有$f(x)<f(1)$,即曲线在点$(1,f(1))$处达到"峰顶";同样,对$x=2$的某个邻域内的任一点$x(x\neq 2)$,恒有$f(x)>f(2)$,即曲线在点$(2,f(2))$处达到"谷底".具有这种性质的点在实际应用中有着重要的意义.由此我们引入函数极值的概念.

定义4.3 设函数$f(x)$在点x_0的某邻域内有定义,若对该邻域内任意一点$x(x\neq x_0)$,恒有

$$f(x)<f(x_0)(\text{或 } f(x)>f(x_0)),$$

则称$f(x)$在点x_0处取得**极大值**(或**极小值**),而x_0称为函数$f(x)$的**极大值点**(或**极小值点**).

极大值与极小值统称为函数的**极值**,极大值点与极小值点统称为函数的**极值点**.

例如,余弦函数$y=\cos x$在点$x=0$处取得极大值1,在$x=\pi$处取得极小值-1.

函数的极值的概念是局部性的.如果$f(x_0)$是函数$f(x)$的一个极大值(或极小值),那么只是在x_0邻近的一个局部范围内,$f(x_0)$是最大的(或最小的),对函数$f(x)$的整个定义域来说就不一定是最大的(或最小的)了.

在图4-11中,函数$f(x)$有两个极大值$f(x_2)$,$f(x_5)$,三个极小值$f(x_1)$,$f(x_4)$,$f(x_6)$,其中极大值$f(x_2)$比极小值$f(x_6)$还小.就整个区间$[a,b]$而言,只有一个极小值$f(x_1)$同时也是最小值,而没有一个极大值是最大值.

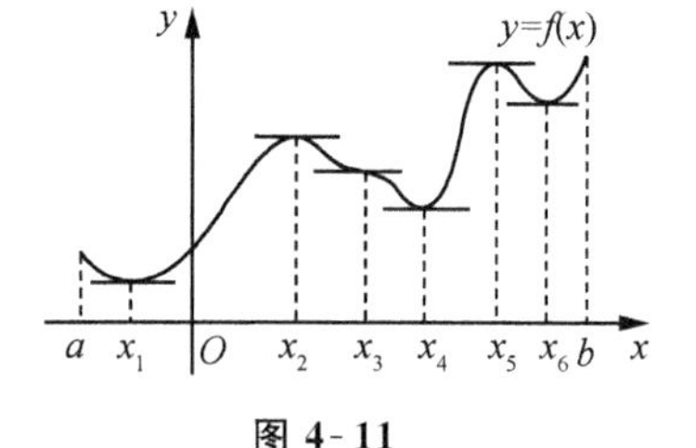

图4-11

从图4-11中还可看到,在函数的极值点处,曲线的切线是水平的,即函数在极值点处的导数等于零.但在曲线上有水平切线的地方(如$x=x_3$处),函数却不一定取得极值.

定理4.9(极值点的必要条件) 设函数$f(x)$在点x_0的某邻域内有定义,点x_0是$f(x)$的极值点的必要条件是

$$f'(x_0)=0\text{ 或 }f'(x_0)\text{不存在}.$$

***证** 若$f'(x_0)$不存在,则因x_0可能是极值点,故定理结论自然成立.

下面设$f'(x_0)$存在,且x_0为$f(x)$的极小值点,则对x_0的某去心邻域内的一切x都有$f(x)>f(x_0)$,于是

当 $x<x_0$ 时，$\dfrac{f(x)-f(x_0)}{x-x_0}<0$，因此

$$f'_-(x_0)=\lim_{x\to x_0^-}\frac{f(x)-f(x_0)}{x-x_0}\leqslant 0.$$

当 $x>x_0$ 时，$\dfrac{f(x)-f(x_0)}{x-x_0}>0$，因此

$$f'_+(x_0)=\lim_{x\to x_0^+}\frac{f(x)-f(x_0)}{x-x_0}\geqslant 0.$$

从而 $f'(x_0)=0$.

类似地可证，$f(x_0)$为极大值时亦有 $f'(x_0)=0$.

通常，称使 $f'(x_0)=0$ 的点 x_0 为函数 $f(x)$的**驻点**.

定理 4.9 说明，函数的极值点应在函数的驻点或导数不存在的点中寻找，至于一个函数的驻点或导数不存在的点是否为极值点，是一个需要进一步解决的问题，即需要建立判定极值的充分条件. 由函数 $f(x)$的单调性易证下面的定理.

定理 4.10（极值的第一充分条件）　设函数 $f(x)$在点 x_0 的某个邻域内连续且可导，$f'(x_0)=0$ 或 $f'(x_0)$不存在.

(1) 若在点 x_0 的左邻域内，$f'(x)>0$，在点 x_0 的右邻域内，$f'(x)<0$，则 $f(x)$在点 x_0 处取得极大值 $f(x_0)$；

(2) 若在点 x_0 的左邻域内，$f'(x)<0$，在点 x_0 的右邻域内，$f'(x)>0$，则 $f(x)$在点 x_0 处取得极小值 $f(x_0)$；

(3) 若在点 x_0 的邻域内，$f'(x)$不变号，则 $f(x)$在点 x_0 处没有极值.

定理 4.11（极值的第二充分条件）　设 $f(x)$在 x_0 处具有二阶导数，且

$$f'(x_0)=0,\ f''(x_0)\neq 0,$$

则

(1) 当 $f''(x_0)<0$ 时，函数 $f(x)$在 x_0 处取得极大值；

(2) 当 $f''(x_0)>0$ 时，函数 $f(x)$在 x_0 处取得极小值.

* **证**　对情形(1)，由于 $f''(x_0)<0$，按二阶导数的定义

$$f''(x_0)=\lim_{\Delta x\to 0}\frac{f'(x_0+\Delta x)-f'(x_0)}{\Delta x}<0,$$

根据函数极限的局部保号性，当 x 在 x_0 的足够小的去心邻域内时，有

$$\frac{f'(x_0+\Delta x)-f'(x_0)}{\Delta x}<0,$$

即 $f'(x_0+\Delta x)-f'(x_0)$与 Δx 异号，故当 $\Delta x<0$ 时，有

$$f'(x_0+\Delta x)>f'(x_0)=0;$$

当 $\Delta x>0$ 时，有

$$f'(x_0+\Delta x)<f'(x_0)=0.$$

所以，函数 $f(x)$ 在 x_0 处取得极大值.

同理可证(2).

根据上面的两个定理，若函数 $f(x)$ 在所讨论的区间内连续，除个别点外处处可导，则可按下列步骤来求函数 $f(x)$ 的极值点和极值：

(1) 确定函数 $f(x)$ 的定义域，并求其导数 $f'(x)$；

(2) 解方程 $f'(x)=0$，求出 $f(x)$ 的全部驻点与不可导点；

(3) 讨论 $f'(x)$ 在驻点与不可导点的左、右两侧邻近范围内符号变化的情况，确定函数的极值点，或用第二充分条件由 $f''(x)$ 的符号来确定函数的极值；

(4) 求出函数在各极值点的函数值，就得到函数 $f(x)$ 的全部极值.

例 4.28 求函数 $f(x)=2x^3-6x^2-18x+7$ 的极值.

解 (1) 函数 $f(x)$ 在 $(-\infty,+\infty)$ 内连续，且

$$f'(x)=6x^2-12x-18=6(x+1)(x-3).$$

(2) 令 $f'(x)=0$，解得驻点 $x_1=-1$，$x_2=3$.

(3) 列表讨论如下：

表 4-5

x	$(-\infty,-1)$	-1	$(-1,3)$	3	$(3,+\infty)$
$f'(x)$	$+$	0	$-$	0	$+$
$f(x)$	↑	极大值	↓	极小值	↑

(4) 极大值为 $f(-1)=17$，极小值为 $f(3)=-47$.

例 4.29 求函数 $f(x)=(2x-5)\sqrt[3]{x^2}$ 的极值.

解 (1) 函数 $f(x)$ 在 $(-\infty,+\infty)$ 内连续，除 $x=0$ 外处处可导，且

$$f'(x)=\frac{10}{3}x^{\frac{2}{3}}-\frac{10}{3}x^{-\frac{1}{3}}=\frac{10}{3}\frac{x-1}{\sqrt[3]{x}}.$$

(2) 令 $f'(x)=0$，得驻点 $x=1$，而 $x=0$ 为不可导点.

(3) 列表讨论如下：

表 4-6

x	$(-\infty,0)$	0	$(0,1)$	1	$(1,+\infty)$
$f'(x)$	+	不存在	−	0	+
$f(x)$	↑	极大值	↓	极小值	↑

(4) 极大值为 $f(0)=0$,极小值为 $f(1)=-3$.

例 4.30 求函数 $f(x)=x^3+3x^2-24x-20$ 的极值.

解 函数 $f(x)$在$(-\infty,+\infty)$内连续,且

$$f'(x)=3x^2+6x-24=3(x+4)(x-2).$$

令 $f'(x)=0$,得驻点 $x_1=-4, x_2=2$. 又 $f''(x)=6x+6$,因为

$$f''(-4)=-18<0, f''(2)=18>0,$$

所以,极大值为 $f(-4)=60$,极小值为 $f(2)=-48$.

二、函数的最值与求法

在许多理论和应用问题中,需要求一个函数在某区间上的**最大值**和**最小值**(统称为**最值**).

一般来说,函数的最值与极值是两个不同的概念. 最值是对整个区间而言的,是全局性的;极值是对极值点的邻域而言的,是局部性的. 另外,最值可以在区间的端点取得,而按定义极值只能在区间内的点取得.

根据连续函数的最值定理,闭区间上的连续函数必能取得在该区间上的最大值 M 和最小值 m. 因此,求连续函数 $f(x)$在闭区间$[a,b]$上的最值的步骤如下:

(1) 求出 $f(x)$在开区间(a,b)内的驻点和导数不存在的点;

(2) 计算 $f(x)$在驻点、导数不存在点以及端点 a 和 b 处的函数值,比较各函数值的大小,其中最大者为 $f(x)$在$[a,b]$上的最大值,最小者为 $f(x)$在$[a,b]$上的最小值.

例 4.31 求函数 $f(x)=(x+1)\sqrt[3]{x-1}$在$[-2,2]$上的最值.

解 $f'(x)=\sqrt[3]{x-1}+\dfrac{1}{3}(x+1)(x-1)^{-\frac{2}{3}}=\dfrac{2}{3}\dfrac{2x-1}{\sqrt[3]{(x-1)^2}}$,

令 $f'(x)=0$,得驻点 $x_1=\dfrac{1}{2}$,而 $x_2=1$ 为导数不存在的点. 因为

$$f\left(\frac{1}{2}\right)=-\frac{3}{2\sqrt[3]{2}}, f(1)=0, f(-2)=\sqrt[3]{3}, f(2)=3,$$

经比较，$f(x)$在$[-2,2]$上的最大值$M=f(2)=3$，最小值$m=f\left(\frac{1}{2}\right)=-\frac{3}{2\sqrt[3]{2}}$.

例 4.32 求函数$f(x)=x^2\ln x$在$[1,\mathrm{e}]$上的最值.

解 $f'(x)=2x\ln x+x^2\cdot\frac{1}{x}=x(2\ln x+1)>0, x\in(1,\mathrm{e})$，

则$f(x)$在$[1,\mathrm{e}]$上单调增加，于是$f(x)$在$[1,\mathrm{e}]$上的最大值$M=f(\mathrm{e})=\mathrm{e}^2$，最小值$m=f(1)=0$.

求函数最值时，经常遇到仅有一个极值点的情形，尤其是求解应用问题时，我们易得下面的定理.

定理 4.12 设函数$f(x)$在$[a,b]$上连续，在(a,b)内$f(x)$仅有一个极值点x_0，则当x_0是$f(x)$的极大值点（极小值点）时，$f(x_0)$就是$f(x)$在$[a,b]$上的最大值（最小值）.

例 4.33 用同种材料做一个表面积为S的无盖圆柱形桶，求桶容积最大时，桶高h与底半径r的关系.

解 桶的容积$V=\pi r^2h$，而表面积$S=\pi r^2+2\pi rh$，则

$$h=\frac{S-\pi r^2}{2\pi r}, \tag{4.6}$$

将h代入V，得

$$V=\pi r^2\cdot\frac{S-\pi r^2}{2\pi r}=\frac{1}{2}r(S-\pi r^2),$$

于是问题归结为求$V(r)=\frac{1}{2}r(S-\pi r^2)$在$\left[0,\sqrt{\frac{S}{\pi}}\right]$上的最大值. 因

$$V'(r)=\frac{1}{2}(S-3\pi r^2),$$

令$V'(r)=0$，得唯一驻点$r_0=\sqrt{\frac{S}{3\pi}}$，而$V''(r_0)=-3\pi r_0<0$，故$r_0$为$V(r)$的极大值点，亦即最大值点. 此时，由式(4.6)，得

$$h_0=\frac{3\pi r_0^2-\pi r_0^2}{2\pi r_0}=r_0,$$

即当无盖圆柱形桶的高等于底圆半径时，容积最大.

习题 4-4

1. 求下列函数的极值.

(1) $y=x-\ln(1+x)$;　　(2) $y=x^2e^{-x}$;

(3) $y=x-\frac{3}{2}(x-2)^{\frac{2}{3}}$;　　(4) $y=\frac{\ln^2 x}{x}$.

2. 试问 a 为何值时,函数 $f(x)=a\sin x+\frac{1}{3}\sin 3x$ 在 $x=\frac{\pi}{3}$ 处取得极值?并求此极值.

3. 求下列函数在给定区间上的最值.

(1) $f(x)=x^4-8x^2+10,[-1,3]$;　　(2) $f(x)=(x-3)\sqrt{x},[0,4]$;

(3) $f(x)=\ln(x^2+1),[-1,2]$;　　(4) $f(x)=x^x,(0,+\infty)$.

4. 设某企业的总利润函数为 $L(x)=10+2x-0.1x^2$,求使总利润最大时的产量 x 以及最大总利润.

§4.5　导数在经济分析中的应用

平均成本最小化与利润最大化是企业所追求的.边际分析与弹性分析是微观经济学、管理经济学等经济学的基本分析方法,也是现代企业进行经营决策的基本方法.本节介绍这些分析方法的基本知识和简单应用.

一、边际分析

在经济学中,习惯上用平均和边际这两个概念来描述一个经济变量 y 对于另一个经济变量 x 的变化.平均概念表示 x 在某一范围内取值 y 的变化.边际概念表示当 x 的改变量 Δx 趋于 0 时,y 的相应改变量 Δy 与 Δx 的比值的变化,即当 x 在某一给定值附近有微小变化时,y 的瞬时变化.

设函数 $y=f(x)$ 可导,则称

$$f'(x_0)=\lim_{\Delta x\to 0}\frac{f(x_0+\Delta x)-f(x_0)}{\Delta x}$$

为 $f(x)$ 在 $x=x_0$ 处的**边际函数值**. 其经济学意义是：变量 x 由 x_0 个单位变为 x_0+1 个单位时，变量 y 近似增加或减少 $f'(x_0)$ 个单位. 通常将"近似"二字略去，因为 $f(x_0+1)-f(x_0)\approx f'(x_0)$.

例 4.34 设函数 $y=x^2$，试求 y 在 $x=10$ 处的边际函数值.

解 因 $y'|_{x=10}=2x|_{x=10}=20$，则 y 在 $x=10$ 处的边际函数值为 20，它表示当 $x=10$ 时，x 增加 1 个单位，y 大约增加 20 个单位.

若将边际的概念具体应用于不同的经济函数，则成本函数 $C(x)$、收入函数 $R(x)$ 与利润函数 $L(x)$ 关于生产水平 x 的导数 $C'(x)$，$R'(x)$，$L'(x)$ 分别为**边际成本**、**边际收入**与**边际利润**，它们分别表示在一定的生产水平 x 下再多生产一件产品而产生的成本、多售出一件产品而产生的收入与利润.

由于

$$L(x)=R(x)-C(x),$$

故

$$L'(x)=R'(x)-C'(x),$$

即边际利润为边际收入与边际成本之差.

例 4.35 某产品在生产 8～20 件的情况下，生产 x 件的成本与销售 x 件的收入分别为

$$C(x)=x^3-2x^2+12x(\text{元}),R(x)=x^3-3x^2+10x(\text{元}),$$

某工厂目前每天生产 10 件，试问每天多生产一件产品的成本为多少？每天多销售一件产品而获得的收入为多少？

解 在每天生产 10 件的基础上再多生产一件的成本大约为 $C'(10)$：

$$C'(10)=(x^3-2x^2+12x)'|_{x=10}=(3x^2-4x+12)|_{x=10}=272,$$

即多生产一件的附加成本为 272 元.

边际收入为

$$R'(10)=(x^3-3x^2+10x)'|_{x=10}=(3x^2-6x+10)|_{x=10}=250,$$

即多销售一件产品而增加的收入为 250 元.

例 4.36 已知某产品的总成本函数为

$$C(x)=0.1x^2+10x+1000,$$

而需求函数为

$$x=350-5P,$$

其中 P 为单位产品售价，x 为需求量(即销售量). 求边际利润函数以及 $x=70$，

100 和 150 时的边际利润，并解释所得结果的经济意义.

解　总收入函数为

$$R(x)=P\cdot x=\frac{1}{5}(350-x)x,$$

所以，总利润函数为

$$L(x)=R(x)-C(x)=-0.3x^2+60x-1000,$$

从而，边际利润函数为

$$L'(x)=-0.6x+60.$$

由此得

$$L'(70)=18,L'(100)=0,L'(150)=-30.$$

由所得结果可知，当销售量为 70 个单位时，再多销售一个产品，可使总利润大约增加 18 个单位；当销售量为 100 个单位时，总利润达到最大(唯一的极大值)；当扩大销售量到 150 个单位时，再多销售一个产品，总利润将约减少 30 个单位.

二、弹性分析

在边际分析中所研究的是函数的绝对改变量与绝对变化率，但经济学中常需研究一个变量对另一个变量的相对变化情况，为此引入下面的定义.

定义 4.4　设函数 $y=f(x)$可导，函数的相对改变量

$$\frac{\Delta y}{y}=\frac{f(x+\Delta x)-f(x)}{f(x)}$$

与自变量的相对改变量$\frac{\Delta x}{x}$之比$\dfrac{\frac{\Delta y}{y}}{\frac{\Delta x}{x}}$称为函数 $f(x)$在 x 与 $x+\Delta x$ **两点间的弹性**(或相对变化率)，而极限

$$\lim_{\Delta x\to 0}\frac{\frac{\Delta y}{y}}{\frac{\Delta x}{x}}=\frac{x}{y}\frac{\mathrm{d}y}{\mathrm{d}x}$$

称为函数 $y=f(x)$在点 x 处的**弹性**(或相对变化率)，记为

$$\varepsilon_{yx}=\frac{Ey}{Ex}=\frac{x}{y}\frac{\mathrm{d}y}{\mathrm{d}x}=\frac{x}{y}f'(x).$$

由定义 4.4 知，当$\frac{\Delta x}{x}=1\%$时，$\frac{\Delta y}{y}\approx\varepsilon_{yx}\%$，所以 ε_{yx} 表示在点 x 处，当 x 发生

1%的改变时，函数 $f(x)$ 近似地改变 ε_{yx}%. 在应用问题中解释弹性的具体意义时，通常略去"近似"二字. 另外，函数的弹性与量纲无关，即与变量 x,y 的计量单位无关，这使弹性的概念在经济学中得到广泛的应用.

下面介绍需求对价格的弹性及收益对价格的弹性.

定义 4.5 设某商品的市场需求量为 Q，价格为 P，需求函数 $Q=Q(P)$ 可导，则称

$$\varepsilon_{QP}=\frac{P}{Q}\frac{\mathrm{d}Q}{\mathrm{d}P}=\frac{P}{Q}Q'(P)$$

为该商品的**需求价格弹性**，简称**需求弹性**.

一般地，需求函数是单调减少函数，需求量随价格的上涨而减少，即 $\frac{\mathrm{d}Q}{\mathrm{d}P}<0$，故需求弹性 $\varepsilon_{QP}<0$. 当 $\varepsilon_{QP}<-1$ 时，称为**高弹性**，此时商品需求量变动的百分比大于价格变动的百分比，表明价格变动对需求量变动的影响较大；当 $-1<\varepsilon_{QP}<0$ 时，称为**低弹性**，此时商品需求量变动的百分比小于价格变动的百分比，表明价格变动对需求量变动的影响较小.

例 4.37 设某商品的需求函数为 $Q=\mathrm{e}^{-\frac{P}{5}}$，求需求弹性函数及 $P=3,P=5,P=6$ 时的需求弹性，并说明其经济意义.

解 由 $\frac{\mathrm{d}Q}{\mathrm{d}P}=-\frac{1}{5}\mathrm{e}^{-\frac{P}{5}}$，得

$$\varepsilon_{QP}=\frac{P}{Q}\frac{\mathrm{d}Q}{\mathrm{d}P}=\frac{P}{\mathrm{e}^{-\frac{P}{5}}}\left(-\frac{1}{5}\mathrm{e}^{-\frac{P}{5}}\right)=-\frac{P}{5},$$

因而

$$\varepsilon_{QP}(3)=-0.6,\varepsilon_{QP}(5)=-1,\varepsilon_{QP}(6)=-1.2.$$

说明当 $P=3$ 时，价格上涨1%，需求减少0.6%，即低弹性；当 $P=5$ 时，价格上涨1%，需求减少1%；当 $P=6$ 时，价格上涨1%，需求减少1.2%，即高弹性.

定义 4.6 设某商品的销售收益为 R，价格为 P，需求函数 $Q=Q(P)$ 可导，则称

$$\varepsilon_{RP}=\frac{P}{R}\frac{\mathrm{d}R}{\mathrm{d}P}=\frac{P}{R}R'(P)$$

为该商品的**收益对价格弹性**，简称**收益弹性**.

因为 $R=PQ$，故

$$\varepsilon_{RP}=\frac{P}{R}\frac{\mathrm{d}R}{\mathrm{d}P}=\frac{P}{PQ}\left(Q+P\frac{\mathrm{d}Q}{\mathrm{d}P}\right)=1+\frac{P}{Q}\frac{\mathrm{d}Q}{\mathrm{d}P}$$
$$=1+\varepsilon_{QP},$$

即有

$$\varepsilon_{RP}=1+\varepsilon_{QP}. \tag{4.7}$$

例 4.38　某商品的需求量为 Q，价格为 P，需求函数为 $Q=10-\frac{P}{2}$，求：

(1) 需求弹性；

(2) 在 $P=3$ 时，若价格上涨 1%，其总收益是增加还是减少？

解　(1) $\varepsilon_{QP}=\frac{P}{Q}Q'(P)=\frac{P}{10-\frac{P}{2}}\cdot\left(-\frac{1}{2}\right)=\frac{P}{P-20}$；

(2) 总收益的收益弹性为

$$\varepsilon_{RP}=1+\varepsilon_{QP}=1+\frac{P}{P-20},$$

当 $P=3$ 时，$\varepsilon_{RP}(3)\approx0.82$，故在 $P=3$ 时，若价格上涨 1%，其总收益是增加的，约增加 0.82%.

三、平均成本最小化问题

设成本函数 $C=C(x)$（x 是产量），称每单位产品所承担的成本费用为**平均成本函数**，即

$$\overline{C}(x)=\frac{C(x)}{x}.$$

则当 $\overline{C}(x)$ 取得极小值时，必有

$$\overline{C}'(x)=\frac{xC'(x)-C(x)}{x^2}=0.$$

由此得

$$C'(x)=\frac{C(x)}{x}=\overline{C}(x). \tag{4.8}$$

从式(4.8)知，当边际成本等于平均成本时，平均成本达到最小，最小平均成本即为它的边际成本.

例 4.39　设每月产量为 x 吨时，总成本函数为

$$C(x)=\frac{1}{4}x^2+8x+4900(\text{元}),$$

求最低平均成本和相应产量的边际成本.

解 平均成本为

$$\overline{C}(x)=\frac{C(x)}{x}=\frac{1}{4}x+8+\frac{4900}{x}.$$

令 $\overline{C}'(x)=\frac{1}{4}-\frac{4900}{x^2}=0$,解得唯一驻点 $x=140$.

又 $\overline{C}''(140)=\frac{9800}{140^3}>0$,故 $x=140$ 是 $\overline{C}(x)$ 的极小值点,也是最小值点.因此,每月产量为 140 吨时,平均成本最低,其最低平均成本为

$$\overline{C}(140)=\frac{1}{4}\times 140+8+\frac{4900}{140}=78(\text{元}).$$

边际成本函数为

$$C'(x)=\frac{1}{2}x+8.$$

故当产量为 140 吨时,边际成本为 $C'(140)=78$(元).

四、利润最大化问题

销售某商品的收入 R 等于产品的单位价格 P 乘以销售量 x,即 $R=Px$,而销售利润 L 等于收入 R 减去成本 C,即 $L=R-C$.

例 4.40 某服装有限公司确定,为卖出 x 套服装,其单价应为 $P=150-0.5x$.同时还确定,生产 x 套服装的总成本可表示为 $C(x)=4000+0.25x^2$.

(1) 求总收入 $R(x)$;

(2) 求总利润 $L(x)$;

(3) 为使利润最大化,公司必须生产并销售多少套服装?

(4) 最大利润是多少?

(5) 为实现这一最大利润,其服装的单价应定为多少?

解 (1) 总收入 $R(x)=Px=(150-0.5x)x=150x-0.5x^2$.

(2) 总利润 $L(x)=R(x)-C(x)=(150x-0.5x^2)-(4000+0.25x^2)$

$$=-0.75x^2+150x-4000.$$

(3) 因 $L'(x)=-1.5x+150$,令 $L'(x)=0$,解得唯一驻点 $x=100$.又 $L''(x)=-1.5<0$,所以在 $x=100$ 处取得最大值.

(4) 最大利润是 $L(100)=-0.75\times 100^2+150\times 100-4000=3500$(元),因此公司必须生产并销售 100 套服装来实现 3500 元的最大利润.

(5) 为实现最大利润，其服装的单价是 $P=150-0.5\times100=100$(元).

一般地，设最大利润出现在 $L(x)$ 的驻点 x 处，则该驻点处有

$$L'(x)=0 \text{ 且 } L''(x)<0,$$

因为 $L(x)=R(x)-C(x)$，由此可得

$$L'(x)=R'(x)-C'(x) \text{ 和 } L''(x)=R''(x)-C''(x).$$

因此，最大利润出现在使

$$L'(x)=R'(x)-C'(x)=0 \text{ 和 } L''(x)=R''(x)-C''(x)<0,$$

或

$$R'(x)=C'(x) \text{ 和 } R''(x)<C''(x)$$

的某个数 x 处.

综上所述，有下面的定理：

定理 4.13　当边际收入等于边际成本且边际收入的变化率小于边际成本的变化率，即

$$R'(x)=C'(x) \text{ 和 } R''(x)<C''(x)$$

时，可以实现最大利润.

习题 4-5

1. 某煤炭公司每天生产 x 吨煤的总成本函数为 $C(x)=2000+450x+0.02x^2$. 如果每吨煤的销售价格为 490 元，求：

(1) 边际成本函数 $C'(x)$；

(2) 利润函数 $L(x)$ 及边际利润函数 $L'(x)$；

(3) 边际利润为 0 时的产量.

2. 设总产品的总成本函数为 $C(x)=400+3x+0.5x^2$，而需求函数为 $P=\frac{100}{\sqrt{x}}$，其中 x 为产量(假设等于需求量)，P 为价格，试求边际成本、边际收入和边际利润.

3. 设某商品的需求函数为 $Q=400-100P$，求 $P=1,2,3$ 时的需求弹性.

4. 某地对服装的需求函数可以表示为 $Q=aP^{-0.66}$，试求需求量对价格的弹性，并说明其经济意义.

5. 设某工厂生产某种产品的总成本函数为

$$C(x)=0.5x^2+36x+9800(\text{元}),$$

求平均成本最小时的产量 x 以及最小平均成本.

6. 某家电厂在生产一款新冰箱,为了卖出 x 台冰箱,其单价应为 $P=280-0.4x$,同时还确定,生产 x 台冰箱的总成本可表示为

$$C(x)=5000+0.6x^2,$$

为使利润最大化,公司必须生产并销售多少台冰箱?最大利润是多少?

复习题四

1. 填空题.

(1) 设函数 $f(x)=(x-1)(x-2)(x-3)(x-4)$,则方程 $f'(x)=0$ 的实根个数为________.

(2) 若函数 $f(x)=x^3$ 在区间$[0,3]$上满足拉格朗日中值定理,则 $\xi=$________.

(3) 函数 $f(x)=2x^3+3x^2-12x+2$ 的单调减少区间为________.

(4) 函数 $f(x)=x^3-3x^2+7$ 的极大值是________,极小值是________.

(5) 曲线 $y=x^3-3x+1$ 的拐点是________.

(6) 曲线 $y=(x-1)^3$ 的向上凸区间为________.

2. 单选题.

(1) 在区间$[-1,3]$上函数 $f(x)=-x^2+1$ 满足拉格朗日中值定理的 $x_0=$______.

A. 0　　B. 1　　C. -1　　D. 2

(2) 设函数 $f(x)$一阶连续可导,且 $f(0)=f'(0)=1$,则 $\lim\limits_{x\to 0}\dfrac{f(x)-\cos x}{\ln f(x)}=$______.

A. 1　　B. -1　　C. 0　　D. ∞

(3) 函数 $f(x)=2x^2-\ln x$ 的单调增加区间是______.

A. $(0,+\infty)$　　B. $\left(0,\dfrac{1}{2}\right)$

C. $\left(\dfrac{1}{2},+\infty\right)$　　D. $\left(-\dfrac{1}{2},0\right)$

(4) 设函数 $f(x)$ 和 $g(x)$ 在区间 (a,b) 内均可导，且 $g(x)>0$，$f'(x)g(x)-f(x)g'(x)<0$，则当 $x\in(a,b)$ 时，有______.

A. $f(x)g(a)>f(a)g(x)$　　B. $f(x)g(a)<f(a)g(x)$

C. $f(x)g(x)>f(a)g(a)$　　D. $f(x)g(x)<f(b)g(b)$

(5) 设函数 $f(x)$ 在点 $x=0$ 的某个邻域内可导，且 $f'(0)=0$，又 $\lim\limits_{x\to 0}\dfrac{f'(x)}{x}=\dfrac{1}{2}$，则 $f(0)$______.

A. 一定是 $f(x)$ 的极小值

B. 一定是 $f(x)$ 的极大值

C. 一定不是 $f(x)$ 的极值

D. 不能判定是否为 $f(x)$ 的极值

(6) 设点 $(1,3)$ 是曲线 $y=ax^3+bx^2+1$ 的拐点，则 a,b 的值为______.

A. $a=1,b=-3$

B. $a=-\dfrac{1}{3},b=1$

C. $a=\dfrac{1}{3},b=-1$

D. $a=-1,b=3$

3. 证明：方程 $1-x+\dfrac{1}{2}x^2-\dfrac{1}{3}x^3=0$ 只有一个实根.

4. 求下列函数的极限.

(1) $\lim\limits_{x\to 0}\dfrac{e^x-1}{x^2-x}$；　　(2) $\lim\limits_{x\to 0}\left(\dfrac{e^x}{x}-\dfrac{1}{e^x-1}\right)$；

(3) $\lim\limits_{x\to 0}\dfrac{\ln(1+2x)}{\sin 2x}$；　　(4) $\lim\limits_{x\to 0}\dfrac{\ln(1+x^2)}{\sec x-\cos x}$；

(5) $\lim\limits_{x\to -1}\left[\dfrac{1}{x+1}-\dfrac{1}{\ln(x+2)}\right]$；　　(6) $\lim\limits_{x\to 0}\left(\dfrac{\sin x}{x}\right)^{\frac{1}{x^2}}$.

5. 求下列函数的单调区间.

(1) $y=x-e^x$；　　(2) $y=\ln(x+\sqrt{1+x^2})$.

6. 证明下列不等式.

(1) 当 $0<x<\dfrac{\pi}{2}$ 时，$\tan x+\sin x>2x$；

(2) 当 $x>0$ 时，$1+x\ln(x+\sqrt{1+x^2})>\sqrt{1+x^2}$.

7. 设函数 $y=1+\sqrt[3]{x-2}$，求其凹凸区间及拐点.

8. 求下列函数的极值.

(1) $y=x^3-3x$； (2) $y=2\mathrm{e}^x+\mathrm{e}^{-x}$.

9. 做一个容积为 V 的圆柱形容器，已知其上、下底面材料的价格为 a 元/平方米，侧面材料的价格为 b 元/平方米，问：底面直径与侧面高的比例为多少时，造价最省？

10. 已知某产品的总成本函数和收益函数分别为

$$C(x)=5+2\sqrt{x},R(x)=\frac{5x}{x+2},$$

其中 x 为该产品的销售量，求该产品的边际成本、边际收益和边际利润.

11. 已知某厂生产 x 件产品的成本为 $C=25000+200x+\frac{x^2}{40}$元，问：

(1) 若使平均成本最小，应生产多少件产品？

(2) 若产品以每件 500 元售出，要使利润最大，应生产多少件产品？

数学家简介[4]

牛　顿

——科学巨擘

科学中的巨大进展,几乎总是建立在做出一点一滴贡献的许多人的工作之上.需要一个人来走那最高和最后的一步,这个人要能够敏锐地从纷乱的猜测和说明中清理出前人的有价值的想法,有足够的想象力把这些碎片重新组织起来,并且足够大胆地制订一个宏伟的计划.在微积分中,这个人就是牛顿.

牛　顿

牛顿(Newton),1642 年 12 月 25 日生于英国林肯郡的一个普通农民家庭.父亲在他出生前两个月就去世了,母亲在他 3 岁时改嫁,从那以后,他被寄养在贫穷的外祖母家.牛顿并不是神童,他从小在低标准的地方学校接受教育,学业平庸,时常受到老师的批评和同学的欺负.上中学时,牛顿对机械模型设计有特别的兴趣,曾制作了水车、风车、木钟等许多玩具.

1659 年,17 岁的牛顿被母亲召回管理田庄,但在牛顿的舅父和当地格兰瑟姆中学校长的反复劝说下,他母亲最终同意让牛顿复学.1660 年秋,牛顿在辍学 9 个月后又回到了格兰瑟姆中学,为升学做准备.

1661 年,牛顿如愿以偿,以优异的成绩考入久负盛名的剑桥大学三一学院,开始了苦读生涯.大学期间除了巴罗(Barrow)外,他从他的老师那里只得到了很少的一点鼓舞,他自己做实验并且研读了大量自然科学著作,其中包括笛卡尔(Descartes)的《哲学原理》、伽利略(Galileo)的《恒星使节》与《两大世界体系的对话》、开普勒(Kepler)的《光学》等著作.大学课程刚结束,学校因为伦敦地区鼠疫流行而关闭.他回到家乡,度过了 1665 年和 1666 年,并在那里开始了他在机械、数学和光学上的伟大工作.由观察苹果落地,他发现了万有引力定律,这是打开无所不包的力学科学的钥匙.他研究流数法和反流数法,获得了解决微积分问题的一般方法.他用三棱镜分解出七色彩虹,即像太阳光那样的白光,实际上是由从紫到红的各种颜色混合而成的这一发现具有划时代的意义."所有这些",牛顿后来说,“是在1665年和1666年两个鼠疫年中做的,因为在这些日子里,我正处在发现力最旺盛的时期,而且对于数学和(自然)哲学的关心,比其他任何时候都多.”后世有人评说:“科学史上没有别的成功的例子能和牛顿这两年黄金岁月相比.”

1667年复活节后不久,牛顿回到剑桥,但他对自己的重大发现却未宣布.当年的10月他被选为三一学院的初级委员.翌年,获得硕士学位,同时成为高级委员.1669年,39岁的巴罗认识到牛顿的才华,主动宣布牛顿的学识已超过自己,欣然把卢卡斯(Lucas)教授的职位让给了年仅26岁的牛顿,这件事成了科学史上的一段佳话.

牛顿是他那个时代的世界著名的物理学家、数学家和天文学家.牛顿工作的最大特点是辛勤劳动和独立思考.他有时不分昼夜地工作,常常好几个星期一直在实验室里度过.他总是不满足自己的成就,是个非常谦虚的人.他说:“我不知道,在别人看来,我是什么样的人.但在自己看来,我不过就像是一个在海滨玩耍的小孩,为不时发现比寻常更为光滑的一块卵石或比寻常更为美丽的一片贝壳而沾沾自喜,而对于展现在我面前的浩瀚的真理的海洋,却全然没有发现.”

在牛顿的全部科学贡献中,数学成就占有突出的地位,这不仅是因为这些成就开拓了崭新的近代数学,而且还因为牛顿正是依靠他所创立的数学方法实现了自然科学的一次巨大综合,从而开拓了近代科学.单就数学方面的成就,就使他与古希腊的阿基米德、德国的“数学王子”高斯一起,被称为人类有史以来最杰出的三大数学家.

微积分的发明和制定是牛顿最卓越的数学成就.微积分所处理的一些具体问题,如切线问题、求积问题、瞬时速度问题和函数的极大、极小值问题等,在牛顿之前就已经有人研究.17世纪上半叶,天文学、力学与光学等自然科学的发展使这些问题的解决日益成为燃眉之急.当时几乎所有的科学大师都竭力寻求有关的数学新工具,特别是描述运动与变化的无穷小算法,并且在牛顿诞生前后的一个时期内取得了迅速的发展.牛顿超越前人的功绩是在于他能站在更高的角度,对以往分散的努力加以综合,将自古希腊以来求解无限小问题的各种技巧统一为两类普遍的算法——微分与积分,并确立了这两类运算的互逆关系,从而完成了微积分发明中最后的也是最关键的一步,为其深入发展与广泛应用铺平了道路.

牛顿将毕生的精力献身于数学和科学事业,为人类做出了卓越的贡献,赢得

了崇高的社会地位和荣誉，自1669年担任卢卡斯教授职位后，1672年由于设计、制造了反射望远镜，他被选为英国皇家学会的会员.1688年，被推选为国会议员.1697年，发表了不朽之作《自然哲学的数学原理》.1699年任英国造币厂厂长.1703年当选为英国皇家学会会长以后连选连任，直至逝世为止.1705年被英国女王封为爵士，达到了他一生荣誉之巅.1727年3月31日，牛顿在患肺炎与痛风症后溘然辞世，葬礼在威斯特敏斯特大教堂耶路撒冷厅隆重举行.当时参加了牛顿葬礼的伏尔泰(F. M. A. Voltaire)看到英国的大人物都争相抬牛顿的灵柩后感叹说："英国人悼念牛顿就像悼念一位造福于民的国王."三年后，诗人波普(A. Pope)在为牛顿所作的墓志铭中写下了这样的名句：

自然和自然规律隐藏在黑夜里，
上帝说：降生牛顿！
于是世界就充满光明.

第5章 不定积分

§5.1 原函数与不定积分的概念及性质

一、原函数

定义 5.1 若在区间 I 上，可导函数 $F(x)$ 的导函数为 $f(x)$，即当 $x\in I$ 时，

$$F'(x)=f(x) \text{或} \mathrm{d}F(x)=f(x)\mathrm{d}x,$$

则称 $F(x)$ 为 $f(x)$（或 $f(x)\mathrm{d}x$）在区间 I 上的原函数.

例如，因为在 $(-\infty,+\infty)$ 内 $(\sin x)'=\cos x$，故 $\sin x$ 为 $\cos x$ 在 $(-\infty,+\infty)$ 上的原函数.

又如，$(x^2)'=2x$，故 x^2 为 $2x$ 的一个原函数；而 $(x^2+1)'=2x$，故 x^2+1 也为 $2x$ 的一个原函数.

从上述的例子可见：一个函数的原函数不是唯一的.

一般地，有如下定理：

定理 5.1 若 $f(x)$ 在区间 I 上有原函数 $F(x)$，则对任意常数 C，$F(x)+C$ 也为 $f(x)$ 的原函数，即 $f(x)$ 的任意两个原函数之间相差一个常数.

原函数的存在性将在下一章讨论，这里先介绍结论：

定理 5.2 区间 I 上的连续函数一定存在原函数.

二、不定积分的概念

定义 5.2 在区间 I 上，函数 $f(x)$ 的全体原函数 $F(x)+C$（C 为任意常数）称为 $f(x)$ 在区间 I 上的**不定积分**，记为 $\int f(x)\mathrm{d}x$，即

$$\int f(x)\mathrm{d}x = F(x) + C,$$

其中 $F(x)$为 $f(x)$为一个原函数,$f(x)$称为**被积函数**,$f(x)\mathrm{d}x$ 称为**被积表达式**,$\int$ 称为**积分号**,x 称为**积分变量**.

> **注** (1) 函数 $f(x)$的原函数 $F(x)$的图形称为 $f(x)$的积分曲线.
>
> (2) 一个函数的不定积分不是一个确定的数或函数,而是一个函数族.

例 5.1　求一条通过点(2,7),且切线的斜率为 $2x$ 的曲线的方程.

解　根据题意,设曲线方程为 $y=f(x)$,且

$$f'(x)=2x,$$

则

$$f(x)=\int 2x\mathrm{d}x = x^2 + C.$$

由条件可得 $f(2)-7$,于是 $C-3$.

故所求曲线方程为 $y=x^2+3$.

从不定积分的定义可得下述关系:

(1) $\left[\int f(x)\mathrm{d}x\right]' = f(x)$ 或 $\mathrm{d}\left[\int f(x)\mathrm{d}x\right]= f(x)\mathrm{d}x$;

(2) $\int F'(x)\mathrm{d}x = F(x) + C$ 或$\int \mathrm{d}F(x) = F(x) + C$.

简单地记为:先积后微,形式不变;先微后积,差个常数.并且可以看到,微分运算与求不定积分的运算是互逆的.

三、基本积分表

由原函数的定义,很自然地可以从导数公式得到相应的积分公式.

例如,因为$\left(\frac{1}{\mu+1}x^{\mu+1}\right)'=x^{\mu}$,故$\frac{1}{\mu+1}x^{\mu+1}$为 x^{μ} 的一个原函数,于是

$$\int x^{\mu}\mathrm{d}x = \frac{1}{\mu+1}x^{\mu+1} + C(\mu \neq -1).$$

类似地,可以得到其他积分公式.这里我们列出基本积分表,请读者务必熟记.

(1) $\int k\mathrm{d}x = kx + C$($k$ 为常数);

(2) $\int x^{\mu}\mathrm{d}x = \dfrac{1}{\mu+1}x^{\mu+1} + C(\mu \neq -1)$;

(3) $\int \dfrac{1}{x}\mathrm{d}x = \ln|x| + C$;

(4) $\int \dfrac{\mathrm{d}x}{1+x^2} = \arctan x + C$;

(5) $\int \dfrac{1}{\sqrt{1-x^2}}\mathrm{d}x = \arcsin x + C$;

(6) $\int \sin x\mathrm{d}x = -\cos x + C$;

(7) $\int \cos x\mathrm{d}x = \sin x + C$;

(8) $\int \dfrac{1}{\cos^2 x}\mathrm{d}x = \int \sec^2 x\mathrm{d}x = \tan x + C$;

(9) $\int \dfrac{1}{\sin^2 x}\mathrm{d}x = \int \csc^2 x\mathrm{d}x = -\cot x + C$;

(10) $\int \tan x\sec x\mathrm{d}x = \sec x + C$;

(11) $\int \cot x\csc x\mathrm{d}x = -\csc x + C$;

(12) $\int \mathrm{e}^x\mathrm{d}x = \mathrm{e}^x + C$;

(13) $\int a^x\mathrm{d}x = \dfrac{1}{\ln a}a^x + C(a > 0$ 且 $a \neq 1)$.

关于公式$\int \dfrac{1}{x}\mathrm{d}x = \ln|x| + C$作如下说明：

① 当 $x > 0$ 时，$(\ln x)' = \dfrac{1}{x}$，$\int \dfrac{1}{x}\mathrm{d}x = \ln x + C$ 成立；

② 当 $x < 0$ 时，$[\ln(-x)]' = \dfrac{1}{x}$，$\int \dfrac{1}{x}\mathrm{d}x = \ln(-x) + C$ 成立.

因此对任意 $x \neq 0$，$\int \dfrac{1}{x}\mathrm{d}x = \ln|x| + C$.

例 5.2 求$\int \dfrac{1}{x\sqrt[3]{x}}\mathrm{d}x$.

解 $\int \dfrac{1}{x\sqrt[3]{x}}\mathrm{d}x = \int x^{-\frac{4}{3}}\mathrm{d}x = \dfrac{1}{-\frac{4}{3}+1}x^{-\frac{4}{3}+1} + C = -3x^{-\frac{1}{3}} + C$.

例 5.3　求$\int 2^x e^x dx$.

解　$\int 2^x e^x dx = \int (2e)^x dx = \frac{1}{\ln(2e)}(2e)^x + C = \frac{1}{1+\ln 2}2^x e^x + C$.

四、不定积分的运算法则

由不定积分的定义,易证下列不定积分的运算法则.

设 $f(x)$,$g(x)$ 的原函数都存在.

法则 1　$\int kf(x)dx = k\int f(x)dx$,其中 k 是常数,且 $k \neq 0$.

法则 2　$\int [f(x) \pm g(x)]dx = \int f(x)dx \pm \int g(x)dx$.

证　因为

$$\left[\int f(x)dx \pm \int g(x)dx\right]' = \left[\int f(x)dx\right]' \pm \left[\int g(x)dx\right]' = f(x) \pm g(x),$$

所以$\int f(x)dx \pm \int g(x)dx$ 为 $f(x) \pm g(x)$ 的原函数.

利用基本积分表及两个运算法则,我们可以求一些简单的不定积分.

例 5.4　求$\int \frac{(x-2)^2}{\sqrt{x}}dx$.

解

$$\begin{aligned}\int \frac{(x-2)^2}{\sqrt{x}}dx &= \int \frac{x^2-4x+4}{\sqrt{x}}dx = \int (x^{\frac{3}{2}} - 4\sqrt{x} + 4x^{-\frac{1}{2}})dx \\ &= \int x^{\frac{3}{2}}dx - 4\int x^{\frac{1}{2}}dx + 4\int x^{-\frac{1}{2}}dx \\ &= \frac{2}{5}x^{\frac{5}{2}} - 4 \cdot \frac{2}{3}x^{\frac{3}{2}} + 4 \cdot 2x^{\frac{1}{2}} + C. \\ &= \left(\frac{2}{5}x^2 - \frac{8}{3}x + 8\right)\sqrt{x} + C.\end{aligned}$$

注　(1) 拆开积分后,按理每个积分均有一个任意常数 C,但由于多个任意常数的和仍为常数,故只要写出一个任意常数即可.

(2) 检验结果是否正确,只要将结果求导进行验证.

例 5.5　求$\int (e^x + 3\sin x)dx$.

解 $\int(\mathrm{e}^x+3\sin x)\mathrm{d}x=\int\mathrm{e}^x\mathrm{d}x+3\int\sin x\mathrm{d}x=\mathrm{e}^x-3\cos x+C.$

例 5.6 求$\int\frac{x^2}{x^2+1}\mathrm{d}x$.

解
$$\int\frac{x^2}{x^2+1}\mathrm{d}x=\int\frac{(x^2+1)-1}{x^2+1}\mathrm{d}x=\int\left(1-\frac{1}{1+x^2}\right)\mathrm{d}x$$
$$=x-\arctan x+C.$$

例 5.7 求$\int\frac{1}{x^2(x^2+1)}\mathrm{d}x$.

解
$$\int\frac{1}{x^2(x^2+1)}\mathrm{d}x=\int\left(\frac{1}{x^2}-\frac{1}{x^2+1}\right)\mathrm{d}x$$
$$=\int x^{-2}\mathrm{d}x-\int\frac{1}{1+x^2}\mathrm{d}x=-\frac{1}{x}-\arctan x+C.$$

例 5.8 求$\int\frac{\cos2x}{\cos^2x\sin^2x}\mathrm{d}x$.

解
$$\int\frac{\cos2x}{\cos^2x\sin^2x}\mathrm{d}x=\int\frac{\cos^2x-\sin^2x}{\cos^2x\sin^2x}\mathrm{d}x=\int\frac{1}{\sin^2x}\mathrm{d}x-\int\frac{1}{\cos^2x}\mathrm{d}x$$
$$=\int\csc^2x\mathrm{d}x-\int\sec^2x\mathrm{d}x=-\cot x-\tan x+C.$$

例 5.9 求$\int\tan^2x\mathrm{d}x$.

解 $\int\tan^2x\mathrm{d}x=\int(\sec^2x-1)\mathrm{d}x=\tan x-x+C.$

习题 5-1

1. 求下列不定积分.

(1) $\int\frac{\mathrm{d}x}{x^2}$;

(2) $\int\frac{\mathrm{d}x}{x^2\sqrt{x}}$;

(3) $\int\frac{\sqrt{1+x^2}}{\sqrt{1-x^4}}\mathrm{d}x$;

(4) $\int\frac{1+x}{\sqrt{x}}\mathrm{d}x$;

(5) $\int\left(5^x+\frac{1}{2x}+\frac{1}{x^2}+\frac{1}{\mathrm{e}^2}\right)\mathrm{d}x$;

(6) $\int\frac{1}{1-\cos^2x}\mathrm{d}x$;

(7) $\int\frac{\sin2x}{\cos x}\mathrm{d}x$;

(8) $\int\cos^2\frac{x}{2}\mathrm{d}x$;

(9) $\int \frac{1}{1+\cos 2x}\mathrm{d}x$；　　(10) $\int \frac{\cos 2x}{\cos x-\sin x}\mathrm{d}x$；

(11) $\int \cot^2 x\mathrm{d}x$；　　(12) $\int 2^x \mathrm{e}^x \mathrm{d}x$；

(13) $\int \frac{1}{\cos^2 x\sin^2 x}\mathrm{d}x$；　　(14) $\int \mathrm{e}^x\left(1-\frac{\mathrm{e}^{-x}}{\sqrt{x}}\right)\mathrm{d}x$.

2. 一曲线通过点$(\mathrm{e}^2,3)$，且在任一点处的切线斜率等于该点横坐标的倒数，求该曲线的方程.

3. 设$\int xf(x)\mathrm{d}x=\arccos x+C$，求 $f(x)$.

§5.2　换元积分法

利用基本积分表和不定积分的运算性质，可以计算部分较为简单的不定积分，对计算一些复杂函数的积分，还需学习其他的积分方法. 本节我们将求复合函数微分的步骤反过来应用于不定积分，得到复合函数积分法，称为换元积分法.

一、第一换元积分法（凑微分法）

定理 5.3　设 $u=\varphi(x)$ 可导，且已知 $F(u)$ 是 $f(u)$ 的一个原函数，则有换元公式

$$\int f[\varphi(x)]\varphi'(x)\mathrm{d}x=F[\varphi(x)]+C.$$

定理 5.3 说明，当被积表达式可分解为 $f[\varphi(x)]\varphi'(x)\mathrm{d}x$ 的形式，并注意到 $\varphi'(x)\mathrm{d}x=\mathrm{d}\varphi(x)$，则关于 x 的积分转化为 $u=\varphi(x)$ 的积分，即

$$\int f[\varphi(x)]\varphi'(x)\mathrm{d}x=\int f[\varphi(x)]\mathrm{d}\varphi(x)\xlongequal{\varphi(x)=u}\int f(u)\mathrm{d}u$$
$$=F(u)+C=F[\varphi(x)]+C.$$

这就是第一换元积分法，关键在于凑出 $\mathrm{d}\varphi(x)=\varphi'(x)\mathrm{d}x$，故也称为凑微分法.

例 5.10　求$\int 2\cos 2x\mathrm{d}x$.

解　被积函数 $y=2\cos 2x$ 中 $\cos 2x$ 为一个复合函数：$\cos 2x=\cos u$，$u=2x$.

要将对自变量 x 的积分转化为中间变量 u 的积分，而 $\mathrm{d}u=\mathrm{d}(2x)=(2x)'\mathrm{d}x=2\mathrm{d}x$，则

$$\begin{aligned}\int 2\cos 2x\mathrm{d}x &= \int \cos 2x(2x)'\mathrm{d}x\\ &\xlongequal[\text{换元}]{2x=u}\int \cos u\mathrm{d}u=\sin u+C\\ &\xlongequal[\text{回代}]{u=2x}\sin 2x+C.\end{aligned}$$

例 5.11 求$\int \frac{1}{2x+3}\mathrm{d}x$.

解 被积函数$\frac{1}{2x+3}=\frac{1}{u}$，$u=2x+3$. 只要凑出 $\mathrm{d}u=\mathrm{d}(2x+3)$ 即可.

而 $\mathrm{d}(2x+3)=(2x+3)'\mathrm{d}x=2\mathrm{d}x$，故

$$\begin{aligned}\int \frac{1}{2x+3}\mathrm{d}x &= \frac{1}{2}\int \frac{1}{2x+3}\mathrm{d}(2x+3)\\ &\xlongequal{2x+3=u}\frac{1}{2}\int \frac{1}{u}\mathrm{d}u=\frac{1}{2}\ln|u|+C\\ &=\frac{1}{2}\ln|2x+3|+C.\end{aligned}$$

在求复合函数的导数时，我们常不写出中间变量. 同样地，在熟悉不定积分的换元法后，也可不写出中间变量.

例 5.12 求$\int (3x+1)^{10}\mathrm{d}x$.

解 被积函数$(3x+1)^{10}=u^{10}$，$u=3x+1$，而 $\mathrm{d}u=\mathrm{d}(3x+1)=3\mathrm{d}x$，故

$$\begin{aligned}\int (3x+1)^{10}\mathrm{d}x &= \frac{1}{3}\int (3x+1)^{10}\mathrm{d}(3x+1)\\ &=\frac{1}{3}\cdot\frac{1}{10+1}(3x+1)^{10+1}+C\\ &=\frac{1}{33}(3x+1)^{11}+C.\end{aligned}$$

例 5.13 求$\int 2x\mathrm{e}^{x^2}\mathrm{d}x$.

解 被积函数中的一个因子为 $\mathrm{e}^{x^2}=\mathrm{e}^{u}$，$u=x^2$，剩下的因子 $2x$ 恰为 $u=x^2$ 的导数，于是有

$$\int 2x\mathrm{e}^{x^2}\mathrm{d}x=\int \mathrm{e}^{x^2}\mathrm{d}(x^2)=\mathrm{e}^{x^2}+C.$$

例 5.14　求$\int\frac{e^x}{1+e^x}dx$.

解　注意到$(1+e^x)'=e^x$,而$e^xdx=d(1+e^x)$,故

$$\int\frac{e^x}{1+e^x}dx=\int\frac{1}{1+e^x}d(1+e^x)=\ln(1+e^x)+C.$$

例 5.15　求$\int\frac{1}{1+e^x}dx$.

解　同例 5.14 的分母一致,自然想到$d(1+e^x)=e^xdx$,而此时分子为 1,缺少e^x来凑微分,故补上个e^x来凑微分.

$$\int\frac{1}{1+e^x}dx=\int\frac{(1+e^x)-e^x}{1+e^x}dx=\int\left(1-\frac{e^x}{1+e^x}\right)dx$$

$$=\int 1dx-\int\frac{1}{1+e^x}d(1+e^x)=x-\ln(1+e^x)+C.$$

例 5.16　求$\int\tan x dx$.

解　注意到$\tan x=\frac{\sin x}{\cos x}$,而$(\cos x)'=-\sin x$,故

$$\int\tan x dx=\int\frac{\sin x}{\cos x}dx=-\int\frac{1}{\cos x}d(\cos x)=-\ln|\cos x|+C.$$

用类似的方法可求得

$$\int\cot x dx=\ln|\sin x|+C.$$

例 5.17　求$\int\sin x\cos x dx$.

解　*方法 1*　因为$(\sin x)'=\cos x$,故

$$\int\sin x\cos x dx=\int\sin x d(\sin x)=\frac{1}{2}\sin^2x+C.$$

方法 2　因为$(\cos x)'=-\sin x$,故

$$\int\sin x\cos x dx=-\int\cos x d(\cos x)=-\frac{1}{2}\cos^2x+C.$$

方法 3　因为$\sin x\cos x=\frac{1}{2}\sin 2x$,故

$$\int\sin x\cos x dx=\int\frac{1}{2}\sin 2x dx=\frac{1}{4}\int\sin 2x d(2x)=-\frac{1}{4}\cos 2x+C.$$

上述三种解法,解的形式虽不相同,但经过求导验算可知,三者结论都是正

确的.实际上,$\frac{1}{2}\sin^2 x$,$-\frac{1}{2}\cos^2 x$,$-\frac{1}{4}\cos 2x$ 都是 $\sin x\cos x$ 的原函数,化简可知它们之间只相差一个常数.

例 5.18 求 $\int \frac{\mathrm{d}x}{x^2+2x-3}$.

解 注意到分母为二次三项式,可分解因式,再将其拆分成两个一次因式后积分.

$$
\begin{aligned}
\int \frac{1}{x^2+2x-3}\mathrm{d}x &= \int \frac{\mathrm{d}x}{(x+3)(x-1)} = \frac{1}{4}\int\left(\frac{1}{x-1}-\frac{1}{x+3}\right)\mathrm{d}x \\
&= \frac{1}{4}\int \frac{1}{x-1}\mathrm{d}(x-1) - \frac{1}{4}\int \frac{1}{x+3}\mathrm{d}(x+3) \\
&= \frac{1}{4}\ln|x-1| - \frac{1}{4}\ln|x+3| + C \\
&= \frac{1}{4}\ln\left|\frac{x-1}{x+3}\right| + C.
\end{aligned}
$$

例 5.19 求 $\int \frac{1}{x^2+2x+3}\mathrm{d}x$.

解 类似于例 5.18,分母也为二次三项式,但此时不能因式分解,因为对应的 $\Delta < 0$.可考虑先配方,再积分.

$$
\begin{aligned}
\int \frac{\mathrm{d}x}{x^2+2x+3} &= \int \frac{1}{(x+1)^2+2}\mathrm{d}x = \frac{1}{2}\int \frac{1}{1+\frac{(x+1)^2}{2}}\mathrm{d}x \\
&= \frac{1}{2}\int \frac{1}{1+\left(\frac{x+1}{\sqrt{2}}\right)^2}\mathrm{d}x = \frac{1}{2}\cdot\sqrt{2}\int \frac{1}{1+\left(\frac{x+1}{\sqrt{2}}\right)^2}\mathrm{d}\left(\frac{x+1}{\sqrt{2}}\right) \\
&= \frac{\sqrt{2}}{2}\arctan\frac{x+1}{\sqrt{2}} + C.
\end{aligned}
$$

例 5.20 求 $\int \cos^2 x\mathrm{d}x$.

解 被积函数 $\cos^2 x$ 为二次形式,可利用降幂公式化为一次形式来积分.

$$
\begin{aligned}
\int \cos^2 x\mathrm{d}x &= \int \frac{1+\cos 2x}{2}\mathrm{d}x = \frac{1}{2}\left(\int 1\mathrm{d}x + \int \cos 2x\mathrm{d}x\right) \\
&= \frac{1}{2}\left[x+\frac{1}{2}\int \cos 2x\mathrm{d}(2x)\right] = \frac{1}{2}\left(x+\frac{1}{2}\sin 2x\right) + C \\
&= \frac{1}{2}x + \frac{1}{4}\sin 2x + C.
\end{aligned}
$$

例 5.21　求$\int\cos^3 x\mathrm{d}x$.

解　$\int\cos^3 x\mathrm{d}x=\int\cos^2 x\cos x\mathrm{d}x$

$$=\int(1-\sin^2 x)\mathrm{d}(\sin x)=\sin x-\frac{1}{3}\sin^3 x+C.$$

注　一般地，对于形如$\int\sin^n x\mathrm{d}x$，$\int\cos^n x\mathrm{d}x$的积分，可分n为奇偶数的情形仿照例 5.21 来进行分积.

例 5.22　求$\int\frac{x^3}{x+1}\mathrm{d}x$.

解　$\int\frac{x^3}{x+1}\mathrm{d}x=\int\frac{(x^3+1)-1}{x+1}\mathrm{d}x=\int\frac{(x+1)(x^2-x+1)}{x+1}\mathrm{d}x-\int\frac{1}{x+1}\mathrm{d}x$

$$=\int(x^2-x+1)\mathrm{d}x-\int\frac{1}{x+1}\mathrm{d}(x+1)$$

$$=\frac{1}{3}x^3-\frac{1}{2}x^2+x-\ln|x+1|+C.$$

上面所举的例子，可以使我们认识到凑微分在不定积分中所起的作用. 第一换元法需要一定的技巧，而且在被积表达式中如何凑出适用的微分因子，进行变量代换，没有一般的法则可循，但可熟记一些微分公式. 例如，

$$x\mathrm{d}x=\frac{1}{2}\mathrm{d}(x^2)，\frac{1}{\sqrt{x}}\mathrm{d}x=2\mathrm{d}(\sqrt{x})，\mathrm{e}^x\mathrm{d}x=\mathrm{d}(\mathrm{e}^x)，$$

$$-\sin x\mathrm{d}x=\mathrm{d}(\cos x)，\frac{1}{x^2}\mathrm{d}x=-\mathrm{d}\left(\frac{1}{x}\right)，\frac{1}{x}\mathrm{d}x=\mathrm{d}(\ln|x|)，$$

等等，这对解题是有帮助的，此外还要多做练习，不断总结经验.

二、第二换元积分法

在不定积分的计算中，常常会出现与前面介绍的情况刚好相反的问题，即不定积分$\int f(x)\mathrm{d}x$并不复杂，却较难直接算出. 但若通过适当的变量代换$x=\varphi(t)$，将积分$\int f(x)\mathrm{d}x$化为易于计算的积分$\int f[\varphi(t)]\varphi'(t)\mathrm{d}t$的形式，这就是所谓的第二换元积分法.

定理 5.4　设$x=\varphi(t)$是单调、可导的函数，并且$\varphi'(t)\neq 0$，又设$f[\varphi(t)]\varphi'(t)$

具有原函数，则

$$\int f(x)\mathrm{d}x \xlongequal{x=\varphi(t)} \left\{\int f[\varphi(t)]\varphi'(t)\mathrm{d}t\right\}\Big|_{t=\varphi^{-1}(x)},$$

其中 $t=\varphi^{-1}(x)$ 为 $x=\varphi(t)$ 的反函数.

例 5.23 求$\int \frac{\mathrm{d}x}{1+\sqrt{1+x}}$.

解 为去掉被积函数分母中的根式，设 $\sqrt{1+x}=t$，则 $x=t^2-1$，$\mathrm{d}x=2t\mathrm{d}t$. 故

$$\begin{aligned}\int \frac{\mathrm{d}x}{1+\sqrt{1+x}} &= \int \frac{1}{1+t}\cdot 2t\mathrm{d}t = 2\int \frac{1+t-1}{1+t}\mathrm{d}t \\ &= 2\left(\int \mathrm{d}t - \int \frac{1}{1+t}\mathrm{d}t\right) = 2(t-\ln|1+t|)+C \\ &\xlongequal{t=\sqrt{1+x}} 2(\sqrt{1+x}-\ln|1+\sqrt{1+x}|)+C.\end{aligned}$$

应用第二换元法时必须注意积分后一定要将变量代换回来.

例 5.24 求$\int \frac{1}{\sqrt{1+\mathrm{e}^x}}\mathrm{d}x$.

解 设 $\sqrt{1+\mathrm{e}^x}=t$，$\mathrm{e}^x=t^2-1$，$x=\ln(t^2-1)$，$\mathrm{d}x=\frac{2t}{t^2-1}\mathrm{d}t$，则

$$\begin{aligned}\int \frac{1}{\sqrt{1+\mathrm{e}^x}}\mathrm{d}x &= \int \frac{1}{t}\cdot\frac{2t}{t^2-1}\mathrm{d}t = 2\int \frac{1}{t^2-1}\mathrm{d}t \\ &= \int\left(\frac{1}{t-1}-\frac{1}{t+1}\right)\mathrm{d}t = \ln|t-1|-\ln|t+1|+C \\ &= \ln\left|\frac{t-1}{t+1}\right|+C = \ln\left|\frac{\sqrt{1+\mathrm{e}^x}-1}{\sqrt{1+\mathrm{e}^x}+1}\right|+C.\end{aligned}$$

例 5.25 求$\int \frac{1}{(1+\sqrt[3]{x})\sqrt{x}}\mathrm{d}x$.

解 被积函数中出现两个不同类型的根式$\sqrt{x}$及$\sqrt[3]{x}$，要将两个根式都去掉，可令$\sqrt[6]{x}=t$，则 $x=t^6$，$\sqrt{x}=t^3$，$\sqrt[3]{x}=t^2$，$\mathrm{d}x=6t^5\mathrm{d}t$.

$$\begin{aligned}\int \frac{1}{(1+\sqrt[3]{x})\sqrt{x}}\mathrm{d}x &= \int \frac{1}{(1+t^2)t^3}\cdot 6t^5\mathrm{d}t = 6\int \frac{t^2}{1+t^2}\mathrm{d}t \\ &= 6\int \frac{1+t^2-1}{1+t^2}\mathrm{d}t = 6\int\left(1-\frac{1}{1+t^2}\right)\mathrm{d}t \\ &= 6(t-\arctan t)+C = 6(\sqrt[6]{x}-\arctan\sqrt[6]{x})+C.\end{aligned}$$

在求含根式的不定积分时，我们还会遇到被积函数中含 $\sqrt{a^2-x^2}$，$\sqrt{a^2+x^2}$，$\sqrt{x^2-a^2}$ 的因式，对这类积分要采取特殊的三角换元.

例 5.26　求$\int\sqrt{a^2-x^2}\,\mathrm{d}x(a>0)$.

解　利用三角换元，令 $x=a\sin t$，并限定 $-\frac{\pi}{2}<t<\frac{\pi}{2}$，且 $\mathrm{d}x=a\cos t\mathrm{d}t$. 则

$$\int\sqrt{a^2-x^2}\,\mathrm{d}x=\int\sqrt{a^2-a^2\sin^2 t}\cdot a\cos t\mathrm{d}t=a^2\int|\cos t|\cdot\cos t\mathrm{d}t$$

$$=a^2\int\cos^2 t\mathrm{d}t=\frac{a^2}{2}\int(1+\cos 2t)\mathrm{d}t=\frac{a^2}{2}\left(t+\frac{1}{2}\sin 2t\right)+C.$$

用 $t=\arcsin\frac{x}{a}$ 代入，并由 $\sin t=\frac{x}{a}$，$\cos t=\frac{1}{a}\sqrt{a^2-x^2}$，有

$$\int\sqrt{a^2-x^2}\,\mathrm{d}x=\frac{a^2}{2}\arcsin\frac{x}{a}+\frac{x}{2}\sqrt{a^2-x^2}+C.$$

例 5.27　求$\int\frac{1}{x^2\sqrt{1+x^2}}\mathrm{d}x$.

解　利用三角换元，令 $x=\tan t\left(-\frac{\pi}{2}<t<\frac{\pi}{2}\right)$，$\mathrm{d}x=\sec^2 t\mathrm{d}t$，则

$$\int\frac{1}{x^2\sqrt{1+x^2}}\mathrm{d}x=\int\frac{1}{\tan^2 t\sqrt{1+\tan^2 t}}\cdot\sec^2 t\mathrm{d}t$$

$$=\int\frac{1}{\tan^2 t|\sec t|}\cdot\sec^2 t\mathrm{d}t=\int\frac{\sec t}{\tan^2 t}\mathrm{d}t$$

$$=\int\frac{\cos t}{\sin^2 t}\mathrm{d}t=\int\frac{1}{\sin^2 t}\mathrm{d}(\sin t)=-\frac{1}{\sin t}+C.$$

为了把 $\sin t$ 换成 x 的函数，根据 $x=\tan t$ 作辅助三角形(图 5-1)，即得 $\sin t=\frac{x}{\sqrt{1+x^2}}$，故

$$\int\frac{1}{x^2\sqrt{1+x^2}}\mathrm{d}x=-\frac{\sqrt{1+x^2}}{x}+C.$$

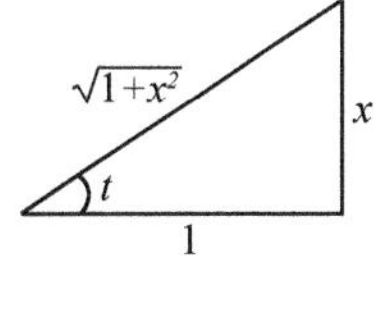

图 5-1

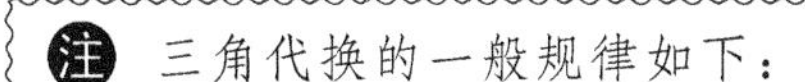

注　三角代换的一般规律如下：

(1) $\sqrt{a^2-x^2}$，可令 $x=a\sin t$；　(2) $\sqrt{a^2+x^2}$，可令 $x=a\tan t$；

(3) $\sqrt{x^2-a^2}$，可令 $x=a\sec t$.

习题 5-2

1. 求下列不定积分.

(1) $\int \frac{1}{2x+5}\mathrm{d}x$；　　(2) $\int \sin x \cdot \mathrm{e}^{\cos x}\mathrm{d}x$；

(3) $\int \frac{1}{9+x^2}\mathrm{d}x$；　　(4) $\int \frac{\mathrm{d}x}{\sqrt[3]{2-3x}}$；

(5) $\int \cos^2 3x\mathrm{d}x$；　　(6) $\int \frac{\sin\sqrt{x}}{\sqrt{x}}\mathrm{d}x$；

(7) $\int \frac{1}{\mathrm{e}^x+\mathrm{e}^{-x}}\mathrm{d}x$；　　(8) $\int \frac{\sin x}{\cos^3 x}\mathrm{d}x$；

(9) $\int \frac{x}{3-2x^2}\mathrm{d}x$；　　(10) $\int \frac{2x-3}{x^2-3x+8}\mathrm{d}x$；

(11) $\int \frac{1}{\cos^2 x(1+\tan x)}\mathrm{d}x$；　　(12) $\int \frac{1+x}{\sqrt{1-x^2}}\mathrm{d}x$；

(13) $\int \frac{1}{3+2x-x^2}\mathrm{d}x$；　　(14) $\int \frac{\mathrm{d}x}{x\ln x\ln(\ln x)}$.

2. 求下列不定积分.

(1) $\int \frac{1}{1+\sqrt[3]{x+2}}\mathrm{d}x$；　　(2) $\int \frac{\mathrm{d}x}{\sqrt{x}+\sqrt[4]{x}}$；

(3) $\int \frac{\sqrt{1-x^2}}{x^2}\mathrm{d}x$；　　(4) $\int \frac{\mathrm{d}x}{2+\sqrt{4-x^2}}$；

(5) $\int x^3\sqrt{1+x^2}\mathrm{d}x$；　　(6) $\int \sqrt{\mathrm{e}^x-1}\mathrm{d}x$.

§5.3　分部积分法

分部积分法是计算不定积分的另一种重要方法，它是针对乘积函数的求导法则导出的不定积分法. 设 $u(x)$ 和 $v(x)$ 为具有连续导数的函数，利用乘积求导的计算公式

$$(uv)' = u'v + uv',$$

移项，得

$$uv' = (uv)' - u'v.$$

对上式两边求不定积分，得

$$\int uv'\mathrm{d}x = uv - \int u'v\mathrm{d}x$$

或

$$\int u\mathrm{d}v = uv - \int v\mathrm{d}u.$$

以上公式称为分部积分公式，如果求 $\int uv'\mathrm{d}x$ 有困难，而求 $\int u'v\mathrm{d}x$ 比较容易时，分部积分公式就能发挥作用了.

例 5.28　求 $\int x\cos x\mathrm{d}x$.

解　利用分部积分公式的关键是如何选取公式中的 u.

若取 $u = \cos x$，则 $v' = x$，$\mathrm{d}v = \mathrm{d}\left(\frac{x^2}{2}\right)$. 故

$$\begin{aligned}\int x\cos x\mathrm{d}x &= \int \cos x\mathrm{d}\left(\frac{x^2}{2}\right) = \frac{1}{2}x^2\cos x - \int \frac{1}{2}x^2\mathrm{d}(\cos x)\\ &= \frac{1}{2}x^2\cos x + \frac{1}{2}\int x^2\sin x\mathrm{d}x.\end{aligned}$$

此时，$\int x^2\sin x\mathrm{d}x$ 比原积分 $\int x\cos x\mathrm{d}x$ 更不容易求出.

若取 $u = x$，则 $v' = \cos x$，$\mathrm{d}v = \mathrm{d}(\sin x)$. 故

$$\int x\cos x\mathrm{d}x = \int x\mathrm{d}(\sin x) = x\sin x - \int \sin x\mathrm{d}x,$$

而 $\int \sin x\mathrm{d}x$ 易求出，于是

$$\int x\cos x\mathrm{d}x = x\sin x + \cos x + C.$$

可见，在使用分部积分法时，恰当选取 u 或 $\mathrm{d}v$ 是关键，若选取不当，就求不出结果. 一般可按照“指三幂反对”的原则来选取 u. 其中“指三幂反对”指的是：指数函数、三角函数、幂函数、反三角函数、对数函数五类基本初等函数.

“指三幂反对”表示在任意两个函数之间，选择 $v'(x)$ 的先后顺序，即哪一个函数在前就优先选择作为 $v'(x)$. 例如，例 5.28 中，$x\cos x$ 为幂函数和三角函数的

乘积，三角函数排在幂函数之前，故取 $\cos x = v'$，$dv = d\sin x$，$u = x$.

下面通过例子来说明“指三幂反对”与分部积分公式的运用.

例 5.29 求$\int x\ln x dx$.

解 被积函数为 $x\ln x$，是幂函数与对数函数的乘积. 根据“指三幂反对”的顺序，幂函数在对数函数之前，故取

$$v' = x, dv = d\left(\frac{1}{2}x^2\right), u = \ln x.$$

则

$$\int x\ln x dx = \int \ln x d\left(\frac{1}{2}x^2\right) = \frac{1}{2}x^2\ln x - \int \frac{1}{2}x^2 d(\ln x)$$

$$= \frac{1}{2}x^2\ln x - \frac{1}{2}\int x^2 \cdot \frac{1}{x}dx = \frac{1}{2}x^2\ln x - \frac{1}{4}x^2 + C.$$

例 5.30 求$\int x\arctan x dx$.

解 被积函数为 $x\arctan x$，是幂函数与反三角函数的乘积. 根据“指三幂反对”的顺序，幂函数在反三角函数之前. 故取

$$v' = x, dv = d\left(\frac{1}{2}x^2\right), u = \arctan x.$$

则

$$\int x\arctan x dx = \int \arctan x d\left(\frac{1}{2}x^2\right)$$

$$= \frac{1}{2}x^2\arctan x - \int \frac{1}{2}x^2 d(\arctan x)$$

$$= \frac{1}{2}x^2\arctan x - \frac{1}{2}\int \frac{x^2}{1+x^2}dx$$

$$= \frac{1}{2}x^2\arctan x - \frac{1}{2}\int \left(1 - \frac{1}{1+x^2}\right)dx$$

$$= \frac{1}{2}x^2\arctan x - \frac{1}{2}(x - \arctan x) + C$$

$$= \frac{1}{2}(x^2+1)\arctan x - \frac{1}{2}x + C.$$

通过以上例题读者可体会到“指三幂反对”在分部积分使用时的便利性. 下面几个例子也较为典型.

例 5.31 求$\int x\ln^2 x dx$.

解 $\int x\ln^2 x\mathrm{d}x = \int \ln^2 x\mathrm{d}\left(\frac{1}{2}x^2\right) = \frac{1}{2}x^2\ln^2 x - \int \frac{1}{2}x^2\mathrm{d}(\ln^2 x)$

$$= \frac{1}{2}x^2\ln^2 x - \frac{1}{2}\int x^2\left(2\ln x\,\frac{1}{x}\right)\mathrm{d}x$$

$$= \frac{1}{2}x^2\ln^2 x - \int x\ln x\mathrm{d}x.$$

由例 5.29 的结果知

$$\int x\ln^2 x\mathrm{d}x = \frac{1}{2}x^2\ln^2 x - \frac{1}{2}x^2\ln x + \frac{1}{4}x^2 + C.$$

此例说明有时可连续两次使用分部积分法.

例 5.32　求 $\int \ln x\mathrm{d}x$.

解　被积函数为 $\ln x$，不是两个函数的乘积，表面上无法利用分部积分公式，但从另一个角度可认为分部积分公式已经凑好，令 $u=\ln x$，$\mathrm{d}v=\mathrm{d}x$. 则

$$\int \ln x\mathrm{d}x = x\ln x - \int x\mathrm{d}(\ln x) = x\ln x - \int x\cdot\frac{1}{x}\mathrm{d}x$$

$$= x\ln x - x + C.$$

例 5.33　求 $\int \mathrm{e}^x\sin x\mathrm{d}x$.

解 $\int \mathrm{e}^x\sin x\mathrm{d}x = \int \sin x\mathrm{d}\mathrm{e}^x = \mathrm{e}^x\sin x - \int \mathrm{e}^x\mathrm{d}(\sin x)$

$$= \mathrm{e}^x\sin x - \int \mathrm{e}^x\cos x\mathrm{d}x$$

$$= \mathrm{e}^x\sin x - \int \cos x\mathrm{d}\mathrm{e}^x$$

$$= \mathrm{e}^x\sin x - \left[\mathrm{e}^x\cos x - \int \mathrm{e}^x\mathrm{d}(\cos x)\right]$$

$$= \mathrm{e}^x(\sin x - \cos x) - \int \mathrm{e}^x\sin x\mathrm{d}x.$$

注意到右端积分与原积分相同，移项有

$$2\int \mathrm{e}^x\sin x\mathrm{d}x = \mathrm{e}^x(\sin x - \cos x) + C,$$

故

$$\int \mathrm{e}^x\sin x\mathrm{d}x = \frac{1}{2}\mathrm{e}^x(\sin x - \cos x) + C.$$

在积分过程中，往往要兼顾换元积分法与分部积分法.

例 5.34 求$\int e^{\sqrt{x}}dx$.

解 令$\sqrt{x}=t, x=t^2, dx=2tdt$,则

$$\int e^{\sqrt{x}}dx=\int e^t\cdot 2tdt=2\int t\cdot de^t=2\left(te^t-\int e^tdt\right)$$

$$=2(te^t-e^t)+C=2e^{\sqrt{x}}(\sqrt{x}-1)+C.$$

例 5.35 求$\int \sin\sqrt{2x+1}dx$.

解 令$\sqrt{2x+1}=t, x=\frac{1}{2}(t^2-1), dx=tdt$.则

$$\int \sin\sqrt{2x+1}dx=\int t\sin tdt=-\int td(\cos t)$$

$$=-\left(t\cos t-\int \cos tdt\right)=-t\cos t+\sin t+C$$

$$=-\sqrt{2x+1}\cos\sqrt{2x+1}+\sin\sqrt{2x+1}+C.$$

例 5.36 求$\int x\cos^3 xdx$.

解 $\int x\cos^3 xdx=\int x\cos^2 xd(\sin x)=\int x(1-\sin^2 x)d(\sin x)$

$$=\int xd\left(\sin x-\frac{1}{3}\sin^3 x\right)$$

$$=x\left(\sin x-\frac{1}{3}\sin^3 x\right)-\int\left(\sin x-\frac{1}{3}\sin^3 x\right)dx$$

$$=x\left(\sin x-\frac{1}{3}\sin^3 x\right)+\int\left[1-\frac{1}{3}(1-\cos^2 x)\right]d(\cos x)$$

$$=x\left(\sin x-\frac{1}{3}\sin^3 x\right)+\frac{2}{3}\cos x+\frac{1}{9}\cos^3 x+C.$$

习题 5-3

计算下列不定积分.

(1) $\int xe^{2x}dx$; (2) $\int \arcsin xdx$;

(3) $\int \ln^2 xdx$; (4) $\int x^2\sin xdx$;

(5) $\int \sqrt{x}\ln x\mathrm{d}x$；　　(6) $\int x\ln(x^2+1)\mathrm{d}x$；

(7) $\int x(2-x)^4\mathrm{d}x$；　　(8) $\int x\sin x\cos x\mathrm{d}x$；

(9) $\int (\arcsin x)^2\mathrm{d}x$；　　(10) $\int \frac{\ln\cos x}{\cos^2 x}\mathrm{d}x$.

复习题五

1. 填空题.

(1) $\int \mathrm{d}(\arcsin\sqrt{x}) =$ ________.

(2) 若$\int f(x)\mathrm{d}x = 3\mathrm{e}^{\frac{x}{3}} + C$,则 $f(x) =$ ________.

(3) 设 $f(x)$ 的一个原函数为 $\arctan x$,则 $f'(x) =$ ________.

(4) 若$\int f(x)\mathrm{d}x = \ln(1+x^2) + C$,则$\int xf(x)\mathrm{d}x =$ ________________.

(5) 设 $f(x)$ 的一个原函数为 $\ln^2 x$,则$\int xf'(x)\mathrm{d}x =$ ________________.

2. 单选题.

(1) 如果$F(x)$为$f(x)$的一个原函数,C为常数,那么下列各式为$f(x)$的不定积分的是________.

A. $F(x)$　　B. $CF(x)$　　C. $F\left(\frac{x}{C}\right)$　　D. $F(x)+C$

(2) 设 $F(x)=\ln(3x+1)$ 为函数 $f(x)$ 的一个原函数,则$\int f'(2x+1)\mathrm{d}x =$ ______.

A. $\frac{1}{6x+4}+C$　　B. $\frac{3}{6x+4}+C$　　C. $\frac{1}{12x+8}+C$　　D. $\frac{3}{12x+8}+C$

(3) 设函数 $f(x)$ 的一个原函数为 e^{-x},则$\int f'(x)\mathrm{d}x =$ ________.

A. $\mathrm{e}^{x}+C$　　B. $\mathrm{e}^{-x}+C$　　C. $-\mathrm{e}^{x}+C$　　D. $-\mathrm{e}^{-x}+C$

(4) 设 $f(x)$ 有连续的导数,且 $a\neq 0,1$,则下列命题正确的是________.

A. $\int f'(ax)\mathrm{d}x = \frac{1}{a}f(ax)+C$　　B. $\int f'(ax)\mathrm{d}x = f(ax)+C$

C. $\left[\int f'(ax)\mathrm{d}x\right]' = af(ax)$　　D. $\int f'(ax)\mathrm{d}x = f(x) + C$

3. 计算下列各题.

(1) $\int \frac{1}{2x^2+9}\mathrm{d}x$；　　(2) $\int \frac{1}{x\sqrt{2x-1}}\mathrm{d}x$；

(3) $\int \frac{\sqrt{1+\ln x}}{x}\mathrm{d}x$；　　(4) $\int x^2\mathrm{e}^{-x}\mathrm{d}x$；

(5) 设 $f(x)$ 的一个原函数为 $x^2\sin x$，求 $\int \frac{f(x)}{x}\mathrm{d}x$；

(6) $\int x\sin^2 x\mathrm{d}x$.

数学家简介[5]

莱布尼兹

——博学多才的符号大师

莱布尼兹(Leibniz),1646年7月1日出生于德国莱比锡的一个书香门第,其父亲是莱比锡大学的哲学教授,在莱布尼兹6岁时就去世了.莱布尼兹自幼聪慧好学,童年时代便自学他父亲遗留的藏书,并自学中、小学课程.1661年,15岁的莱布尼兹进入了莱比锡大学学习法律,17岁获得学士学位.同年夏季,莱布尼兹前往热奈大学,跟随魏格尔(E. Weigel)系统地学习了欧氏几何,使他开始确信毕哥达拉斯—柏拉图(Pythagoras-Plato)的宇宙观:宇宙是一个由数学和逻辑原则所统率的和谐的整体.1664年,18岁的莱布尼兹获得哲学硕士学位.20岁,在阿尔特道夫获得博士学位.1672年,以外交官身份出访巴黎,在那里结识了惠更斯(Huygens,荷兰人)以及许多其他的杰出学者,从而更加激发了莱布尼兹对数学的兴趣.在惠更斯的指导下,莱布尼兹系统研究了当时一批著名数学家的著作.1673年出访伦敦期间,莱布尼兹又与英国学术界知名学者建立了联系,从此,他以非凡的理解力和创造力进入了数学研究的前沿阵地.1676年定居德国汉诺威,任腓特烈公爵的法律顾问及图书馆馆长,直到1716年11月4日逝世,长达40年,莱布尼兹曾历任英国皇家学会会员、巴黎科学院院士,创建了柏林科学院并担任第一任院长.

莱布尼兹

莱布尼兹的研究兴趣非常广泛.他的学识涉及哲学、历史、语言、数学、生物、地质、物理、机械、神学、法学、外交等领域,并在每个领域中都有杰出的成就.由于他独立创建了微积分,并精心设计了非常巧妙而简洁的微积分符号,从而使他以伟大数学家的称号闻名于世.

莱布尼兹在从事数学研究的过程中,深受他的哲学思想的支配.他说$\mathrm{d}x$和x相比,如同点和地球,或地球半径与宇宙半径相比.在其积分法论文中,他从求曲线所围面积的积分概念出发,把积分看作是无穷小的和,并引入积分符号“$\int$”

(它是通过把拉丁文"Summa"的字头S拉长而得到的),他的这个符号,以及微积分的要领和法则一直保留到当今的教材中.莱布尼兹也发现了微分和积分是一对互逆的运算,并建立了沟通微分与积分内在联系的微积分基本定理,从而使原本各自独立的微分学和积分学构成统一的微积分学的整体.

莱布尼兹是数学史上最伟大的符号学者之一,堪称符号大师.他曾说:"要发明,就要挑选恰当的符号,要做到这一点,就要用含义简明的少量符号来表达和比较忠实地描绘事物的内在本质,从而最大限度地减少人的思维劳动."正像印度、阿拉伯的数学促进了算术和代数发展一样,莱布尼兹所创造的这些数学符号对微积分的发展起了很大的促进作用.欧洲大陆的数学得以迅速发展,莱布尼兹的巧妙符号功不可没.除积分、微分符号外,他创设的符号还有商"a/b"、比"$a:b$"、相似"$\backsim$"、全等"$\cong$"、并"$\cup$"、交"$\cap$"以及函数和行列式等符号.

牛顿和莱布尼兹对微积分都做出了巨大贡献,但两人的方法和途径是不同的.牛顿是在力学研究的基础上,运用几何方法研究微积分的;莱布尼兹主要是在研究曲线的切线和面积的问题上,运用分析学方法引进微积分要领的.牛顿在微积分的应用上更多地结合了运动学,造诣精深;但莱布尼兹的表达形式简洁准确,胜过牛顿.在对微积分具体内容的研究上,牛顿先有导数概念,后有积分概念;莱布尼兹则先有求积概念,后有导数概念.除此之外,牛顿与莱布尼兹的学风也迥然不同.作为科学家的牛顿,治学严谨.他迟迟不发表微积分著作《流数术》的原因,很可能是因为他没有找到合理的逻辑基础,也可能是"害怕别人反对的心理"所致.但作为哲学家的莱布尼兹比较大胆,富于想象,勇于推广,结果虽然创作年代上牛顿先于莱布尼兹10年,而在发表的时间上,莱布尼兹却早于牛顿3年.

虽然牛顿和莱布尼兹研究微积分的方法各异,但殊途同归.各自独立地完成了创建微积分的盛业,光荣应由他们两人共享.然而,在历史上曾出现过一场围绕发明微积分优先权的激烈争论.牛顿的支持者,包括数学家泰勒和麦克劳林,认为莱布尼兹剽窃了牛顿的成果.争论把欧洲科学家分成誓不两立的两派.争论双方停止学术交流,不仅影响了数学的正常发展,也波及自然科学领域,以致发展到英德两国之间的政治摩擦.自尊心很强的英国抱住牛顿的概念和记号不放,拒绝使用更为合理的莱布尼兹的微积分符号和技巧,致使后来的两百多年间英国在数学发展上大大落后于欧洲大陆.

莱布尼兹的科研成果大部分出自青年时代,随着这些成果的广泛传播,荣誉

纷纷而来，他也变得越来越保守．到了晚年，他在科学方面已无所作为．他开始为宫廷唱赞歌，为上帝唱赞歌，沉醉于神学和公爵家族的研究．莱布尼兹生命中的最后 7 年，是在别人带来的他和牛顿关于微积分发明权的争论中痛苦地度过的．他和牛顿一样，都终生未娶．

第6章 定积分

本章从实际问题出发引入定积分的概念，然后讨论它的性质与计算方法. 除此之外，还将介绍沟通积分法和微分法之间关系的微积分基本定理，从而使微分学与积分学成为一个有机整体.

§6.1 定积分的概念

一、引例——曲边梯形的面积

设函数 $y=f(x)$ 在区间 $[a,b]$ 上非负连续，由直线 $x=a$, $x=b$, $y=0$ 及曲线 $y=f(x)$ 所围成的平面图形(图 6-1)称为曲边梯形，其中曲线弧称为曲边.

由于当矩形的高不变时，它的面积可按公式"矩形面积＝底×高"计算. 把曲边梯形与矩形比较，可以看到曲边梯形在底边上各点处的高 $f(x)$ 在区间 $[a,b]$ 上是变动的，所以它的面积不能直接利用矩形面积公式来计算，但注意到曲边梯形的高 $f(x)$ 是 x 的连续函数，在很小一段区间上它的变化很小，特别是当小段区间非常小时，高 $f(x)$ 近似于不变. 因此，如果把区间 $[a,b]$ 划分为许多小区间，在每个小区间上用其中某一点处的高来近似代替同一个小区间上的小曲边梯形的变高，那么每个小曲边梯形就可近似看成是小矩形，将所有这些小矩形面积之和作为曲边梯形面积的近似值，并把区间细分下去，运用极限的思想就可求出曲边梯形的面积. 下面分四步来具体进行讨论.

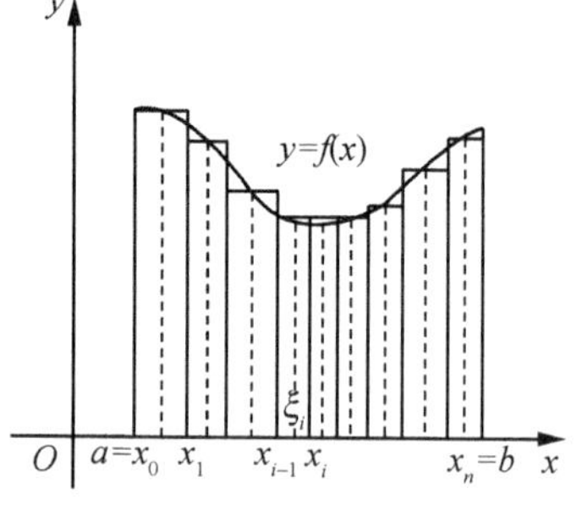

图 6-1

(1) 分割. 在$[a,b]$内任意插入 $n-1$ 个分点：$a=x_0<x_1<x_2<\cdots<x_{n-1}<x_n=b$，把区间$[a,b]$分成 n 个小区间：$[x_0,x_1]$，$[x_1,x_2]$，…，$[x_{n-1},x_n]$，其长度分别记为 $\Delta x_1=x_1-x_0$，$\Delta x_2=x_2-x_1$，…，$\Delta x_n=x_n-x_{n-1}$. 过每个分点作平行于 y 轴的直线段，于是原曲边梯形被分成 n 个小曲边梯形.

(2) 近似. 当第 i 个小区间$[x_{i-1},x_i]$的长度 Δx_i 很小时，$f(x)$在其上变化也很小. 因此可以把该小区间上任意一点 ξ_i 处的函数值 $f(\xi_i)(x_{i-1}\leqslant\xi_i\leqslant x_i)$作为第 i 个小曲边梯形的近似高度，从而它的面积 ΔS_i 可用以 $f(\xi_i)$为高、Δx_i 为底的小矩形面积近似代替，即

$$\Delta S_i\approx f(\xi_i)\Delta x_i(i=1,2,\cdots,n).$$

(3) 作和. 把这 n 个小曲边梯形面积的近似值加起来，即得曲边梯形面积 S 的近似值 S_n：

$$S\approx S_n=f(\xi_1)\Delta x_1+f(\xi_2)\Delta x_2+\cdots+f(\xi_n)\Delta x_n=\sum_{i=1}^{n}f(\xi_i)\Delta x_i.$$

(4) 求极限. 当区间$[a,b]$被分得越细，且使每个区间的长度 Δx_i 越小时，S 与 S_n 的误差就越小. 要得到精确值，必须使每个小区间的长度趋于零，记 $\lambda=\max\{\Delta x_i\}(i=1,2,\cdots,n)$为小区间的长度中的最大值. 当 $\lambda\to0$ 时，所有小区间的长度 Δx_i 都趋于零，运用极限思想，便得

$$S=\lim_{\lambda\to0}S_n=\lim_{\lambda\to0}\sum_{i=1}^{n}f(\xi_i)\Delta x_i.$$

二、定积分的概念

从上面可以看到，确定这些量所用的数学方法归结为一种和式求极限的问题. 这种和式求极限问题在其他许多实际问题，如求密度不均匀细棒的质量等问题时都会遇到. 所以数学上就有必要脱离具体问题的实际意义，只从它们在数量关系上共同的本质与特性加以研究，这就是下面给出的定积分的定义.

定义 6.1　设函数 $f(x)$在区间$[a,b]$上有界，在区间$[a,b]$内任意插入 n 个分点：$a=x_0<x_1<x_2<\cdots<x_{n-1}<x_n=b$，把$[a,b]$划分成 n 个小区间$[x_0,x_1]$，$[x_1,x_2]$，…，$[x_{n-1},x_n]$，且令 $\Delta x_i=x_i-x_{i-1}$为第 i 个小区间的宽$(i=1,2,\cdots,n)$，取 $\lambda=\max\limits_{i}\{\Delta x_i\}$，在区间$[x_{i-1},x_i]$上任取一点 $\xi_i(i=1,2,\cdots,n)$，作乘积 $f(\xi_i)\Delta x_i$，并作和式 $S_n=\sum\limits_{i=1}^{n}f(\xi_i)\Delta x_i$. 若不论将区间$[a,b]$怎样分割，$\xi_i$ 怎样选

取，当$\lambda\to 0$时，和式$\sum\limits_{i=1}^{n}f(\xi_i)\Delta x_i$的极限总存在，则称函数$f(x)$在区间$[a,b]$上可积，并称这个极限值为函数$f(x)$在$[a,b]$上的**定积分**，记为$\int_a^b f(x)\mathrm{d}x$，即

$$\int_a^b f(x)\mathrm{d}x=\lim_{\lambda\to 0}\sum_{i=1}^{n}f(\xi_i)\Delta x_i,$$

其中x称为**积分变量**，$f(x)$称为**被积函数**，$[a,b]$称为**积分区间**，a与b称为**定积分的下限与上限**，$\int$是**积分号**，$f(x)\mathrm{d}x$称为**被积表达式**.

> **注** 由定积分的概念可知，在定义中对区间$[a,b]$的分割是任意的. 对于不同的分割，将有不同的和式S_n，即使对同一个分割，由于ξ_i在$[x_{i-1},x_i]$上的任意性，也将产生无穷多个和式S_n. 定义要求，无论区间怎样分割，ξ_i怎样选取时，所有和式S_n都趋于同一个极限时，定积分才存在.

由于定积分$\int_a^b f(x)\mathrm{d}x$是和式的极限，所以定积分是一个确定的数. 但这个和式仅与被积函数$f(x)$和积分区间$[a,b]$有关，而与积分变量x的记号无关，所以可以把积分变量的记号换成其他字母而不会改变定积分的值. 例如，

$$\int_a^b f(x)\mathrm{d}x=\int_a^b f(t)\mathrm{d}t=\cdots=\int_a^b f(u)\mathrm{d}u.$$

定积分的几何意义：当曲线$y=f(x)\geqslant 0$时，定积分$\int_a^b f(x)\mathrm{d}x$在几何上表示直线$x=a,x=b,y=0$及曲线$y=f(x)$所围成的曲边梯形的面积S，即$S=\int_a^b f(x)\mathrm{d}x$.

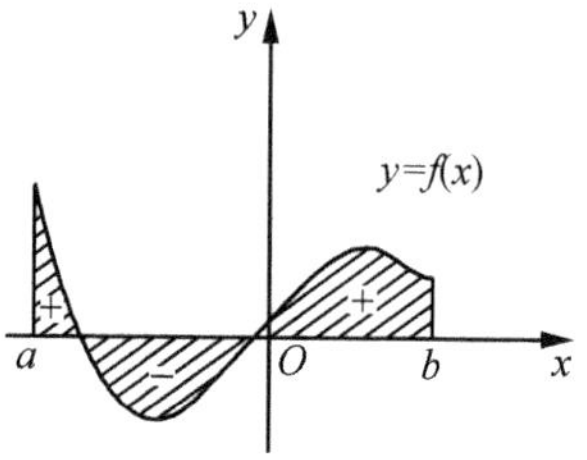

图 6-2

当$f(x)\leqslant 0$时，由定义可知$\int_a^b f(x)\mathrm{d}x\leqslant 0$. 这时曲边梯形在$x$轴的下方，积分值是它的面积的负值. 所以当$f(x)$在区间上的值有正负时，定积分$\int_a^b f(x)\mathrm{d}x$的几何意义是：$[a,b]$上各个曲边梯形面积的代数和(图 6-2).

根据定义，函数$f(x)$在区间$[a,b]$上的定积分是否存在取决于和式S_n的极限是否存在. 通过极限判断函数是否可积很复杂，其内容超出了本书的要求. 那

么在什么条件下函数 $f(x)$ 在区间上一定可积？关于这个问题，下面有两个充分条件.

定理 6.1　若函数 $f(x)$ 在区间 $[a,b]$ 上连续，则 $f(x)$ 在 $[a,b]$ 上可积.

定理 6.1 中 $f(x)$ 在 $[a,b]$ 上连续的条件很强，可以放宽一些，于是有

定理 6.2　若函数 $f(x)$ 在区间 $[a,b]$ 上有界，且只有有限个间断点，则 $f(x)$ 在 $[a,b]$ 上可积.

三、定积分的性质

以下介绍定积分的基本性质，假定所给定积分都是存在的，以下不一一说明.

性质 6.1　函数代数和的定积分等于它们的定积分的代数和，即

$$\int_a^b [f(x) \pm g(x)]\mathrm{d}x = \int_a^b f(x)\mathrm{d}x \pm \int_a^b g(x)\mathrm{d}x.$$

这个性质可推广到有限多个函数代数和的情形.

性质 6.2　被积函数的常数因子可以提到积分号前，即

$$\int_a^b kf(x)\mathrm{d}x = k\int_a^b f(x)\mathrm{d}x (k \text{ 为常数}).$$

性质 6.3　不论 a,b,c 三点的相互位置如何，恒有

$$\int_a^b f(x)\mathrm{d}x = \int_a^c f(x)\mathrm{d}x + \int_c^b f(x)\mathrm{d}x.$$

这个性质表明定积分对于积分区间具有可加性.

性质 6.4　若在区间 $[a,b]$ 上，$f(x) \geqslant 0$，则 $\int_a^b f(x)\mathrm{d}x \geqslant 0$.

推论 6.1　若在区间 $[a,b]$ 上，$f(x) \leqslant g(x)$，则 $\int_a^b f(x)\mathrm{d}x \leqslant \int_a^b g(x)\mathrm{d}x$.

推论 6.2　$\left|\int_a^b f(x)\mathrm{d}x\right| \leqslant \int_a^b |f(x)|\mathrm{d}x (b \geqslant a)$.

性质 6.5（估值定理）　设函数 $f(x)$ 在区间 $[a,b]$ 上的最小值与最大值分别为 m 与 M，则

$$m(b-a) \leqslant \int_a^b f(x)\mathrm{d}x \leqslant M(b-a).$$

证　因为 $m \leqslant f(x) \leqslant M$，由性质 6.4 和推论 6.1 得

$$\int_a^b m\mathrm{d}x \leqslant \int_a^b f(x)\mathrm{d}x \leqslant \int_a^b M\mathrm{d}x,$$

即

$$m\int_a^b dx \leqslant \int_a^b f(x)dx \leqslant M\int_a^b dx,$$

故

$$m(b-a) \leqslant \int_a^b f(x)dx \leqslant M(b-a).$$

利用这个性质,由被积函数在积分区间上的最小值及最大值,可以估计出积分值的大致范围.

性质 6.6(积分中值定理) 设 $f(x)$ 在$[a,b]$上连续,则存在 $\xi\in[a,b]$,使得

$$\int_a^b f(x)dx = f(\xi)(b-a).$$

积分中值定理中的 $f(\xi)$,即 $\frac{1}{b-a}\int_a^b f(x)dx$,称为函数 $f(x)$ 在$[a,b]$上的平均值.

其几何意义:对于以区间$[a,b]$为底边的曲边梯形,它的面积等于同一底边,而高为曲边上某一点 ξ 的纵坐标 $f(\xi)$ 的矩形面积(图 6-3).

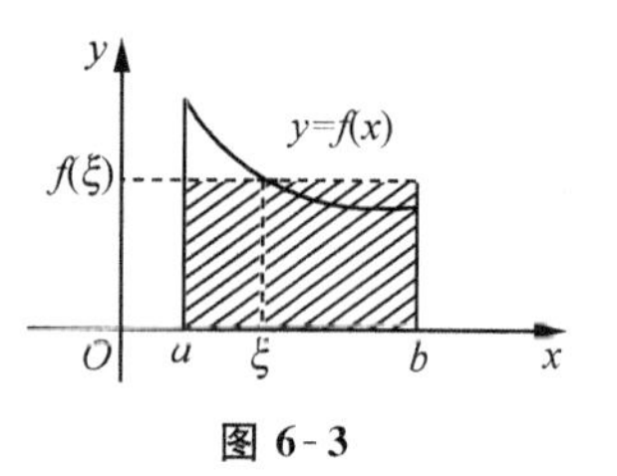

图 6-3

例 6.1 比较积分 $\int_1^2 x^2 dx$ 与 $\int_1^2 x^3 dx$ 的大小.

解 因为在$[1,2]$上,有 $x^2\leqslant x^3$. 由推论 6.1 知 $\int_1^2 x^2 dx \leqslant \int_1^2 x^3 dx$.

例 6.2 证明:$\frac{2}{\sqrt[4]{e}} \leqslant \int_0^2 e^{x^2-x}dx \leqslant 2e^2$.

证 设 $f(x)=e^{x^2-x}$,$x\in[0,2]$,则 $f'(x)=(2x-1)e^{x^2-x}$.

令 $f'(x)=0$,得 $x=\frac{1}{2}$. 又

$$f(0)=1, f\left(\frac{1}{2}\right)=\frac{1}{\sqrt[4]{e}}, f(2)=e^2,$$

故 $f(x)$ 在$[0,2]$上的最大值为 e^2,最小值为 $\frac{1}{\sqrt[4]{e}}$. 由性质 6.5 得

$$(2-0)\frac{1}{\sqrt[4]{e}} \leqslant \int_0^2 e^{x^2-x}dx \leqslant (2-0)\cdot e^2,$$

即

$$\frac{2}{\sqrt[4]{e}} \leqslant \int_0^2 e^{x^2-x}dx \leqslant 2e^2.$$

习题 6-1

1. 利用定积分的几何意义，证明下列等式.

(1) $\int_0^1 2x\mathrm{d}x = 1$；　　(2) $\int_0^R \sqrt{R^2 - x^2}\mathrm{d}x = \frac{1}{4}\pi R^2$；

(3) $\int_{-\pi}^{\pi} \sin x\mathrm{d}x = 0$；　　(4) $\int_{-\frac{\pi}{2}}^{\frac{\pi}{2}} \cos x\mathrm{d}x = 2\int_0^{\frac{\pi}{2}} \cos x\mathrm{d}x$.

2. 根据定积分的性质，比较下列各对积分的大小.

(1) $\int_0^1 x^2\mathrm{d}x$ 与 $\int_0^1 x^3\mathrm{d}x$；　　(2) $\int_0^1 x\mathrm{d}x$ 与 $\int_0^1 \ln(x+1)\mathrm{d}x$；

(3) $\int_0^{\frac{\pi}{2}} x\mathrm{d}x$ 与 $\int_0^{\frac{\pi}{2}} \sin x\mathrm{d}x$；　　(4) $\int_0^1 \mathrm{e}^x\mathrm{d}x$ 与 $\int_0^1 (1+x)\mathrm{d}x$.

3. 估计下列各积分的值.

(1) $\int_1^4 (x^2+1)\mathrm{d}x$；　　(2) $\int_{\frac{\pi}{4}}^{\frac{5\pi}{4}} (1+\sin^2 x)\mathrm{d}x$；

(3) $\int_0^{-2} x\mathrm{e}^x\mathrm{d}x$；　　(4) $\int_{\frac{\pi}{4}}^{\frac{\pi}{3}} \frac{\mathrm{d}x}{1+\sin^2 x}$.

§6.2　微积分基本定理

一、积分上限的函数及其导数

设函数 $f(x)$ 在区间 $[a,b]$ 上连续，定积分 $\int_a^b f(x)\mathrm{d}x$ 是一个确定的数，它只与被积函数 $f(x)$ 和积分的上、下限 a,b 有关，而与积分变量 x 的记号无关. 设 x 为 $[a,b]$ 上一点，考察 $f(x)$ 在部分区间 $[a,x]$ 上的定积分 $\int_a^x f(x)\mathrm{d}x$. 式中积分变量和积分上限都用 x 表示，但它们的含义不同. 为了区别它们，常将积分变量改用 t 表示，即 $\int_a^x f(t)\mathrm{d}t$. 由于被积函数 $f(x)$ 在 $[a,b]$ 上连续，因此这个定积分存在且随 $x\in[a,b]$ 的变化而变化，即对任意 $x\in[a,b]$，定积分 $\int_a^x f(t)\mathrm{d}t$ 都对应唯一确定的值.按照函数的定义,它是定义在区间$[a,b]$上关于积分上限x的函数,记为$\Phi(x)=\int_a^x f(t)\mathrm{d}t, a\leqslant x\leqslant b$.由于它的自变量$x$是积分上限,所以称$\Phi(x)$为**积分上限的函数**(**或变上限的定积分**).

例如,$\int_0^x (t^2+1)\mathrm{d}t(0\leqslant x\leqslant 1)$就是定义在区间$[0,1]$上的一个积分上限的函数.

积分上限的函数$\Phi(x)$的几何意义是:若$f(x)\geqslant 0$,对$[a,b]$上任意的x都对应唯一的一个曲边梯形的面积$\Phi(x)$.关于这个函数$\Phi(x)$具有如下重要的性质.

定理 6.3 若函数$f(x)$在区间$[a,b]$上连续,则$\Phi(x)=\int_a^x f(t)\mathrm{d}t$在$[a,b]$上可导,且它的导数是

$$\Phi'(x)=\frac{\mathrm{d}}{\mathrm{d}x}\int_a^x f(t)\mathrm{d}t=f(x)(a\leqslant x\leqslant b).$$

证 如图 6-4 所示,对任意$x\in(a,b)$,设x获得增量Δx,让$|\Delta x|$足够小,使$x+\Delta x\in(a,b)$,则

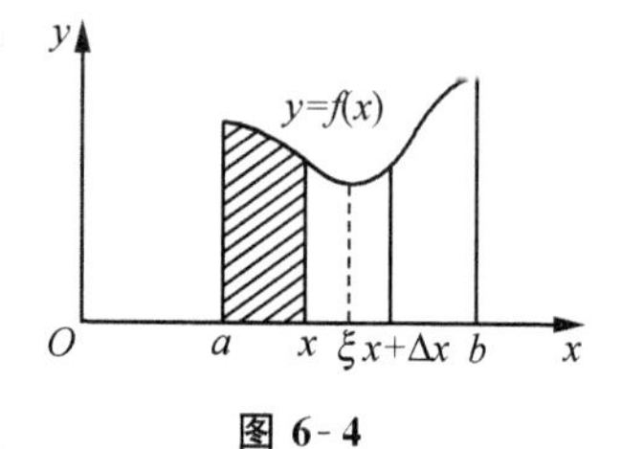

图 6-4

$$\begin{aligned}\Delta\Phi(x)&=\Phi(x+\Delta x)-\Phi(x)\\&=\int_a^{x+\Delta x} f(t)\mathrm{d}t-\int_a^x f(t)\mathrm{d}t\\&=\int_a^x f(t)\mathrm{d}t+\int_x^{x+\Delta x} f(t)\mathrm{d}t-\int_a^x f(t)\mathrm{d}t\\&=\int_x^{x+\Delta x} f(t)\mathrm{d}t.\end{aligned}$$

由积分中值定理得到$\int_x^{x+\Delta x} f(t)\mathrm{d}t=f(\xi)\Delta x$,所以$\Delta\Phi(x)=f(\xi)\Delta x$,其中$\xi$在$x$与$x+\Delta x$之间,把上式两端同时除以$\Delta x$,得函数增量与自变量增量的比值$\frac{\Delta\Phi(x)}{\Delta x}=f(\xi)$.由于$f(x)$在$[a,b]$上连续,当$\Delta x\to 0$时,有$\xi\to x$,故

$$\Phi'(x)=\lim_{\Delta x\to 0}\frac{\Phi(x+\Delta x)-\Phi(x)}{\Delta x}=\lim_{\xi\to x}f(\xi)=f(x).$$

即$\Phi(x)=\int_a^x f(t)\mathrm{d}t$在$[a,b]$上可导且$\Phi'(x)=f(x)$.

若$x=a$,取$\Delta x>0$,则同理可证$\Phi'_+(a)=f(a)$;若$x=b$,取$\Delta x<0$,则同理可证$\Phi'_-(b)=f(b)$.

这个定理给出了一个重要结论:连续函数的可变上限x的定积分,对上限x

求导等于变上限代入被积函数.

定理 6.3 是架起微分与积分之间的一座桥梁,并得出了一个重要结论即原函数存在定理.

定理 6.4　若函数 $f(x)$ 在区间 $[a,b]$ 上连续,则函数 $\Phi(x)=\int_a^x f(t)\mathrm{d}t$ 就是 $f(x)$ 在区间 $[a,b]$ 上的一个原函数.

定理 6.4 的重要意义是:一方面,肯定了连续函数的原函数一定存在;另一方面,初步揭示了积分学中定积分与原函数之间的联系.这就可以通过原函数来计算定积分.

由定理 6.3 知 $\left[\int_a^x f(t)\mathrm{d}t\right]'=f(x)$. 利用复合函数的求导法则,可进一步得到 $\left[\int_a^{\varphi(x)} f(t)\mathrm{d}t\right]'=f[\varphi(x)]\varphi'(x)$.

若定积分 $\int_a^b f(x)\mathrm{d}x$ 的上、下限分别为可导函数 $a(x)$ 和 $b(x)$,即

$$\int_{a(x)}^{b(x)} f(t)\mathrm{d}t=\int_c^{b(x)} f(t)\mathrm{d}t-\int_c^{a(x)} f(t)\mathrm{d}t.$$

由复合函数求导法则得

$$\left[\int_{a(x)}^{b(x)} f(t)\mathrm{d}t\right]'=f[b(x)]b'(x)-f[a(x)]a'(x).$$

例 6.3　设 $\Phi(x)=\int_0^{x^2}\sqrt{1+t^3}\mathrm{d}t$,求 $\Phi'(x)$.

解　$\Phi'(x)=\left(\int_0^{x^2}\sqrt{1+t^3}\mathrm{d}t\right)'=\sqrt{1+(x^2)^3}\cdot(x^2)'=2x\sqrt{1+x^6}$.

例 6.4　设 $\Phi(x)=\int_{x^3}^{x}\cos t^2\mathrm{d}t$,求 $\Phi'(x)$.

解　$\Phi'(x)=\left(\int_{x^3}^{x}\cos t^2\mathrm{d}t\right)'=\cos x^2\cdot(x)'-\cos(x^3)^2\cdot(x^3)'$

$$=\cos x^2-3x^2\cos x^6.$$

例 6.5　求 $\lim\limits_{x\to 0}\dfrac{\int_{\cos x}^{1}\mathrm{e}^{-t^2}\mathrm{d}t}{x^2}$.

解　易知这是 $\dfrac{0}{0}$ 型未定式,可利用洛必达法则. 由

$$\left(\int_{\cos x}^{1}\mathrm{e}^{-t^2}\mathrm{d}t\right)'=0-\mathrm{e}^{-\cos^2 x}\cdot(\cos x)'=\sin x\mathrm{e}^{-\cos^2 x},$$

因此

$$\lim_{x\to 0}\frac{\int_{\cos x}^{1}\mathrm{e}^{-t^2}\mathrm{d}t}{x^2}=\lim_{x\to 0}\frac{\sin x\mathrm{e}^{-\cos^2 x}}{2x}=\frac{1}{2\mathrm{e}}.$$

二、牛顿-莱布尼兹公式

定理6.5 若函数 $F(x)$ 是连续函数 $f(x)$ 在区间 $[a,b]$ 上的一个原函数，则

$$\int_a^b f(x)\mathrm{d}x=F(b)-F(a).$$

证 已知函数 $F(x)$ 是连续函数 $f(x)$ 的一个原函数，根据定理6.4知变上限的定积分

$$\Phi(x)=\int_a^x f(t)\mathrm{d}t$$

也是 $f(x)$ 的一个原函数，则 $\Phi(x)$ 与 $F(x)$ 在 $[a,b]$ 上只相差一个常数 C，即

$$\Phi(x)=F(x)+C$$

或

$$\int_a^x f(t)\mathrm{d}t=F(x)+C.$$

令 $x=a$，得

$$0=\int_a^a f(t)\mathrm{d}t=F(a)+C,$$

即 $C=-F(a)$，于是

$$\int_a^x f(t)\mathrm{d}t=F(x)-F(a).$$

再令 $x=b$，得

$$\int_a^b f(x)\mathrm{d}x=F(b)-F(a).$$

为了表示 $f(x)$ 在 $[a,b]$ 上的定积分和 $f(x)$ 的原函数 $F(x)$ 的关系，把 $F(b)-F(a)$ 记成 $F(x)\Big|_a^b$ 或 $[F(x)]_a^b$，称为函数 $F(x)$ 在区间 $[a,b]$ 上的增量，于是有

$$\int_a^b f(x)\mathrm{d}x=F(x)\Big|_a^b=F(b)-F(a).$$

这个公式称为**牛顿-莱布尼兹公式**（也称为**微积分基本公式**），它是计算定积分的基本工具. 按照这个公式，计算定积分只需求出被积函数的任意一个原函

数，再求这个原函数 $F(x)$ 在$[a,b]$上的增量 $F(x)\Big|_a^b$ 即可. 这样，求定积分的问题就归结为求原函数或不定积分的问题.

牛顿-莱布尼兹公式揭示了定积分与不定积分之间的关系：连续函数 $f(x)$ 在区间$[a,b]$上的定积分值等于它的一个原函数 $F(x)$ 在该区间$[a,b]$上的增量. 正因为这种关系，把带有任意常数的原函数的全体称为不定积分，从而使不定积分的计算方法更具有实际意义.

例 6.6　计算$\int_{-1}^{1}\frac{\mathrm{d}x}{1+x^2}$.

解　由于 $\arctan x$ 是$\frac{1}{1+x^2}$的一个原函数，所以

$$\int_{-1}^{1}\frac{\mathrm{d}x}{1+x^2}=\arctan x\,\Big|_{-1}^{1}=\arctan 1-\arctan(-1)$$

$$=\frac{\pi}{4}-\left(-\frac{\pi}{4}\right)=\frac{\pi}{2}.$$

例 6.7　计算$\int_{0}^{\frac{\pi}{4}}\tan^2 x\mathrm{d}x$.

解　$$\int_{0}^{\frac{\pi}{4}}\tan^2 x\mathrm{d}x=\int_{0}^{\frac{\pi}{4}}(\sec^2 x-1)\mathrm{d}x=(\tan x-x)\Big|_{0}^{\frac{\pi}{4}}$$

$$=\tan\frac{\pi}{4}-\frac{\pi}{4}-0=1-\frac{\pi}{4}.$$

例 6.8　计算$\int_{-\frac{\pi}{2}}^{\frac{\pi}{3}}\sqrt{1-\cos^2 x}\mathrm{d}x$.

解　$$\int_{-\frac{\pi}{2}}^{\frac{\pi}{3}}\sqrt{1-\cos^2 x}\mathrm{d}x=\int_{-\frac{\pi}{2}}^{\frac{\pi}{3}}|\sin x|\,\mathrm{d}x=-\int_{-\frac{\pi}{2}}^{0}\sin x\mathrm{d}x+\int_{0}^{\frac{\pi}{3}}\sin x\mathrm{d}x$$

$$=\cos x\Big|_{-\frac{\pi}{2}}^{0}-\cos x\Big|_{0}^{\frac{\pi}{3}}=\frac{3}{2}.$$

例 6.9　求$\int_{0}^{2}f(x)\mathrm{d}x$，其中 $f(x)=\begin{cases}x+1, x\leqslant 1,\\ \frac{1}{2}x^2,\ x>1.\end{cases}$

解　因为 $x=1$ 是分段函数 $f(x)$ 的分段点，所以把区间$[0,2]$分成$[0,1]$和$[1,2]$两个区间，故有

$$\int_{0}^{2}f(x)\mathrm{d}x=\int_{0}^{1}(x+1)\mathrm{d}x+\int_{1}^{2}\frac{1}{2}x^2\mathrm{d}x$$

$$=\frac{1}{2}(x+1)^2\Big|_{0}^{1}+\frac{1}{6}x^3\Big|_{1}^{2}=\frac{3}{2}+\frac{7}{6}=\frac{8}{3}.$$

习题 6-2

1. 求下列函数的导数.

(1) $y=\int_0^x e^{t^2-t}dt$; (2) $y=\int_0^{\sqrt{x}}\cos(t^2+1)dt$;

(3) $y=\int_{2x}^{x^2}\sqrt{1+t^3}dt$; (4) $y=\int_{\sqrt{x}}^{x^2}\frac{\sin t}{t}dt$.

2. 求下列极限.

(1) $\lim\limits_{x\to 0}\frac{\int_x^0\ln(1+t)dt}{x^2}$; (2) $\lim\limits_{x\to 1}\frac{\int_1^x e^{t^2}dt}{\ln x}$;

(3) $\lim\limits_{x\to 0}\frac{\int_0^{x^2}t^{\frac{3}{2}}dt}{\int_0^x t(t-\sin t)dt}$; (4) $\lim\limits_{x\to 0}\frac{\left(\int_0^x e^{t^2}dt\right)^2}{\int_0^x te^{2t^2}dt}$.

3. 计算下列定积分.

(1) $\int_1^2\left(x^2+\frac{1}{x^2}\right)dx$; (2) $\int_4^9\sqrt{x}(1+\sqrt{x})dx$;

(3) $\int_{-e-1}^{-2}\frac{1}{1+x}dx$; (4) $\int_0^{2\pi}|\sin x|dx$;

(5) $\int_0^2\frac{x^2}{x^2+1}dx$; (6) $\int_{\frac{\pi}{4}}^{\frac{\pi}{2}}\cot^2 x dx$;

(7) $\int_0^{\pi}\sqrt{1+\cos 2x}dx$;

(8) $\int_0^2 f(x)dx$,其中 $f(x)=\begin{cases}x, & x<1,\\ e^{x-1}, & x\geqslant 1.\end{cases}$

§6.3 定积分的换元积分法与分部积分法

由微积分基本定理可知,要计算定积分只需求被积函数的原函数,这说明连续函数的定积分的计算与不定积分计算有着密切的联系.在不定积分的计算中有换元积分法与分部积分法,相应地,下面介绍定积分的换元积分法与分部积

分法.

一、定积分的换元法

定理 6.6　若函数 $f(x)$ 在区间 $[a,b]$ 上连续，且函数 $x=\varphi(t)$ 满足：

(1) $\varphi(\alpha)=a, \varphi(\beta)=b$,

(2) $\varphi(t)$ 在区间 $[\alpha,\beta]$（或 $[\beta,\alpha]$）上具有连续导数，且其值域 $W(\varphi)\subset[a,b]$，则有

$$\int_a^b f(x)\mathrm{d}x = \int_\alpha^\beta f[\varphi(t)]\varphi'(t)\mathrm{d}t.$$

可以看出，定积分的换元法实质上是把不定积分的换元法推广到定积分中. 两者的不同之处在于，定积分的换元法中对被积函数进行换元时，积分上、下限也要作相应的变换，因此对 t 求出原函数后，不必再变换到原来的变量 x，只要对新的变量应用牛顿-莱布尼兹公式计算就行了.

例 6.10　求定积分 $\int_0^{\ln 2}\sqrt{\mathrm{e}^x-1}\mathrm{d}x$.

解　设 $\sqrt{\mathrm{e}^x-1}=t$，于是有 $x=\ln(1+t^2)$，$t>0$，$\mathrm{d}x=\dfrac{2t}{1+t^2}\mathrm{d}t$.

当 $x=0$ 时，$t=0$；当 $x=\ln 2$ 时，$t=1$. 则

$$\begin{aligned}\int_0^{\ln 2}\sqrt{\mathrm{e}^x-1}\mathrm{d}x &= 2\int_0^1\frac{t^2}{1+t^2}\mathrm{d}t = 2\int_0^1\left(1-\frac{1}{1+t^2}\right)\mathrm{d}t \\ &= 2(t-\arctan t)\Big|_0^1 = 2(1-\arctan 1) = 2-\frac{\pi}{2}.\end{aligned}$$

例 6.11　求定积分 $\int_0^{\frac{\pi}{2}}\cos^5 x\sin x\mathrm{d}x$.

解　设 $t=\cos x$，则 $\mathrm{d}t=-\sin x\mathrm{d}x$，且当 $x=0$ 时，$t=1$；当 $x=\dfrac{\pi}{2}$ 时，$t=0$.

于是

$$\int_0^{\frac{\pi}{2}}\cos^5 x\sin x\mathrm{d}x = -\int_1^0 t^5\mathrm{d}t = \int_0^1 t^5\mathrm{d}t = \left(\frac{1}{6}t^6\right)\Big|_0^1 = \frac{1}{6}.$$

在例 6.11 中，若不引入新变量 t，则定积分的上、下限就不要改变，即

$$\int_0^{\frac{\pi}{2}}\cos^5 x\sin x\mathrm{d}x = -\int_0^{\frac{\pi}{2}}\cos^5 x\mathrm{d}\cos x = \left(-\frac{1}{6}\cos^6 x\right)\Big|_0^{\frac{\pi}{2}} = -\left(0-\frac{1}{6}\right) = \frac{1}{6}.$$

注 (1) 定积分的换元积分法实际上是不定积分中的第二换元积分法在定积分中的运用.

(2) 定积分的上、下限 a,b 是被积函数 $f(x)$ 的取值范围. 在作变量代换时,由于自变量改变了,所以必须给出新变量的取值范围,这是定积分的换元法和不定积分的换元法的区别之一.

(3) 在不定积分中通过变量代换求出原函数后,变量必须代回(因为求的是被积函数的原函数). 但定积分的运算中就不需代回变量,这是因为定积分是一个"数值",无论用什么方法,只要将这个值求出即可.

例 6.12 求定积分$\int_0^{\pi}\sqrt{\sin^3x-\sin^5x}\,\mathrm{d}x$.

解 由于$\sqrt{\sin^3x-\sin^5x}=\sqrt{\sin^3x(1-\sin^2x)}=\sin^{\frac{3}{2}}x\,|\cos x|$,

当 $x\in\left[0,\dfrac{\pi}{2}\right]$时,$|\cos x|=\cos x$;当 $x\in\left[\dfrac{\pi}{2},\pi\right]$时,$|\cos x|=-\cos x$.

于是

$$\begin{aligned}\int_0^{\pi}\sqrt{\sin^3x-\sin^5x}\,\mathrm{d}x&=\int_0^{\frac{\pi}{2}}\sin^{\frac{3}{2}}x\cos x\,\mathrm{d}x+\int_{\frac{\pi}{2}}^{\pi}\sin^{\frac{3}{2}}x(-\cos x)\,\mathrm{d}x\\&=\int_0^{\frac{\pi}{2}}\sin^{\frac{3}{2}}x\,\mathrm{d}(\sin x)-\int_{\frac{\pi}{2}}^{\pi}\sin^{\frac{3}{2}}x\,\mathrm{d}(\sin x)\\&=\frac{2}{5}\sin^{\frac{5}{2}}x\Big|_0^{\frac{\pi}{2}}-\frac{2}{5}\sin^{\frac{5}{2}}x\Big|_{\frac{\pi}{2}}^{\pi}=\frac{2}{5}-\left(-\frac{2}{5}\right)=\frac{4}{5}.\end{aligned}$$

例 6.13 计算$\int_0^4\dfrac{x+2}{\sqrt{2x+1}}\mathrm{d}x$.

解 设$\sqrt{2x+1}=t$,则 $x=\dfrac{t^2-1}{2}$,$\mathrm{d}x=t\mathrm{d}t$.

且当 $x=0$ 时,$t=1$;当 $x=4$ 时,$t=3$. 于是

$$\begin{aligned}\int_0^4\frac{x+2}{\sqrt{2x+1}}\mathrm{d}x&=\int_1^3\frac{\frac{t^2-1}{2}+2}{t}\cdot t\mathrm{d}t=\frac{1}{2}\int_1^3(t^2+3)\mathrm{d}t\\&=\frac{1}{2}\left(\frac{t^3}{3}+3t\right)\Big|_1^3=\frac{1}{2}\left[\left(\frac{27}{3}+9\right)-\left(\frac{1}{3}+3\right)\right]=\frac{22}{3}.\end{aligned}$$

例 6.14 证明:

(1) 若 $f(x)$ 在$[-a,a]$上连续且为偶函数,则$\int_{-a}^{a}f(x)\mathrm{d}x=2\int_0^af(x)\mathrm{d}x$;

(2) 若 $f(x)$ 在 $[-a,a]$ 上连续且为奇函数,则 $\int_{-a}^{a} f(x)\mathrm{d}x = 0$.

证　因为 $\int_{-a}^{a} f(x)\mathrm{d}x = \int_{-a}^{0} f(x)\mathrm{d}x + \int_{0}^{a} f(x)\mathrm{d}x$,对积分 $\int_{-a}^{0} f(x)\mathrm{d}x$ 作代换,令 $x=-t$,则得

$$\int_{-a}^{0} f(x)\mathrm{d}x = -\int_{a}^{0} f(-t)\mathrm{d}t = \int_{0}^{a} f(-t)\mathrm{d}t = \int_{0}^{a} f(-x)\mathrm{d}x.$$

于是

$$\int_{-a}^{a} f(x)\mathrm{d}x = \int_{0}^{a} f(-x)\mathrm{d}x + \int_{0}^{a} f(x)\mathrm{d}x = \int_{0}^{a}[f(-x)+f(x)]\mathrm{d}x.$$

(1) 若 $f(x)$ 为偶函数,则 $f(x)+f(-x)=2f(x)$,从而

$$\int_{-a}^{a} f(x)\mathrm{d}x = 2\int_{0}^{a} f(x)\mathrm{d}x.$$

(2) 若 $f(x)$ 为奇函数,则 $f(x)+f(-x)=0$,从而

$$\int_{-a}^{a} f(x)\mathrm{d}x = 0.$$

利用这个结论,常可简化计算奇函数、偶函数在对称于原点的区间上的定积分.

例 6.15　求定积分 $\int_{-1}^{1}(|x|+\sin x)x^2\mathrm{d}x$.

解　因为积分区间关于原点对称,设 $f(x)=(|x|+\sin x)x^2$,易知 $f(x)$ 非奇非偶.但注意到 $|x|\ x^2$ 为偶函数,$x^2\sin x$ 为奇函数,故

$$\begin{aligned}\int_{-1}^{1}(|x|+\sin x)x^2\mathrm{d}x &= \int_{-1}^{1}|x|\ x^2\mathrm{d}x + \int_{-1}^{1}x^2\sin x\mathrm{d}x \\ &= 2\int_{0}^{1}x^3\mathrm{d}x = 2\cdot\frac{1}{4}x^4\Big|_0^1 = \frac{1}{2}.\end{aligned}$$

例 6.16　设 $f(x)$ 在 $[0,1]$ 上连续,证明:$\int_{0}^{\frac{\pi}{2}} f(\sin x)\mathrm{d}x = \int_{0}^{\frac{\pi}{2}} f(\cos x)\mathrm{d}x$.

证　观察等式两端,易知所作变换应使 $f(\sin x)$ 变成 $f(\cos x)$.

为此可设 $x=\frac{\pi}{2}-t$,则 $\mathrm{d}x=-\mathrm{d}t$.

且当 $x=0$ 时,$t=\frac{\pi}{2}$;当 $x=\frac{\pi}{2}$ 时,$t=0$.故

$$\int_{0}^{\frac{\pi}{2}} f(\sin x)\mathrm{d}x = \int_{\frac{\pi}{2}}^{0} f\left[\sin\left(\frac{\pi}{2}-t\right)\right](-\mathrm{d}t) = \int_{0}^{\frac{\pi}{2}} f(\cos t)\mathrm{d}t = \int_{0}^{\frac{\pi}{2}} f(\cos x)\mathrm{d}x.$$

例 6.17 证明：$\int_0^a f(x)\mathrm{d}x=\int_0^{\frac{a}{2}}[f(x)+f(a-x)]\mathrm{d}x$.

证 由定积分的性质

$$\int_0^a f(x)\mathrm{d}x=\int_0^{\frac{a}{2}}f(x)\mathrm{d}x+\int_{\frac{a}{2}}^a f(x)\mathrm{d}x$$

易知，只要证明

$$\int_0^{\frac{a}{2}}f(a-x)\mathrm{d}x=\int_{\frac{a}{2}}^a f(x)\mathrm{d}x.$$

为此令 $a-x=t$，则 $\mathrm{d}x=-\mathrm{d}t$. 且当 $x=0$ 时，$t=a$；当 $x=\frac{a}{2}$ 时，$t=\frac{a}{2}$.

则

$$\int_0^{\frac{a}{2}}f(a-x)\mathrm{d}x=\int_a^{\frac{a}{2}}f(t)(-\mathrm{d}t)=\int_{\frac{a}{2}}^a f(t)\mathrm{d}t=\int_{\frac{a}{2}}^a f(x)\mathrm{d}x.$$

故

$$\int_0^a f(x)\mathrm{d}x=\int_0^{\frac{a}{2}}f(x)\mathrm{d}x+\int_0^{\frac{a}{2}}f(a-x)\mathrm{d}x=\int_0^{\frac{a}{2}}[f(x)+f(a-x)]\mathrm{d}x.$$

二、定积分的分部积分法

设函数 $u(x)$，$v(x)$ 在区间 $[a,b]$ 上具有连续导数，按不定积分的分部积分法，有

$$\int u(x)v'(x)\mathrm{d}x=u(x)v(x)-\int v(x)u'(x)\mathrm{d}x.$$

从而

$$\int_a^b u(x)v'(x)\mathrm{d}x=\left[u(x)v(x)-\int v(x)u'(x)\mathrm{d}x\right]_a^b.$$

即

$$\int_a^b u(x)v'(x)\mathrm{d}x=[u(x)v(x)]_a^b-\int_a^b v(x)u'(x)\mathrm{d}x,$$

或简记为

$$\int_a^b u(x)\mathrm{d}v(x)=[u(x)v(x)]_a^b-\int_a^b v(x)\mathrm{d}u(x).$$

这就是定积分的分部积分公式. 公式表明原函数已经求出的部分可以先用上、下限代入，而不必等到整个原函数全求出后才代入上、下限.

例 6.18 计算定积分 $\int_0^1 \arctan x\mathrm{d}x$.

解　$\int_0^1 \arctan x \mathrm{d}x = (x\arctan x)\big|_0^1 - \int_0^1 x\mathrm{d}(\arctan x)$

$$= \frac{\pi}{4} - \int_0^1 \frac{x}{1+x^2}\mathrm{d}x = \frac{\pi}{4} - \frac{1}{2}\int_0^1 \frac{1}{1+x^2}\mathrm{d}(1+x^2)$$

$$= \frac{\pi}{4} - \frac{1}{2}[\ln(1+x^2)]\big|_0^1 = \frac{\pi}{4} - \frac{1}{2}\ln 2.$$

例 6.19　计算$\int_0^{\frac{\pi^2}{4}} \sin\sqrt{x}\mathrm{d}x$.

解　令$\sqrt{x} = t$，则 $x = t^2$，$\mathrm{d}x = 2t\mathrm{d}t$.

且当 $x = 0$ 时，$t = 0$ 时；当 $x = \frac{\pi^2}{4}$ 时，$t = \frac{\pi}{2}$. 故

$$\int_0^{\frac{\pi^2}{4}} \sin\sqrt{x}\mathrm{d}x = 2\int_0^{\frac{\pi}{2}} t\sin t\mathrm{d}t = (-2)\int_0^{\frac{\pi}{2}} t\mathrm{d}(\cos t)$$

$$= (-2)\left(t\cos t\Big|_0^{\frac{\pi}{2}} - \int_0^{\frac{\pi}{2}} \cos t\mathrm{d}t\right) = (-2)\left(0 - \sin t\Big|_0^{\frac{\pi}{2}}\right) = 2.$$

例 6.20　证明定积分公式

$$I_n = \int_0^{\frac{\pi}{2}} \sin^n x\mathrm{d}x = \begin{cases} \frac{n-1}{n} \cdot \frac{n-3}{n-2} \cdot \cdots \cdot \frac{3}{4} \cdot \frac{1}{2} \cdot \frac{\pi}{2}, & n \text{ 为正偶数}, \\ \frac{n-1}{n} \cdot \frac{n-3}{n-2} \cdot \cdots \cdot \frac{4}{5} \cdot \frac{2}{3} \cdot 1, & n \text{ 为正奇数}. \end{cases}$$

证　$I_n = \int_0^{\frac{\pi}{2}} \sin^n x\mathrm{d}x = -\int_0^{\frac{\pi}{2}} \sin^{n-1} x\mathrm{d}(\cos x)$

$$= -\sin^{n-1}x \cdot \cos x\Big|_0^{\frac{\pi}{2}} + \int_0^{\frac{\pi}{2}} \cos x\mathrm{d}(\sin^{n-1}x)$$

$$= 0 + (n-1)\int_0^{\frac{\pi}{2}} \cos^2 x \cdot \sin^{n-2}x\mathrm{d}x$$

$$= (n-1)\left(\int_0^{\frac{\pi}{2}} \sin^{n-2}x\mathrm{d}x - \int_0^{\frac{\pi}{2}} \sin^n x\mathrm{d}x\right)$$

$$= (n-1)(I_{n-2} - I_n).$$

由此可得递推公式

$$I_n = \frac{n-1}{n}I_{n-2} = \frac{n-1}{n} \cdot \frac{n-3}{n-2}I_{n-4}.$$

当 n 为偶数时，由 $I_0 = \int_0^{\frac{\pi}{2}} 1\mathrm{d}x = \frac{\pi}{2}$，得

$$I_n = \frac{n-1}{n} \cdot \frac{n-3}{n-2} \cdot \cdots \cdot \frac{3}{4} \cdot \frac{1}{2} \cdot \frac{\pi}{2};$$

当 n 为奇数时，由 $I_1=\int_0^{\frac{\pi}{2}}\sin x\mathrm{d}x=-\cos x\Big|_0^{\frac{\pi}{2}}=1$，得

$$I_n=\frac{n-1}{n}\cdot\frac{n-3}{n-2}\cdot\cdots\cdot\frac{4}{5}\cdot\frac{2}{3}\cdot 1.$$

习题 6-3

1. 计算下列定积分.

(1) $\int_{-2}^{1}\frac{\mathrm{d}x}{(11+5x)^3}$；

(2) $\int_{\frac{\pi}{6}}^{\frac{\pi}{2}}\cos^2 x\mathrm{d}x$；

(3) $\int_0^{\frac{\pi}{2}}\sin u\cos^3 u\mathrm{d}u$；

(4) $\int_1^2\frac{\mathrm{e}^{\frac{1}{x}}}{x^2}\mathrm{d}x$；

(5) $\int_1^4\frac{\mathrm{d}x}{1+\sqrt{x}}$；

(6) $\int_0^a x^2\sqrt{a^2-x^2}\mathrm{d}x$；

(7) $\int_0^1\frac{\mathrm{d}x}{\mathrm{e}^x+\mathrm{e}^{-x}}$；

(8) $\int_1^{\mathrm{e}}\frac{1+\ln x}{x}\mathrm{d}x$；

(9) $\int_1^2\frac{\sqrt{x^2-1}}{x}\mathrm{d}x$；

(10) $\int_0^2\sqrt{4-x^2}\mathrm{d}x$.

2. 计算下列定积分.

(1) $\int_0^1 x\mathrm{e}^{-x}\mathrm{d}x$；

(2) $\int_1^4\frac{\ln x}{\sqrt{x}}\mathrm{d}x$；

(3) $\int_0^1 x\arctan x\mathrm{d}x$；

(4) $\int_{\frac{1}{\mathrm{e}}}^{\mathrm{e}}|\ln x|\mathrm{d}x$；

(5) $\int_0^{\frac{1}{\mathrm{e}}}\ln(x+1)\mathrm{d}x$；

(6) $\int_0^{\pi}x^2\cos 2x\mathrm{d}x$.

3. 利用函数的奇偶性计算下列定积分.

(1) $\int_{-\pi}^{\pi}x^4\sin x\mathrm{d}x$；

(2) $\int_{-1}^{1}\frac{2+\sin x}{1+x^2}\mathrm{d}x$；

(3) $\int_{-\frac{\pi}{2}}^{\frac{\pi}{2}}3\cos^2 x\mathrm{d}x$；

(4) $\int_{-\pi}^{\pi}(3x^2+2x)\sin x\mathrm{d}x$.

4. 设 $f(x)$ 在 $[a,b]$ 上连续，且 $\int_a^b f(x)\mathrm{d}x=1$，求 $\int_a^b f(a+b-x)\mathrm{d}x$.

5. 设 $f(x)$ 是以 l 为周期的连续函数，证明：$\int_a^{a+l}f(x)\mathrm{d}x=\int_0^l f(x)\mathrm{d}x$（其中 a 为常数）.

§6.4　广义积分

我们前面介绍的定积分有两个最基本的约束条件:积分区间的有限性和被积函数的有界性.但在某些实际问题中,常常需要突破这些约束条件.因此,在定积分的计算中,我们还要研究无穷区间上的积分和无界函数的积分.这两类积分通称为**广义积分**或**反常积分**,相应地,前面的定积分则称为**常义积分**或**正常积分**.本节只介绍无穷限的广义积分.

定义 6.2　设函数 $f(x)$ 在区间 $[a,+\infty)$ 上连续,若极限

$$\lim_{b\to+\infty}\int_a^b f(x)\mathrm{d}x$$

存在,则称此极限为**函数 $f(x)$ 在无穷区间 $[a,+\infty)$ 上的广义积分**,记为 $\int_a^{+\infty}f(x)\mathrm{d}x$,即

$$\int_a^{+\infty}f(x)\mathrm{d}x=\lim_{b\to+\infty}\int_a^b f(x)\mathrm{d}x.$$

这时也称**广义积分** $\int_a^{+\infty}f(x)\mathrm{d}x$ **收敛**;若极限 $\lim\limits_{b\to+\infty}\int_a^b f(x)\mathrm{d}x$ 不存在,则称**广义积分** $\int_a^{+\infty}f(x)\mathrm{d}x$ **发散**.

类似地,可定义**函数 $f(x)$ 在无穷区间 $(-\infty,b]$ 上的广义积分**

$$\int_{-\infty}^b f(x)\mathrm{d}x=\lim_{a\to-\infty}\int_a^b f(x)\mathrm{d}x.$$

定义 6.3　函数 $f(x)$ 在无穷区间 $(-\infty,+\infty)$ 上的广义积分定义为

$$\int_{-\infty}^{+\infty}f(x)\mathrm{d}x=\int_{-\infty}^a f(x)\mathrm{d}x+\int_a^{+\infty}f(x)\mathrm{d}x,$$

其中 a 为任意实数,当上式右端两个积分都收敛时,称**广义积分** $\int_{-\infty}^{+\infty}f(x)\mathrm{d}x$ **是收敛的**,否则,称**广义积分** $\int_{-\infty}^{+\infty}f(x)\mathrm{d}x$ **是发散的**.

上述广义积分统称为**无穷限的广义积分**.

若 $F(x)$ 是 $f(x)$ 的一个原函数,记

$$F(+\infty)=\lim_{x\to+\infty}F(x),F(-\infty)=\lim_{x\to-\infty}F(x),$$

则广义积分可表示为(如果极限存在)：

$$\int_a^{+\infty} f(x)\mathrm{d}x = F(x)\Big|_a^{+\infty} = F(+\infty) - F(a);$$

$$\int_{-\infty}^b f(x)\mathrm{d}x = F(x)\Big|_{-\infty}^b = F(b) - F(-\infty);$$

$$\int_{-\infty}^{+\infty} f(x)\mathrm{d}x = F(x)\Big|_{-\infty}^{+\infty} = F(+\infty) - F(-\infty).$$

例 6.21 计算广义积分$\int_0^{+\infty} \mathrm{e}^{-x}\mathrm{d}x$.

解 对任意的 $b > 0$,有

$$\int_0^b \mathrm{e}^{-x}\mathrm{d}x = -\mathrm{e}^{-x}\Big|_0^b = -\mathrm{e}^{-b} - (-1) = 1 - \mathrm{e}^{-b}.$$

于是

$$\lim_{b\to+\infty}\int_0^b \mathrm{e}^{-x}\mathrm{d}x = \lim_{b\to+\infty}(1-\mathrm{e}^{-b}) = 1 - 0 = 1,$$

所以

$$\int_0^{+\infty} \mathrm{e}^{-x}\mathrm{d}x = \lim_{b\to+\infty}\int_0^b \mathrm{e}^{-x}\mathrm{d}x = 1.$$

在理解广义积分定义的实质后,上述求解过程也可直接写成

$$\int_0^{+\infty} \mathrm{e}^{-x}\mathrm{d}x = -\mathrm{e}^{-x}\Big|_0^{+\infty} = 0 - (-1) = 1.$$

例 6.22 计算广义积分$\int_{-\infty}^{+\infty} \frac{\mathrm{d}x}{1+x^2}$.

解 $$\int_{-\infty}^{+\infty} \frac{\mathrm{d}x}{1+x^2} = [\arctan x]\Big|_{-\infty}^{+\infty} = \lim_{x\to+\infty}\arctan x - \lim_{x\to-\infty}\arctan x$$

$$= \frac{\pi}{2} - \left(-\frac{\pi}{2}\right) = \pi.$$

例 6.23 讨论无穷限广义积分$\int_a^{+\infty} \frac{1}{x^p}\mathrm{d}x$ 的敛散性,其中 $a > 0$,p 为常数.

解 $$\int_a^{+\infty} \frac{1}{x^p}\mathrm{d}x = \int_a^{+\infty} x^{-p}\mathrm{d}x = \frac{1}{-p+1}x^{-p+1}\Big|_a^{+\infty} \quad (p \neq 1)$$

$$= \begin{cases} +\infty, & p < 1, \\ \dfrac{1}{-p+1}(0 - a^{1-p}), & p > 1. \end{cases}$$

当 $p = 1$ 时,有

$$\int_a^{+\infty} \frac{1}{x}\mathrm{d}x = \ln x\Big|_a^{+\infty} = +\infty.$$

因此，当 $p>1$ 时，$\int_a^{+\infty}\frac{1}{x^p}dx$ 收敛；当 $p\leqslant 1$ 时，$\int_a^{+\infty}\frac{1}{x^p}dx$ 发散.

例 6.24　计算广义积分 $\int_0^{+\infty}te^{-pt}dt$（$p$ 为常数，且 $p>0$）.

解　$\int_0^{+\infty}te^{-pt}dt=-\frac{1}{p}\int_0^{+\infty}te^{-pt}d(-pt)=-\frac{1}{p}\int_0^{+\infty}tde^{-pt}$

$$=-\frac{1}{p}\left[te^{-pt}-\int e^{-pt}dt\right]\Big|_0^{+\infty}=-\frac{1}{p}\left[\left(t+\frac{1}{p}\right)e^{-pt}\right]\Big|_0^{+\infty},$$

因为

$$\lim_{t\to+\infty}\left(t+\frac{1}{p}\right)e^{-pt}=\lim_{t\to+\infty}\frac{t+\frac{1}{p}}{e^{pt}}=\lim_{t\to+\infty}\frac{1}{pe^{pt}}=0,$$

所以

$$\int_0^{+\infty}te^{-pt}dt=\frac{1}{p^2}.$$

习题 6-4

判别下列各反常积分的收敛性，若收敛，计算反常积分的值.

(1) $\int_1^{+\infty}\frac{1}{\sqrt{x}}dx$；　　(2) $\int_{-\infty}^{+\infty}\frac{dx}{x^2+2x+2}$；

(3) $\int_0^{+\infty}e^{-ax}dx(a>0)$；　　(4) $\int_0^{+\infty}\frac{dx}{1+e^x}$.

§6.5　定积分在几何中的应用

一、直角坐标系下平面图形的面积

由定积分的几何意义可知，由曲线 $y=f(x)(f(x)\geqslant 0)$ 及直线 $x=a,x=b(a<b)$ 与 x 轴所围成的曲边梯形的面积

$$A=\int_a^b f(x)dx,$$

其中被积表达式 $f(x)\mathrm{d}x$ 就是直角坐标系下的面积元素 $\mathrm{d}A$，即 $\mathrm{d}A=f(x)\mathrm{d}x$.

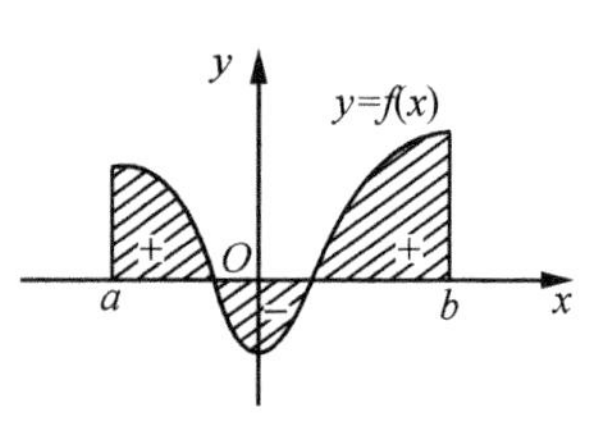

图 6-5

一般地，由 $y=f(x)$，$x=a$，$x=b(a<b)$ 与 x 轴所围成的曲边梯形的面积(图 6-5) 为

$$A=\int_a^b |f(x)|\,\mathrm{d}x.$$

如果平面图形由曲线 $y=f_1(x)$，$y=f_2(x)(f_2(x)>f_1(x))$，$x=a$，$x=b$ 所围成(图 6-6)，用元素法求其面积 A.

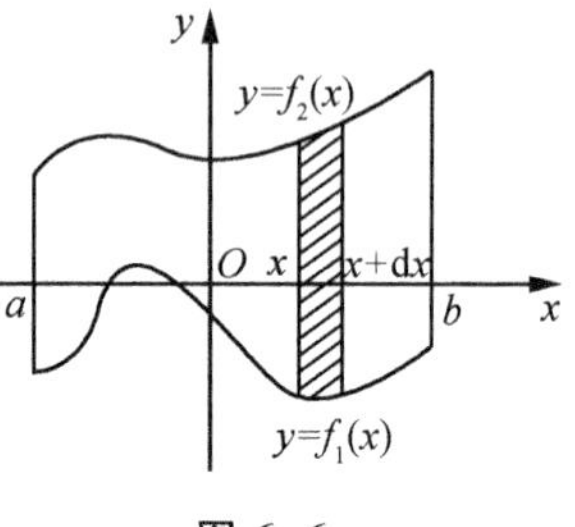

图 6-6

取 x 为积分变量，将 $[a,b]$ 分成 n 个小区间，任取一小区间 $[x,x+\mathrm{d}x]$，在该区间上的小窄条面积可以用矩形的面积近似代替，矩形的高为 $f_2(x)-f_1(x)$，底为 $\mathrm{d}x$，因此其面积元素

$$\mathrm{d}A=[f_2(x)-f_1(x)]\mathrm{d}x,$$

从而得

$$A=\int_a^b [f_2(x)-f_1(x)]\mathrm{d}x. \qquad (6.1)$$

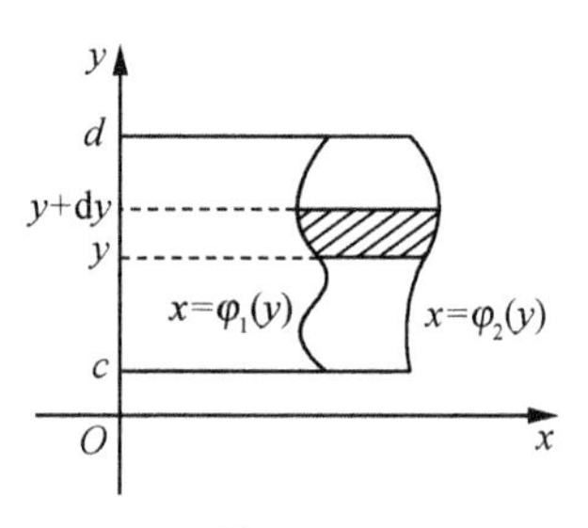

图 6-7

类似地，由曲线 $x=\varphi_1(y)$，$x=\varphi_2(y)(\varphi_2(y)>\varphi_1(y))$，$y=c$，$y=d(c<d)$ 所围成的平面图形的面积为

$$A=\int_c^d [\varphi_2(y)-\varphi_1(y)]\mathrm{d}y, \qquad (6.2)$$

其中 y 为积分变量，$\mathrm{d}A=[\varphi_2(y)-\varphi_1(y)]\mathrm{d}y$ 为面积元素(图 6-7).

例 6.25 求由 $y=\sin x$，$y=\cos x$，$x=0$，$x=\frac{\pi}{2}$ 围成的图形的面积.

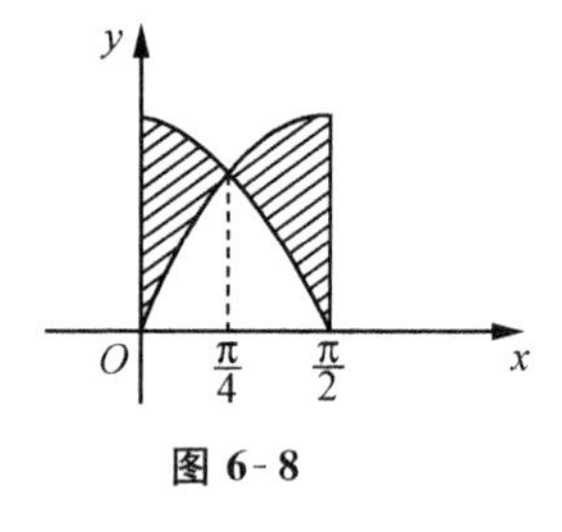

图 6-8

解 这四条曲线所围成的图形如图 6-8 所示.

两条曲线在 $x=\frac{\pi}{4}$ 处相交，所以它的面积

$$\begin{aligned}A&=\int_0^{\frac{\pi}{4}}(\cos x-\sin x)\mathrm{d}x+\int_{\frac{\pi}{4}}^{\frac{\pi}{2}}(\sin x-\cos x)\mathrm{d}x\\&=(\sin x+\cos x)\Big|_0^{\frac{\pi}{4}}+(-\cos x-\sin x)\Big|_{\frac{\pi}{4}}^{\frac{\pi}{2}}=2(\sqrt{2}-1).\end{aligned}$$

例 6.26　计算抛物线 $y^2 = 2x$ 与直线 $y = x - 4$ 所围成的图形的面积.

解　画出两条曲线,如图 6-9 所示.

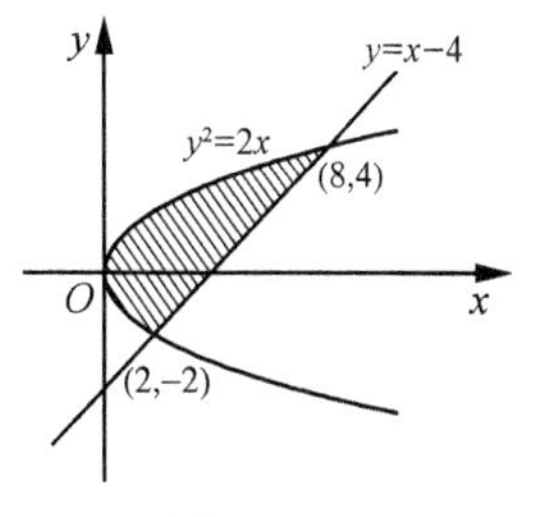

图 6-9

并由方程组 $\begin{cases} y^2 = 2x, \\ y = x - 4 \end{cases}$ 解得它们的交点为 $(2, -2)$, $(8, 4)$.

若选 x 为积分变量,有面积

$$A = \int_0^2 [\sqrt{2x} - (-\sqrt{2x})]\mathrm{d}x + \int_2^8 [\sqrt{2x} - (x - 4)]\mathrm{d}x$$

$$= \int_0^2 2\sqrt{2x}\,\mathrm{d}x + \int_2^8 (\sqrt{2x} - x + 4)\mathrm{d}x$$

$$= \left[2\sqrt{2}\left(\frac{2}{3}x^{\frac{3}{2}}\right)\right]\Bigg|_0^2 + \left[\sqrt{2}\left(\frac{2}{3}x^{\frac{3}{2}}\right) - \frac{x^2}{2} + 4x\right]\Bigg|_2^8 = 18.$$

若选 y 为积分变量,有面积

$$A = \int_{-2}^4 \left[(y + 4) - \frac{1}{2}y^2\right]\mathrm{d}y = \left[\frac{y^2}{2} + 4y \quad \frac{y^3}{6}\right]\Bigg|_{-2}^4 = 18.$$

由此例可知,选择适当的积分变量,可使计算简单.

例 6.27　求椭圆 $\frac{x^2}{a^2} + \frac{y^2}{b^2} = 1$ 所围成的面积.

解　该椭圆关于两坐标轴都对称(图 6-10),所以椭圆的面积 $A = 4A_1$,其中 A_1 为该椭圆在第一象限部分的面积,因此

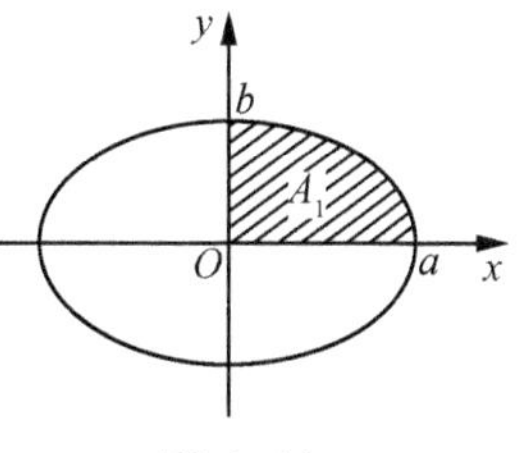

图 6-10

$$A = 4A_1 = 4\int_0^a y\mathrm{d}x.$$

利用椭圆的参数方程 $\begin{cases} x = a\cos t, \\ y = b\sin t, \end{cases}$ 应用定积分换元法,令 $x = a\cos t$,则 $\mathrm{d}x = -a\sin t\mathrm{d}t$.

当 $x = 0$ 时,$t = \frac{\pi}{2}$;当 $x = a$ 时,$t = 0$. 故

$$A = 4A_1 = 4\int_0^a y\mathrm{d}x = 4\int_{\frac{\pi}{2}}^0 b\sin t(-a\sin t)\mathrm{d}t = 4ab\int_0^{\frac{\pi}{2}} \sin^2 t\mathrm{d}t = 4ab \cdot \frac{1}{2}\,\frac{\pi}{2} = \pi ab.$$

当 $a = b$ 时,就得到圆面积的公式 $A = \pi a^2$.

二、旋转体的体积

旋转体是由一个平面图形绕该平面内的一条直线旋转一周而成的立体，该直线叫作旋转轴.

设在 xOy 平面内由曲线 $y=f(x)$ 与直线 $x=a$，$x=b$，$y=0$ 所围成的平面图形绕 x 轴旋转一周而成的旋转体如图 6-11 所示. 现在计算该旋转体的体积.

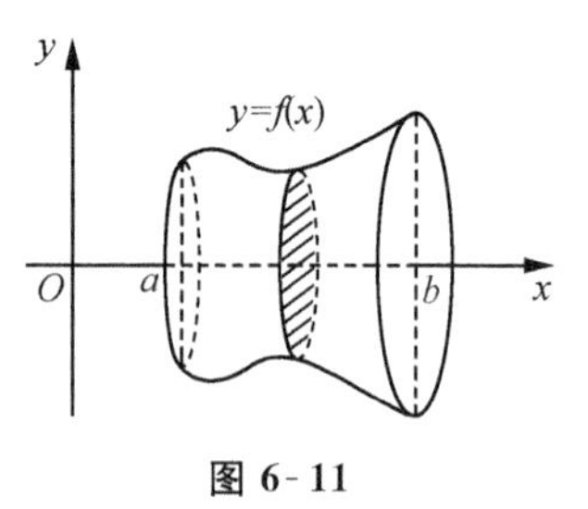

图 6-11

过区间 $[a,b]$ 上任一点 x，作垂直于 x 轴的截面，它是一个半径为 $y=f(x)$ 的圆(图 6-11)，因此横截面的面积是

$$A(x)=\pi y^2=\pi[f(x)]^2.$$

取横坐标为积分变量，它的变化区间是 $[a,b]$，于是得旋转体的体积

$$V=\int_a^b \pi[f(x)]^2\mathrm{d}x.$$

类似地，可得 $x=\varphi(y)$，直线 $y=c$，$y=d(c<d)$ 与 y 轴围成的曲边梯形，绕 y 轴旋转一周而成的旋转体(图 6-12) 的体积为

$$V=\pi\int_c^d[\varphi(y)]^2\mathrm{d}y.$$

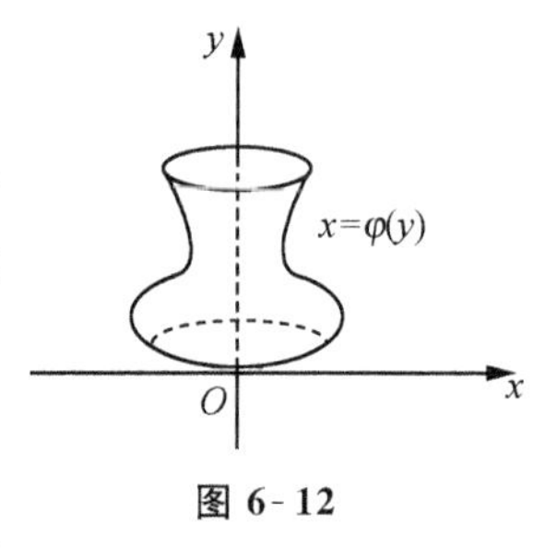

图 6-12

例 6.28 计算由 $xy=2$，$x=2$，$x=4$ 所围成的图形绕 x 轴旋转所成旋转体的体积.

解 画出草图(图 6-13).

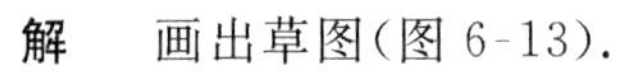

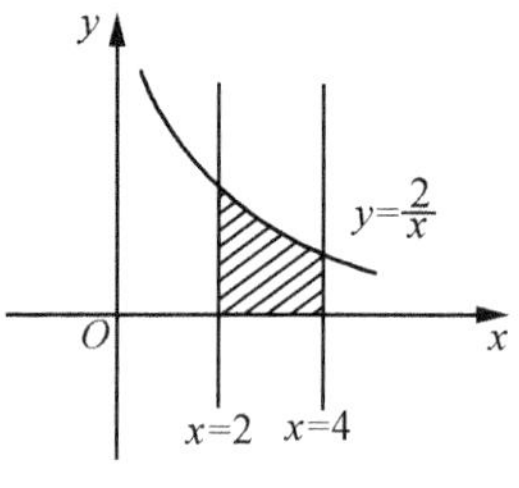

根据体积计算公式有

$$V=\pi\int_2^4\left(\frac{2}{x}\right)^2\mathrm{d}x=4\pi\left(-\frac{1}{x}\right)\Big|_2^4=\pi.$$

图 6-13

例 6.29 求由曲线 $y=x^2$，$y=2-x^2$ 所围成的平面图形分别绕 x 轴和 y 轴旋转而成的旋转体的体积.

解 两抛物线围成的图形如图 6-14 所示.

由方程组 $\begin{cases}y=x^2,\\ y=2-x^2\end{cases}$ 解得交点为 $(-1,1)$ 和 $(1,1)$.

于是绕 x 轴旋转而成的旋转体的体积

$$V_x=\pi\int_{-1}^1(2-x^2)^2\mathrm{d}x-\pi\int_{-1}^1(x^2)^2\mathrm{d}x$$

$$= 2\pi\int_0^1 (4 - 4x^2)\,dx = 8\pi\left(x - \frac{x^3}{3}\right)\Big|_0^1 = \frac{16}{3}\pi.$$

绕 y 轴旋转而成的旋转体的体积

$$V_y = \pi\int_0^1 (\sqrt{y})^2\,dy + \pi\int_1^2 (\sqrt{2-y})^2\,dy$$

$$= \pi\left(\frac{y^2}{2}\right)\Big|_0^1 + \pi\left(2y - \frac{y^2}{2}\right)\Big|_1^2 = \pi.$$

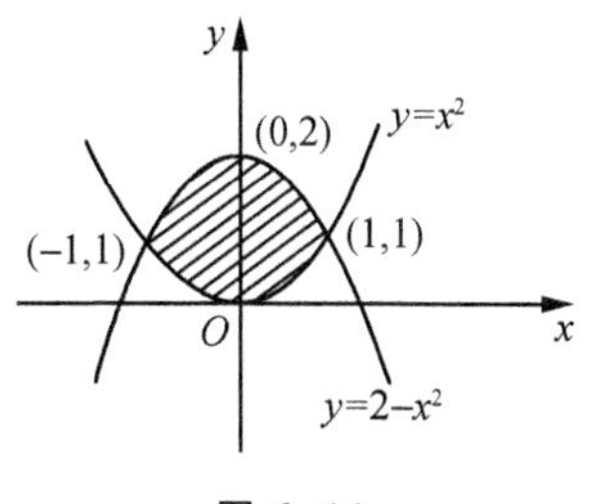

图 6-14

习题 6-5

1. 求由下列平面曲线所围图形的面积.

(1) $y = \frac{1}{x}$ 与直线 $y = x, x = 2$;

(2) $y = x^2$ 与直线 $y = x, y = 2x$;

(3) $y = \sin x, y = \cos x$ 与直线 $x = 0, x = \frac{\pi}{2}$;

(4) $y = e^x$ 与直线 $y = e, x = 0$;

(5) $y = x^2$ 与 $y = -x^2 + 8$;

(6) $y = \sqrt{x-2}$ 与直线 $y = \frac{1}{2}x - \frac{1}{2}$.

2. 求下列旋转体的体积.

(1) $y = x^2, x = y^2$, 绕 y 轴;

(2) $xy = 5, x + y = 6$, 绕 x 轴;

(3) $y = e^x, y = e^{-x}, x = 1$, 绕 x 轴;

(4) $y = \sqrt{x-2}, y = \frac{1}{2}(x-1), y = 0$, 绕 x 轴.

复习题六

1. 填空题.

(1) $\int_0^2 |x-1|\,\mathrm{d}x=$ ________.

(2) 若 $F(x)=\int_0^x \mathrm{e}^{t^2}\mathrm{d}t$,则 $F'(1)=$ ________.

(3) $\lim\limits_{x\to 0}\dfrac{\int_0^x t\tan t\,\mathrm{d}t}{x^3}=$ ________.

(4) $\int_{-\infty}^{+\infty}\dfrac{1}{1+x^2}\mathrm{d}x=$ ________.

(5) 设 $f(x)$ 有一个原函数$\dfrac{\sin x}{x}$,则$\int_{\frac{\pi}{2}}^{\pi} xf'(x)\mathrm{d}x=$ ________.

(6) 设 $f(x)$ 为连续函数,且 $f(x)=x+2\int_0^1 f(x)\mathrm{d}x$,则 $f(x)=$ ________.

(7) $\int_{\mathrm{e}}^{+\infty}\dfrac{\mathrm{d}x}{x\ln^2 x}=$ ________.

(8) 设 $f(x)=\begin{cases}\dfrac{1}{x^3}\int_0^x \sin t^2\,\mathrm{d}t, & x\neq 0,\\ a, & x=0\end{cases}$ 在 $x=0$ 处连续,则 $a=$ ________.

2. 计算下列各题.

(1) $\int_0^{\frac{1}{2}}\dfrac{1+x}{\sqrt{1-x^2}}\mathrm{d}x$;

(2) $\int_0^1\dfrac{1}{1+\mathrm{e}^x}\mathrm{d}x$;

(3) $\int_{-\frac{\pi}{2}}^{\frac{\pi}{2}}\sqrt{\cos x-\cos^3 x}\,\mathrm{d}x$;

(4) $\int_1^4\dfrac{\sqrt{x-1}}{x}\mathrm{d}x$;

(5) $\int_1^{+\infty}\dfrac{\mathrm{d}x}{x\sqrt{x^2-1}}$;

(6) $\int_0^4 \mathrm{e}^{\sqrt{x}}\mathrm{d}x$;

(7) $\int_0^2 f(x-1)\mathrm{d}x$,其中 $f(x)=\begin{cases}\dfrac{1}{1+x}, & x\geqslant 0,\\ \dfrac{1}{1+\mathrm{e}^x}, & x<0;\end{cases}$

(8) $\int_0^{\frac{\pi}{4}}\ln(1+\tan x)\mathrm{d}x$.

3. 求面积或体积.

(1) 求由曲线 $y=\dfrac{3}{x}$ 和 $x+y=4$ 所围成的平面图形的面积 S 及由此平面图形绕 x 轴旋转而成的体积 V_x.

(2) 求由抛物线 $y^2=4x$ 及其在点$(1,2)$处的法线所围成的平面图形的面积.

4. 证明题.

(1) $\int_x^1 \dfrac{1}{1+x^2}\mathrm{d}x=\int_1^{\frac{1}{x}} \dfrac{1}{1+x^2}\mathrm{d}x(x>0)$;

(2) 设 $a>0$,且在$[-a,a]$上 $f(x)$ 为连续的偶函数,证明:对任意的实数 λ,有

$$\int_{-a}^{a}\frac{f(x)}{1+\mathrm{e}^{-\lambda x}}\mathrm{d}x=\int_0^a f(x)\mathrm{d}x.$$

数学家简介[6]

笛卡尔

——近代数学的奠基人

笛卡尔(Descartes)是法国数学家、哲学家、物理学家,近代数学的奠基人之一.笛卡尔1596年3月31日生于法国土伦的一个富有的律师家庭,8岁入读一所著名的教会学校,主要课程是神学和教会的哲学,也学习数学.他勤于思考,学习努力,成绩优异.20岁时,他在普瓦捷大学获法学学位.之后去巴黎当了律师.出于对数学的兴趣,他独自研究了两年数学.17世纪初的欧洲处于教会势力的控制下,但科学的发展已经开始显示出一些和宗教教义离经判道的倾向.于是,笛卡尔和其他一些不满法兰西政治状态的青年人一起去荷兰从军,体验军旅生活.

笛卡尔

说起笛卡尔投身数学,多少有一些偶然性.有一次部队开进荷兰南部的一个城市,笛卡尔在街上散步,看见用当地的佛来米语书写的公开征解的几道数学难题.许多人在此招贴前议论纷纷,他旁边一位中年人用法语替他翻译了这几道数学难题的内容.第二天,聪明的笛卡尔兴冲冲地把解答交给了那位中年人.中年人看了笛卡尔的解答十分惊讶.巧妙的解题方法,准确无误的计算,充分显露了他的数学才华.原来这位中年人就是当时有名的数学家贝克曼教授.笛卡尔以前读过他的著作,但是一直没有机会认识他.从此,笛卡尔在贝克曼的指导下开始了对数学的深入研究,所以有人说,贝克曼"把一个业已离开科学的心灵,带回到正确、完美的成功之路".1621年笛卡尔离开军营遍游欧洲各国.1625年他回到巴黎从事科学研究工作.为整合知识、深入研究,1628年笛卡尔变卖家产,定居荷兰潜心著述达20年.

几何学曾在古希腊有过较大的发展,欧几里得、阿基米德、阿波罗尼都对圆锥曲线做过深入研究,但古希腊的几何学只是一种静态的几何,它既没有把曲线看成一种动点的轨迹,更没有给出它的一般表示方法.文艺复兴运动以后,哥白尼的日心说得到证实,开普勒发现了行星运动的三大定律,伽利略又证明了炮弹

等抛物体的弹道是抛物线，这就使几乎被人们忘记的阿波罗尼曾研究过的圆锥曲线重新引起人们的重视.人们意识到圆锥曲线不仅仅是依附在圆锥上的静态曲线，而且是与自然界的物体运动有密切联系的曲线.要计算行星运行的椭圆轨道、求出炮弹飞行所走过的抛物线，单纯靠几何方法已无能为力.古希腊数学家的几何学已不能给出解决这些问题的有效方法.要想反映这类运动的轨迹及其性质，就必须从观点到方法都要有一个新的变革，建立一种在运动观点上的几何学.

古希腊数学过于重视几何学的研究，却忽视了代数方法.代数方法在东方(中国、印度、阿拉伯)虽有高度发展，但缺少论证几何学的研究.后来，东方高度发展的代数传入欧洲，特别是文艺复兴运动使欧洲数学在古希腊几何和东方代数的基础上有了巨大的发展.

1619年，在多瑙河的军营里，笛卡尔用大部分时间思考着他在数学中的新想法：以上帝为中心的经院哲学，既缺乏可靠的知识，又缺乏令人信服的推理方法，只有严密的数学才是认识事物的有力工具.然而，它又觉察到，数学并不是完美无缺的，几何证明虽然严谨，但需求助于奇妙的方法，用起来不方便；代数虽然有法则、有公式，便于应用，但法则和公式又束缚人的想象力.能不能用代数中的计算过程来代替几何中的证明呢？要这样做就必须找到一座能连接(或是融合)几何与代数的桥梁——使几何图形数值化.据史料的记载，这年的11月10日夜晚，是一个战事平静的夜晚，笛卡尔做了一个梦，梦见一只苍蝇飞动时划出一条美妙的曲线，然后一个黑点停留在窗纸上，到窗棂的距离确定了它的位置.梦醒后，笛卡尔异常兴奋，感叹十几年来追求的优越数学居然在梦境中由顿悟而生.难怪笛卡尔直到后来还向别人说，他的梦像一把打开宝库的钥匙，这把钥匙就是坐标几何.

1637年，笛卡尔匿名出版了《更好地指导推理和寻求科学真理的方法论》(简称《方法论》)一书，该书有三篇附录，其中一篇题为“几何学”的附录公布了作者长期深思熟虑的坐标几何的思想，实现了用代数研究几何的宏伟梦想.他用两条互相垂直且交于原点的数轴作为基准，将平面上的点的位置确定下来，这就是后人所说的笛卡尔坐标系.笛卡尔坐标系的建立，为人们用代数方法研究几何架设了桥梁，它使几何中的点P与一个有序实数对(x,y)构成了一一对应关系.坐标系里点的坐标按某种规则连续变化，那么，平面上的曲线就可以用方程来表示.笛卡尔坐标系的建立，把并列的代数方法与几何方法统一起来，从而使传统的数学有了一个新的突破.作为附录的短文,竟成了从常量数学到变量数学的桥梁,也就是数形结合的典型数学模型.《几何学》的历史价值正如恩格斯所赞誉的"数学中的转折点是笛卡尔的变数".

1649年,笛卡尔被瑞典年轻女王克里斯蒂娜聘为私人教师,每天清晨5时就赶赴宴廷,为女王讲授哲学.素有晚起习惯的笛卡尔,又遇到瑞典几十年少有的严寒,不久便得了肺炎.1650年2月11日,这位年仅54岁、终生未婚的科学家病逝于瑞典斯德哥尔摩.由于教会的阻止,仅有几个友人为其送葬.他的著作在他死后也被列入梵蒂冈教皇颁布的禁书目录之中,但是,他的思想的传播并未因此而受阻,笛卡尔成为17世纪及其后的欧洲哲学界和科学界最有影响的巨匠之一.法国大革命之后,笛卡尔的骨灰和遗物被送进法国历史博物馆.1819年,其骨灰被移入圣日耳曼圣心堂中,他的墓碑上镌刻着:

笛卡尔,欧洲文艺复兴以来,

第一个为争取和捍卫理性权利而奋斗的人.

第 7 章

微分方程

在自然科学、生物科学、经济学及其他社会科学的实际问题中，对于一些稍微复杂的运动过程，反映运动规律的量与量之间的关系往往不能用函数直接反映出来，但是可以比较容易地建立这些变量或它们的导数与微分之间的联系，微分方程与差分方程是实际应用中经常遇到的数学模型.

本章将介绍微分方程的基本知识和求解方法.

§7.1　微分方程的基本概念

一、引例

例 7.1　求过点(1,2)且切线的斜率为 $2x$ 的曲线方程.

解　设所求的曲线方程是 $y=y(x)$，则根据题意它应满足下面的关系：

$$\frac{\mathrm{d}y}{\mathrm{d}x}=2x,\text{且 } y(1)=2. \tag{7.1}$$

其中 $y(1)=2$ 表示 $x=1$ 时 $y=2$. 将式(7.1)中的 $\frac{\mathrm{d}y}{\mathrm{d}x}=2x$ 两端积分，得

$$y=\int 2x\mathrm{d}x=x^2+C. \tag{7.2}$$

把条件 $y(1)=2$ 代入式(7.2)，得 $C=1$. 即得所求曲线方程为 $y=x^2+1$.

例 7.2　一质量为 m 的物体受重力作用而下落，假设初始位置和初始速度都为 0，试确定该物体下落的距离 s 与时间 t 的函数关系.

解　设物体在 t 时刻下落的距离为 $s=s(t)$，则物体运动的加速度为

$$a=s''(t)=\frac{\mathrm{d}^2s}{\mathrm{d}t^2}.$$

由于物体仅受重力的作用，重力加速度为 g，根据牛顿第二定律知

$$\frac{d^2 s}{dt^2} = g.$$

又由题设知未知函数 $s = s(t)$ 还应满足下列条件：

$$t = 0 \text{ 时}, s = 0, v = \frac{ds}{dt} = 0.$$

所以该问题的数学模型为

$$\begin{cases} \frac{d^2 s}{dt^2} = g, \\ s\big|_{t=0} = 0, \\ \frac{ds}{dt}\bigg|_{t=0} = 0, \end{cases} \tag{7.3}$$

在 $\frac{d^2 s}{dt^2} = g$ 的两端积分一次，得

$$v = \frac{ds}{dt} = gt + C_1, \tag{7.4}$$

再积分一次得

$$s = \frac{1}{2}gt^2 + C_1 t + C_2. \tag{7.5}$$

这里 C_1, C_2 均为任意常数.

将条件 $v\big|_{t=0} = 0, s\big|_{t=0} = 0$ 代入式(7.4)及式(7.5)得 $C_1 = 0, C_2 = 0$.

因此

$$s = \frac{1}{2}gt^2.$$

这正是中学物理学中的自由落体运动公式.

二、微分方程的概念

定义 7.1 含有自变量、未知函数以及未知函数的导数或微分的方程称为微分方程. 未知函数为一元函数的微分方程，称为**常微分方程**；未知函数为多元函数的，从而出现偏微分的方程，称为**偏微分方程**.

例如，上面两例中的方程 $\frac{dy}{dx} = 2x$ 和方程 $\frac{d^2 s}{dt^2} = g$ 均为常微分方程，而方程 $\frac{\partial^2 u}{\partial x^2} + \frac{\partial^2 u}{\partial y^2} = 0$ 则为偏微分方程. 本章只讨论常微分方程.

定义 7.2　微分方程中最高阶导数的阶数,称为微分方程的阶.

例如,方程$\frac{\mathrm{d}y}{\mathrm{d}x}=2x$为一阶微分方程;方程$\frac{\mathrm{d}^2s}{\mathrm{d}t^2}=g$为二阶微分方程.

n阶(常)微分方程的一般形式为$F(x,y,y',\cdots,y^{(n)})=0$,其中$x$为自变量,$y$为未知数;$F(x,y,y',\cdots,y^{(n)})$是关于$x,y,y',\cdots,y^{(n)}$的函数,且$y^{(n)}$一定要出现.

n阶线性(常)微分方程的一般形式为

$$y^{(n)}+a_1(x)y^{(n-1)}+\cdots+a_{n-1}(x)y'+a_n(x)y=f(x),\qquad(7.6)$$

其中$a_1(x),\cdots,a_n(x)$和$f(x)$均为x的已知函数.不是线性微分方程的微分方程统称为非线性微分方程.

例如,方程$\frac{\mathrm{d}y}{\mathrm{d}x}=2x$,$y'+y\cos x=\mathrm{e}^{-\sin x}$为一阶线性微分方程;方程$\frac{\mathrm{d}^2s}{\mathrm{d}t^2}=g$,$y''+xy'+x^2y=\mathrm{e}^x$为二阶线性微分方程.

定义 7.3　若将函数$y=\varphi(x)$代入微分方程后,方程两边恒等,则称函数$y=\varphi(x)$为微分方程的解.

例如,$y=x^2+1$,$y=x^2+C$(C为任意常数)都是方程$\frac{\mathrm{d}y}{\mathrm{d}x}=2x$的解;$s=\frac{1}{2}gt^2$是方程$\frac{\mathrm{d}^2s}{\mathrm{d}t^2}=g$的解.

定义 7.4　若含有n个(独立的)任意常数$C_1,C_2,\cdots,C_n$的函数

$$y=\varphi(x;C_1,C_2,\cdots,C_n)\qquad(7.7)$$

或

$$\Phi(x,y;C_1,C_2,\cdots,C_n)=0\qquad(7.8)$$

是n阶微分方程的解,则称此解为微分方程的**通解**.在通解中给任意常数C_1,$C_2,\cdots,C_n$一组确定的值而得到的解,称为方程的**特解**.

例如,$y=x^2+C$是微分方程$\frac{\mathrm{d}y}{\mathrm{d}x}=2x$的通解,因为此解中恰含一个任意常数$C$;在此通解中令$C=1$,则$y=x^2+1$是一个特解.

通常,为了确定n阶微分方程的某个特解,需要给出该特解应满足的附加条件.一般地,n阶微分方程的常见附加条件是

$$y(x_0)=y_0,y'(x_0)=y_1,\cdots,y^{(n-1)}(x_0)=y_{n-1},\qquad(7.9)$$

式(7.9)称为初始条件,其中$x_0,y_0,y_1,\cdots,y_{n-1}$为$n+1$个给定的常数.

习题 7-1

1. 指出下列微分方程的阶数.

(1) $x\dfrac{\mathrm{d}y}{\mathrm{d}x}+y=3x$;　　(2) $y'=xy^2+y^6$;

(3) $y''+2(y')^3y+2x=1$;　　(4) $y'''+(\sin x)^{(4)}=\sin x$.

2. 验证下列各函数是否是所给方程的解,若是,指出是通解还是特解(其中 C 及 C_1,C_2 表示任意常数).

(1) $y=(x+C)\mathrm{e}^{-x}$, $y'+y=\mathrm{e}^{-x}$;

(2) $y=x\mathrm{e}^{x}$, $y''-2y'+y=0$;

(3) $y=C_1\sin x+C_2\cos x+\dfrac{1}{2}\mathrm{e}^{x}$, $y''+y=\mathrm{e}^{x}$;

(4) $x^2+y^2=C$, $y'=-\dfrac{x}{y}$.

3. 试验证:$\ln y=C_1\mathrm{e}^{x}+C_2\mathrm{e}^{-x}+x^2+2$($C_1,C_2$ 为任意常数)是方程

$$\left(\frac{1}{y}y'\right)^2-\frac{1}{y}y''=x^2-\ln y$$

的通解,并求 $y(0)=y'(0)=\mathrm{e}$ 时的特解.

§7.2　一阶微分方程

最基本的微分方程是一阶微分方程,其一般形式为

$$F(x,y,y')=0$$

或

$$y'=f(x,y),$$

其中 $F(x,y,y')$ 为 x,y,y' 的已知函数,$f(x,y)$ 为 x,y 的已知函数.

一、可分离变量方程

形如

$$f(x)\mathrm{d}x = g(y)\mathrm{d}y \tag{7.10}$$

的一阶微分方程,称为**分离变量方程**.而形如

$$y' = f(x)g(y) \tag{7.11}$$

的一阶微分方程,称为**可分离变量方程**.注意到 $y' = \frac{\mathrm{d}y}{\mathrm{d}x}$,当 $g(y) \neq 0$ 时,方程(7.11)可改写为

$$\frac{1}{g(y)}\mathrm{d}y = f(x)\mathrm{d}x. \tag{7.12}$$

将式(7.10)、式(7.12)两端分别对 x 和 y 积分,得通解为

$$\int f(x)\mathrm{d}x = \int g(y)\mathrm{d}y + C \tag{7.13}$$

和

$$\int \frac{1}{g(y)}\mathrm{d}y = \int f(x)\mathrm{d}x + C, \tag{7.14}$$

其中 C 为任意常数,规定 $\int f(x)\mathrm{d}x$,$\int g(y)\mathrm{d}y$ 为 $f(x)$,$g(y)$ 的某个原函数,而将式中两端不定积分的任意常数合并在一起,记为 C.

例 7.3　求方程 $y'+2xy=0$ 的通解.

解　移项,得

$$y'=-2xy,$$

分离变量得

$$\frac{1}{y}\mathrm{d}y=-2x\mathrm{d}x,$$

两边同时积分得

$$\ln|y|=-x^2+\ln|C|,$$

于是,通解为

$$|y|=|C|\mathrm{e}^{-x^2},\text{即 } y=C\mathrm{e}^{-x^2},$$

其中 C 为任意常数.

例 7.4　求方程 $y\mathrm{e}^{2x}\mathrm{d}x+(5+\mathrm{e}^{2x})\mathrm{d}y=0$ 的通解.

解　分离变量得

$$\frac{\mathrm{e}^{2x}}{5+\mathrm{e}^{2x}}\mathrm{d}x+\frac{1}{y}\mathrm{d}y=0,$$

两边同时积分得

$$\ln\sqrt{5+\mathrm{e}^{2x}}+\ln|y|=\ln|C|,$$

于是，通解为

$$y\sqrt{5+\mathrm{e}^{2x}}=C \text{ 或 } y=\frac{C}{\sqrt{5+\mathrm{e}^{2x}}},$$

其中 C 为任意常数.

例 7.5 求方程 $(1+\mathrm{e}^x)yy'=\mathrm{e}^x$ 满足初始条件 $y(0)=0$ 的特解.

解 这是一个可分离变量方程，应用$\frac{\mathrm{d}y}{\mathrm{d}x}$替换原方程中的 y'，得

$$(1+\mathrm{e}^x)y\frac{\mathrm{d}y}{\mathrm{d}x}=\mathrm{e}^x,\text{即}(1+\mathrm{e}^x)y\mathrm{d}y=\mathrm{e}^x\mathrm{d}x,$$

两边同时乘以$\frac{1}{1+\mathrm{e}^x}$，得 $y\mathrm{d}y=\frac{\mathrm{e}^x\mathrm{d}x}{1+\mathrm{e}^x}$；两边同时积分，得$\frac{1}{2}y^2=\ln(1+\mathrm{e}^x)+C_1$，即方程的通解为

$$y^2=2\ln(1+\mathrm{e}^x)+C,\text{其中 } C=2C_1.$$

由初始条件 $y(0)=0$ 得 $C=-\ln 2$. 因此，方程满足初始条件的特解是

$$y^2=2\ln(1+\mathrm{e}^x)-2\ln 2.$$

二、齐次微分方程

形如

$$\frac{\mathrm{d}y}{\mathrm{d}x}=f\left(\frac{y}{x}\right) \tag{7.15}$$

的一阶微分方程，称为**齐次微分方程**，简称**齐次方程**.

我们用变量变换法求解齐次方程，即通过变量变换将其化为可分离变量方程，然后再求解. 令 $u=\frac{y}{x}$，则 $y=xu$，$y'=u+x\frac{\mathrm{d}u}{\mathrm{d}x}$，代入方程(7.15)得

$$u+x\frac{\mathrm{d}u}{\mathrm{d}x}=f(u),$$

即

$$\frac{\mathrm{d}u}{\mathrm{d}x}=\frac{1}{x}[f(u)-u].$$

分离变量得

$$\frac{1}{f(u)-u}\mathrm{d}u=\frac{1}{x}\mathrm{d}x.$$

这是关于 x 和 u 的可分离变量方程，两边积分得

$$\int \frac{1}{f(u)-u}\mathrm{d}u = \ln|x| + C. \tag{7.16}$$

求出式(7.16)左端的一个原函数后，再将 u 换成 $\frac{y}{x}$，即可求得方程(7.15)的通解.

注意，若常数 $\tilde{u}$ 使 $f(\tilde{u})-\tilde{u}=0$ 成立，则 $y=\tilde{u}x$ 也是方程(7.15)的解.

例 7.6　求微分方程 $y'=\frac{y}{x}+\tan\frac{y}{x}$ 的通解以及满足条件 $y(1)=\frac{\pi}{2}$ 的特解.

解　令 $y=xu$，则 $y'=u+x\frac{\mathrm{d}u}{\mathrm{d}x}$. 代入原方程，于是原方程变为

$$x\frac{\mathrm{d}u}{\mathrm{d}x}=\tan u.$$

设 $\tan u\neq 0$，分离变量得 $\frac{\mathrm{d}u}{\tan u}=\frac{\mathrm{d}x}{x}$. 于是

$$\frac{\cos u\mathrm{d}u}{\sin u}=\frac{\mathrm{d}x}{x}.$$

两边积分得

$$\int\frac{\cos u\mathrm{d}u}{\sin u}=\int\frac{\mathrm{d}x}{x},$$

即

$$\ln|\sin u| = \ln|x| + \ln C_1.$$

化简得

$$\frac{\sin u}{x}=\pm C,$$

即

$$\frac{\sin u}{x}=C(C=\pm C_1\neq 0).$$

进而得 $\sin u = Cx$. 将 u 换为 $\frac{y}{x}$，得到原方程的通解为

$$\sin\frac{y}{x}=Cx(C\neq 0).$$

当 $\tan u=0$ 时，$u=k\pi, k\in\mathbf{Z}$，它们都是 $x\frac{\mathrm{d}u}{\mathrm{d}x}=\tan u$ 的解. 若令 $C=0$，则它们包括在通解 $\frac{\sin u}{x}=C$ 之中，所以原方程的全部解为

$$\sin\frac{y}{x}=Cx\ (C\text{ 为任意常数}).$$

由 $y(1)=\frac{\pi}{2}$ 得 $C=1$. 于是,特解为

$$\sin\frac{y}{x}=x.$$

例 7.7 求 $\frac{\mathrm{d}y}{\mathrm{d}x}=\frac{y^2}{xy-x^2}$ 的通解.

解 原方程可化为 $\frac{\mathrm{d}y}{\mathrm{d}x}=\frac{\left(\frac{y}{x}\right)^2}{\frac{y}{x}-1}=f\left(\frac{y}{x}\right)$,它是齐次微分方程,令 $u=\frac{y}{x}$,得

$$u+x\frac{\mathrm{d}u}{\mathrm{d}x}=\frac{u^2}{u-1},$$

即

$$x\frac{\mathrm{d}u}{\mathrm{d}x}=\frac{u}{u-1}.$$

设 $u\neq 0$,分离变量得

$$\frac{\mathrm{d}x}{x}=\frac{u-1}{u}\mathrm{d}u,$$

即

$$\left(1-\frac{1}{u}\right)\mathrm{d}u=\frac{\mathrm{d}x}{x},$$

两边积分得

$$u-\ln|u|=\ln|x|+C_1,$$

即

$$u=\ln|ux|+C_1,$$

即

$$ux=\pm\mathrm{e}^{u-C_1},$$

令 $C=\pm\mathrm{e}^{-C_1}$,得 $ux=C\mathrm{e}^u$. 于是得通解为 $y=C\mathrm{e}^{\frac{y}{x}}\ (C\neq 0)$.

$u=0$ 也是 $x\frac{\mathrm{d}u}{\mathrm{d}x}=\frac{u}{u-1}$ 的解. 若令 $C=0$,则包含在通解 $y=C\mathrm{e}^{\frac{y}{x}}$ 中,所以原方程的全部解为

$$y=C\mathrm{e}^{\frac{y}{x}}\ (C\text{ 为任意常数}).$$

三、一阶线性微分方程

形如

$$y' + P(x)y = Q(x) \tag{7.17}$$

的微分方程,称为**一阶线性微分方程**,其中 $P(x)$,$Q(x)$ 是关于 x 的连续函数.

若 $Q(x)$ 不恒为零,则称方程(7.17) 为**一阶线性非齐次微分方程**.

若 $Q(x) = 0$,则方程(7.17) 变为

$$y' + P(x)y = 0, \tag{7.18}$$

称为**一阶线性齐次微分方程**,有时也称方程(7.18)为方程(7.17)对应的齐次方程.

定理 7.1　方程 $y' + P(x)y = 0$ 的通解为

$$y = Ce^{-\int P(x)dx}. \tag{7.19}$$

若 $Q(x) \neq 0$,则方程 $y' + P(x)y = Q(x)$ 的通解为

$$y = e^{-\int P(x)dx}\left[\int Q(x)e^{\int P(x)dx}dx + C\right], \tag{7.20}$$

其中 C 为任意常数.

证　将 $y' + P(x)y = 0$ 分离变量,得

$$\frac{1}{y}dy = -P(x)dx.$$

两边积分得

$$\ln|y| = -\int P(x)dx + \ln|C|.$$

由此得方程的通解为

$$y = Ce^{-\int P(x)dx},$$

其中 C 为任意常数.

若 $Q(x) \neq 0$,用常数变易法求其通解.设 $y = C(x)e^{-\int P(x)dx}$ 为方程的解,其中 $C(x)$ 为待定的函数,对上式求导得

$$y' = [C'(x) - C(x)P(x)]e^{-\int P(x)dx}.$$

将上述 y 和 y' 代入方程(7.17)得

$$C'(x) = Q(x)e^{\int P(x)dx},$$

两边积分得

$$C(x)=\int Q(x)\mathrm{e}^{\int P(x)\mathrm{d}x}\mathrm{d}x+C,$$

其中右端 C 为任意常数.于是,方程(7.17)的通解为

$$y=C(x)\mathrm{e}^{-\int P(x)\mathrm{d}x}=\left[\int Q(x)\mathrm{e}^{\int P(x)\mathrm{d}x}\mathrm{d}x+C\right]\mathrm{e}^{-\int P(x)\mathrm{d}x}.$$

注 (1) 我们用常数变易法求得一阶线性非齐次方程的通解,即把对应齐次方程通解中任意常数 C 变易为未知函数 $C(x)$ 的解法.

(2) 实际求解某个具体的一阶非齐次线性方程时,可用常数变易法,也可直接利用公式(7.20),但在用公式时需要把方程化为标准形.

例 7.8 求微分方程 $y'+\dfrac{2y}{x}=x$ 的通解.

解法 1 常数变易法.先求齐次方程

$$y'+\frac{2}{x}y=0$$

的通解.分离变量得 $\dfrac{1}{y}\mathrm{d}y=-\dfrac{2}{x}\mathrm{d}x$,两边积分得

$$\ln|y|=-2\ln|x|+\ln|C|.$$

即齐次方程的通解为 $y=Cx^{-2}$.

令非齐次方程的解为 $y=C(x)x^{-2}$,则

$$y'=C'(x)x^{-2}+C(x)\cdot(-2)\cdot x^{-3},$$

将上述 y,y' 代入原方程,得

$$C'(x)x^{-2}-2C(x)x^{-3}+\frac{2}{x}C(x)x^{-2}=x,$$

即

$$C'(x)=x^3.$$

两边积分得

$$C(x)=\frac{1}{4}x^4+C.$$

于是,所求方程的通解为

$$y=\frac{x^2}{4}+\frac{C}{x^2},$$

其中 C 为任意常数.

解法 2　方程是一阶线性非齐次方程. 这里 $P(x)=\dfrac{2}{x}$,$Q(x)=x$. 由通解公式(7.20)知方程的通解为

$$\begin{aligned}y&=\mathrm{e}^{-\int\frac{2}{x}\mathrm{d}x}\left(\int x\mathrm{e}^{\int\frac{2}{x}\mathrm{d}x}\mathrm{d}x+C\right)\\&=\mathrm{e}^{\ln x^{-2}}\left(\int x\mathrm{e}^{\ln x^{2}}\mathrm{d}x+C\right)\\&=\frac{1}{x^{2}}\left(\int x^{3}\mathrm{d}x+C\right)\\&=\frac{1}{x^{2}}\left(\frac{x^{4}}{4}+C\right)=\frac{C}{x^{2}}+\frac{x^{2}}{4},\end{aligned}$$

其中 C 为任意常数.

例 7.9　求方程 $-y+xy'=x^{2}\mathrm{e}^{x}$ 满足初始条件 $y(1)=1$ 的特解.

解　在方程两边同时除以 x,将方程化为标准形式

$$y'-\frac{1}{x}y=x\mathrm{e}^{x}.$$

这里 $P(x)=-\dfrac{1}{x}$,$Q(x)=x\mathrm{e}^{x}$,由通解公式(7.20)知方程的通解为

$$\begin{aligned}y&=\mathrm{e}^{\int\frac{1}{x}\mathrm{d}x}\left(\int x\mathrm{e}^{x}\mathrm{e}^{-\int\frac{1}{x}\mathrm{d}x}\mathrm{d}x+C\right)\\&=\mathrm{e}^{\ln x}\left(\int x\mathrm{e}^{x}\mathrm{e}^{-\ln x}\mathrm{d}x+C\right)=x(\mathrm{e}^{x}+C).\end{aligned}$$

将初始条件 $y(1)=1$ 代入得 $C=1-\mathrm{e}$.

故方程的特解为

$$y=x(\mathrm{e}^{x}-\mathrm{e}+1).$$

注　用公式法时,需把方程化为标准形式 $y'+P(x)y=Q(x)$.

一阶微分方程的解题思路:

对于一阶微分方程来说,判断其类型是很重要的,所以首先要仔细观察其形式. 若它是形如 $y'=f(x)g(x)$ 的方程,则它属于可分离变量方程;若它是一阶线性微分方程,则可用常数变易法和公式法(标准形式下的方程)求解;否则,将方程化为 $y'=f\left(\dfrac{y}{x}\right)$的形式,它属于齐次方程.

习题 7-2

1. 求下列微分方程的通解或满足给定初始条件的特解.

(1) $y' = e^{y}\sin x$;

(2) $x(y^2-1)dx + y(x^2-1)dy = 0$;

(3) $6xdx - 6ydy = 2x^2ydy - 3xy^2dx$;

(4) $xydx + \sqrt{1+x^2}dy = 0, y(0) = 1$;

(5) $yy' + xe^{y} = 0, y(1) = 0$;

(6) $3e^{x}\tan ydx + (1+e^{x})\sec^2 ydy = 0, y(0) = \frac{\pi}{4}$.

2. 求下列微分方程的通解或满足给定初始条件的特解.

(1) $y' = \frac{y}{x} + \sin\frac{y}{x}$;

(2) $xy^2dy = (x^3+y^3)dx$;

(3) $(x+y)dx + (y-x)dy = 0$;

(4) $xy' = xe^{\frac{y}{x}} + y, y(1) = 0$;

(5) $y' = \left(\frac{y}{x}\right)^2 + \frac{y}{x} + 4, y(1) = 2$.

3. 求下列微分方程的通解或满足给定初始条件的特解.

(1) $y' + 2xy = xe^{-x^2}$;

(2) $xy' - y = \frac{x}{\ln x}$;

(3) $y' - y\sin x = \frac{1}{2}\sin 2x$;

(4) $y' - \frac{1}{x}y = -\frac{2}{x}\ln x, y(1) = 1$;

(5) $(x+1)y' - 2y = (x+1)^3e^{x}, y(0) = 1$.

§7.3　二阶线性微分方程

本节讨论二阶常系数线性微分方程解的结构及其求解方法.

一、二阶常系数线性微分方程及其解的结构

形如

$$y''+py'+qy=f(x) \tag{7.21}$$

的微分方程,称为**二阶常系数线性微分方程**,其中 p,q 为已知常数,$f(x)$ 为已知函数.称 $f(x)$ 为方程(7.21)的非齐次项.方程(7.21)对应的齐次方程

$$y''+py'+qy=0 \tag{7.22}$$

称为**二阶常系数齐次线性微分方程**.

定理7.2　(1) 若 $y_1(x)$ 是线性齐次方程(7.22)的解,则对任意的常数 C,$Cy_1(x)$ 也是该方程的解.

(2) 若 $y_1(x)$ 和 $y_2(x)$ 是线性齐次方程(7.22)的解,则 $y_1(x)+y_2(x)$ 也是该方程的解.

由定理7.2可知,若 $y_1(x),y_2(x)$ 是齐次方程(7.22)的解,则它们的“线性组合”

$$y(x)=C_1y_1(x)+C_2y_2(x)$$

也是该方程的解,其中 C_1,C_2 为任意常数.

那么它是否为齐次方程(7.22)的通解呢?显然,若 $\dfrac{y_1(x)}{y_2(x)}=C$(C 为非零常数),则

$$y(x)=C_1y_1(x)+C_2y_2(x)=(C_1C+C_2)y_2(x).$$

事实上,$y(x)$ 只含有一个任意常数,因而不是齐次方程(7.22)的通解.

当 $\dfrac{y_1(x)}{y_2(x)}\neq C$($C$ 为非零常数)时,$y(x)$ 才是齐次方程(7.22)的通解.

定义7.5　若 $y_1(x)\equiv Cy_2(x)$(C 为非零常数),则函数 $y_1(x)$ 与 $y_2(x)$ **线性相关**.

若 $y_1(x)\neq Cy_2(x)$(C 为非零常数),则函数 $y_1(x)$ 与 $y_2(x)$ **线性无关**.

定理7.3(线性微分方程的解的结构定理)

(1) 若 $y_1(x)$ 和 $y_2(x)$ 是线性齐次方程(7.22)的两个线性无关的解，则该方程的通解为

$$y(x)=C_1y_1(x)+C_2y_2(x).$$

(2) 若 y^* 是二阶常系数非齐次线性微分方程(7.21)的一个特解，$C_1y_1(x)+C_2y_2(x)$ 是其对应的齐次方程(7.22)的通解，则方程(7.21)的通解为

$$y(x)=y^*+C_1y_1(x)+C_2y_2(x).$$

注 定理7.3表明，(1) 为了求得线性齐次方程(7.22)的通解，只需求出其两个线性无关的特解.

(2) 求二阶非齐次线性微分方程(7.21)通解的步骤是：求出(7.21)的一个特解及其对应齐次方程的通解，然后将二者相加即得(7.21)的通解.

二、二阶常系数齐次线性方程的通解

由定理7.3知，只需求出方程(7.22)的两个线性无关的特解，即可求出(7.22)的通解. 注意到$(e^{\lambda x})'=\lambda e^{\lambda x}$，$(e^{\lambda x})''=\lambda^2e^{\lambda x}$ 与 $e^{\lambda x}$ 为同一类型的指数函数，因此，设方程(7.22)的特解为 $y=e^{\lambda x}$，其中 λ 为待定常数. 将

$$y=e^{\lambda x},y'=\lambda e^{\lambda x},y''=\lambda^2e^{\lambda x}$$

代入方程(7.22)，得

$$(\lambda^2+p\lambda+q)e^{\lambda x}=0.$$

由于 $e^{\lambda x}\neq 0$，故由上式得

$$\lambda^2+p\lambda+q=0, \tag{7.23}$$

称代数方程(7.23)为方程(7.21)或(7.22)的**特征方程**，特征方程(7.23)的解称为**特征根**或**特征值**.

显然，函数 $y=e^{\lambda x}$ 是方程(7.22)的解的充分必要条件是：常数λ为特征方程(7.23)的解，即 λ 为特征根.

由上述分析可知，求方程(7.22)的特解问题转化为求特征方程(7.23)的根的问题.

因为特征方程(7.23)是 λ 的二次代数方程，故可能有两个根，记为 λ_1,λ_2. 下面分三种情况讨论.

(1) $\Delta>0$ 时，特征方程有两个相异实根，即

$$\lambda_1=\frac{-p+\sqrt{p^2-4q}}{2},\lambda_2=\frac{-p-\sqrt{p^2-4q}}{2},\tag{7.24}$$

方程的两个解为 $y_1=e^{\lambda_1 x},y_2=e^{\lambda_2 x}$,且 $\frac{y_1}{y_2}=e^{(\lambda_1-\lambda_2)x}$ 不是常数.

故特解 y_1 与 y_2 线性无关,因此方程(7.22) 的通解为

$$y=C_1e^{\lambda_1 x}+C_2e^{\lambda_2 x}(C_1,C_2\text{ 为任意常数}).\tag{7.25}$$

(2) $\Delta=0$ 时,特征方程有两个相等实根,即

$$\lambda_1=\lambda_2=-\frac{p}{2}\xlongequal{\text{记为}}\lambda,\tag{7.26}$$

方程只有一个特解 $y_1=e^{\lambda x}$,直接验证可知 $y_2=xe^{\lambda x}$ 是方程(7.22)的另一特解,且 $\frac{y_1}{y_2}=\frac{1}{x}\neq$ 常数,故 y_1 与 y_2 线性无关.因此,方程(7.22)的通解为

$$y=C_1e^{\lambda x}+C_2xe^{\lambda x}=(C_1+C_2x)e^{\lambda x}(C_1,C_2\text{ 为任意常数}).\tag{7.27}$$

(3) $\Delta<0$ 时,特征方程有一对共轭复根,即

$$\lambda_1=\alpha+i\beta,\lambda_2=\alpha-i\beta,$$

$$\alpha=-\frac{p}{2},\beta=\frac{\sqrt{4q-p^2}}{2}.\tag{7.28}$$

直接验证可知,函数

$$y_1=e^{\alpha x}\cos\beta x,y_2=e^{\alpha x}\sin\beta x$$

是方程(7.22)的两个线性无关的特解.因此,方程(7.22)的通解为

$$y=e^{\alpha x}(C_1\cos\beta x+C_2\sin\beta x),\tag{7.29}$$

其中 α,β 由式(7.28)确定,C_1,C_2 为任意常数.

综上所述,求齐次方程(7.22) 通解的步骤如下:

1) 写出特征方程(7.23);

2) 求特征方程(7.23)的根;

3) 由求出的特征根写出通解,见表 7-1.

表 7-1

特征方程	特征根	通解
$\lambda^2+p\lambda+q=0$	相异实根 $\lambda_1\neq\lambda_2$	$y=C_1e^{\lambda_1 x}+C_2e^{\lambda_2 x}$
	重实根 $\lambda=-\frac{p}{2}$	$y=(C_1+C_2x)e^{\lambda x}$
	共轭复根 $\lambda_{1,2}=\alpha\pm i\beta$	$y=(C_1\cos\beta x+C_2\sin\beta x)e^{\alpha x}$

注:C_1,C_2 为任意常数.

例 7.10　求微分方程 $y''-y'-2y=0$ 的通解,并求其满足初始条件

$y|_{x=0}=0, y'|_{x=0}=3$ 的特解.

解 特征方程为

$$\lambda^2-\lambda-2=(\lambda-2)(\lambda+1)=0.$$

故有特征根 $\lambda_1=-1, \lambda_2=2$. 因此,所求方程的通解为

$$y=C_1\mathrm{e}^{-x}+C_2\mathrm{e}^{2x}(C_1, C_2 \text{ 为任意常数}).$$

由 $y|_{x=0}=0, y'|_{x=0}=3$,解方程 $\begin{cases}C_1+C_2=0,\\-C_1+2C_2=3\end{cases}$ 得 $C_1=-1, C_2=1$.

因此,所求特解为 $y=-\mathrm{e}^{-x}+\mathrm{e}^{2x}$.

例 7.11 求方程 $y''+6y'+9y=0$ 的通解.

解 特征方程为

$$\lambda^2+6\lambda+9=(\lambda+3)^2=0.$$

故有重特征根 $\lambda=-3$. 因此,所求方程的通解为

$$y=(C_1+C_2x)\mathrm{e}^{-3x}(C_1, C_2 \text{ 为任意常数}).$$

例 7.12 求方程 $y''-4y'+13y=0$ 的通解.

解 特征方程为

$$\lambda^2-4\lambda+13=(\lambda-2)^2+9=0.$$

故有一对共轭复根 $\lambda_{1,2}=2\pm3\mathrm{i}$. 因此,所求方程的通解为

$$y=(C_1\cos3x+C_2\sin3x)\mathrm{e}^{2x},$$

其中 C_1, C_2 为任意常数.

三、二阶常系数非齐次线性方程的通解

根据定理 7.3(2),求非齐次线性方程(7.21)的通解,归结为求方程(7.21)的一个特解 y^* 及其对应的齐次方程(7.22)的通解. 上面已介绍求对应齐次方程(7.22)通解的方法,剩下的问题是如何求非齐次线性方程(7.21)的一个特解.

我们用"待定系数法"求非齐次线性方程(7.21)的特解. 其基本思想是:用与方程(7.21)中非齐次项 $f(x)$ 形式相同但含有待定系数的函数作为方程(7.21)的特解,称为试解函数,然后将试解函数代入方程(7.21),确定试解函数中的待定系数,从而求出方程(7.21)的一个特解.

下面只讨论非齐次项 $f(x)=\mathrm{e}^{\mu x}P_m(x)$ 的形式,其中 μ 为常数, $P_m(x)$ 为 x 的 m 次多项式,即

$$P_m(x)=a_0x^m+a_1x^{m-1}+\cdots+a_{m-1}x+a_m, a_0\neq0.$$

当非齐次项 $f(x)=e^{\mu x}P_m(x)$ 时，设试解函数的原则列于表 7-2 中.

表 7-2

$f(x)$ 的类型	取试解函数的条件	试解函数 y^* 的形式
$f(x)=e^{\mu x}P_m(x)$① μ 为常数	μ 不是特征根	$y^*=e^{\mu x}Q_m(x)$②
	μ 是单特征根	$y^*=xe^{\mu x}Q_m(x)$②
	μ 是重特征根	$y^*=x^2e^{\mu x}Q_m(x)$②

注：① $P_m(x)=a_0x^m+a_1x^{m-1}+\cdots+a_{m-1}x+a_m$ 为已知 m 次多项式.

② $Q_m(x)=b_0x^m+b_1x^{m-1}+\cdots+b_{m-1}x+b_m$ 为待定 m 次多项式.

下面通过例题说明设试解函数的方法.

例 7.13　求方程 $y''-y'-2y=2$ 的通解.

解　例 7.10 已求出对应齐次方程的通解为

$$\tilde{y}(x)=C_1e^{2x}+C_2e^{-x}(C_1,C_2\text{ 为任意常数}).$$

下面求非齐次方程的一个特解. 因 $f(x)=2$，对应于表 7.2 中 $\mu=0$(不是特征根)，$m=0$，故设特解为 $y^*=A$，A 为待定常数. 将 $y^*=A$ 代入所给方程得 $A=-1$. 因此，所求特解为 $y^*=-1$. 于是，所给方程的通解为

$$y=\tilde{y}+y^*=C_1e^{2x}+C_2e^{-x}-1,$$

其中 C_1,C_2 为任意常数.

例 7.14　求方程 $y''+6y'+9y=xe^x$ 的通解.

解　例 7.11 已求出对应齐次方程的通解为

$$\tilde{y}=(C_1+C_2x)e^{-3x}(C_1,C_2\text{ 为任意常数}).$$

因 $f(x)=xe^x$，故对应于表 7-2 中 $\mu=1$(不是特征根)，$P_m(x)=x$(一次多项式). 故设特解为

$$y^*=e^x(b_0x+b_1),b_0,b_1\text{ 为待定常数}.$$

将上式代入所给方程，得

$$(16b_0x+8b_0+16b_1)e^x=xe^x.$$

由此可得

$$16b_0x+8b_0+16b_1=x.$$

上式对任意 x 恒成立，故有

$$16b_0=1,8b_0+16b_1=0.$$

由此解得 $b_0=\dfrac{1}{16},b_1=-\dfrac{1}{32}$. 因此，所求特解为

$$y^*=e^x\left(\frac{x}{16}-\frac{1}{32}\right)=\frac{1}{32}e^x(2x-1).$$

因此，所给方程的通解为

$$y=(C_1+C_2x)\mathrm{e}^{-3x}+\frac{1}{32}(2x-1)\mathrm{e}^x,$$

其中 C_1,C_2 为任意常数.

例 7.15　求方程 $y''-2y'+y=12x\mathrm{e}^x$ 的通解.

解　特征方程为

$$\lambda^2-2\lambda+1=(\lambda-1)^2=0.$$

故有重特征根 $\lambda=1$，从而对应齐次方程的通解为

$$\tilde{y}=(C_1+C_2x)\mathrm{e}^x(C_1,C_2\text{ 为任意常数}).$$

下面求所给方程的特解. 由于 $f(x)=12x\mathrm{e}^x$，对照表 7-2 可知，$\mu=1$ 为重特征值，$P_m(x)=12x$ 为一次多项式. 因此，应设特解为

$$y^*=x^2(b_0x+b_1)\mathrm{e}^x,$$

其中 b_0,b_1 为待定常数. 将 y^* 代入所给方程，可得

$$(6b_0x+2b_1)\mathrm{c}^x-12x\mathrm{c}^x.$$

由此得 $3b_0x+b_1=6x$，此式对任意 x 恒成立，故有 $b_1=0,b_0=2$. 因此，特解为 $y^*=2x^3\mathrm{e}^x$. 于是，所给方程的通解为

$$y=(C_1+C_2x)\mathrm{e}^x+2x^3\mathrm{e}^x=(C_1+C_2x+2x^3)\mathrm{e}^x,$$

其中 C_1,C_2 为任意常数.

综上所述，求解二阶常系数非齐次线性微分方程(7.21)的步骤如下：

(1) 用特征根法求出相应的齐次方程的通解 $\tilde{y}$；

(2) 用待定系数法求出方程(7.21)的一个特解 y^*，写出通解 $y=\tilde{y}+y^*$；

(3) 若给出初始条件 $y(x_0)=y_0,y'(x_0)=y_1$，则由此条件确定常数 C_1,C_2，从而求得满足初始条件的特解.

习题 7-3

1. 求下列二阶齐次线性微分方程的通解或满足给定初始条件的特解：

(1) $y''-y'=0$；

(2) $4y''+4y'+y=0$；

(3) $y''+2y=0$；

(4) $y''-2y'-3y=0, y(0)=y'(0)=2$;

(5) $y''-2y'+10y=0, y\left(\frac{\pi}{6}\right)=0, y'\left(\frac{\pi}{6}\right)=e^{\frac{\pi}{6}}$.

2. 求下列二阶非齐次线性微分方程的通解或满足给定初始条件的特解：

(1) $y''-6y'+13y=14$;

(2) $y''-2y'-3y=2x+1$;

(3) $y''-2y'+y=xe^{x}$;

(4) $y''+4y=8x, y(0)=0, y'(0)=4$;

(5) $y''-4y'+3y=8e^{5x}, y(0)=3, y'(0)=9$.

复习题七

1. 填空题.

(1) 曲线族 $y=C_1e^{x}+C_2e^{-2x}$ 中满足 $y(0)=1, y'(0)=-2$ 的曲线方程为________.

(2) $y'+y\tan x=\cos x$ 的通解为________.

(3) 微分方程 $y''+2y'-3y=xe^{x}$ 的特解应设为 $y^{*}=$ ________.

(4) 已知 $y=x, y=e^{x}, y=e^{-x}$ 是某二阶非齐次线性微分方程的三个解，则该方程的通解为________.

2. 单选题.

(1) 下面一阶微分方程不可分离变量的是________.

A. $y'=e^{x-y}$;　　B. $(x-1)yy'-y^2=1$

C. $y'=x(\sqrt{y}-y')$　　D. $y'+3y=e^{2x}$

(2) 微分方程 $xy'-y+Q(x)=0$ 的通解为________.

A. $-x\int\frac{Q(x)}{x^2}dx$　　B. $-x\left[\int\frac{Q(x)}{x^2}dx+C\right]$

C. $e^{-x}\int\frac{Q(x)}{x}dx+C$　　D. $x\int\frac{Q(x)}{x^2}dx+C$

(3) 微分方程 $2y''+3y'+y=0$ 的通解为________.

A. $y=C_1e^{x}-C_2e^{-2x}$　　B. $y=C_1e^{-x}+C_2e^{-\frac{x}{2}}$

C. $y=C_1e^{x}-C_2e^{-\frac{x}{2}}$　　D. $y=C_1e^{-x}+C_2e^{2x}$

(4) 设 $y_1(x)$, $y_2(x)$ 为二阶线性常系数微分方程 $y''+by'+cy=0$ 的两个特解,则 $C_1y_1+C_2y_2$ ________.

A. 为所给方程的解,但不是通解

B. 为所给方程的解,但不一定是通解

C. 为所给方程的通解

D. 不是所给方程的解

3. 求下列一阶微分方程的通解或在初始条件下的特解:

(1) $y'=\sqrt{\dfrac{1+y^2}{1-x^2}}$;

(2) $\cos y\mathrm{d}x+(1+\mathrm{e}^{-x})\sin y\mathrm{d}y=0, y(0)=\dfrac{\pi}{4}$;

(3) $(xy-x^2)\mathrm{d}y=y^2\mathrm{d}x$;

(4) $x^2y'+xy=y^2, y(1)=1$;

(5) $y'+2xy=(x\sin x)\mathrm{e}^{-x^2}, y(0)=1$.

4. 求下列二阶微分方程的通解或在初始条件下的特解:

(1) $y''-2y'-2y=0$;

(2) $y''-2y'+2y=2x^2$;

(3) $y''+3y'-10y=144x\mathrm{e}^{-2x}$;

(4) $y''-8y'+16y=\mathrm{e}^{4x}, y(0)=0, y'(0)=1$;

(5) $y''+y'-2y=\mathrm{e}^x+2x+3, y(0)=0, y'(0)=\dfrac{1}{3}$.

5. 设对任意 $x>0$,曲线 $y=f(x)$ 上点 $(x,f(x))$ 处的切线在 y 轴上的截距等于 $\dfrac{1}{x}\int_0^x f(t)\mathrm{d}t$,求 $f(x)$ 的一般表达式.

数学家简介[7]

欧　拉

——数学家之英雄

欧拉(Euler),1707年4月15日生于瑞士巴塞尔,1783年9月18日卒于俄国彼得堡,是18世纪最杰出的数学家和物理学家之一.

欧拉出生于牧师家庭,自幼聪敏早慧,并受他父亲的影响酷爱数学.1720年秋,年仅13岁的欧拉入读巴塞尔大学,当时著名的数学家约翰·伯努利(Johann Bernoulli)任该校数学教授,他每天讲授基础数学课程,同时还给少数高才生开设更高深的数学、物理学讲座,欧拉便是约翰·伯努利的最忠实的听众.他勤奋地学习所有的科目,但仍不满足.欧拉后来在自传中写道:"不久,我找到了一个把自己介绍给著名的约翰·伯努利教授的机会……他

欧　拉

确实太忙了,因此断然拒绝给我个别授课.但是,他给了我许多更加宝贵的忠告,使我开始独立地学习更困难的数学著作,尽我所能努力去研究它们.如果我遇到什么障碍或困难,他允许我每星期六下午自由地去找他,他总是和蔼地为我解答一切疑难……无疑,这是在数学学科上获得成功的最好方法."勤奋努力的欧拉15岁就获得了巴塞尔大学的学士学位,16岁获得该校的哲学硕士学位.1723年秋,为了满足他父亲的愿望,欧拉又入读该校的神学系,但他在神学和希腊语等方面的学习并不成功,两年后,他彻底放弃了当牧师的想法.

欧拉18岁开始其数学生涯.翌年,就因研究巴黎科学院当年的有奖征文课题而获得荣誉提名.从1738年至1772年,欧拉共获得过12次巴黎科学院奖金.

在瑞士,当时青年数学家的工作条件非常艰难,而俄国新组建的圣彼得堡科学院正在网罗人才,欧拉接受了圣彼得堡科学院的邀请,于1727年4月5日告别了故乡,5月24日抵达了圣彼得堡.从那时起,欧拉的一生与他的科学工作都紧密地同圣彼得堡科学院和俄国联系在一起.他再也没有回过瑞士,但是,出于对祖国的深厚感情,欧拉始终保留了他的瑞士国籍.

在圣彼得堡的头14年,欧拉以无可匹敌的工作效率在数学和力学等领域做

出了许多辉煌的发现，研究硕果累累，声望与日俱增，赢得了各国科学家的尊敬.1738年，由于过度的劳累，欧拉在一场疾病之后右眼失明了，但他仍旧坚持不懈地工作.1740年末，因俄国局势不稳，欧拉应邀前往柏林科学院工作，担任科学院数学部主任和院务委员等职，但在此期间，欧拉一直保留着圣彼得堡科学院院士资格，领取年俸.1765年，欧拉重返圣彼得堡科学院.1766年，欧拉的左眼也失明了.但双目失明的科学老人依然奋斗不止，他的论著几乎有一半是1765年以后出版的.

欧拉是18世纪数学界的中心人物，他是继牛顿之后最杰出的数学家之一.欧拉研究的领域遍及力学、天文学、物理学、航海学、地理学、大地测量学、流体力学、弹道学、保险业和人口统计学等方面.但在欧拉的全部科学贡献中，其数学成就占据最突出的地位.欧拉是数学界最多产的科学家，一生共发表论文和专著500多种，到他逝世时，还有400种未发表的手稿.1909年瑞士科学院开始出版《欧拉全集》，共74卷，直到20世纪的80年代尚未出齐.

欧拉的多产还得益于他非凡的记忆力和心算能力.他70岁时还能准确地回忆起他年轻时读过的荷马史诗《伊利亚特》每页的头行和末行.他能够背诵出当时数学领域的主要公式.有一个例子足以说明欧拉的心算本领：他的两个学生把一个颇为复杂的收敛级数的17项相加起来，算到第50位数字时因相差一个单位而产生了争执，为了确定谁正确，欧拉对整个计算过程仅凭心算即判明了他们的正误.1771年，一场无情的大火曾把欧拉的大部分藏书和手稿焚为灰烬，但晚年的欧拉凭借其非凡的毅力、超人的才智、雄厚的知识、惊人的记忆和心算能力，以由他口授、儿女笔录的形式进行着特殊的科学研究工作.

欧拉的著述浩瀚，不仅包含科学创见，而且富有科学思想，他给后人留下了极其丰富的科学遗产和为科学献身的精神.历史学家把欧拉同阿基米德、牛顿、高斯并列为数学史上的“四杰”.如今，在数学的许多分支中经常可以看到以他的名字命名的重要常数、公式和定理.

第 8 章

多元函数微分学

前面几章我们讨论的都是只依赖于一个自变量的函数，即一元函数. 但许多实际问题经常涉及多个自变量的情形，这就需要引入多元函数的概念.

本章介绍多元函数微分学，它是一元函数微分的自然延伸和发展，在处理问题的思路和方法上两者有许多类似之处. 但由于变量增多，问题更复杂，因而也有不少差别. 由于二元函数和一般的多元函数之间没有本质上的变化，故本章我们主要介绍二元函数微分的一些基本概念和知识，如二元函数及其几何表示，极限和连续性，偏导数和全微分，隐函数的导数以及多元函数的极值、最值和它们的简单应用. 二元函数的这些概念和方法不难推广到一般的多元函数.

§8.1　空间解析几何简介

一、空间直角坐标系

我们知道，实数 x 与数轴上的点 x 是一一对应的，二元数组 (x,y) 与平面上的点 $M(x,y)$ 是一一对应的. 类似地，建立空间直角坐标系，可以把三元数组 (x,y,z) 与空间中的点建立一一对应关系.

在空间中取定一点 O，过 O 点作三条相互垂直的数轴 Ox，Oy，Oz，取定正方向，各轴上再规定一个共同的长度单位，这就构成了一个**空间直角坐标系**，记为 O-xyz，并称 O 为**坐标原点**，称数轴 Ox，Oy，Oz 为**坐标轴**，称由两坐标轴决定的平面为**坐标平面**，简称 xOy，yOz，zOx **平面**.

对于空间直角坐标系，我们通常采用**右手系**. 所谓右手系，是指将右手的拇指、食指和中指伸成相互垂直的状态，当拇指、食指分别指向 x 轴、y 轴正向时，

中指正好指向 z 轴正向(图 8-1).

有了空间直角坐标系后,可以像平面那样规定空间中点的直角坐标.设给定空间中一点 M,过点 M 作三个平行于坐标平面的平面,它们与 x 轴、y 轴、z 轴分别交于点 P,Q,R,其所在坐标轴上的坐标分别为 x,y,z(图 8-2).我们称与点 M 对应的三个有序的实数为点 M 的**坐标**,记为

$$M=M(x,y,z),$$

其中 x,y,z 分别称为点 M 的**横坐标**、**纵坐标**、**竖坐标**,或称为 x 坐标、y 坐标、z 坐标.

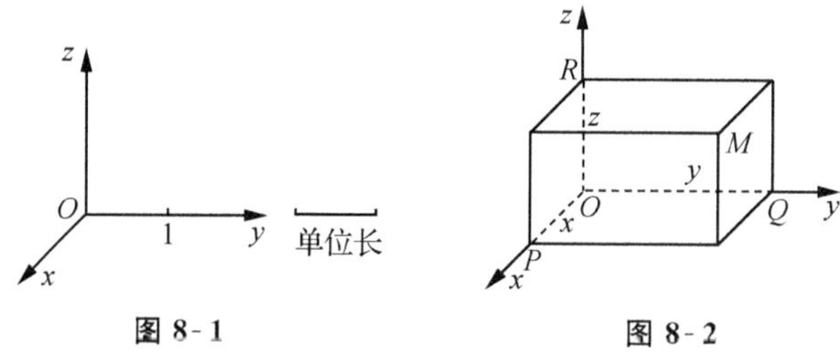

图 8-1　　图 8-2

每个坐标平面将空间分成两个半空间.例如,xOy 平面将空间分成上、下两个半空间;yOz 平面将空间分成前、后两个半空间;xOz 平面将空间分成左、右两个半空间.在每个半空间内或坐标平面上的点,其坐标的符号都有一定的规律,如上半空间 $z>0$,下半空间 $z<0$,xOy 平面上 $z=0$,其他类似.

三个坐标平面将空间分成八块,每一块叫作一个**卦限**,我们将八个卦限编号,在上半空间分别为Ⅰ、Ⅱ、Ⅲ、Ⅳ(图 8-3),在它们的下方分别为Ⅴ、Ⅵ、Ⅶ、Ⅷ.

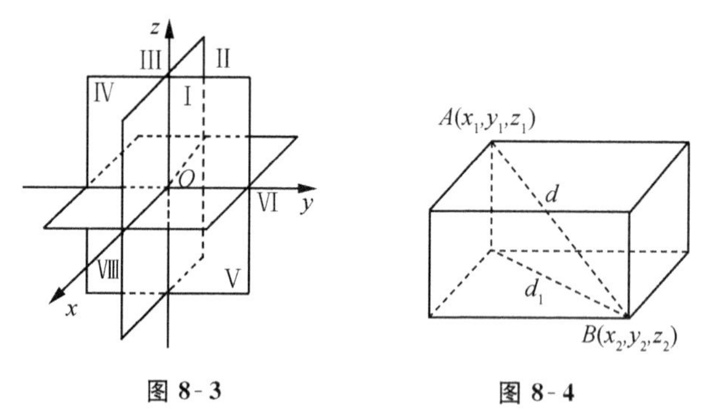

图 8-3　　图 8-4

对于空间中任意两点 $A(x_1,y_1,z_1)$ 和 $B(x_2,y_2,z_2)$(图 8-4),可以求得它们之间的距离为

$$\begin{aligned}|AB|=d&=\sqrt{d_1^2+(z_2-z_1)^2}\\&=\sqrt{(x_2-x_1)^2+(y_2-y_1)^2+(z_2-z_1)^2}.\end{aligned}\tag{8.1}$$

特别地,空间中任意一点 $M(x,y,z)$ 到原点 O 的距离为

$$|OM|=\sqrt{x^2+y^2+z^2}.\tag{8.2}$$

二、常见的空间曲面与方程

通过空间直角坐标系可以建立空间曲面与方程之间的对应关系. 空间中的任意曲面 S 都是点的几何轨迹. 凡位于这一曲面上的点的坐标 x,y,z 都要满足一个三元方程

$$F(x,y,z)=0.\tag{8.3}$$

而不在这个曲面上的点的坐标都不满足方程(8.3). 我们称方程(8.3)为**曲面 S 的方程**. 曲面 S 的几何图形称为**方程**(8.3)**的图形**.

应该注意的是,对于一元方程或二元方程

$$F(x)=0 \text{ 或 } F(x,y)=0,$$

需根据不同的坐标系来确定它们的几何意义. 例如,$x=1$,在数轴上表示一个点;在平面直角坐标系下,它是一条垂直于 x 轴,且在 x 轴上截距为 1 的直线;而在空间直角坐标系中,它是平行于 yOz 平面且在 x 轴上截距为 1 的平面.

常见的空间曲面主要有**平面**、**柱面**、**二次曲面**等.

1. 平面

空间平面方程的一般形式为

$$ax+by+cz+d=0,\tag{8.4}$$

其中 a,b,c,d 为常数,且 a,b,c 不全为零. 例如,当 $a=b=d=0$,而 $c\neq0$ 时,得平面方程 $z=0$,也就是 xOy 平面. 当 $a\neq0,b\neq0,c=d=0$ 时,得平面方程 $ax+by=0$. 该平面垂直于 xOy 平面,且 z 轴在该平面上.

2. 柱面

设 L 是空间中的一条曲线,与给定直线 l 平行的动直线沿曲线 L 移动所得的空间曲面称为**柱面**(图 8-5),L 称为柱面的**准线**,动直线称为柱面的**母线**.

柱面的准线不是唯一的,柱面上与所有母线都相交的曲线都可作为准线.

我们只讨论母线与坐标轴平行的柱面(图 8-6).

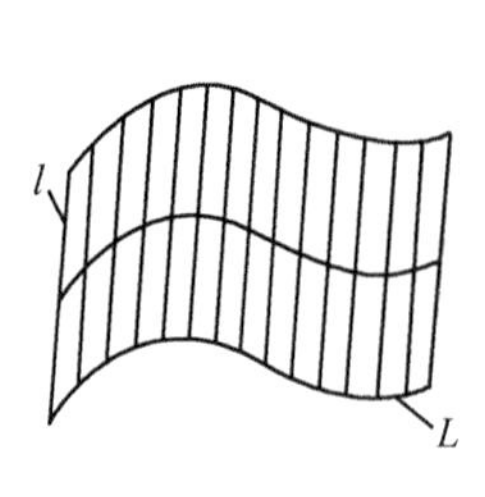

图 8-5

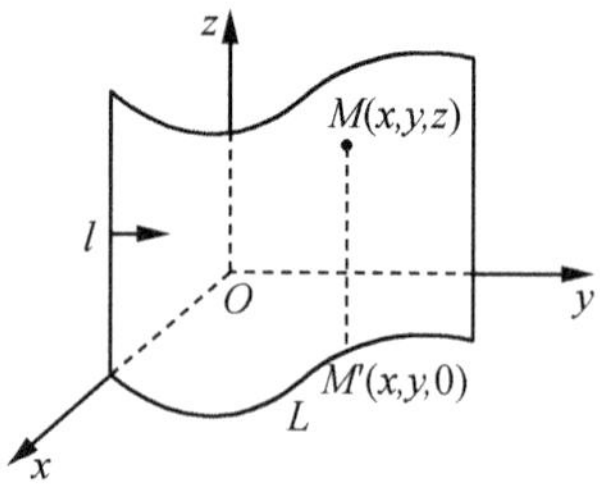

图 8-6

设 L 是 xOy 平面上方程为 $F(x,y)=0$ 的曲线，在空间中，曲线 L 可以用方程组

$$\begin{cases} F(x,y)=0, \\ z=0 \end{cases}$$

表示.

例如，$x^2+y^2=R^2$ 表示空间的一个圆柱面(图 8-7)，它的母线平行于 Oz 轴，准线是 xOy 平面上的圆：

$$\begin{cases} x^2+y^2=R^2, \\ z=0. \end{cases}$$

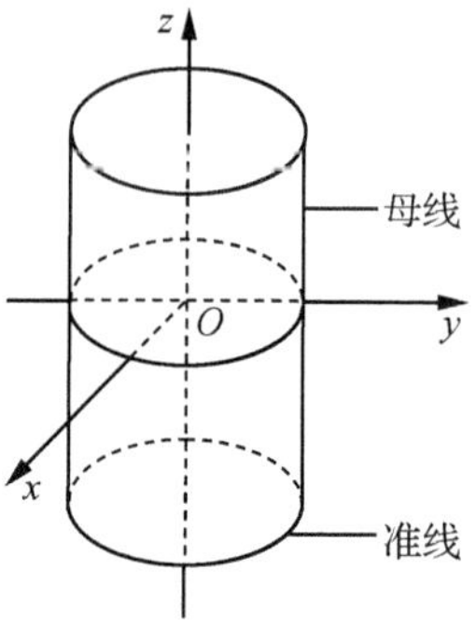

方程 $x^2-y^2=1$ 表示母线平行于 Oz 轴，准线为双曲线：

$$\begin{cases} x^2-y^2=1, \\ z=0 \end{cases}$$

的双曲柱面(图 8-8).

图 8-7

方程 $y^2=2px$ 表示抛物柱面(图 8-9).

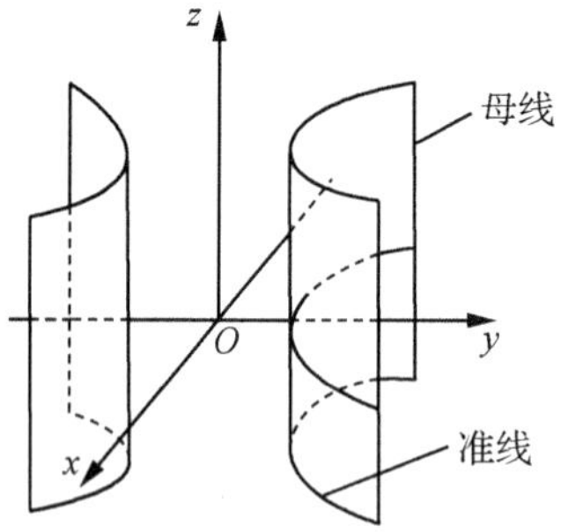

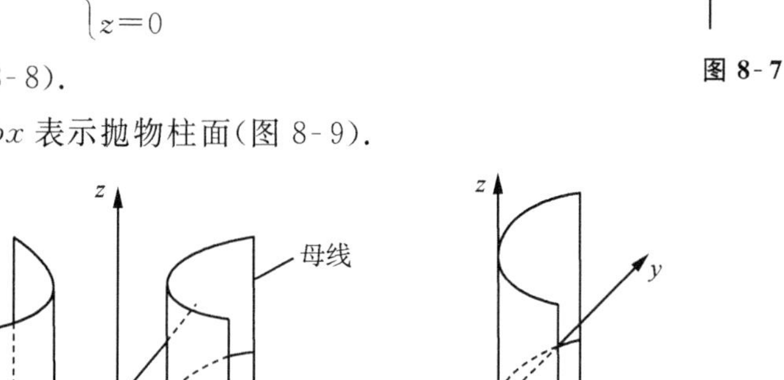

图 8-8 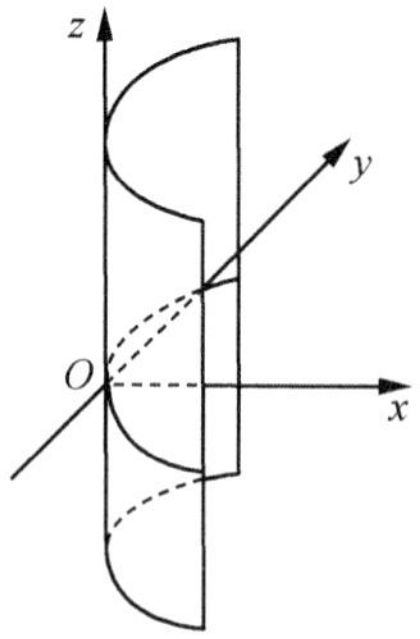　　图 8-9

3. **二次曲面**

三元二次方程

$$a_1x^2+a_2y^2+a_3z^2+b_1xy+b_2yz+b_3zx+c_1x+c_2y+c_3z+d=0 \quad (8.5)$$

所表示的空间曲面称为二次曲面，其中 $a_i,b_i,c_i(i=1,2,3)$ 和 d 均为常数，且 a_i，b_i 不全为零.

二次曲面方程经过配方和适当选取空间直角坐标系后，可以化成如下几种常见的标准形式：

(1) 球面：

$$x^2+y^2+z^2=R^2(R>0). \quad (8.6)$$

(2) 椭球面：

$$\frac{x^2}{a^2}+\frac{y^2}{b^2}+\frac{z^2}{c^2}=1(a,b,c>0), \quad (8.7)$$

当 $a=b=c=R$ 时，即为球面. 其图形如图 8-10 所示.

(3) 单叶双曲面：

$$\frac{x^2}{a^2}+\frac{y^2}{b^2}-\frac{z^2}{c^2}=1(a,b,c>0), \quad (8.8)$$

其图形如图 8-11 所示.

(4) 双叶双曲面：

$$\frac{x^2}{a^2}+\frac{y^2}{b^2}-\frac{z^2}{c^2}=-1(a,b,c>0), \quad (8.9)$$

其图形如图 8-12 所示.

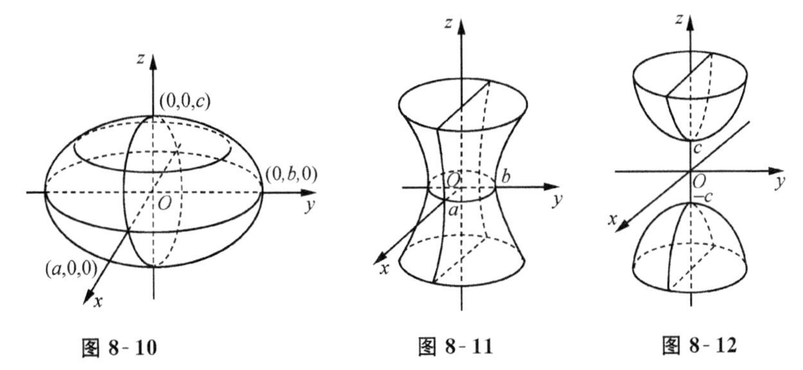

图 8-10　　**图 8-11**　　**图 8-12**

(5) 二次锥面：

$$\frac{x^2}{a^2}+\frac{y^2}{b^2}-\frac{z^2}{c^2}=0(a,b,c>0), \quad (8.10)$$

其图形如图 8-13 所示.

(6) 椭圆抛物面:

$$\frac{x^2}{a^2}+\frac{y^2}{b^2}-2z=0(a,b>0), \tag{8.11}$$

其图形如图 8-14 所示.

(7) 双曲抛物面(马鞍面):

$$\frac{x^2}{a^2}-\frac{y^2}{b^2}+2z=0(a,b>0), \tag{8.12}$$

其图形如图 8-15 所示.

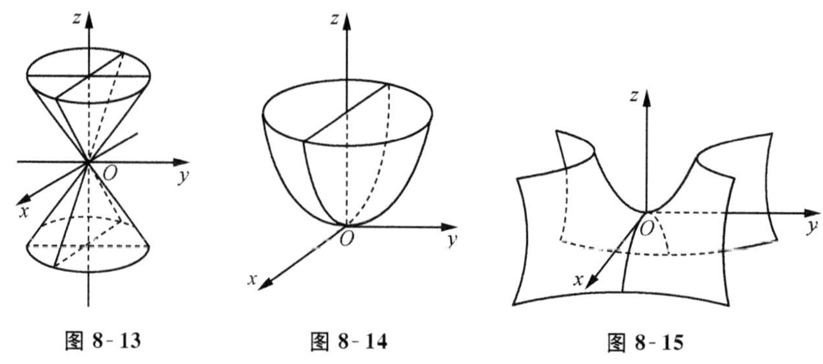

图 8-13　　图 8-14　　图 8-15

例 8.1　求球面 $x^2+y^2+z^2-4x+6y+8z=0$ 的球心与半径.

解　用配方法将原方程改写为

$$(x-2)^2+(y+3)^2+(z+4)^2-29=0,$$

即

$$(x-2)^2+(y+3)^2+(z+4)^2=(\sqrt{29})^2.$$

所以球心坐标为$(2,-3,-4)$,半径 $R=\sqrt{29}$.

从球面方程的特点可以看出,由式(8.5)所表示的曲面方程是球面方程的必要条件是:$a_1=a_2=a_3, b_1=b_2=b_3=0$.

例 8.2　设点 $M_1(-1,0,2)$与点 $M_2(0,-2,3)$,求到这两点距离相等的点的轨迹方程.

解　设点 $P(x,y,z)$是所求轨迹上的点,则由$|PM_1|=|PM_2|$,有

$$\sqrt{(x+1)^2+(y-0)^2+(z-2)^2}=\sqrt{(x-0)^2+(y+2)^2+(z-3)^2},$$

整理后可得

$$x-2y+z-4=0.$$

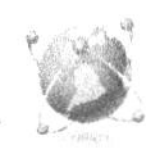

由几何学知，点 P 的轨迹是线段 M_1M_2 的垂直平分平面，也就是式(8.4)所定义的平面方程的形式.

习题 8-1

1. 求以点 $O(1,3,-2)$ 为球心，且通过坐标原点的球面方程.
2. 指出下列各方程表示哪种曲面.

(1) $x^2+y^2-2z=0$；　　(2) $\dfrac{x^2}{9}+\dfrac{y^2}{16}=1$；

(3) $x^2-4y^2+9z^2=36$；　　(4) $z^2-x^2-y^2=0$.

3. 求 k 的值，使平面 $x+ky-2z=9$ 在 y 轴上的截距为 -3.

§8.2　多元函数的基本概念

一、平面区域的概念

与数轴上邻域的概念类似，我们引入平面上点的邻域的概念.

设 $P(x_0,y_0)$ 为直角坐标平面上一点，δ 为一正数，称点集

$$\{(x,y)\mid \sqrt{(x-x_0)^2+(y-y_0)^2}<\delta\}$$

为点 P 的 δ **邻域**，记为 $U_\delta(P)$，或简称为邻域，记为 $U(P)$.

而点集 $U_\delta(P)-\{P\}$ 称为点 P 的去心邻域，记为 $\mathring{U}_\delta(P)$.

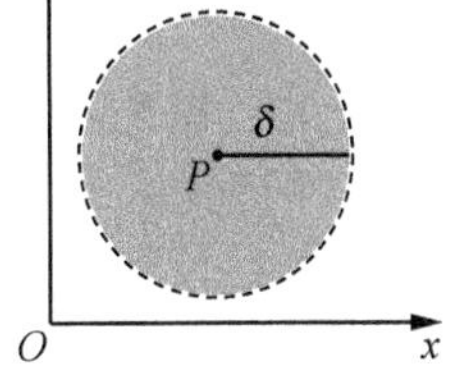

图 8-16

根据这一定义，点 P 的 δ 邻域实际上是以点 P 为圆心、δ 为半径的圆的内部(图 8-16).

设 E 是平面上的一个点集，P 是平面上的一个点，则点 P 与点集 E 之间必存在以下三种关系之一：

(1) 若存在点 P 的某一邻域 $U(P)$，使得 $U(P)\subset E$，则称 P 为 E 的**内点**(见图 8-17 中的点 P_1).

(2) 若存在点 P 的某个邻域 $U(P)$，使得 $U(P)\cap E=\varnothing$，则称 P 为 E 的**外**

点(见图 8-17 中的点 P_2).

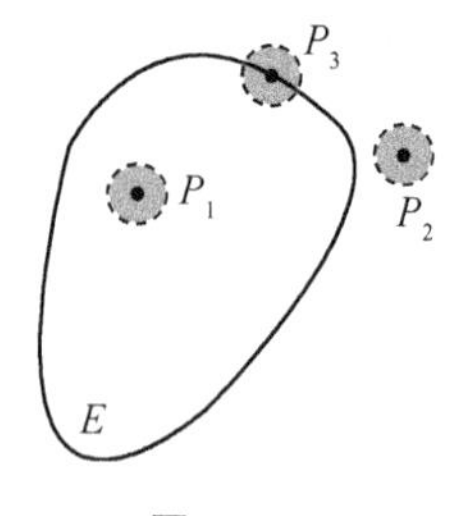

图 8-17

(3) 若点 P 的任意一个邻域内既有属于 E 的点也有不属于 E 的点,则称 P 为 E 的**边界点**(见图 8-17 中的点 P_3).

点集 E 的边界点的全体称为 E 的**边界**.

根据上述定义可知,点集 E 的内点必属于 E,而 E 的边界点则可能属于 E 也可能不属于 E.

若点集 E 内任意一点均为 E 的内点,则称 E 为**开集**.

例如,点集 $E=\{(x,y)\mid 1<x^2+y^2<4\}$ 是一个开集,圆周 $x^2+y^2=1$ 和 $x^2+y^2=4$ 均为 E 的边界.

设 E 为一点集,若点集 E 内的任何两点都可用折线连结起来,且该折线上的点都属于 E,则称点集 E 是**连通的**.

连通的开集称为**区域**或**开区域**(图 8-18),开区域连同它的边界一起称为**闭区域**.

例如,$E_1=\{(x,y)\mid 1\leqslant x^2+y^2\leqslant 4\}$ 为一闭区域(图 8-19),而 $E_2=\{(x,y)\mid x+y>0\}$ 为一开区域(图 8-20).

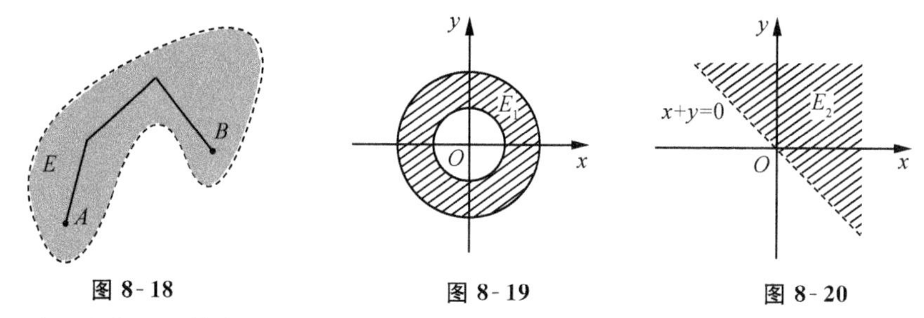

图 8-18　　图 8-19　　图 8-20

对于点集 E,若存在某一正数 K,使得 $E\subset U_K(O)$,则称 E 为**有界集**(见图 8-19的区域 E_1),其中 O 为坐标原点.否则称为**无界点集**(见图 8-20 的区域 E_2).

二、二元函数的概念

定义 8.1　设 D 是平面上的一个非空点集,若对于 D 内的任一点 (x,y),按照某种法则 f,都有唯一确定的实数 z 与之对应,则称 f 是 D 上的**二元函数**,它在 (x,y) 处的函数值记为 $f(x,y)$,即

$$z=f(x,y),$$

其中 x,y 称为**自变量**,z 称为**因变量**.点集 D 称为该函数的**定义域**,数集 $\{z\mid z=$

$f(x,y),(x,y)\in D\}$称为该函数的**值域**.

类似地,可定义三元及三元以上的函数. 当 $n\geqslant 2$ 时,n 元函数统称为**多元函数**.

二元函数的几何意义是表示三维空间中的一个曲面,其定义域 D 为该曲面在 xOy 平面上的投影,即表达式有意义的所有点构成的集合.

例 8.3　求函数 $z=\ln\dfrac{y+1}{x}$的定义域,并作出 D 的示意图.

解　由函数表达式知,$\dfrac{y+1}{x}>0$ 时函数有意义.

$$D=\left\{(x,y)\left|\frac{y+1}{x}>0\right.\right\}=\{(x,y)\mid x>0,y+1>0\}\cup\{(x,y)\mid x<0,y+1<0\}.$$

其图形如图 8-21(a)所示的阴影部分.

例 8.4　求函数 $z=\ln(y-x)+\dfrac{\sqrt{xy}}{\sqrt{x^2+y^2-1}}$的定义域 D,并作出 D 的示意图.

解　要使函数有意义,必须有

$$\begin{cases}y-x>0,\\ xy\geqslant 0,\\ x^2+y^2-1>0.\end{cases}$$

故定义域 $D=\{(x,y)\mid y-x>0,xy\geqslant 0,x^2+y^2-1>0\}$. D 的图形如图 8-21(b)所示.

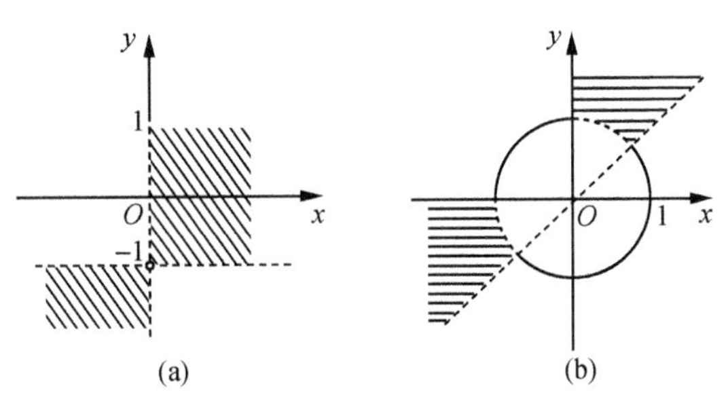

图 8-21

例 8.5　设 $f\left(x+y,\dfrac{y}{x}\right)=x^2-y^2$,求 $f(x,y)$.

解　令 $x+y=u,\dfrac{y}{x}=v$,则

$$x=\frac{u}{1+v},y=\frac{uv}{1+v},$$

所以

$$f(u,v)=\left(\frac{u}{1+v}\right)^2-\left(\frac{uv}{1+v}\right)^2=\frac{u^2(1-v)}{1+v},$$

即

$$f(x,y)=\frac{x^2(1-y)}{1+y}.$$

三、二元函数的极限

与一元函数的极限概念类似，二元函数的极限也反映函数值随自变量变化而变化的趋势.

定义 8.2 设函数 $z=f(x,y)$ 在点 $P_0(x_0,y_0)$ 的某一去心邻域内有定义，若对于任意给定的正数 ε，总存在正数 δ，使得当 $0<|PP_0|=\sqrt{(x-x_0)^2+(y-y_0)^2}<\delta$ 时，恒有

$$|f(x,y)-A|<\varepsilon,$$

则称常数 A 为**函数 $f(x,y)$ 当 $(x,y)\to(x_0,y_0)$ 时的极限**，记为

$$\lim_{\substack{x\to x_0\\ y\to y_0}}f(x,y)=A \text{ 或 } f(x,y)\to A((x,y)\to(x_0,y_0)),$$

也记作

$$\lim_{P\to P_0}f(P)=A \text{ 或 } f(P)\to A(P\to P_0).$$

为了区别于一元函数的极限，称二元函数的极限为**二重极限**. 二重极限与一元函数的极限具有相同的性质和运算法则，读者可以类似推得.

由定义可知，点 $P(x,y)$ 趋于点 $P_0(x_0,y_0)$ 的方式是任意的，因此，若要说明极限不存在，只要找两条趋于点 P_0 的不同路径，使其极限不等即可.

例 8.6 求下列极限.

(1) $\lim\limits_{\substack{x\to 0\\ y\to 0}}(x^2+y^2)\sin\dfrac{1}{x^2+y^2}$；　　(2) $\lim\limits_{(x,y)\to(6,0)}\dfrac{\sin(xy)}{y}$.

解 (1) 令 $u=x^2+y^2$，则

$$\lim_{\substack{x\to 0\\ y\to 0}}(x^2+y^2)\sin\frac{1}{x^2+y^2}=\lim_{u\to 0}u\sin\frac{1}{u}=0.$$

(2) 当 $(x,y)\to(6,0)$ 时，$xy\to 0$，因此，

$$\lim_{(x,y)\to(6,0)}\frac{\sin(xy)}{y}=\lim_{xy\to 0}\frac{\sin(xy)}{xy}\cdot\lim_{x\to 6}x=1\cdot 6=6.$$

例 8.7　证明$\lim\limits_{\substack{x\to 0\\ y\to 0}}\frac{xy}{x^2+y^2}$不存在.

证　令点(x,y)沿直线 $y=kx$(k 为常数)趋于点$(0,0)$,则

$$\lim_{\substack{x\to 0\\ y\to 0}}\frac{xy}{x^2+y^2}=\lim_{\substack{x\to 0\\ y=kx}}\frac{x\cdot kx}{x^2+k^2x^2}=\frac{k}{1+k^2}.$$

易见,当 k 取不同值,即点(x,y)沿不同直线 $y=kx$(k 为常数)趋于点$(0,0)$时,函数的极限不同,故题设极限不存在.

四、二元函数的连续性

定义 8.3　设二元函数 $z=f(x,y)$在点(x_0,y_0)的某一邻域内有定义,若

$$\lim_{\substack{x\to x_0\\ y\to y_0}}f(x,y)=f(x_0,y_0),$$

则称函数 $z=f(x,y)$在点(x_0,y_0)处**连续**. 若函数 $z=f(x,y)$在点(x_0,y_0)处不连续,则称函数 $z=f(x,y)$在点(x_0,y_0)处**间断**.

例如,从例 8.7 知极限$\lim\limits_{\substack{x\to 0\\ y\to 0}}\frac{xy}{x^2+y^2}$不存在,所以,无论怎样定义函数$f(x,y)=\frac{xy}{x^2+y^2}$在点$(0,0)$处的值,$f(x,y)$在点$(0,0)$处都不连续,即在点$(0,0)$处间断.

例 8.8　讨论二元函数 $f(x,y)=\begin{cases}\frac{x^3+y^3}{x^2+y^2}, & (x,y)\neq(0,0),\\ 0, & (x,y)=(0,0)\end{cases}$在点$(0,0)$处的连续性.

解　由 $f(x,y)$表达式的特征知,可利用极坐标变换.

令 $x=\rho\cos\theta,y=\rho\sin\theta$,则

$$\lim_{(x,y)\to(0,0)}f(x,y)=\lim_{\rho\to 0}\rho(\sin^3\theta+\cos^3\theta)=0=f(0,0),$$

所以函数在点$(0,0)$处连续.

若函数 $z=f(x,y)$在区域 D 内每一点都连续,则称该函数在区域 D 内连续. 在区域 D 上连续的二元函数的图形是区域 D 上的一张连续曲面.

与一元函数类似,二元连续函数经过四则运算和复合运算后仍为二元连续函数. 由 x 和 y 的基本初等函数经过有限次的四则运算和复合运算所构成的可

用一个式子表示的二元函数称为**二元初等函数**.一切二元初等函数在其定义区域内是连续的.这里所说的定义区域是指包含在定义域内的区域或闭区域.

有界闭区域上的二元连续函数也有类似于一元函数的最值定理与介值定理,即

最值定理 定义在有界闭区域 D 上的二元连续函数,在其定义域内必能取到最大值和最小值.

介值定理 定义在有界闭区域 D 上的二元连续函数,如果其最大值与最小值不等,那么该函数在该区域 D 内至少有一次取得介于最大值与最小值之间的任意给定数值.

习题 8-2

1. 求下列函数的定义域 D,并画出 D 的示意图.

(1) $z=\sqrt{x-\sqrt{y}}$;　　(2) $z=\arcsin(y^2-x)$;

(3) $z=\dfrac{\sqrt{4x-y^2}}{\ln(1-x^2-y^2)}$;　　(4) $z=\sqrt{\ln(xy)}+\dfrac{1}{\sqrt{y-x^2}}$.

2. 设 $f(x+y,x-y)=x^2-y^2-xy$,求 $f(x,y)$.

3. 设 $z=x^2+y+f(x-y)$,且当 $y=0$ 时,$z=e^x$,求 $f(x)$和 z 的表达式.

4. 求下列极限.

(1) $\lim\limits_{\substack{x\to0\\y\to0}}\dfrac{2-\sqrt{xy+4}}{xy}$;　　(2) $\lim\limits_{\substack{x\to0\\y\to0}}\dfrac{1-\cos\sqrt{x^2+y^2}}{(x^2+y^2)e^{x^2+y^2}}$.

5. 证明极限$\lim\limits_{\substack{x\to0\\y\to0}}\dfrac{x+y}{x-y}$不存在.

§8.3　偏导数与全微分

一、偏导数的定义及其计算方法

在研究一元函数时,我们从研究函数的变化率引入了导数的概念.在实际问题中,我们常常需要了解一个受到多种因素制约的变量,在其他因素固定不变的情况下,该变量只随一种因素变化的变化率问题,反映在数学上就是多元函数在其他自变量固定不变时,函数随一个自变量变化的变化率问题,这就是偏导数.

以二元函数 $z=f(x,y)$ 为例,若固定自变量 $y=y_0$,则函数 $z=f(x,y_0)$ 就是 x 的一元函数,该函数对 x 的导数,就称为二元函数 $z=f(x,y)$ 对 x 的偏导数.一般地,我们有如下定义:

定义 8.4　设函数 $z=f(x,y)$ 在点 (x_0,y_0) 的某一邻域内有定义,当 y 固定在 y_0,而 x 在 x_0 处有增量 Δx 时,相应地,函数有增量

$$f(x_0+\Delta x,y_0)-f(x_0,y_0),$$

若 $\lim\limits_{\Delta x\to 0}\dfrac{f(x_0+\Delta x,y_0)-f(x_0,y_0)}{\Delta x}$ 存在,则称此极限为函数 $z=f(x,y)$ 在点 (x_0,y_0) 处**对 x 的偏导数**,记为

$$\left.\frac{\partial z}{\partial x}\right|_{\substack{x=x_0\\y=y_0}},\left.\frac{\partial f}{\partial x}\right|_{\substack{x=x_0\\y=y_0}},\left.z_x\right|_{\substack{x=x_0\\y=y_0}}\text{或 }f'_x(x_0,y_0),$$

即

$$f'_x(x_0,y_0)=\lim_{\Delta x\to 0}\frac{f(x_0+\Delta x,y_0)-f(x_0,y_0)}{\Delta x}.\tag{8.13}$$

类似地,函数 $z=f(x,y)$ 在点 (x_0,y_0) 处**对 y 的偏导数**为

$$\lim_{\Delta y\to 0}\frac{f(x_0,y_0+\Delta y)-f(x_0,y_0)}{\Delta y},\tag{8.14}$$

记为

$$\left.\frac{\partial z}{\partial y}\right|_{\substack{x=x_0\\y=y_0}},\left.\frac{\partial f}{\partial y}\right|_{\substack{x=x_0\\y=y_0}},\left.z_y\right|_{\substack{x=x_0\\y=y_0}}\text{或 }f'_y(x_0,y_0).$$

如果函数 $z=f(x,y)$ 在区域 D 内任一点 (x,y) 处对 x 的偏导数都存在,那么这个偏导数就是 x,y 的函数,并称为函数 $z=f(x,y)$ **对自变量 x 的偏导函数**(简称为**偏导数**),记作

$$\frac{\partial z}{\partial x},\frac{\partial f}{\partial x},z_x \text{ 或 } f'_x(x,y).$$

同理可以定义函数 $z=f(x,y)$ **对自变量 y 的偏导数**,记作

$$\frac{\partial z}{\partial y},\frac{\partial f}{\partial y},z_y \text{ 或 } f'_y(x,y).$$

偏导数的概念可以推广到二元以上的函数.

例如,三元函数 $u=f(x,y,z)$ 在点 (x,y,z) 处的偏导数:

$$f'_x(x,y,z)=\lim_{\Delta x\to 0}\frac{f(x+\Delta x,y,z)-f(x,y,z)}{\Delta x},$$

$$f'_y(x,y,z)=\lim_{\Delta y\to 0}\frac{f(x,y+\Delta y,z)-f(x,y,z)}{\Delta y},$$

$$f'_z(x,y,z)=\lim_{\Delta z\to 0}\frac{f(x,y,z+\Delta z)-f(x,y,z)}{\Delta z}.$$

上述定义表明,在求多元函数对某个自变量的偏导数时,只需把其余自变量看作常数,然后直接利用一元函数的求导公式及复合函数求导法则来计算.

例 8.9 求 $z=\mathrm{e}^{\frac{y}{x}}\sin(x^2+y)$ 在点 $(1,-1)$ 处的偏导数 $\left.\frac{\partial z}{\partial x}\right|_{(1,-1)}$,$\left.\frac{\partial z}{\partial y}\right|_{(1,-1)}$.

解 因为

$$\frac{\partial z}{\partial x}=-\frac{y}{x^2}\mathrm{e}^{\frac{y}{x}}\sin(x^2+y)+\mathrm{e}^{\frac{y}{x}}\cos(x^2+y)\cdot 2x,$$

$$\frac{\partial z}{\partial y}=\frac{1}{x}\mathrm{e}^{\frac{y}{x}}\sin(x^2+y)+\mathrm{e}^{\frac{y}{x}}\cos(x^2+y),$$

所以

$$\left.\frac{\partial z}{\partial x}\right|_{(1,-1)}=\mathrm{e}^{-1}\cdot 0+\mathrm{e}^{-1}\cdot 2=2\mathrm{e}^{-1},$$

$$\left.\frac{\partial z}{\partial y}\right|_{(1,-1)}=\mathrm{e}^{-1}\cdot 0+\mathrm{e}^{-1}\cdot 1=\mathrm{e}^{-1}.$$

例 8.10 求下列函数对所有自变量的偏导数.

(1) $z=x^2y+\ln y$;　　(2) $z=\arctan(x\mathrm{e}^{y^2})$;　　(3) $u=x^{yz}$.

解 (1) $\frac{\partial z}{\partial x}=2xy,\frac{\partial z}{\partial y}=x^2+\frac{1}{y}$.

(2) $\frac{\partial z}{\partial x}=\frac{\mathrm{e}^{y^2}}{1+(x\mathrm{e}^{y^2})^2}=\frac{\mathrm{e}^{y^2}}{1+x^2\mathrm{e}^{2y^2}},\frac{\partial z}{\partial y}=\frac{x\mathrm{e}^{y^2}\cdot 2y}{1+(x\mathrm{e}^{y^2})^2}=\frac{2xy\mathrm{e}^{y^2}}{1+x^2\mathrm{e}^{2y^2}}$.

(3) $\frac{\partial u}{\partial x}=yzx^{yz-1},\frac{\partial u}{\partial y}=x^{yz}\ln x\cdot z=x^{yz}z\ln x,\frac{\partial u}{\partial z}=x^{yz}\ln x\cdot y=x^{yz}y\ln x$.

例 8.11　讨论函数

$$f(x,y)=\begin{cases}\dfrac{xy}{x^2+y^2}, & x^2+y^2\neq 0,\\ 0, & x^2+y^2=0\end{cases}$$

在点(0,0)处的偏导数与连续性的关系.

解　由偏导数的定义有

$$f'_x(0,0)=\lim_{\Delta x\to 0}\frac{f(\Delta x,0)-f(0,0)}{\Delta x}=0,$$

$$f'_y(0,0)=\lim_{\Delta y\to 0}\frac{f(0,\Delta y)-f(0,0)}{\Delta y}=0.$$

从而 $f(x,y)$ 在点(0,0)处的偏导数都存在. 但由 § 8.2 例 8.7 知道, $f(x,y)$ 在点(0,0)处的极限不存在,故在该点不连续.

上例说明 $f(x,y)$ 在某一点的偏导数存在尚不能保证函数在该点连续,这与一元函数的可导一定连续的结论是不一样的. 其原因是因为偏导数只刻画了函数在某点处沿 x 轴与 y 轴特定的方向变化时的分析性质,而不是函数在对应点处发生变化时的整体分析性质.

偏导数的几何意义

设曲面的方程为 $z=f(x,y)$, $M_0(x_0,y_0,f(x_0,y_0))$ 是该曲面上一点,过点 M_0 作平面 $y=y_0$,截此曲面得一条曲线,其方程为

$$\begin{cases}z=f(x,y_0),\\ y=y_0,\end{cases}$$

则偏导数 $f'_x(x_0,y_0)$ 表示上述曲线在点 M_0 处的切线 M_0T_x 对 x 轴正向的斜率(图 8-22). 同理,偏导数 $f'_y(x_0,y_0)$ 就是曲面被平面 $x=x_0$ 所截得的曲线在点 M_0 处的切线 M_0T_y 对 y 轴正向的斜率.

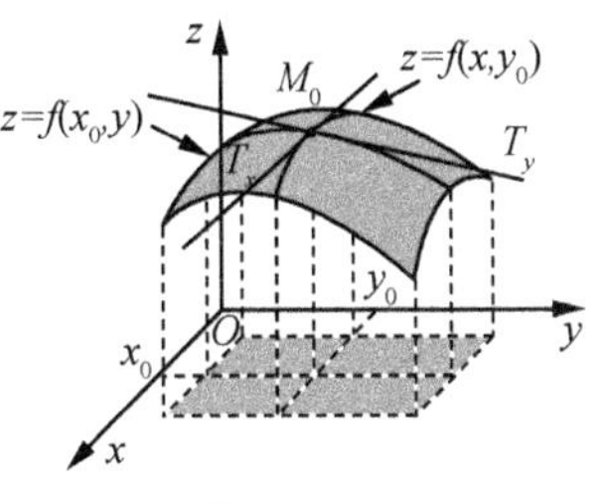

图 8-22

二、高阶偏导数

设函数 $z=f(x,y)$ 在区域 D 内具有偏导数

$$\frac{\partial z}{\partial x}=f'_x(x,y),\ \frac{\partial z}{\partial y}=f'_y(x,y),$$

则在 D 内 $f'_x(x,y)$ 和 $f'_y(x,y)$ 都是 x,y 的函数. 若这两个函数的偏导数存在,

则称它们是函数 $z=f(x,y)$ 的**二阶偏导数**. 按照对变量求导次序的不同,共有下列四个二阶偏导数:

$$\frac{\partial}{\partial x}\left(\frac{\partial z}{\partial x}\right)=\frac{\partial^2 z}{\partial x^2}=f''_{xx}(x,y),\frac{\partial}{\partial y}\left(\frac{\partial z}{\partial x}\right)=\frac{\partial^2 z}{\partial x\partial y}=f''_{xy}(x,y),$$

$$\frac{\partial}{\partial x}\left(\frac{\partial z}{\partial y}\right)=\frac{\partial^2 z}{\partial y\partial x}=f''_{yx}(x,y),\frac{\partial}{\partial y}\left(\frac{\partial z}{\partial y}\right)=\frac{\partial^2 z}{\partial y^2}=f''_{yy}(x,y),$$

其中第二个、第三个偏导数称为**混合偏导数**.

类似地,可以定义三阶、四阶以及 n 阶偏导数. 我们把二阶及二阶以上的偏导数统称为**高阶偏导数**.

例 8.12 设 $z=4x^3+3x^2y-3xy^2-x+y$,求 $\frac{\partial^2 z}{\partial x^2},\frac{\partial^2 z}{\partial y\partial x},\frac{\partial^2 z}{\partial x\partial y},\frac{\partial^2 z}{\partial y^2}$.

解 $\frac{\partial z}{\partial x}=12x^2+6xy-3y^2-1,\frac{\partial z}{\partial y}=3x^2-6xy+1,$

$\frac{\partial^2 z}{\partial x^2}=24x+6y,\frac{\partial^2 z}{\partial y^2}=-6x,\frac{\partial^2 z}{\partial x\partial y}=6x-6y,\frac{\partial^2 z}{\partial y\partial x}=6x-6y.$

例 8.13 求 $z=x\ln(x+y)$ 的二阶偏导数.

解 $\frac{\partial z}{\partial x}=\ln(x+y)+\frac{x}{x+y},\frac{\partial z}{\partial y}=\frac{x}{x+y},$

$\frac{\partial^2 z}{\partial x^2}=\frac{1}{x+y}+\frac{x+y-x}{(x+y)^2}=\frac{x+2y}{(x+y)^2},\frac{\partial^2 z}{\partial y^2}=\frac{-x}{(x+y)^2},$

$\frac{\partial^2 z}{\partial x\partial y}=\frac{1}{x+y}+\frac{-x}{(x+y)^2}=\frac{y}{(x+y)^2},\frac{\partial^2 z}{\partial y\partial x}=\frac{(x+y)-x}{(x+y)^2}=\frac{y}{(x+y)^2}.$

我们看到例 8.12 和例 8.13 中两个二阶混合偏导数均相等,即

$$\frac{\partial^2 z}{\partial x\partial y}=\frac{\partial^2 z}{\partial y\partial x}.$$

这并不是偶然的,我们有如下定理:

定理 8.1 若函数 $z=f(x,y)$ 的两个混合偏导数 $f''_{xy}(x,y)$ 和 $f''_{yx}(x,y)$ 在区域 D 内连续,则在 D 内必相等,即

$$f''_{xy}(x,y)=f''_{yx}(x,y).$$

证明略.

例 8.14 证明:函数 $u=\ln\sqrt{x^2+y^2+z^2}$ 满足方程

$$\frac{\partial^2 u}{\partial x^2}+\frac{\partial^2 u}{\partial y^2}+\frac{\partial^2 u}{\partial z^2}=\frac{1}{x^2+y^2+z^2}.$$

证 由 $u=\frac{1}{2}\ln(x^2+y^2+z^2)$ 得

$$\frac{\partial u}{\partial x}=\frac{1}{2}\frac{2x}{x^2+y^2+z^2}=\frac{x}{x^2+y^2+z^2},$$

$$\frac{\partial^2 u}{\partial x^2}=\frac{x^2+y^2+z^2-2x^2}{(x^2+y^2+z^2)^2}=\frac{y^2+z^2-x^2}{(x^2+y^2+z^2)^2}.$$

利用函数的对称性知

$$\frac{\partial^2 u}{\partial y^2}=\frac{x^2+z^2-y^2}{(x^2+y^2+z^2)^2},\frac{\partial^2 u}{\partial x^2}=\frac{x^2+y^2-z^2}{(x^2+y^2+z^2)^2}.$$

所以

$$\frac{\partial^2 u}{\partial x^2}+\frac{\partial^2 u}{\partial y^2}+\frac{\partial^2 u}{\partial z^2}=\frac{x^2+y^2+z^2}{(x^2+y^2+z^2)^2}=\frac{1}{x^2+y^2+z^2}.$$

三、全微分

由一元函数微分知，微分 $dy=A\Delta x$ 具有两个特性：

(1) dy 是 Δx 的线性函数；

(2) 当 $\Delta x\to 0$ 时，dy 与函数增量 Δy 之差是比 Δx 高阶的无穷小，即

$$\Delta y=dy+o(\Delta x)(\Delta x\to 0).$$

对于二元函数 $z=f(x,y)$ 也有类似的问题需要研究，即当自变量在点 (x_0,y_0) 处有改变量 Δx 与 Δy 时，函数相应的改变量(称为**全增量**)

$$\Delta z=f(x_0+\Delta x,y_0+\Delta y)-f(x_0,y_0).$$

由于 x_0,y_0 固定，因此 Δz 是 Δx 与 Δy 的函数. 一般情况下，计算全增量 Δz 比较复杂，我们希望像一元函数一样，用 Δx 和 Δy 的线性函数来近似代替全增量，这就是全微分的概念. 下面通过例子加以形象说明.

例 8.15 设矩形的边长为 x 和 y，当 x 和 y 各有增量 Δx 与 Δy 时，矩形面积的改变量 ΔS 可以表示成

$$\Delta S=(x+\Delta x)(y+\Delta y)-xy=y\Delta x+x\Delta y+\Delta x\Delta y.$$

其中 $y\Delta x+x\Delta y$ 是自变量 $\Delta x,\Delta y$ 的线性表达式，称其为 ΔS 的线性主部，$\Delta x\Delta y$ 是比 $\rho=\sqrt{(\Delta x)^2+(\Delta y)^2}$ 更高阶的无穷小量.(图 8-23)

当 $\Delta x,\Delta y$ 很小时，面积的改变量 ΔS 可近似地用其线性主部来表示，即

$$\Delta S\approx y\Delta x+x\Delta y.$$

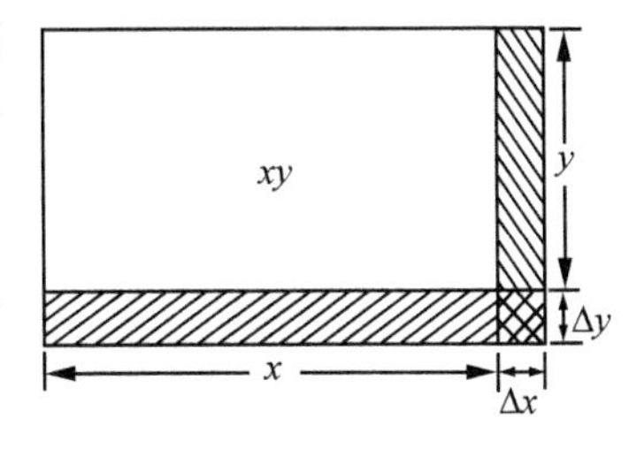

图 8-23

这种表示方法具有普遍的意义.

定义 8.5 设函数 $z=f(x,y)$ 在点 (x_0,y_0) 的某邻域内有定义，若函数的全增量 Δz 可以表示为

$$\Delta z=f(x_0+\Delta x,y_0+\Delta y)-f(x_0,y_0)=A\Delta x+B\Delta y+o(\rho), \tag{8.15}$$

其中 A,B 仅与点 (x_0,y_0) 有关，而与 $\Delta x,\Delta y$ 无关，$\rho=\sqrt{(\Delta x)^2+(\Delta y)^2}$，则称函数 $f(x,y)$ 在点 (x_0,y_0) 处**可微**，并称 $A\Delta x+B\Delta y$ 为函数 $f(x,y)$ 在点 (x_0,y_0) 处的**全微分**，记为 $\mathrm{d}z$，即

$$\mathrm{d}z=A\Delta x+B\Delta y. \tag{8.16}$$

由前面内容可知，多元函数在某点的偏导数存在，并不能保证函数在该点连续，但是，由上述定义 8.5 可知，若函数在点 (x,y) 处可微，则函数在该点必连续且有偏导数. 我们有如下定理：

定理 8.2(可微的必要条件) 若函数 $z=f(x,y)$ 在点 (x_0,y_0) 处可微，则函数 $z=f(x,y)$ 在该点的偏导数 $f'_x(x_0,y_0)$，$f'_y(x_0,y_0)$ 存在，且

$$A=f'_x(x_0,y_0),B=f'_y(x_0,y_0).$$

证 由于 $f(x,y)$ 在点 (x_0,y_0) 处可微，由定义知，对任意 $\Delta x,\Delta y$ 有

$$\Delta z=A\Delta x+B\Delta y+o(\rho).$$

若令 $\Delta y=0$，则

$$\Delta_x z=f(x_0+\Delta x,y_0)-f(x_0,y_0)=A\Delta x+o(\sqrt{(\Delta x)^2})=A\Delta x+o(|\Delta x|),$$

两边同除以 Δx，并令 $\Delta x\to 0$ 取极限，有

$$\lim_{\Delta x\to 0}\frac{\Delta_x z}{\Delta x}=\lim_{\Delta x\to 0}\frac{A\Delta x+o(|\Delta x|)}{\Delta x}=A.$$

从而 $f'_x(x_0,y_0)$ 存在，且等于 A.

同理可证 $B=f'_y(x_0,y_0)$.

由于自变量的改变量等于自变量的微分，即 $\Delta x=\mathrm{d}x,\Delta y=\mathrm{d}y$，所以函数 $y=f(x,y)$ 在点 (x_0,y_0) 的全微分记作

$$\mathrm{d}z|_{(x_0,y_0)}=f'_x(x_0,y_0)\mathrm{d}x+f'_y(x_0,y_0)\mathrm{d}y.$$

若函数在区域 D 内可微，则区域 D 内任意点 (x,y) 的全微分记作

$$\mathrm{d}z=f'_x(x,y)\mathrm{d}x+f'_y(x,y)\mathrm{d}y$$

或

$$\mathrm{d}z=\frac{\partial z}{\partial x}\mathrm{d}x+\frac{\partial z}{\partial y}\mathrm{d}y. \tag{8.17}$$

定理 8.3 若函数 $z=f(x,y)$ 在点 (x_0,y_0) 处可微，则该函数在点 (x_0,y_0) 处

连续.

证 由于 $z=f(x,y)$ 在点 (x_0,y_0) 处可微，即有

$$\Delta z=A\Delta x+B\Delta y+o(\rho),$$

从而

$$\lim_{\substack{\Delta x\to 0\\ \Delta y\to 0}}\Delta z=\lim_{\substack{\Delta x\to 0\\ \Delta y\to 0}}[A\Delta x+B\Delta y+o(\rho)]=0,$$

所以

$$\lim_{\substack{\Delta x\to 0\\ \Delta y\to 0}}f(x_0+\Delta x,y_0+\Delta y)=f(x_0,y_0).$$

说明 $z=f(x,y)$ 在点 (x_0,y_0) 处连续.

上面两个定理说明，可微一定连续，一定存在偏导数.

定理 8.4（可微的充分条件） 若函数 $z=f(x,y)$ 在点 (x_0,y_0) 的某邻域内偏导数存在且连续，则该函数在点 (x_0,y_0) 处可微.

证明略.

由定理 8.2—8.4 可知，多元函数的可微、偏导数存在与连续之间有如下关系：

偏导数存在且连续 ⇒ 可微 → 偏导数存在；可微 → 连续

但反之不成立. 例如，函数

$$f(x,y)=\begin{cases}\dfrac{xy}{x^2+y^2}, & (x,y)\neq(0,0),\\ 0, & (x,y)=(0,0),\end{cases}$$

在例 8.7 中已知在点 (0,0) 处函数的极限不存在，故函数不连续. 因而 $f(x,y)$ 在 (0,0) 处不可微，但它的偏导数都存在：$f'_x(0,0)=0$，$f'_y(0,0)=0$.

二元函数全微分的定义及上述相关的定理都可以推广到三元及三元以上的函数. 例如，三元函数 $u=f(x,y,z)$ 的全微分为

$$\mathrm{d}u=\frac{\partial u}{\partial x}\mathrm{d}x+\frac{\partial u}{\partial y}\mathrm{d}y+\frac{\partial u}{\partial z}\mathrm{d}z. \tag{8.18}$$

例 8.16 求函数 $z=\ln\sqrt{x^2+y^2}$ 在点 (1,1) 处的全微分.

解 由于 $z=\dfrac{1}{2}\ln(x^2+y^2)$，则

$$\left.\frac{\partial z}{\partial x}\right|_{(1,1)}=\left.\frac{x}{x^2+y^2}\right|_{(1,1)}=\frac{1}{2},$$

$$\frac{\partial z}{\partial y}\bigg|_{(1,1)}=\frac{y}{x^2+y^2}\bigg|_{(1,1)}=\frac{1}{2},$$

故

$$dz\Big|_{(1,1)}=\frac{1}{2}dx+\frac{1}{2}dy.$$

例 8.17 求下列函数的全微分.

(1) $z=\ln\left(\frac{y}{x}+xy\right)$; (2) $u=x+\sin\frac{y}{2}+e^{yz}$.

解 (1) 因为 $\frac{\partial z}{\partial x}=\frac{-\frac{y}{x^2}+y}{\frac{y}{x}+xy}=\frac{x^2-1}{x+x^3}$, $\frac{\partial z}{\partial y}=\frac{\frac{1}{x}+x}{\frac{y}{x}+xy}=\frac{1+x^2}{y+x^2y}$,故全微分

$$dz=\frac{x^2-1}{x^3+x}dx+\frac{1+x^2}{y+x^2y}dy.$$

(2) 因为 $\frac{\partial u}{\partial x}=1$, $\frac{\partial u}{\partial y}=\frac{1}{2}\cos\frac{y}{2}+ze^{yz}$, $\frac{\partial u}{\partial z}=ye^{yz}$,故全微分

$$du=dx+\left(\frac{1}{2}\cos\frac{y}{2}+ze^{yz}\right)dy+ye^{yz}dz.$$

*四、全微分在近似计算中的应用

我们知道,若函数 $z=f(x,y)$ 在点 (x_0,y_0) 处可微,即

$$\begin{aligned}\Delta z&=f(x_0+\Delta x,y_0+\Delta y)-f(x_0,y_0)\\&=f'_x(x_0,y_0)\Delta x+f'_y(x_0,y_0)\Delta y+o(\rho).\ (\rho\to 0)\end{aligned}$$

当 $|\Delta x|$, $|\Delta y|$ 充分小时,

$$\Delta z\approx dz=f'_x(x_0,y_0)\Delta x+f'_y(x_0,y_0)\Delta y$$

或

$$f(x_0+\Delta x,y_0+\Delta y)\approx f(x_0,y_0)+f'_x(x_0,y_0)\Delta x+f'_y(x_0,y_0)\Delta y.\quad(8.19)$$

例 8.18 求 $(0.97)^{2.02}$ 的近似值.

解 令 $z=f(x,y)=x^y$, $(x_0,y_0)=(1,2)$, $\Delta x=-0.03$, $\Delta y=0.02$,则

$$f'_x(1,2)=yx^{y-1}\Big|_{(1,2)}=2,\ f'_y(1,2)=x^y\ln x\Big|_{(1,2)}=0.$$

又 $f(1,2)=1$,所以由近似公式得

$$\begin{aligned}(0.97)^{2.02}&\approx f(1,2)+f'_x(1,2)\Delta x+f'_y(1,2)\Delta y\\&=1+2\times(-0.03)+0\times 0.02=1-0.06=0.94.\end{aligned}$$

例 8.19 设有一圆柱体,受压后发生变形,它的半径由 20 cm 增大到

20.05 cm，高度由 100 cm 减少到 99 cm，求此圆柱体体积变化的近似值.

解　设圆柱体的半径、高以及体积分别为 r,h,V，则

$$V=\pi r^2 h.$$

记 r,h,V 的改变量分别为 $\Delta r,\Delta h,\Delta V$，已知 $r=20,h=100,\Delta r=0.05,\Delta h=-1$，由近似公式

$$\begin{aligned}\Delta V\approx \mathrm{d}V&=\frac{\partial V}{\partial r}\Delta r+\frac{\partial V}{\partial h}\Delta h=2\pi rh\Delta r+\pi r^2\Delta h\\&=2\pi\times 20\times 100\times 0.05+\pi\times 20^2\times(-1)\\&=-200\pi(\mathrm{cm}^3),\end{aligned}$$

即此圆柱体受压后体积约减少了 $200\pi\ \mathrm{cm}^3$.

习题 8-3

1. 求下列函数在给定点处的偏导数.

(1) $z=x\arctan\dfrac{y}{x}$，求 $z'_x(1,-1),z'_y(1,-1)$；

(2) $z=xy+\ln\left(x+\dfrac{y}{2x}\right)$，求 $z'_x(1,0)$；

(3) $z=\mathrm{e}^{x^2+y^2-xy}$，求 $z'_x(1,0),z'_y(1,1)$.

2. 求下列函数的一阶偏导数.

(1) $z=\mathrm{e}^{xy}+\dfrac{y^2}{x}$；　　(2) $z=\ln(x^2y-\ln y)$；

(3) $z=\arctan\dfrac{x+y}{1-xy}$；　　(4) $z=\sin(xy)+\cos^2(xy)$；

(5) $z=\ln\tan\dfrac{x}{y}$；　　(6) $u=x^{\frac{z}{y}}$.

3. 证明下列各题.

(1) 若 $z=\dfrac{x-y}{x+y}\ln\dfrac{y}{x}$，则 $x\dfrac{\partial z}{\partial x}+y\dfrac{\partial z}{\partial y}=0$；

(2) 若 $z=\mathrm{e}^{-\left(\frac{1}{x}+\frac{1}{y}\right)}$，则 $x^2\dfrac{\partial z}{\partial x}+y^2\dfrac{\partial z}{\partial y}=2z$.

4. 求下列函数的二阶偏导数 $\dfrac{\partial^2 z}{\partial x^2},\dfrac{\partial^2 z}{\partial y^2}$ 和 $\dfrac{\partial^2 z}{\partial x\partial y}$.

(1) $z=x\sin y-\mathrm{e}^{xy}$;　　(2) $z=\arctan\dfrac{y}{x}$;

(3) $z=\dfrac{x}{x^2+y^2}$;　　(4) $z=x\ln(xy)$.

5. 求下列函数的全微分.

(1) $z=\sin(xy^2+\mathrm{e}^x)$;　　(2) $z=\arctan\dfrac{x+y}{x-y}$;

(3) $z=x^{\ln y}$;　　(4) $u=x^{yz}$.

6. 求函数 $z=\dfrac{y}{x}$ 在 $x=2,y=1,\Delta x=0.1,\Delta y=-0.2$ 时的全增量 Δz 和全微分 $\mathrm{d}z$.

*7. 计算 $(1.02)^{4.05}$ 的近似值.

*8. 已知一长为 6 m、宽为 8 m 的矩形,当长增加 5 cm,宽减少 10 cm 时,求矩形对角线长度变化的近似值.

§8.4　多元复合函数与隐函数微分法

一、多元复合函数微分法

在一元函数微分学中,复合函数求导法则对导数的计算起着至关重要的作用,对多元函数也是如此.下面的定理给出了多元复合函数的求导法则.

定理 8.5　设函数 $z=f(u,v)$ 可微,函数 $u=u(x,y),v=v(x,y)$ 有偏导数,则它们的复合函数 $z=f[u(x,y),v(x,y)]$ 作为 x,y 的函数有偏导数,且

$$\frac{\partial z}{\partial x}=\frac{\partial z}{\partial u}\cdot\frac{\partial u}{\partial x}+\frac{\partial z}{\partial v}\cdot\frac{\partial v}{\partial x},$$
$$\frac{\partial z}{\partial y}=\frac{\partial z}{\partial u}\cdot\frac{\partial u}{\partial y}+\frac{\partial z}{\partial v}\cdot\frac{\partial v}{\partial y}. \tag{8.20}$$

z → u → x, z → u → y, z → v → x, z → v → y

该公式称为多元复合函数求导的**链式法则**.

***证**　只证式(8.20)中的第一个等式,第二个等式的证明完全类似.

对于任意固定的 y,给 x 一个改变量 Δx,则 u,v 有相应的改变量 Δu 和 Δv,

$$\Delta u=u(x+\Delta x,y)-u(x,y),\Delta v=v(x+\Delta x,y)-v(x,y).$$

从而得到 $z=f(u,v)$ 的改变量

$$\Delta z=f(u+\Delta u,v+\Delta v)-f(u,v).$$

由于函数 $f(u,v)$ 可微，所以

$$\Delta z=\frac{\partial z}{\partial u}\Delta u+\frac{\partial z}{\partial v}\Delta v+o(\rho), \tag{8.21}$$

其中 $\rho=\sqrt{(\Delta u)^2+(\Delta v)^2}$，当 $\rho\to 0$，即 $(\Delta u,\Delta v)\to(0,0)$ 时，$\frac{o(\rho)}{\rho}\to 0$.

式(8.21)两端同除以 Δx，得

$$\frac{\Delta z}{\Delta x}=\frac{\partial z}{\partial u}\cdot\frac{\Delta u}{\Delta x}+\frac{\partial z}{\partial v}\cdot\frac{\Delta v}{\Delta x}+\frac{o(\rho)}{\Delta x},$$

由题设知 $u(x,y)$，$v(x,y)$ 都有偏导数，故

$$\lim_{\Delta x\to 0}\frac{\Delta u}{\Delta x}=\frac{\partial u}{\partial x},\lim_{\Delta x\to 0}\frac{\Delta v}{\Delta x}=\frac{\partial v}{\partial x}.$$

又 $\frac{o(\rho)}{\Delta x}=\frac{o(\rho)}{\rho}\cdot\frac{\rho}{\Delta x}$，而

$$\lim_{\Delta x\to 0}\frac{\rho}{|\Delta x|}=\lim_{\Delta x\to 0}\frac{\sqrt{(\Delta u)^2+(\Delta v)^2}}{|\Delta x|}=\lim_{\Delta x\to 0}\sqrt{\left(\frac{\Delta u}{\Delta x}\right)^2+\left(\frac{\Delta v}{\Delta x}\right)^2}$$

$$=\sqrt{\left(\frac{\partial u}{\partial x}\right)^2+\left(\frac{\partial v}{\partial x}\right)^2},$$

故当 $\Delta x\to 0$ 时，$\frac{\rho}{|\Delta x|}$ 是一个有界变量. 另一方面，$\Delta x\to 0$ 时，$\Delta u\to 0$，$\Delta v\to 0$，故 $\rho\to 0$，从而 $\frac{o(\rho)}{\rho}\to 0$，即 $\frac{o(\rho)}{\rho}$ 是一个无穷小量. 由无穷小量的性质知

$$\lim_{\Delta x\to 0}\frac{o(\rho)}{\Delta x}=\lim_{\Delta x\to 0}\frac{o(\rho)}{\rho}\cdot\frac{\rho}{\Delta x}=0,$$

所以

$$\lim_{\Delta x\to 0}\frac{\Delta z}{\Delta x}=\frac{\partial z}{\partial u}\cdot\frac{\partial u}{\partial x}+\frac{\partial z}{\partial v}\cdot\frac{\partial v}{\partial x}.$$

从而偏导数存在，且

$$\frac{\partial z}{\partial x}=\frac{\partial z}{\partial u}\cdot\frac{\partial u}{\partial x}+\frac{\partial z}{\partial v}\cdot\frac{\partial v}{\partial x}.$$

这个法则可以推广到多于两个自变量的情形.

链式法则(8.20)还适合如下三种特殊情形.

情形Ⅰ　$z=f(u,v)$，$u=u(x)$，$v=v(x)$，则对 $z=f[u(x),v(x)]$ 有链式法则

$$\frac{\mathrm{d}z}{\mathrm{d}x}=\frac{\partial z}{\partial u}\cdot\frac{\mathrm{d}u}{\mathrm{d}x}+\frac{\partial z}{\partial v}\cdot\frac{\mathrm{d}v}{\mathrm{d}x}. \tag{8.22}$$

其中$\frac{\mathrm{d}z}{\mathrm{d}x}$称为**全导数**.

情形Ⅱ $z=f(u)$,$u=u(x,y)$,则对 $z=f[u(x,y)]$有

$$\begin{aligned}\frac{\partial z}{\partial x}&=f'(u)\frac{\partial u}{\partial x}=\frac{\mathrm{d}z}{\mathrm{d}u}\cdot\frac{\partial u}{\partial x},\\ \frac{\partial z}{\partial y}&=f'(u)\frac{\partial u}{\partial y}=\frac{\mathrm{d}z}{\mathrm{d}u}\cdot\frac{\partial u}{\partial y}.\end{aligned} \tag{8.23}$$

情形Ⅲ $z=f(x,v)$,$v=v(x,y)$,则对 $z=f[x,v(x,y)]$有链式法则

$$\begin{aligned}\frac{\partial z}{\partial x}&=\frac{\partial f}{\partial x}+\frac{\partial f}{\partial v}\cdot\frac{\partial v}{\partial x},\\ \frac{\partial z}{\partial y}&=\frac{\partial f}{\partial v}\cdot\frac{\partial v}{\partial y}.\end{aligned} \tag{8.24}$$

注 在式(8.24)中我们将等式的右边记为$\frac{\partial f}{\partial x}$而不用$\frac{\partial z}{\partial x}$,这是为防止和等式左边的$\frac{\partial z}{\partial x}$混淆.

例 8.20 设 $z=u^v$,$u=x^2+y^2$,$v=xy$,求$\frac{\partial z}{\partial x}$,$\frac{\partial z}{\partial y}$.

解 这是有两个中间变量、两个自变量的复合函数.

$$\frac{\partial z}{\partial u}=vu^{v-1},\frac{\partial z}{\partial v}=u^v\ln u.$$

$$\frac{\partial u}{\partial x}=2x,\frac{\partial v}{\partial x}=y.$$

由式(8.20)有

$$\begin{aligned}\frac{\partial z}{\partial x}&=\frac{\partial z}{\partial u}\cdot\frac{\partial u}{\partial x}+\frac{\partial z}{\partial v}\cdot\frac{\partial v}{\partial x}\\ &=vu^{v-1}\cdot 2x+u^v\ln u\cdot y\\ &=2x^2y(x^2+y^2)^{xy-1}+y(x^2+y^2)^{xy}\ln(x^2+y^2).\end{aligned}$$

根据 x,y 的对称性,只要把 x,y 互换,就可得$\frac{\partial z}{\partial y}$,故

$$\frac{\partial z}{\partial y}=2xy^2(x^2+y^2)^{xy-1}+x(x^2+y^2)^{xy}\ln(x^2+y^2).$$

例 8.21　设 $z=\ln(u^2+\sin v)$，$u=\mathrm{e}^x$，$v=x^2$，求$\frac{\mathrm{d}z}{\mathrm{d}x}$.

解　$\frac{\partial z}{\partial u}=\frac{2u}{u^2+\sin v}$，$\frac{\mathrm{d}u}{\mathrm{d}x}=\mathrm{e}^x$，$\frac{\partial z}{\partial v}=\frac{\cos v}{u^2+\sin v}$，$\frac{\mathrm{d}v}{\mathrm{d}x}=2x$.

所以，由全导数公式(8.22)，有

$$\frac{\mathrm{d}z}{\mathrm{d}x}=\frac{\partial z}{\partial u}\cdot\frac{\mathrm{d}u}{\mathrm{d}x}+\frac{\partial z}{\partial v}\cdot\frac{\mathrm{d}v}{\mathrm{d}x}=\frac{2u}{u^2+\sin v}\cdot\mathrm{e}^x+\frac{\cos v}{u^2+\sin v}\cdot 2x=\frac{2\mathrm{e}^{2x}+2x\cos x^2}{\mathrm{e}^{2x}+\sin x^2}.$$

若把 $u=\mathrm{e}^x$，$v=x^2$ 代入 z 中，就是一元函数求导数.

例 8.22　设 $z=\arcsin(xy)$，$y=\mathrm{e}^x$，求$\frac{\mathrm{d}z}{\mathrm{d}x}$.

解　将

$$\frac{\partial z}{\partial x}=\frac{y}{\sqrt{1-x^2y^2}},\frac{\partial z}{\partial y}=\frac{x}{\sqrt{1-x^2y^2}},\frac{\mathrm{d}y}{\mathrm{d}x}=\mathrm{e}^x$$

代入式(8.22)中，得

$$\frac{\mathrm{d}z}{\mathrm{d}x}=\frac{\partial z}{\partial x}\cdot 1+\frac{\partial z}{\partial y}\cdot\frac{\mathrm{d}y}{\mathrm{d}x}=\frac{y}{\sqrt{1-x^2y^2}}+\frac{x}{\sqrt{1-x^2y^2}}\cdot\mathrm{e}^x=\frac{y+x\mathrm{e}^x}{\sqrt{1-x^2y^2}}.$$

例 8.23　设 $z=xy+xF\left(\frac{y}{x}\right)$，其中 F 可微，试证：

$$x\frac{\partial z}{\partial x}+y\frac{\partial z}{\partial y}=xy+z.$$

证　设 $u=\frac{y}{x}$，则有

$$z=xy+xF(u).$$

$$\frac{\partial z}{\partial x}=y+F(u)+xF'(u)\cdot\left(-\frac{y}{x^2}\right)=y+F(u)-uF'(u),$$

$$\frac{\partial z}{\partial y}=x+xF'(u)\cdot\frac{1}{x}=x+F'(u).$$

于是

$$\begin{aligned}x\frac{\partial z}{\partial x}+y\frac{\partial z}{\partial y}&=x[y+F(u)-uF'(u)]+y[x+F'(u)]\\&=xy+xF\left(\frac{y}{x}\right)-x\cdot\frac{y}{x}F'\left(\frac{y}{x}\right)+xy+yF'\left(\frac{y}{x}\right)\\&=2xy+xF\left(\frac{y}{x}\right)=xy+\left[xy+xF\left(\frac{y}{x}\right)\right]=xy+z.\end{aligned}$$

在多元函数的复合求导中，为了简便起见，常采用以下记号：

$$f'_1=\frac{\partial f(u,v)}{\partial u},f'_2=\frac{\partial f(u,v)}{\partial v},f'_{12}=\frac{\partial^2 f(u,v)}{\partial u\partial v},\cdots.$$

这里下标 1 表示对第一个变量 u 求偏导数，下标 2 表示对第二个变量 v 求偏导数，同理有 f''_{11}，f''_{22}，等等.

例 8.24 设 $w=f(x+y+z,xyz)$，其中函数 f 有二阶连续偏导数，求$\frac{\partial w}{\partial x}$和$\frac{\partial^2 w}{\partial x\partial y}$.

解 令 $u=x+y+z$，$v=xyz$，则根据复合函数求导法则，有

$$\frac{\partial w}{\partial x}=\frac{\partial f}{\partial u}\cdot\frac{\partial u}{\partial x}+\frac{\partial f}{\partial v}\cdot\frac{\partial v}{\partial x}=f'_1+yzf'_2,$$

$$\frac{\partial^2 w}{\partial x\partial y}=\frac{\partial f'_1}{\partial y}+zf'_2+yz\frac{\partial f'_2}{\partial y}.$$

求$\frac{\partial f'_1}{\partial y}$和$\frac{\partial f'_2}{\partial y}$时，应注意 f'_1 和 f'_2 仍旧是复合函数，故有

$$\frac{\partial f'_1}{\partial y}=\frac{\partial f'_1}{\partial u}\cdot\frac{\partial u}{\partial y}+\frac{\partial f'_1}{\partial v}\cdot\frac{\partial v}{\partial y}=f''_{11}+xzf''_{12},$$

$$\frac{\partial f'_2}{\partial y}=\frac{\partial f'_2}{\partial u}\cdot\frac{\partial u}{\partial y}+\frac{\partial f'_2}{\partial v}\cdot\frac{\partial v}{\partial y}=f''_{21}+xzf''_{22}.$$

由于 f 的二阶偏导数连续，有 $f''_{12}=f''_{21}$，因而

$$\begin{aligned}\frac{\partial^2 w}{\partial x\partial y}&=f''_{11}+xzf''_{12}+yz(f''_{21}+xzf''_{22})+zf'_2\\&=f''_{11}+z(x+y)f''_{12}+xyz^2f''_{22}+zf'_2.\end{aligned}$$

例 8.25 设 $z=f\left(xe^y,\arctan\frac{y}{x}\right)$，其中 f 可微，求$\frac{\partial z}{\partial x}$，$\frac{\partial z}{\partial y}$.

解 由式(8.20)的链式法则，令 $u=xe^y$，$v=\arctan\frac{y}{x}$，有

$$\begin{aligned}\frac{\partial z}{\partial x}&=\frac{\partial z}{\partial u}\cdot\frac{\partial u}{\partial x}+\frac{\partial z}{\partial v}\cdot\frac{\partial v}{\partial x}=f'_1\cdot e^y+f'_2\cdot\frac{1}{1+\left(\frac{y}{x}\right)^2}\cdot\left(-\frac{y}{x^2}\right)\\&=e^yf'_1-\frac{y}{x^2+y^2}f'_2,\end{aligned}$$

$$\begin{aligned}\frac{\partial z}{\partial y}&=\frac{\partial z}{\partial u}\cdot\frac{\partial u}{\partial y}+\frac{\partial z}{\partial v}\cdot\frac{\partial v}{\partial y}=f'_1\cdot xe^y+f'_2\frac{1}{1+\left(\frac{y}{x}\right)^2}\cdot\frac{1}{x}\\&=xe^yf'_1+\frac{x}{x^2+y^2}f'_2.\end{aligned}$$

二、隐函数微分法

在一元函数微分学中，我们利用复合函数求导法则介绍了由二元方程 $F(x,y)=0$ 所确定的一元隐函数的求导方法，但没有给出导数的一般公式. 本节将介绍二元方程 $F(x,y)=0$ 所确定的隐函数可微的条件，并给出一元隐函数和多元隐函数的求导公式.

一般地，能用形式 $y=f(x)$，$z=f(x,y)$ 表示出的函数称为**显函数**，而由方程式 $F(x,y)=0$ 或 $F(x,y,z)=0$ 确定的函数 $y=f(x)$，$z=f(x,y)$ 等称为**隐函数**.

定理 8.6　设函数 $F(x,y)$ 在点 $P(x_0,y_0)$ 的某邻域内具有连续的偏导数，且

$$F(x_0,y_0)=0, F'_y=(x_0,y_0)\neq 0,$$

则方程 $F(x,y)=0$ 在点 $P(x_0,y_0)$ 的某邻域内唯一确定一个连续且具有连续导数的函数 $y=f(x)$，它满足 $y_0=f(x_0)$，并有

$$\frac{\mathrm{d}y}{\mathrm{d}x}=-\frac{F'_x}{F'_y}. \tag{8.25}$$

这个定理我们不做严格证明，仅推导式(8.25).

将 $y=f(x)$ 代入 $F(x,y)=0$ 得

$$F[x,f(x)]=0,$$

利用复合函数求导法则，上述方程两端对 x 求导，得

$$\frac{\partial F}{\partial x}+\frac{\partial F}{\partial y}\cdot\frac{\mathrm{d}y}{\mathrm{d}x}=0,$$

由于 $F'_y(x_0,y_0)\neq 0$，故

$$\frac{\mathrm{d}y}{\mathrm{d}x}=-\frac{F'_x}{F'_y}.$$

定理 8.7　设函数 $F(x,y,z)$ 在点 $P(x_0,y_0,z_0)$ 的某一邻域内有连续的偏导数，且

$$F(x_0,y_0,z_0)=0, F'_z(x_0,y_0,z_0)\neq 0,$$

则方程 $F(x,y,z)=0$ 在点 $P(x_0,y_0,z_0)$ 的某一邻域内恒能唯一确定一个连续且具有连续偏导数的函数 $z=f(x,y)$，它满足条件 $z_0=f(x_0,y_0)$，并有

$$\frac{\partial z}{\partial x}=-\frac{F'_x}{F'_z}, \frac{\partial z}{\partial y}=-\frac{F'_y}{F'_z}. \tag{8.26}$$

证明略.

下面仅给出隐函数求导公式(8.26)的推导.

将隐函数 $z=f(x,y)$ 代入 $F(x,y,z)=0$,得

$$F[x,y,f(x,y)]=0.$$

利用复合函数求导法则,在方程两边分别对 x,y 求导,得

$$F'_x+F'_z\cdot\frac{\partial z}{\partial x}=0,F'_y+F'_z\cdot\frac{\partial z}{\partial y}=0.$$

由于 F'_z 连续,且 $F'_z(x_0,y_0,z_0)\neq 0$,故存在点 (x_0,y_0,z_0) 的一个邻域,在这个邻域内 $F'_z\neq 0$,所以

$$\frac{\partial z}{\partial x}=-\frac{F'_x}{F'_z},\frac{\partial z}{\partial y}=-\frac{F'_y}{F'_z}.$$

例 8.26 设方程 $\sin y+ye^x=x^2$ 确定 $y=y(x)$,求 $\frac{dy}{dx}$.

解 令 $F(x,y)=\sin y+ye^x-x^2$,由公式(8.25)有

$$\frac{dy}{dx}=-\frac{F'_x}{F'_y}=-\frac{ye^x-2x}{\cos y+e^x}.$$

例 8.27 设 $z=f(x,y)$ 是由方程 $\frac{x}{z}=\ln\frac{z}{y}$ 所确定的二元隐函数,求全微分 dz.

解 令 $F(x,y,z)=\frac{x}{z}-\ln\frac{z}{y}$,则

$$F'_x=\frac{1}{z},F'_y=-\frac{y}{z}\cdot\left(-\frac{z}{y^2}\right)=\frac{1}{y},F'_z=-\frac{x}{z^2}-\frac{y}{z}\cdot\frac{1}{y}=-\frac{x+z}{z^2},$$

由式(8.26),得

$$\frac{\partial z}{\partial x}=-\frac{F'_x}{F'_z}=\frac{z}{x+z},\frac{\partial z}{\partial y}=-\frac{F'_y}{F'_z}=\frac{z^2}{y(x+z)},$$

因而

$$dz=\frac{z}{x+z}\left(dx+\frac{z}{y}dy\right).$$

例 8.28 设 $x^2+y^2+z^2-4z=0$,求 $\frac{\partial^2 z}{\partial x^2}$.

解 令 $F(x,y,z)=x^2+y^2+z^2-4z$,则

$$F'_x=2x,F'_z=2z-4.$$

由式(8.26)得

$$\frac{\partial z}{\partial x}=-\frac{F'_x}{F'_z}=\frac{x}{2-z},$$

两边再对 x 求导,得

$$\frac{\partial^2 z}{\partial x^2}=\frac{(2-z)-x(-1)\frac{\partial z}{\partial x}}{(2-z)^2}=\frac{(2-z)+x\cdot\frac{x}{2-z}}{(2-z)^2}=\frac{(2-z)^2+x^2}{(2-z)^3}.$$

习题 8-4

1. 求下列复合函数的导数或偏导数.

(1) $z=\arcsin(x-y)$,$x=3t$,$y=4t^3$,求$\frac{\mathrm{d}z}{\mathrm{d}t}$;

(2) $z=\ln(\mathrm{e}^x+\mathrm{e}^y)$,$y=x^3$,求$\frac{\mathrm{d}z}{\mathrm{d}x}$;

(3) $u=\frac{\mathrm{e}^{ax}(y-z)}{1+a^2}$,$y=a\sin x$,$z=\cos x$,求$\frac{\mathrm{d}u}{\mathrm{d}x}$;

(4) $z=u^2\ln v$,$u=\frac{y}{x}$,$v=x^2+y^2$,求$\frac{\partial z}{\partial x}$.

2. 求下列函数的全微分,其中 f 可微.

(1) $z=f(x^2-y^2,\mathrm{e}^{xy})$; (2) $z=f\left(x\mathrm{e}^y,\sin\frac{y}{x}\right)$.

3. 设 $z=f\left(\frac{y}{x},x^2y\right)$,$f$ 可微,求$\frac{\partial^2 z}{\partial x\partial y}$.

4. 求下列方程所确定的隐函数的导数$\frac{\mathrm{d}y}{\mathrm{d}x}$.

(1) $y\mathrm{e}^x+\sin(xy)=0$; (2) $\ln\sqrt{x^2+y^2}=\arctan\frac{y}{x}$.

5. 求下列方程所确定的隐函数 $z=z(x,y)$的全微分.

(1) $xyz=\mathrm{e}^{xz}$; (2) $x+y^2+z^3=\mathrm{e}^y+\ln(x^2+z^2)$.

6. 已知 $u+\mathrm{e}^u=xy$,求$\frac{\partial^2 u}{\partial x\partial y}$.

§8.5 多元函数的极值与最值

在一元函数微分学中,我们曾用求极值的方法解决了实际生活中的最值问题. 对于多元函数,我们也用类似的方法,先研究多元函数极值的求法,进而解决实际问题中的最大值与最小值问题.

一、多元函数的极值

定义 8.6 设函数 $z=f(x,y)$ 在点 (x_0,y_0) 的某邻域内有定义,若对于该邻域内任意异于 (x_0,y_0) 的点 (x,y),恒有不等式

$$f(x_0,y_0)\geqslant f(x,y)\ (\text{或}\ f(x_0,y_0)\leqslant f(x,y))$$

成立,则称 $f(x_0,y_0)$ 是 $f(x,y)$ 的一个**极大值(或极小值)**,并称 (x_0,y_0) 是 $f(x,y)$ 的一个**极大值点(或极小值点)**. 极大值和极小值统称为**极值**. 极大值点与极小值点统称为**极值点**.

多元函数的极值与一元函数的极值一样,都是局部的性质.

例 8.29 函数 $z=2x^2+3y^2$ 在点 $(0,0)$ 处有极小值. 从几何上看,$z=2x^2+3y^2$ 表示一开口向上的椭圆抛物面,点 $(0,0,0)$ 是它的顶点(图 8-24).

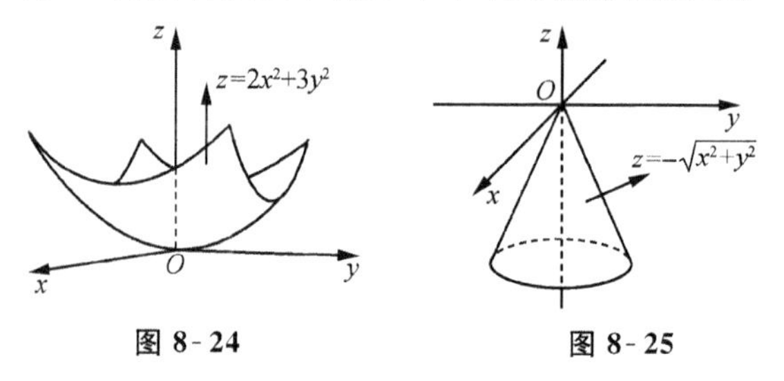

图 8-24　　图 8-25

例 8.30 函数 $z=-\sqrt{x^2+y^2}$ 在点 $(0,0)$ 处有极大值. 从几何上看,$z=-\sqrt{x^2+y^2}$ 表示一开口向下的半圆锥面,点 $(0,0,0)$ 是它的顶点(图 8-25).

例 8.31 函数 $z=y^2-x^2$ 在点 $(0,0)$ 处无极值. 从几何上看,它表示双曲抛物面(马鞍面)(图 8-26).

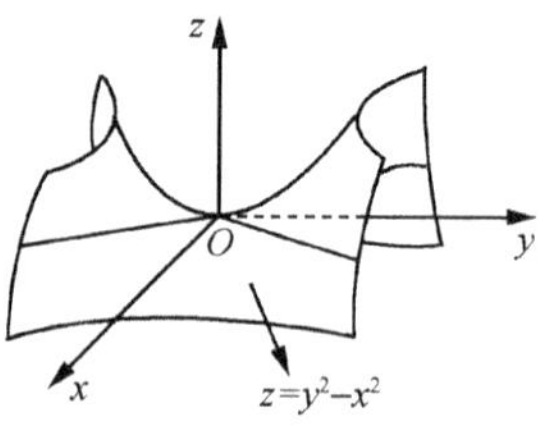

图 8-26

与导数在一元函数极值研究中的作用一样,偏导数也是研究多元函数极值的主要工具.

如果二元函数 $z=f(x,y)$ 在点 (x_0,y_0) 处取得极值，那么固定 $y=y_0$，一元函数 $z=f(x,y_0)$ 在 $x=x_0$ 点必取得相同的极值；同理，固定 $x=x_0$，$z=f(x_0,y)$ 在 $y=y_0$ 点也取得相同的极值. 因此，由一元函数极值的必要条件，我们可以得到二元函数极值的必要条件.

定理 8.8（极值存在的必要条件）　设函数 $z=f(x,y)$ 在点 (x_0,y_0) 处的一阶偏导数存在，若点 (x_0,y_0) 是 $f(x,y)$ 的极值点，则必有

$$f'_x(x_0,y_0)=0,f'_y(x_0,y_0)=0.$$

通常将满足上述条件的点 (x_0,y_0) 称为**驻点**.

根据定理 8.8，具有偏导数的函数的极值点必定是驻点，但是函数的驻点不一定是极值点. 例如，点(0,0)是函数 $z=y^2-x^2$ 的驻点，但函数在该点并无极值.

如何判定一个驻点是否为极值点？下面的定理部分地回答了这个问题.

定理 8.9（极值的充分条件）　设 $z=f(x,y)$ 在点 (x_0,y_0) 的某邻域内有二阶连续偏导数，且 $f'_x(x_0,y_0)=f'_y(x_0,y_0)=0$. 记

$$A=f''_{xx}(x_0,y_0),B=f''_{xy}(x_0,y_0),C=f''_{yy}(x_0,y_0),$$

则有下列结论成立：

(1) 当 $B^2-AC<0$ 时，(x_0,y_0) 是 $f(x,y)$ 的极值点，且 $A>0$（或 $C>0$）时，$f(x_0,y_0)$ 是极小值，$A<0$（或 $C<0$）时，$f(x_0,y_0)$ 是极大值.

(2) 当 $B^2-AC>0$ 时，(x_0,y_0) 不是 $f(x,y)$ 的极值点.

(3) 当 $B^2-AC=0$ 时，(x_0,y_0) 是否是极值点，需进一步讨论才能确定（对这样的点我们就不讨论了）.

下面我们把具有二阶连续偏导数的函数 $z=f(x,y)$ 求极值的方法总结如下：

第一步　解一阶偏导数方程组

$$\begin{cases} f'_x(x,y)=0, \\ f'_y(x,y)=0, \end{cases}$$

得全部的驻点.

第二步　求二阶偏导数 $f''_{xx},f''_{xy},f''_{yy}$，将每一个驻点代入，得出相应的数值 A,B,C.

第三步　定出 B^2-AC 的符号，并由定理 8.9 判定其是否为极值，是极大值还是极小值.

另外，与一元函数类似，在二元函数的偏导数不存在的点，函数也可能取极值. 例如，例 8.30 中 $z=-\sqrt{x^2+y^2}$ 在点(0,0)处取极大值，但在该点处一阶偏导

数不存在.因此,二元函数的极值必定在驻点和偏导数不存在的点处取得.

例 8.32 求 $f(x,y)=x^3-3x^2+2y^3-3y^2-12y+8$ 的极值.

解 解方程组

$$\begin{cases} f'_x(x,y)=3x^2-6x=0, \\ f'_y(x,y)=6y^2-6y-12=0, \end{cases}$$

得驻点为$(0,-1)$,$(0,2)$,$(2,-1)$,$(2,2)$.

求二阶偏导数

$$f''_{xx}(x,y)=6x-6, f''_{xy}(x,y)=0, f''_{yy}=12y-6.$$

对于点$(0,-1)$:$A=f''_{xx}(0,-1)=-6$,$B=f''_{xy}(0,-1)=0$,$C=f''_{yy}(0,-1)=-18$,从而

$$B^2-AC<0, A<0,$$

故点$(0,-1)$为极大值点,极大值为 $f(0,-1)=15$.

对于点$(0,2)$:$A=-6$,$B=0$,$C=18$,从而

$$B^2-AC>0,$$

故点$(0,2)$不是极值点.

对于点$(2,-1)$:$A=6$,$B=0$,$C=-18$,从而

$$B^2-AC>0,$$

故点$(2,-1)$不是极值点.

对于点$(2,2)$:$A=6$,$B=0$,$C=18$,从而

$$B^2-AC<0, A>0,$$

故点$(2,2)$为极小值点,极小值为 $f(2,2)=-16$.

二、多元函数的最值

在二元函数连续性一节的最后有一个重要的结论:有界闭区域 D 上的连续函数 $f(x,y)$一定有最大值和最小值.为了求出最值,首先要计算出函数 $f(x,y)$在所有驻点和不可导点的函数值,再求出区域 D 在边界上的最大值和最小值,将这些函数值进行比较,找出最大和最小者,它们即为函数 $f(x,y)$在区域 D 上的最大值和最小值.但由于求函数 $f(x,y)$在区域 D 的边界上的最值通常比较复杂或困难,因此,往往根据实际问题的性质知道 $f(x,y)$的最大(小)值一定在 D 的内部取得,并且 $f(x,y)$在 D 内只有一个驻点,此时即可以断定该驻点处的函数值就是 $f(x,y)$在 D 上的最大(小)值.

例 8.33 某工厂用钢板制定容积为 V 的一个无盖长方形盒子,问长、宽、高

如何选取才能最省钢板?

解 设长方形盒子的长、宽、高分别为 x,y,z,则表面积为

$$S=xy+2xz+2yz,且\ xyz=V.$$

由于 $z=\dfrac{V}{xy}$,将其代入 S 中,得

$$S=xy+\frac{2V}{y}+\frac{2V}{x}.$$

由题意知 $x>0,y>0$,等式两边对 x,y 求偏导数,得

$$\begin{cases}\dfrac{\partial S}{\partial x}=y-\dfrac{2V}{x^2}=0,\\ \dfrac{\partial S}{\partial y}=x-\dfrac{2V}{y^2}=0.\end{cases}$$

解方程得唯一驻点 $x=y=\sqrt[3]{2V},z=\dfrac{1}{2}\sqrt[3]{2V}$. 该驻点也是最小值点,即当长、宽、高分别为 $\sqrt[3]{2V},\sqrt[3]{2V},\dfrac{1}{2}\sqrt[3]{2V}$ 时,盒子用料最省,此时用料 $S=3\sqrt[3]{4V^2}$.

例 8.34 设某企业在两个互相分割的市场上出售同一种产品,两个市场的需求函数分别是

$$p_1=18-2Q_1,p_2=12-Q_2,$$

其中 p_1 和 p_2 分别表示该产品在两个市场上的价格(单位:万元/吨),Q_1,Q_2 分别表示该产品在两个市场上的销售量(即需求量,单位:吨),并且企业生产这种产品的总成本函数是

$$C=2Q+5,$$

其中 Q 表示该产品在两个市场上的销售总量,即 $Q=Q_1+Q_2$.

如果该企业实行价格差别策略,试确定两个市场上该产品的销售量和价格,使该企业获得最大利润,并求出最大利润.

解 依题意,总利润函数为

$$\begin{aligned}L&=R-C=p_1Q_1+p_2Q_2-(2Q+5)\\&=(18-2Q_1)Q_1+(12-Q_2)Q_2-2(Q_1+Q_2)-5\\&=-2Q_1^2-Q_2^2+16Q_1+10Q_2-5.\end{aligned}$$

令

$$\begin{cases}L'_{Q_1}=-4Q_1+16=0,\\ L'_{Q_2}=-2Q_2+10=0,\end{cases}$$

解得 $Q_1=4, Q_2=5$，则 $p_1=10$（万元/吨），$p_2=7$（万元/吨）.

因驻点唯一，且实际问题中一定存在最大利润，所以(4,5)为最大值点，即当产量 $Q_1=4, Q_2=5$，价格 $p_1=10, p_2=7$ 时利润最大，最大利润

$$L=-2\times4^2-5^2+16\times4+10\times5-5=52(\text{万元}).$$

三、条件极值与拉格朗日乘数法

前面讨论的极值问题，自变量在定义域内不受限制，可以任意取值，通常称为无条件极值. 但在实际问题中常常遇到这样的问题：求 $z=f(x,y)$ 在条件 $\varphi(x,y)=0$ 下的极值，如例 8.33，实际上是求三元函数

$$S=xy+2xz+2yz$$

在条件

$$xyz=V$$

下的极值问题. 这种有条件的极值称为**条件极值**. 一般地，$z=f(x,y)$ 称为目标函数，$\varphi(x,y)-0$ 称为约束条件.

求解条件极值问题一般有两种方法：方法一，若从 $\varphi(x,y)=0$ 中能解出 $y=y(x)$（或 $x=x(y)$），将其代入 $f(x,y)$ 中，就变成一元函数 $z=f[x,y(x)]$，从而化成了求解一元函数的极值问题. 方法二，如例 8.33，将三元函数的条件极值化为二元函数的无条件极值问题. 方法二就是我们下面要介绍的拉格朗日乘数法.

拉格朗日乘数法

设 $f(x,y)$，$\varphi(x,y)$ 在区域 D 内有二阶连续偏导数，求 $z=f(x,y)$ 在 D 内满足条件 $\varphi(x,y)=0$ 的极值，可按下述方法进行.

(1) 作拉格朗日函数

$$F(x,y,\lambda)=f(x,y)+\lambda\varphi(x,y),$$

其中 λ 是待定常数，称为**拉格朗日乘数**.

(2) 求 $F(x,y,\lambda)$ 的偏导数，建立方程组

$$\begin{cases}F'_x(x,y,\lambda)=f'_x(x,y)+\lambda\varphi'_x(x,y)=0,\\F'_y(x,y,\lambda)=f'_y(x,y)+\lambda\varphi'_y(x,y)=0,\\F'_\lambda(x,y,\lambda)=\varphi(x,y)=0.\end{cases}$$

(3) 求解方程组，得到可能取极值的点. 一般解法是消去 λ，解出 x_0 和 y_0，则点 (x_0,y_0) 就可能是条件极值的极值点.

(4) 判断 (x_0,y_0) 为何种极值点，虽然可以用二阶全微分的符号来确定（不

介绍此法），但通常是根据实际问题的具体情况来判定. 即若实际问题中有极大值点，而我们求得了可能取条件极值的唯一点(x_0, y_0)，则点(x_0, y_0)就是条件极值的极大值点.

这种求条件极值的方法可以推广到三元和三元以上的情形.

例 8.35　设销售收入 R(单位：万元)与花费在两种广告宣传上的费用 x, y(单位：万元)之间的关系为

$$R=\frac{200x}{x+5}+\frac{100y}{10+y},$$

利润额相当于$\frac{1}{5}$的销售收入，并要扣除广告费用. 已知广告费用总预算金是 25 万元，试问如何分配两种广告费用可使利润最大？

解　设利润为 L，则有

$$L=\frac{1}{5}R-x-y=\frac{40x}{x+5}+\frac{20y}{10+y}-x-y,$$

限制条件为 $x+y=25$，这是条件极值问题. 令

$$L(x,y,\lambda)=\frac{40x}{x+5}+\frac{20y}{10+y}-x-y+\lambda(x+y-25).$$

由方程组

$$\begin{cases} L'_x=\dfrac{200}{(5+x)^2}-1+\lambda=0, \\ L'_y=\dfrac{200}{(10+y)^2}-1+\lambda=0, \\ L'_\lambda=x+y-25=0 \end{cases}$$

的前两个方程得

$$(5+x)^2=(10+y)^2.$$

又 $y=25-x$，解得 $x=15, y=10$. 根据问题本身的实际意义及驻点的唯一性即知，当投入两种广告费用分别为 15 万元和 10 万元时，可使利润最大.

例 8.36　设某工厂生产甲、乙两种产品，产量分别为 x 和 y(单位：千件)，利润函数(单位：万元)为

$$L(x,y)=8x-x^2+16y-4y^2-2.$$

已知生产这两种产品时，每千件产品均需消耗某种原料 2000 kg，现有该原料 18000 kg，问两种产品各生产多少千件时总利润最大？最大总利润为多少？

解　依题意知约束条件为 $2000x+2000y=18000$，即

$$x+y=9.$$

拉格朗日函数为

$$F(x,y,\lambda)=8x-x^2+16y-4y^2-2+\lambda(x+y-9),$$

$$\begin{cases}F'_x=8-2x+\lambda=0,\\F'_y=16-8y+\lambda=0,\\F'_\lambda=x+y-9=0,\end{cases}$$

解得 $x=6.4$(千件),$y=2.6$(千件),最大利润为

$$L(6.4,2.6)=22.8(\text{万元}).$$

习题 8-5

1. 求下列函数的极值.

(1) $f(x,y)=x^3+y^2-6xy$;

(2) $f(x,y)=x^2+y^2-2\ln x-2\ln y+5$;

(3) $f(x,y)=e^{2x}(x+y^2+2y)$;

(4) $f(x,y)=\sin x+\sin y+\sin(x+y),0\leqslant x,y\leqslant\frac{\pi}{2}$.

2. 欲围一个面积为 60 平方米的矩形场地,正面所用材料每米造价为 10 元,其余三面每米造价为 5 元,问场地的长、宽各为多少米时,所用材料费最少?

3. 某工厂生产 A 与 B 两种产品,出售单价分别为 10 元与 9 元,生产 x 单位的产品 A 与生产 y 单位的产品 B 的总费用是

$$400+2x+3y+0.01(3x^2+xy+3y^2)(\text{元}),$$

求取得最大利润时两种产品的产量.

4. 设生产某种产品的数量与所用两种原料 A,B 的数量 x,y 间有关系式

$$P(x,y)=0.005x^2y,$$

欲用 150 元购料,已知 A,B 原料的单价分别为 1 元、2 元,问购进两种原料各多少,可使生产的数量最多?

5. 某公司的甲、乙两厂生产同一种产品,月产量分别为 x 千件和 y 千件,月生产成本分别为 $C_1=x^2-x+5$(万元)和 $C_2=y^2+2y+3$(万元),如果要求该产品每月总产量为 8 千件,那么每个厂的产量为多少时可使总成本最小?

复习题八

1. 填空题.

(1) 已知 $f(x,y)=(x^2+y^2)e^{-\arctan\frac{y}{x}}$,则 $\frac{\partial^2 f}{\partial x\partial y}=$________.

(2) 设 $z=xe^{x+y}+(x+1)\ln(1+y)$,则 $dz\big|_{(1,0)}=$________.

(3) 设 $f(u)$ 可微,且 $f'(0)=\frac{1}{2}$,则 $z=f(4x^2-y^2)$ 在点 $(1,2)$ 处的全微分 $dz\big|_{(1,2)}=$________.

(4) 设 $z=f(x,y)$ 由方程 $x^2+6xy+2z=1$ 确定,则 $f'_y(0,0)=$________.

2. 单选题.

(1) 函数 $f(x,y)$ 在点 $P(x,y)$ 的某邻域内偏导数存在且连续是 $f(x,y)$ 在该点处可微的________.

A. 必要条件,但非充分条件　　B. 充分条件,但非必要条件

C. 充分必要条件　　D. 既非充分条件,又非必要条件

(2) 点________是二元函数 $z=x^3-y^3+3x^2+3y^2-9x$ 的极小值点.

A. $(1,0)$　　B. $(1,2)$　　C. $(-3,0)$　　D. $(-3,2)$

3. 求下列函数的一阶偏导数.

(1) $z=\sqrt{\sin(xy)}$;　(2) $z=e^{\frac{x}{y}}\sin(x+y)$;　(3) $z=(1+xy)^y$.

4. 设 $z=\ln(2x+y)+\sin^2(x-y)$,求其二阶偏导数.

5. 设 $z=e^{x^2}\sin y$,求其全微分 dz.

6. 设 $z=u^v$,$u=\ln\sqrt{x^2+y^2}$,$v=\arctan\frac{y}{x}$,求 $\frac{\partial z}{\partial x}$.

7. 已知 $z=f(x+y,xy)$,且 $f(u,v)$ 的二阶偏导数连续,求 $\frac{\partial^2 z}{\partial x\partial y}$.

8. 设函数 $z=f(x,y)$ 由方程 $yz+z^2+3x^3=0$ 确定,求 dz.

9. 设函数 $z=xy+\frac{50}{x}+\frac{20}{y}(x,y>0)$,求函数 $z(x,y)$ 的极值.

10. 小王有 200 元钱,他决定买两种物品:计算机磁盘和录音磁带.设他买 x 张磁盘和 y 盒磁带,评价效用的函数为 $f(x,y)=\ln x+\ln y$,且每张磁盘 8 元,每盒磁带 10 元,问他如何分配这 200 元钱,才能达到最满意的效用?

数学家简介[8]

高　斯

——数学王子

高斯(Gauss,1777—1855),德国数学家、物理学家、天文学家.高斯是18、19世纪之交最伟大的德国数学家,他的贡献遍及纯数学和应用数学的各个领域,成为世界数学界的光辉旗帜;他的形象已经成为数学告别过去,走向现代数学的象征.高斯被后人誉为"数学王子".

高　斯

历史上间或出现神童,高斯就是其中之一.高斯出生于德国不伦瑞克的一个普通工人家庭,童年时期就显露出数学才华.据说他3岁时就发现父亲记账时的一个错误.高斯7岁入学,在小学期间学习就十分刻苦,常点自制小油灯演算到深夜.10岁时就展露出超群的数学思维能力.据记载,有一次他的数学老师比特纳让学生把1到100之间的自然数加起来,题目刚布置完,高斯几乎不加思索就算出了其和为5050.11岁时,他发现了二项式定理.

1792年,在当地公爵的资助下,不满15岁的高斯进入卡罗琳学院学习.在校两年间,高斯很快掌握了微积分理论,并在最小二乘法和数论中的二次互反律的研究上取得重要成果,这是高斯一生数学创作的开始.

1795年,高斯选择到哥廷根大学继续学习.据说,高斯选中这所大学有两个重要原因:一是它有藏书极为丰富的图书馆;二是它有注重改革、侧重学科的好名声.当时的哥廷根大学对学生而言可谓是个"四无世界":无必修科目,无指导教师,无考试和课堂的约束,无学生社团.高斯完全在学术自由的环境中成长.1796年对19岁的高斯而言是其学术生涯中的第一个转折点:他敲开了自古希腊欧几里得时代起就困扰着数学家的尺规作图这一难题的大门,证明了正十七边形可用欧几里得型的圆规和直尺作图.这一难题的解决轰动了当时整个数学界.之后,22岁的高斯证明了当时许多数学家想证而不会证明的代数基本定理.为此,他获得了博士学位.1807年,高斯开始在哥廷根大学任数学和天文学教授,并任该校天文台台长.

高斯在许多领域都有卓越的建树.如果说微分几何是他将数学应用于实际的产物,那么非欧几何则是他的纯粹数学思维的结晶.他在数论、超几何级数、复变函数论、椭圆函数论、统计数学、向量分析等方面也都取得了辉煌的成就.高斯关于数论的研究贡献颇多.他认为“数学是科学之王,数论是数学之王”.他的工作对后世影响深远.19 世纪德国代数数论有着突飞猛进的发展是与高斯分不开的.

有人说“在数学世界里,高斯处处流芳”.除了纯数学研究之外,高斯亦十分重视数学的应用,其大量著作都与天文学、大地测量学、物理学有关,特别值得一提的是谷神星的发现.19 世纪的第一个凌晨,天文学家皮亚齐似乎发现了一颗“没有尾巴的彗星”,他一连追踪观察 41 天,终因疲劳过度而累倒了,当他把测量结果告诉其他天文学家时,这颗星却已消逝了.24 岁的高斯得知后,经过几个星期苦心钻研,创立了行星椭圆法.根据这种方法计算,终于重新找到了这颗小行星,这一事实充分显示了数学科学的威力.高斯在电磁学和光学方面亦有杰出的贡献.磁通量密度单位就是以“高斯”来命名的.高斯还与韦伯共享电磁波发现者的殊荣.

高斯是一位严肃的科学家,工作刻苦踏实,精益求精.他思维敏捷,立论极端谨慎.他遵循三条原则:宁肯少些,但要好些;不留下进一步要做的事情;极度严格的要求.他的著作都是精心构思、反复推敲过的,以最精炼的形式发表出来.高斯生前只公开发表过 155 篇论文,还有大量著作没有发表.直到后来,人们发现许多数学成果早在半个世纪以前高斯就已经知道了.也许正是由于高斯过分谨慎和许多成果没有公开发表之故,他对当时一些青年数学家的影响并不是很大.他称赞阿贝尔、狄利克雷等人的工作,却对他们的信件和文章表现冷淡.和青年数学家缺少接触,缺乏思想交流,因此在高斯周围没能形成一个人才济济、思想活跃的学派.德国数学到了魏尔斯特拉斯和希尔伯特时代才形成了柏林学派和哥廷根学派,成为世界数学的中心.但德国传统数学的奠基人还不能不说是高斯.

高斯一生勤奋好学,多才多艺,喜爱音乐和诗歌.他懂得多国文字,擅长欧洲语言.62 岁开始学习俄语,并达到能用俄文写作的程度,晚年还一度学梵文.

高斯的一生是不平凡的一生,几乎在数学的每个领域都有他的足迹.无怪后人常用他的事迹和格言鞭策自己.100 多年来,不少有才华的青年在高斯的影响下成长为杰出的数学家,并为人类的文化做出了巨大的贡献.高斯于 1855 年 2

月 23 日逝世，终年 78 岁.他的墓碑朴实无华，仅镌刻“高斯”二字.为纪念高斯，其故乡不伦瑞克改名为高斯堡.哥廷根大学为他建立了一个以正十七棱柱为底座的纪念像.在慕尼黑博物馆悬挂的高斯画像上有这样一首题诗：

他的思想深入数学、空间、大自然的奥秘，
他测量了星星的路径、地球的形状和自然力.
他推动了数学的进展，
直到下个世纪.

第9章 二重积分

前面我们将一元函数的微分学推广到多元函数的微分学，同样也可将一元函数的积分学推广到多元函数的积分学，而二重积分是多元函数积分学的重要组成部分，是闭区间上一元函数的定积分推广到有界闭区域上二元函数的积分，即为二重积分. 类似于讨论定积分定义的方法，我们仍从实例出发引入二重积分的概念.

§9.1 二重积分的概念与性质

一、二重积分的概念

1. 曲顶柱体的体积

在初等数学中，我们学会了计算类似于长方体、圆柱体等平顶柱体的体积. 所谓平顶柱体是指柱体的顶是平行于底面的平面，平顶柱体的体积＝底面积×高.

而曲顶柱体（图 9-1），即指其底是 xOy 平面上的有界闭区域 D，顶是由二元非负连续函数 $z=f(x,y)$，$(x,y)\in D$ 表示的连续曲面 S，以柱面（其准线为 D 的边界，母线平行于 z 轴）为侧面的立体，试求该曲顶柱体的体积 V.

在这里，我们用类似于求曲边梯形面积的方法来求曲顶柱体的体积 V，步骤如下：

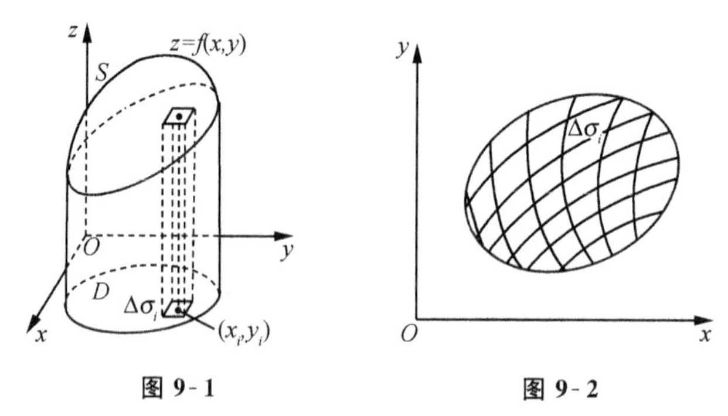

图 9-1　　图 9-2

(1) 分割——将曲顶柱体分成 n 个小曲顶柱体.

用任意曲线网将闭区域 D 分成 n 个小区域 $\Delta\sigma_1,\Delta\sigma_2,\cdots,\Delta\sigma_n$(同时以这些记号表示相应的小区域的面积,图 9-2),过每个小区域的边界曲线作平行于 z 轴的直线,相应的曲顶柱体被分成 n 个小曲顶柱体,设其体积为 $\Delta V_i(i=1,2,\cdots,n)$,则 $V=\sum\limits_{i=1}^{n}\Delta V_i$.

(2) 作和得近似值——求 n 个小平顶柱体体积和得体积近似值.

在每个小区域 $\Delta\sigma_i$ 上任取一点 (ξ_i,η_i),由于 $f(x,y)$ 连续,用以 $\Delta\sigma_i$ 为底、$f(\xi_i,\eta_i)$ 为高的小平顶柱体体积近似代替相应的小曲顶柱体体积 ΔV_i,即 $\Delta V_i\approx f(\xi_i,\eta_i)\Delta\sigma_i,i=1,2,\cdots,n$. 于是 $V=\sum\limits_{i=1}^{n}\Delta V_i\approx\sum\limits_{i=1}^{n}f(\xi_i,\eta_i)\Delta\sigma_i$.

(3) 取极限——对近似值取极限得精确值.

记 d_i 为 $\Delta\sigma_i$ 的直径(即有界闭区域 $\Delta\sigma_i$ 上任意两点间距离的最大者),令 $d=\max\limits_{1\leqslant i\leqslant n}\{d_i\}$,当 $d\to 0$ 时,有 $\sum\limits_{i=1}^{n}f(\xi_i,\eta_i)\Delta\sigma_i\to V$,即

$$V=\lim_{d\to 0}\sum_{i=1}^{n}f(\xi_i,\eta_i)\Delta\sigma_i.$$

在实际问题中很多量的计算和曲顶柱体体积的计算一样,都可以化为上述形式的和的极限,我们从中抽象概括得到了二重积分的定义.

2. **二重积分的概念**

定义 9.1　设二元函数 $f(x,y)$ 在有界闭区域 D 上有定义,将区域 D 任意分割成 n 个小闭区域 $\Delta\sigma_1,\Delta\sigma_2,\cdots,\Delta\sigma_n$,记 $\Delta\sigma_i,d_i$ 分别表示第 i 个小区域的面积和直径. 记 $d=\max\limits_{1\leqslant i\leqslant n}\{d_i\}$,在每个 $\Delta\sigma_i$ 上任取一点 $(\xi_i,\eta_i),i=1,2,\cdots,n$,作和 $\sum\limits_{i=1}^{n}f(\xi_i,\eta_i)\Delta\sigma_i$,若当 $d\to 0$ 时,上式和式的极限存在,则取此极限值为**函数 $f(x,y)$ 在闭**

区域 D 上的二重积分，记作 $\iint\limits_D f(x,y)\mathrm{d}\sigma$，即

$$\iint\limits_D f(x,y)\mathrm{d}\sigma = \lim_{d\to 0}\sum_{i=1}^{n} f(\xi_i,\eta_i)\Delta\sigma_i, \tag{9.1}$$

其中 x,y 称为**积分变量**，$f(x,y)$ 称为**被积函数**，D 称为**积分区域**，$\mathrm{d}\sigma$ 称为**面积元素**，$f(x,y)\mathrm{d}\sigma$ 称为**被积表达式**，并称 $f(x,y)$ 在区域 D 上**可积**，否则称 $f(x,y)$ 在区域 D 上不可积.

关于二重积分的一些结论：

(1) $\iint\limits_D f(x,y)\mathrm{d}\sigma$ 只与被积函数 $f(x,y)$ 和积分区域 D 有关，而与 D 的分割方法及点 (ξ_i,η_i) 的取法无关.

(2) 若 $f(x,y)$ 在有界闭区域 D 上连续，则 $f(x,y)$ 在 D 上可积.

(3) 若 $f(x,y)$ 在有界闭区域 D 上可积，则 $f(x,y)$ 在 D 上有界.

(4) 二重积分的几何意义：

当 $f(x,y)\geqslant 0$ 且连续时，$\iint\limits_D f(x,y)\mathrm{d}\sigma$ 表示以积分区域 D 为底、以曲面 $z=f(x,y)$ 为顶的曲顶柱体的体积 V，即 $\iint\limits_D f(x,y)\mathrm{d}\sigma = V$.

当 $f(x,y)\leqslant 0$ 且连续时，则以积分区域 D 为底的曲顶柱体在 xOy 平面的下方，此时 $\iint\limits_D f(x,y)\mathrm{d}\sigma$ 为该曲顶柱体体积 V 的负值，即 $\iint\limits_D f(x,y)\mathrm{d}\sigma = -V$.

二、二重积分的性质

二重积分有着与定积分完全类似的性质. 在假设所讨论的二重积分均存在的前提下，略去证明，叙述如下：

性质 9.1　若 $f(x,y)\equiv 1$，D 的面积为 σ_0，则

$$\iint\limits_D f(x,y)\mathrm{d}\sigma = \sigma_0.$$

性质 9.2

$$\iint\limits_D [af(x,y)\pm bg(x,y)]\mathrm{d}\sigma = a\iint\limits_D f(x,y)\mathrm{d}\sigma \pm b\iint\limits_D g(x,y)\mathrm{d}\sigma,$$

其中 a,b 为任意实数.

性质 9.3（二重积分对区域 D 的可加性）　若积分区域 D 被一曲线分成两

个部分区域 D_1 和 D_2，则

$$\iint_D f(x,y)\mathrm{d}\sigma = \iint_{D_1} f(x,y)\mathrm{d}\sigma + \iint_{D_2} f(x,y)\mathrm{d}\sigma.$$

性质 9.4 若在区域 D 上，恒有 $f(x,y) \leqslant g(x,y)$，则

$$\iint_D f(x,y)\mathrm{d}\sigma \leqslant \iint_D g(x,y)\mathrm{d}\sigma.$$

特别地，有

$$\left|\iint_D f(x,y)\mathrm{d}\sigma\right| \leqslant \iint_D |f(x,y)|\mathrm{d}\sigma.$$

性质 9.5 若 M 与 m 分别是函数 $f(x,y)$ 在区域 D 上的最大值与最小值，σ_0 是区域 D 的面积，则

$$m\sigma_0 \leqslant \iint_D f(x,y)\mathrm{d}\sigma \leqslant M\sigma_0.$$

性质 9.6(二重积分的中值定理) 设 $f(x,y)$ 在有界闭区域 D 上连续，σ_0 是 D 的面积，则在 D 内至少存在一点 (ξ,η)，使得

$$\iint_D f(x,y)\mathrm{d}\sigma = f(\xi,\eta)\sigma_0.$$

例 9.1 设 $D = \{(x,y) \mid 1 \leqslant x^2 + y^2 \leqslant 9\}$，求 $\iint_D 2\mathrm{d}\sigma$.

解 D 是由半径为 3 和 1 的两个同心圆围成的圆环，其面积为

$$\sigma = \pi \cdot 3^2 - \pi \cdot 1^2 = 8\pi.$$

故

$$\iint_D 2\mathrm{d}\sigma = 2\iint_D \mathrm{d}\sigma = 2\sigma = 2 \times 8\pi = 16\pi.$$

例 9.2 比较二重积分 $I_1 = \iint_D (x+y)^2\mathrm{d}\sigma$ 与 $I_2 = \iint_D (x+y)^3\mathrm{d}\sigma$ 的大小，其中积分区域 D 是由 x 轴、y 轴与直线 $x + y = 1$ 所围成.

解 画出积分区域 D，如图 9-3 所示.

易知，任意 $(x,y) \in D$，有 $0 \leqslant x + y \leqslant 1$，于是 $(x+y)^2 \geqslant (x+y)^3$.

由性质 9.4，$I_1 \geqslant I_2$.

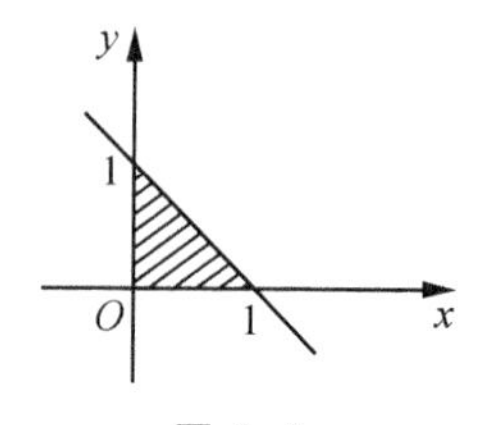

图 9-3

例 9.3 利用二重积分的性质，估计

$I=\iint\limits_D \frac{d\sigma}{\sqrt{x^2+y^2+2xy+16}}$ 的值，其中 $D=\{(x,y)\mid 0\leqslant x\leqslant 1, 0\leqslant y\leqslant 2\}$.

解　如图 9-4 所示，积分区域 D 的面积 $\sigma=2$.

$f(x,y)=\frac{1}{\sqrt{(x+y)^2+4^2}}$ 在 D 上有最大值 $f(0,0)=\frac{1}{4}$，最小值 $f(1,2)=\frac{1}{5}$.

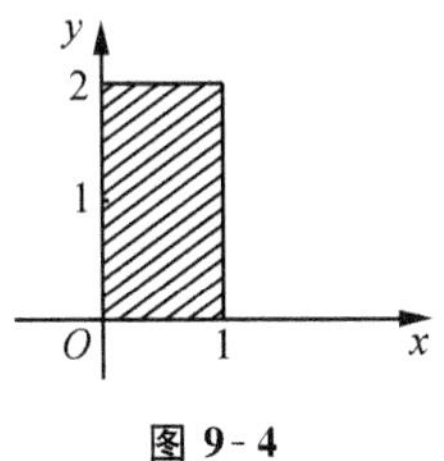

图 9-4

由性质 9.5 知 $\frac{1}{5}\times 2\leqslant I\leqslant\frac{1}{4}\times 2$，即 $\frac{2}{5}\leqslant I\leqslant\frac{1}{2}$.

习题 9-1

1. 比较下列积分的大小.

(1) $\iint\limits_D (x+y)^2 d\sigma$ 与 $\iint\limits_D (x+y)^3 d\sigma$，其中 $D=\{(x,y)\mid (x-2)^2+(y-1)^2\leqslant 2\}$；

(2) $\iint\limits_D \ln(x+y)d\sigma$ 与 $\iint\limits_D [\ln(x+y)]^2 d\sigma$，其中 D 是以 $A(1,0)$，$B(1,1)$，$C(2,0)$ 为顶点的三角形闭区域.

2. 估计下列积分的值.

(1) $I=\iint\limits_D xy(x+y)d\sigma$，其中 D 是矩形闭区域 $0\leqslant x\leqslant 1, 0\leqslant y\leqslant 1$；

(2) $I=\iint\limits_D (x+y+1)d\sigma$，其中 D 是矩形闭区域 $0\leqslant x\leqslant 1, 0\leqslant y\leqslant 2$.

§9.2　二重积分的计算

和定积分一样，二重积分作为和式的极限，从定义出发直接计算是非常困难的. 本节介绍的二重积分计算方法，是把二重积分化为二次定积分(或称累次积分)计算.

一、直角坐标系下二重积分的计算

当 $f(x,y)$ 在区域 D 上可积时，其积分值与区域 D 的分割方法无关，若用平行于坐标轴的两组直线来分割区域 D，除了靠近边界曲线的一些小区域外，大多数小区域的面积为 $\Delta\sigma = \Delta x \cdot \Delta y$，因此，在直角坐标系下，记面积元素 $d\sigma = dxdy$，从而二重积分可表示为 $\iint\limits_D f(x,y)dxdy$.

设 $f(x,y) \geqslant 0$ 在所给积分区域 D 上连续，下面就区域 D 的不同形状讨论二重积分的计算.

1. X 型区域上的二重积分

形如 $D=\{(x,y) \mid a \leqslant x \leqslant b, \varphi_1(x) \leqslant y \leqslant \varphi_2(x)\}$ 的有界闭区域称为 X 型区域(图 9-5).

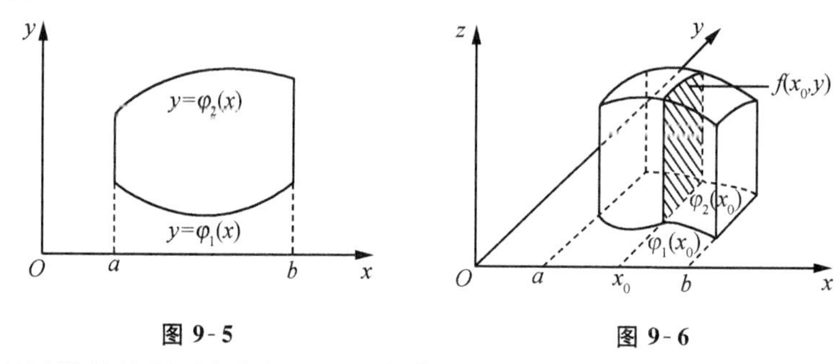

图 9-5　　图 9-6

X 型区域的特征：图形由上下两条曲线 $y=\varphi_2(x)$，$y=\varphi_1(x)$ 及垂直于 x 轴的两条直线 $x=a$，$x=b(a<b)$ 围成.

由二重积分的定义可知，$\iint\limits_D f(x,y)d\sigma$ 表示以 D 为底、以曲面 $f(x,y)$ 为顶的曲顶柱体的体积 V，下面由定积分应用所讨论过的“计算平行截面面积为已知的立体体积”的方法来计算该曲顶柱体体积.

先计算截面积. 任意取定 $x_0 \in [a,b]$，过点 $(x_0,0,0)$ 作垂直于 x 轴的平面 $x=x_0$，该平面与曲顶柱体相交所得截面是以区间 $[\varphi_1(x_0),\varphi_2(x_0)]$ 为底、曲线 $z=f(x_0,y)$ 为曲边的曲边梯形(见图 9-6 阴影部分)，所以该截面的面积为 $S(x_0)=\int_{\varphi_1(x_0)}^{\varphi_2(x_0)} f(x_0,y)dy$.

一般地，对任意点 $x \in [a,b]$，过点 $(x,0,0)$ 作垂直于 x 轴的平面，该平面与曲顶柱体相交所得截面的面积为 $S(x)=\int_{\varphi_1(x)}^{\varphi_2(x)} f(x,y)dy$，式中 y 为积分变量，视

x 为常数. 再根据定积分的应用，上述曲顶柱体可看成平行截面面积 $S(x)$ 为已知的立体，于是所求曲顶柱体体积

$$V = \int_a^b S(x)\mathrm{d}x = \int_a^b \left[\int_{\varphi_1(x)}^{\varphi_2(x)} f(x,y)\mathrm{d}y\right]\mathrm{d}x.$$

从而得到二重积分的计算公式

$$\iint_D f(x,y)\mathrm{d}\sigma = \int_a^b \left[\int_{\varphi_1(x)}^{\varphi_2(x)} f(x,y)\mathrm{d}y\right]\mathrm{d}x. \tag{9.2}$$

或写成

$$\iint_D f(x,y)\mathrm{d}\sigma = \int_a^b \mathrm{d}x\int_{\varphi_1(x)}^{\varphi_2(x)} f(x,y)\mathrm{d}y. \tag{9.3}$$

上面将二重积分的计算化为先对 y 后对 x 的两次定积分的计算，通常称之为化二重积分为**二次积分**或**累次积分**.

2. Y 型区域的二重积分

形如 $D=\{(x,y)\mid c\leqslant y\leqslant d,\varphi_1(y)\leqslant x\leqslant\varphi_2(y)\}$ 的有界闭区域称为 Y 型区域(图 9-7).

Y 型区域的特征：图形由左右两条曲线 $x=\varphi_1(y)$，$x=\varphi_2(y)$ 及垂直于 y 轴的两条直线 $y=c$，$y=d(c<d)$ 围成.

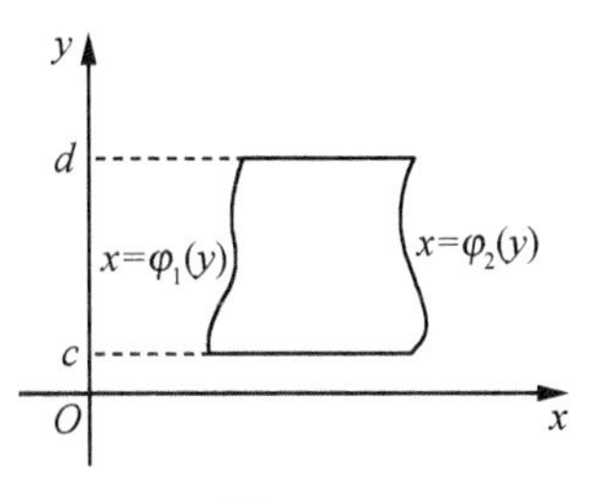

图 9-7

类似地，此时采用先对 x 积分后对 y 积分的次序，化二重积分为累次积分：

$$\iint_D f(x,y)\mathrm{d}\sigma = \int_c^d \left[\int_{\varphi_1(y)}^{\varphi_2(y)} f(x,y)\mathrm{d}x\right]\mathrm{d}y = \int_c^d \mathrm{d}y\int_{\varphi_1(y)}^{\varphi_2(y)} f(x,y)\mathrm{d}x. \tag{9.4}$$

> **注** 化二重积分为二次积分的步骤的关键是确定积分区间，而积分次序由积分区域 D 的几何形状和被积函数 $f(x,y)$ 共同决定. 于是得到化二重积分为二次积分的步骤：
>
> 第一步，作出积分区域 D 的图形，求出相应的交点.
>
> 第二步，取 $x(y)$ 为积分变量，用两条垂直于 $x(y)$ 轴的直线把区域夹住，定 $x(y)$ 的积分区间，将 D 看作由上(左) 曲线 $y=\varphi_2(x)(x=\varphi_1(y))$ 及下(右) 曲线 $y=\varphi_1(x)(x=\varphi_2(y))$ 围成，定变量 $y(x)$ 的积分区间.

例 9.4　将二重积分 $I=\iint\limits_D f(x,y)\mathrm{d}\sigma$ 按两种积分次序化为累次积分，其中 D

分别是由下列直线或曲线围成的区域：

(1) $y=x, y^2=4x$；

(2) $y=\sqrt{r^2-x^2}\,(r>0), y=0$.

解 (1) 先画出区域 D 的图形(图 9-8)，解方程组 $\begin{cases} y=x, \\ y^2=4x \end{cases}$ 得两曲线的交点 $(0,0)$，$(4,4)$.

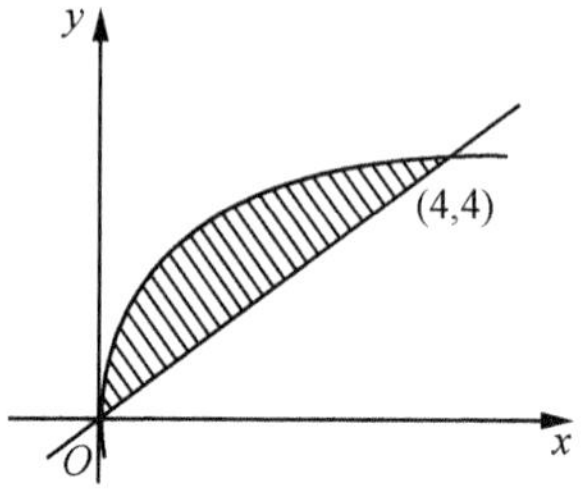

图 9-8

把 D 看作 X 型区域，先对 y 积分，有

$$I=\int_0^4\left(\int_x^{2\sqrt{x}} f(x,y)\mathrm{d}y\right)\mathrm{d}x.$$

把 D 看作 Y 型区域，先对 x 积分，有

$$I=\int_0^4\left[\int_{\frac{y^2}{4}}^{y} f(x,y)\mathrm{d}x\right]\mathrm{d}y.$$

(2) 先画出区域 D 的图形(图 9-9)，把 D 看作 X 型区域，先对 y 积分，有

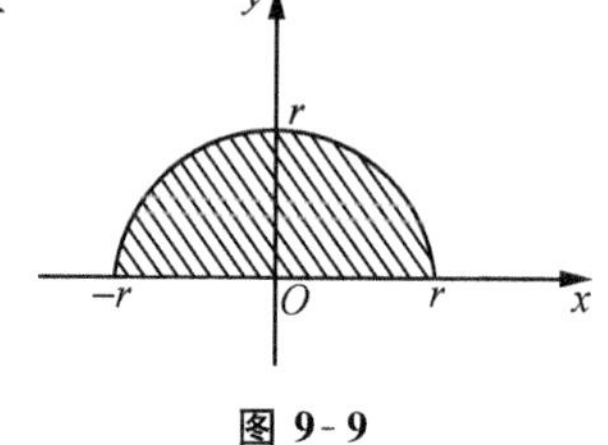

图 9-9

$$I=\int_{-r}^{r}\left[\int_0^{\sqrt{r^2-x^2}} f(x,y)\mathrm{d}y\right]\mathrm{d}x.$$

把 D 看作 Y 型区域，先对 x 积分，有

$$I=\int_0^{r}\left[\int_{-\sqrt{r^2-y^2}}^{\sqrt{r^2-y^2}} f(x,y)\mathrm{d}x\right]\mathrm{d}y.$$

例 9.5 交换下列积分次序.

(1) $\int_{-1}^{1}\mathrm{d}x\int_{x^2}^{1} f(x,y)\mathrm{d}y$； (2) $\int_{-1}^{2}\mathrm{d}y\int_{y^2}^{y+2} f(x,y)\mathrm{d}x$.

解 该题应先根据所给积分画出积分区域 D 的图形，再根据图形交换积分次序，确定积分的上、下限.

(1) 积分区域 $D=\{(x,y)\mid -1\leqslant x\leqslant 1, x^2\leqslant y\leqslant 1\}$ 为 X 型区域，如图 9-10 所示.

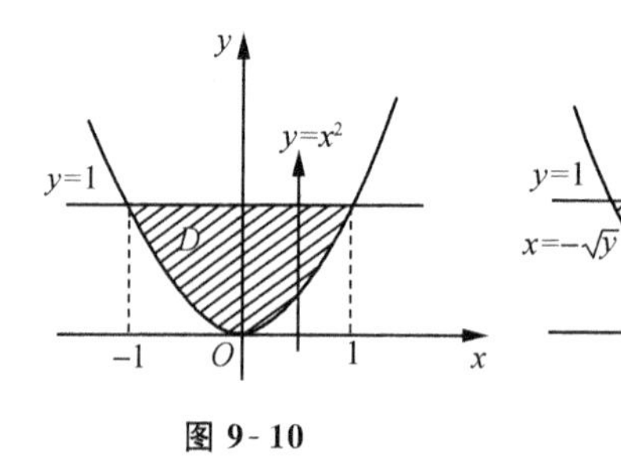

图 9-10

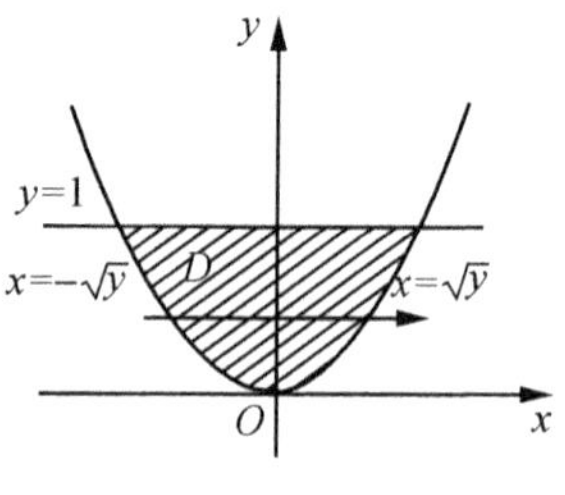

图 9-11

若改变积分次序，如图 9-11 所示，将积分区域看成 Y 型，则左曲线 $x=-\sqrt{y}$，右曲线 $x=\sqrt{y}$.

因此

$$\int_{-1}^{1}\mathrm{d}x\int_{x^2}^{1}f(x,y)\mathrm{d}y=\int_{0}^{1}\mathrm{d}y\int_{-\sqrt{y}}^{\sqrt{y}}f(x,y)\mathrm{d}x.$$

(2) 积分区域 $D=\{(x,y)\mid -1\leqslant y\leqslant 2, y^2\leqslant x\leqslant y+2\}$ 为 Y 型区域，如图9-12 所示.

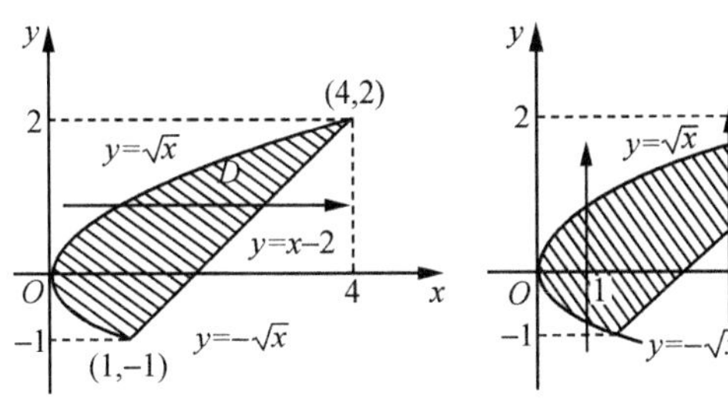

图 9-12　　　　图 9-13

若改变积分次序，如图 9-13 所示，将积分区域看成 X 型，则上曲线为 $y=\sqrt{x}$，下曲线由两条曲线段组成，即

$$y=\varphi_1(x)=\begin{cases}-\sqrt{x}, & 0\leqslant x<1,\\ x-2, & 1\leqslant x\leqslant 4.\end{cases}$$

因此

$$\int_{-1}^{2}\mathrm{d}y\int_{y^2}^{y+2}f(x,y)\mathrm{d}x=\int_{0}^{1}\mathrm{d}x\int_{-\sqrt{x}}^{\sqrt{x}}f(x,y)\mathrm{d}y+\int_{1}^{4}\mathrm{d}x\int_{x-2}^{\sqrt{x}}f(x,y)\mathrm{d}y.$$

例 9.6　计算 $\iint\limits_D xy\,\mathrm{d}x\mathrm{d}y$，其中 D 是由 $y=x^2$ 与 $y=x$ 围成.

解　先画出区域 D 的图形(图 9-14)，再解方程组

$$\begin{cases}y=x^2,\\ y=x,\end{cases}$$

得两曲线的交点为(0,0)，(1,1).

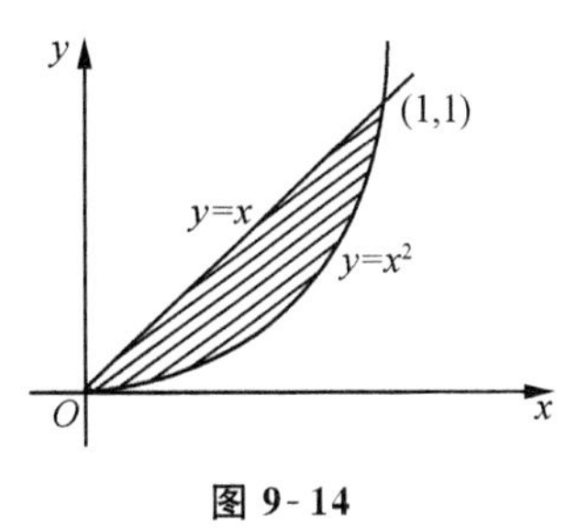

图 9-14

先对 y 积分，得

$$\iint\limits_D xy\,\mathrm{d}x\mathrm{d}y=\int_{0}^{1}\mathrm{d}x\int_{x^2}^{x}xy\,\mathrm{d}y=\int_{0}^{1}x\mathrm{d}x\int_{x^2}^{x}y\mathrm{d}y$$

$$= \frac{1}{2}\int_0^1 x \cdot y^2 \Big|_{x^2}^{x} dx = \frac{1}{2}\int_0^1 (x^3 - x^5) dx$$

$$= \frac{1}{2}\left(\frac{1}{4}x^4 - \frac{1}{6}x^6\right)\Big|_0^1 = \frac{1}{24}.$$

也可先对 x 积分，得

$$\iint_D xy\,dx\,dy = \int_0^1 dy \int_y^{\sqrt{y}} xy\,dx = \frac{1}{2}\int_0^1 y \cdot x^2 \Big|_y^{\sqrt{y}} dy$$

$$= \frac{1}{2}\int_0^1 y(y - y^2) dy = \frac{1}{2}\left(\frac{1}{3}y^3 - \frac{1}{4}y^4\right)\Big|_0^1$$

$$= \frac{1}{24}.$$

以上两种计算方法难易程度没有什么差别，但有的题目用两种方法却会大不一样，这要在以后的计算中用心体会.

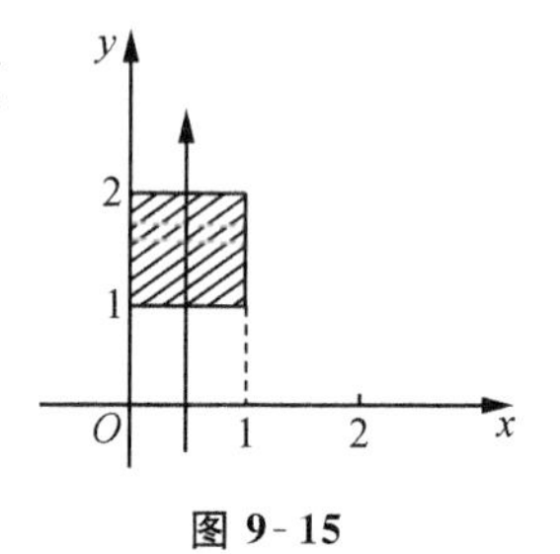

图 9-15

例 9.7 求二重积分 $\iint_D x\mathrm{e}^{xy}\,dx\,dy$，$D = \{(x,y) \mid 0 \leqslant x \leqslant 1, 1 \leqslant y \leqslant 2\}$.

解 如图 9-15 所示，先对 y 积分，得

$$\iint_D x\mathrm{e}^{xy}\,dx\,dy = \int_0^1 dx \int_1^2 x\mathrm{e}^{xy} dy = \int_0^1 dx \int_1^2 \mathrm{e}^{xy} d(xy)$$

$$= \int_0^1 \mathrm{e}^{xy}\Big|_1^2 dx = \int_0^1 (\mathrm{e}^{2x} - \mathrm{e}^x) dx$$

$$= \left(\frac{1}{2}\mathrm{e}^{2x} - \mathrm{e}^x\right)\Big|_0^1 = \frac{1}{2}\mathrm{e}^2 - \mathrm{e} + \frac{1}{2}.$$

若先对 x 积分，得

$$\iint_D x\mathrm{e}^{xy}\,dx\,dy = \int_1^2 dy \int_0^1 x\mathrm{e}^{xy} dx.$$

为了计算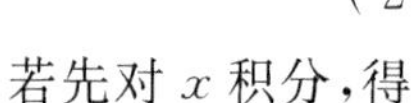$\int_0^1 x\mathrm{e}^{xy} dx$，需用分部积分法，计算要比上面的方法繁，读者自己算一下.

例 9.8 求二重积分 $\iint_D \mathrm{e}^{-y^2}\,dx\,dy$，其中 D 是由直线 $y = x$，$y = 1$ 与 y 轴围成的闭区域.

解 积分区域 D 如图 9-16 所示. 由于函数 e^{-y^2} 对变量 y 的原函数不能表示为初等函数，故该积分若先对 y 积分，第一步的积分将无法计算. 但若先对 x 积分，第一步的积分很容易计算. 因此我们选取先 x 后 y 的积分次序.

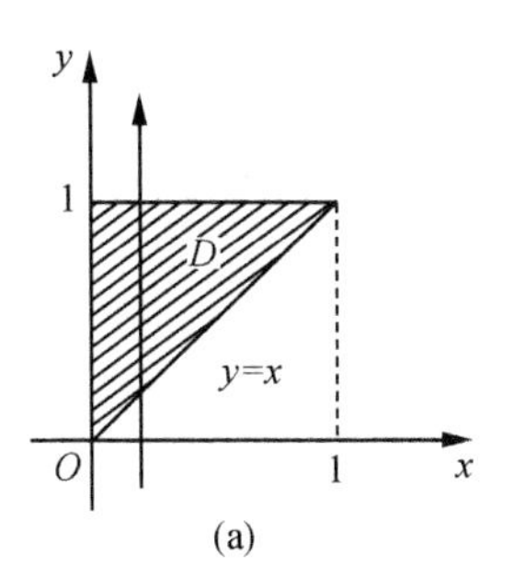

(a)

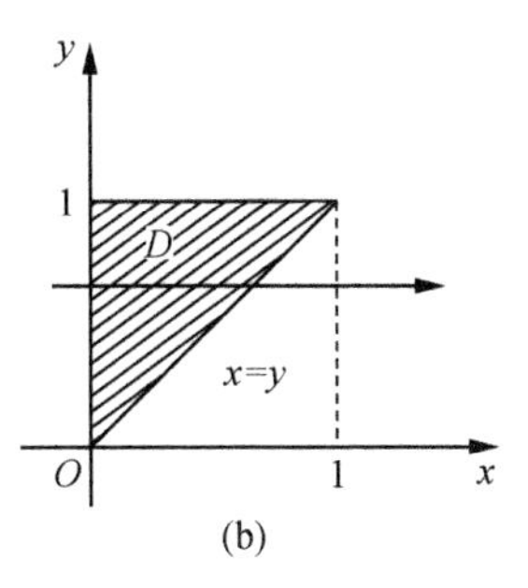

(b)

图 9-16

将 D 表示为

$$D=\{(x,y)\mid 0\leqslant x\leqslant y,0\leqslant y\leqslant 1\},$$

故有

$$\iint_D \mathrm{c}^{-y^2}\,\mathrm{d}x\mathrm{d}y=\int_0^1\mathrm{d}y\int_0^y \mathrm{e}^{-y^2}\,\mathrm{d}x=\int_0^1 \mathrm{e}^{-y^2}\cdot x\Big|_0^y\mathrm{d}y=\int_0^1 y\mathrm{e}^{-y^2}\,\mathrm{d}y$$

$$=-\frac{1}{2}(\mathrm{e}^{-y^2})\Big|_0^1=\frac{1}{2}(1-\mathrm{e}^{-1}).$$

例 9.9　计算二重积分 $\iint\limits_D \frac{y^2}{x^2}\mathrm{d}\sigma$，其中 D 是由直线 $y=x$，$y=2$ 及曲线 $xy=1$ 所围成的闭区域.

解　画出积分区域 D，如图 9-17 所示，D 既是 X 型又是 Y 型的. 先将 D 选作 Y 型区域刻画，则 $D=\left\{(x,y)\,\middle|\,\frac{1}{y}\leqslant x\leqslant y,1\leqslant y\leqslant 2\right\}$，于是

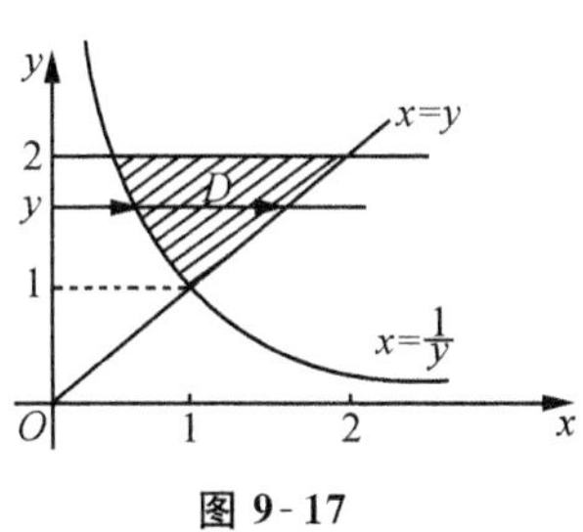

图 9-17

$$\iint_D \frac{y^2}{x^2}\mathrm{d}\sigma=\int_1^2\mathrm{d}y\int_{\frac{1}{y}}^{y}\frac{y^2}{x^2}\mathrm{d}x=\int_1^2 y^2\left[-\frac{1}{x}\right]_{\frac{1}{y}}^{y}\mathrm{d}y$$

$$=\int_1^2 y^2\left(y-\frac{1}{y}\right)\mathrm{d}y=\int_1^2(y^3-y)\mathrm{d}y$$

$$=\frac{9}{4}.$$

若将 D 选作 X 型区域刻画(图 9-17)，则 D 的下侧边界由 $y=\frac{1}{x}$ 和 $y=x$ 分段组成. 应当用直线 $x=1$ 将 D 分成 D_1 和 D_2 两部分，由于

$$D_1=\left\{(x,y)\,\middle|\,\frac{1}{x}\leqslant y\leqslant 2,\frac{1}{2}\leqslant x\leqslant 1\right\},$$

$$D_2=\{(x,y)\mid x\leqslant y\leqslant 2,1<x\leqslant 2\},$$

所以

$$\iint\limits_D \frac{y^2}{x^2}\mathrm{d}\sigma = \iint\limits_{D_1} \frac{y^2}{x^2}\mathrm{d}\sigma + \iint\limits_{D_2} \frac{y^2}{x^2}\mathrm{d}\sigma = \int_{\frac{1}{2}}^{1}\mathrm{d}x\int_{\frac{1}{x}}^{2}\frac{y^2}{x^2}\mathrm{d}y + \int_{1}^{2}\mathrm{d}x\int_{x}^{2}\frac{y^2}{x^2}\mathrm{d}y = \frac{9}{4}.$$

比较以上两种积分次序的选择，显然，将 D 看成 Y 型区域的计算更简单一些.

例 9.10 设 D 是以点 $O(0,0)$，$A(1,2)$ 和 $B(2,1)$ 为顶点的三角形区域，求 $\iint\limits_D x\,\mathrm{d}x\mathrm{d}y$.

解 积分区域 D 如图 9-18 所示. 采取先 y 后 x 的积分次序，注意到下曲线为 $y=\frac{x}{2}$，上曲线由两条直线段组成，函数表示为

$$y=\varphi(x)=\begin{cases}2x, & 0\leqslant x\leqslant 1,\\ 3-x, & 1<x\leqslant 2,\end{cases}$$

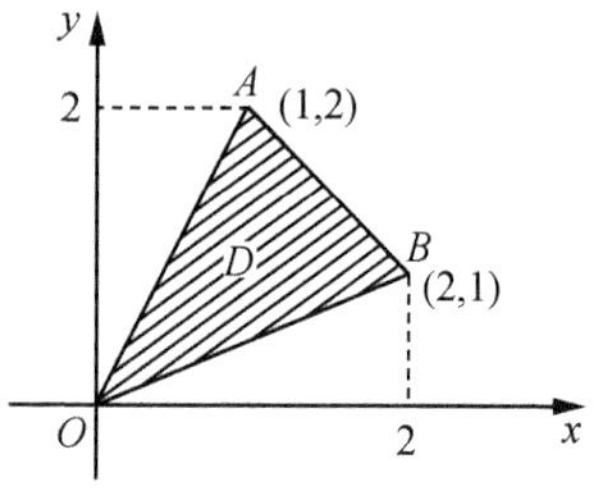

图 9-18

因此

$$\begin{aligned}\iint\limits_D x\,\mathrm{d}x\mathrm{d}y &= \int_0^2\left[\int_{\frac{x}{2}}^{\varphi(x)} x\,\mathrm{d}y\right]\mathrm{d}x = \int_0^2 x\left[\int_{\frac{x}{2}}^{\varphi(x)}\mathrm{d}y\right]\mathrm{d}x\\ &= \int_0^2 x\left[\varphi(x)-\frac{1}{2}x\right]\mathrm{d}x\\ &= \int_0^2 x\varphi(x)\,\mathrm{d}x-\int_0^2\frac{1}{2}x^2\,\mathrm{d}x\\ &= \int_0^1 2x^2\,\mathrm{d}x+\int_1^2 x(3-x)\,\mathrm{d}x-\int_0^2\frac{1}{2}x^2\,\mathrm{d}x=\frac{3}{2}.\end{aligned}$$

例 9.11 求由曲面 $z=x^2+y^2$，$x+y=1$ 以及各坐标平面围成的立体的体积.

解 依题意，立体在 xOy 平面上的投影为区域 $D=\{(x,y)\mid x+y\leqslant 1, x\geqslant 0, y\geqslant 0\}$，如图 9-19 所示. 故

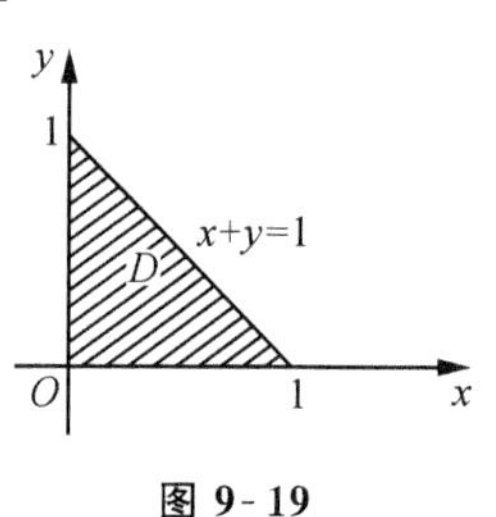

图 9-19

$$\begin{aligned}V &= \iint\limits_D (x^2+y^2)\,\mathrm{d}x\mathrm{d}y=\int_0^1\mathrm{d}x\int_0^{1-x}(x^2+y^2)\,\mathrm{d}y\\ &= \int_0^1\left(x^2y+\frac{1}{3}y^3\right)\Big|_0^{1-x}\mathrm{d}x\\ &= \int_0^1\left[x^2-x^3+\frac{1}{3}(1-x)^3\right]\mathrm{d}x\\ &= \left[\frac{1}{3}x^3-\frac{1}{4}x^4-\frac{1}{12}(1-x)^4\right]\Big|_0^1\end{aligned}$$

$$= \frac{1}{3} - \frac{1}{4} + \frac{1}{12} = \frac{1}{6}.$$

二、极坐标系下二重积分的计算

在二重积分的计算中，当积分区域为圆域、环域、扇域等，或被积函数为 $f(x^2+y^2)$，$f\left(\frac{x}{y}\right)$ 等形式时，采用极坐标表示更简单.

在解析几何中，平面上任意一点 M 的极坐标 (r,θ) 与它的直角坐标 (x,y) 的变换公式为(图 9-20)

$$\begin{cases} x = r\cos\theta, \\ y = r\sin\theta, \end{cases} 0 \leqslant \theta \leqslant 2\pi, 0 \leqslant r < +\infty.$$

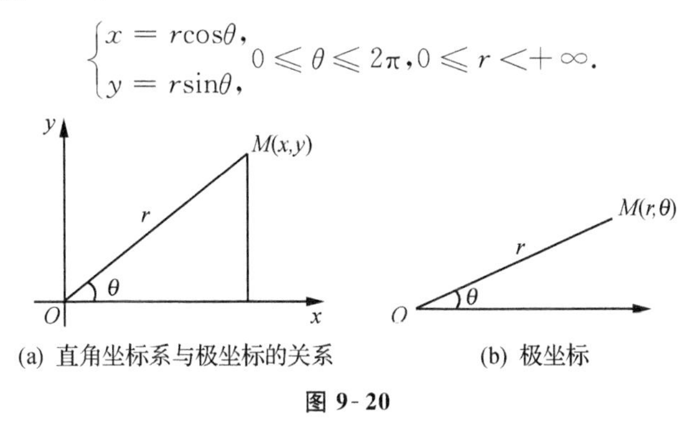

(a) 直角坐标系与极坐标的关系　　(b) 极坐标

图 9-20

下面介绍二重积分 $\iint\limits_D f(x,y)\mathrm{d}\sigma$ 在极坐标系中的计算公式，这时需将被积函数 $f(x,y)$、积分区域 D 以及面积元素 $\mathrm{d}\sigma$ 都用极坐标表示，函数 $f(x,y)$ 的极坐标形式为 $f(r\cos\theta, r\sin\theta)$.

为了得到极坐标系下的面积元素 $\mathrm{d}\sigma$，我们假设从极点出发且穿过闭区域 D 内部的射线与 D 的边界曲线相交不多于两点. 用以极点为中心的一族同心圆($r=$ 常数)和一族从极点出发的射线($\theta=$ 常数)，将区域 D 分成若干个小闭区域(边界除外). 设 $\Delta\sigma$ 是从 r 到 $r+\mathrm{d}r$ 和从 θ 到 $\theta+\mathrm{d}\theta$ 之间的小区域(图 9-21 中阴影部分)，易知其面积为

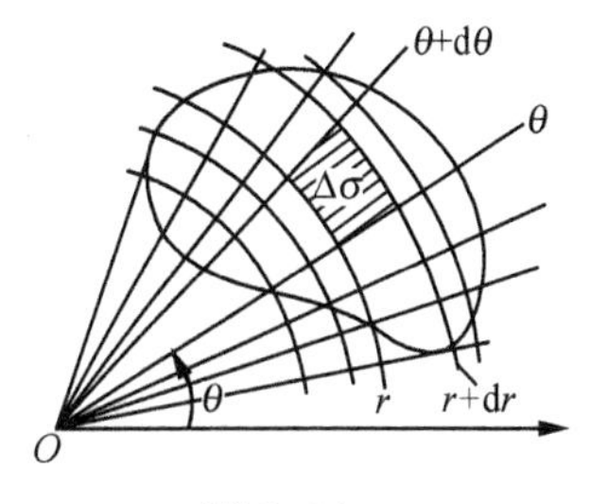

图 9-21

$$\begin{aligned} \Delta\sigma &= \frac{1}{2}(r+\mathrm{d}r)^2\mathrm{d}\theta - \frac{1}{2}r^2\mathrm{d}\theta \\ &= r\mathrm{d}r\mathrm{d}\theta + \frac{1}{2}(\mathrm{d}r)^2\mathrm{d}\theta. \end{aligned}$$

当 dr 与 $d\theta$ 都充分小时，略去比 $drd\theta$ 更高阶的无穷小，得到 $\Delta\sigma$ 的近似公式

$$\Delta\sigma \approx rdrd\theta.$$

于是得到极坐标系下的面积元素 $d\sigma = rdrd\theta$.

由上面的讨论，可将直角坐标系下的二重积分变换为极坐标系下的二重积分，其变换公式为

$$\iint_D f(x,y)d\sigma = \iint_D f(r\cos\theta, r\sin\theta)rdrd\theta. \quad (9.5)$$

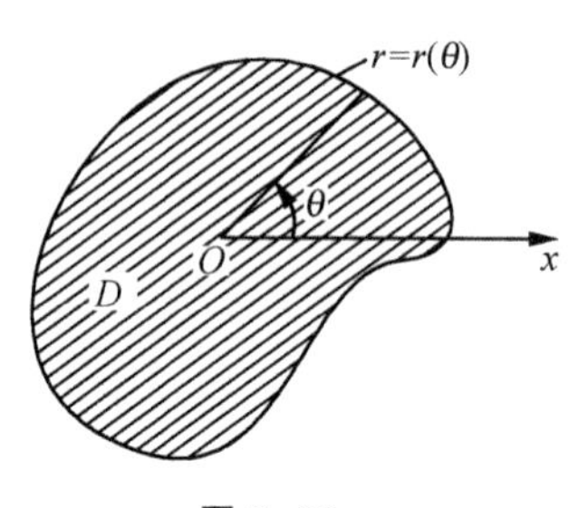

图 9-22

极坐标系下的二重积分同样可化为二次积分计算，下面分极点 O 在积分区域 D 内、D 外和 D 的边界上三种情况讨论.

(1) 若极点 O 在积分区域 D 内，D 的边界是连续封闭曲线 $r = r(\theta)$（图 9-22），则

$$D = \{(r,\theta) \mid 0 \leqslant \theta \leqslant 2\pi, 0 \leqslant r \leqslant r(\theta)\},$$

$$\iint_D f(r\cos\theta, r\sin\theta)rdrd\theta = \int_0^{2\pi} d\theta \int_0^{r(\theta)} f(r\cos\theta, r\sin\theta)rdr. \quad (9.6)$$

(2) 若极点 O 在积分区域 D 外，且区域 D 由两条射线 $\theta = \alpha, \theta = \beta$ 以及两条连续曲线 $r = r_1(\theta), r = r_2(\theta)$ 围成（图 9-23），则

$$D = \{(r,\theta) \mid 0 \leqslant r_1(\theta) \leqslant r \leqslant r_2(\theta), \alpha \leqslant \theta \leqslant \beta\},$$

$$\iint_D f(r\cos\theta, r\sin\theta)rdrd\theta = \int_\alpha^\beta d\theta \int_{r_1(\theta)}^{r_2(\theta)} f(r\cos\theta, r\sin\theta)rdr. \quad (9.7)$$

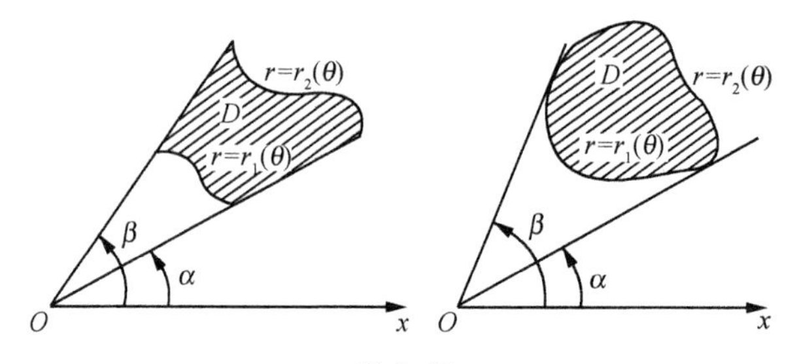

图 9-23

(3) 若极点 O 在积分区域 D 的边界曲线 $r = r(\theta)$ 上（图 9-24），则

$$D = \{(r,\theta) \mid 0 \leqslant r \leqslant r(\theta), \alpha \leqslant \theta \leqslant \beta\},$$

$$\iint_D f(r\cos\theta, r\sin\theta)rdrd\theta = \int_\alpha^\beta d\theta \int_0^{r(\theta)} f(r\cos\theta, r\sin\theta)rdr. \quad (9.8)$$

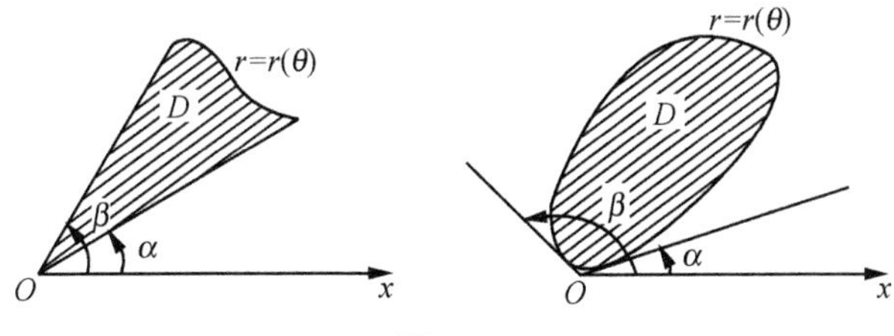

图 9-24

注　(1) 把二重积分从直角坐标系变换为极坐标系，只要把 x,y 和面积元素 $\mathrm{d}\sigma$ 分别换成 $r\cos\theta, r\sin\theta$ 和 $r\mathrm{d}r\mathrm{d}\theta$ 即可.

(2) 极坐标系下化二重积分为二次积分，积分次序总是先 r 后 θ. 换句话说，先根据极点 O 与区域 D 的位置关系，确定 θ 的范围，然后再定出 r 的范围(r 与 θ 是相关的).

例 9.12　计算 $I=\iint\limits_D \mathrm{e}^{-x^2-y^2}\mathrm{d}x\mathrm{d}y$，其中 $D=\{(x,y)\mid x^2+y^2\leqslant 4\}$.

解　画出 D 的图形，如图 9-25 所示. 极点 O 在区域 D 内，区域 D 的边界曲线为 $r=2$，故

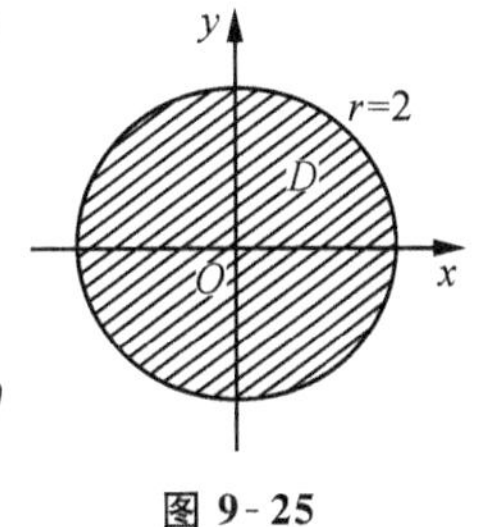

图 9-25

$$\begin{aligned}\iint\limits_D \mathrm{e}^{-x^2-y^2}\mathrm{d}x\mathrm{d}y &= \int_0^{2\pi}\left[\int_0^2 \mathrm{e}^{-r^2}r\mathrm{d}r\right]\mathrm{d}\theta \\ &= \int_0^{2\pi}\left(-\frac{1}{2}\mathrm{e}^{-r^2}\right)\Big|_0^2\mathrm{d}\theta = \frac{1}{2}(1-\mathrm{e}^{-4})\int_0^{2\pi}\mathrm{d}\theta \\ &= \pi(1-\mathrm{e}^{-4}).\end{aligned}$$

例 9.13　计算 $I=\iint\limits_D \dfrac{1-x^2-y^2}{1+x^2+y^2}\mathrm{d}x\mathrm{d}y$，其中 D 是由圆 $x^2+y^2=1$ 和圆 $x^2+y^2=4$ 围成的区域.

解　区域 D 如图 9-26 所示. 作极坐标变换 $\begin{cases}x=r\cos\theta,\\ y=r\sin\theta.\end{cases}$ 在极坐标系下，圆 $x^2+y^2=1$ 和圆 $x^2+y^2=4$ 的方程分别为 $r=1$ 和 $r=2$. 区域

$$D=\{(r,\theta)\mid 1\leqslant r\leqslant 2, 0\leqslant\theta\leqslant 2\pi\}.$$

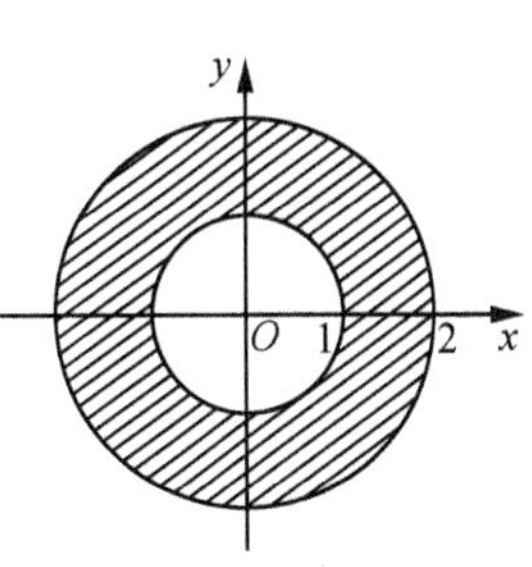

图 9-26

极点在区域内，故有

$$I=\int_0^{2\pi}\mathrm{d}\theta\int_1^2\frac{1-r^2}{1+r^2}r\mathrm{d}r = 2\pi\int_1^2\left(\frac{2}{1+r^2}-1\right)r\mathrm{d}r$$

$$= 2\pi\left[\ln(1+r^2) - \frac{1}{2}r^2\right]\Big|_1^2$$

$$= 2\pi\left(\ln 5 - 2 - \ln 2 + \frac{1}{2}\right)$$

$$= 2\pi\left(\ln\frac{5}{2} - \frac{3}{2}\right).$$

例 9.14 计算 $I=\iint\limits_D \sqrt{x^2+y^2}\,\mathrm{d}x\mathrm{d}y$，其中 $D=\{(x,y)\mid 0\leqslant y\leqslant x, x^2+y^2\leqslant 2x\}$.

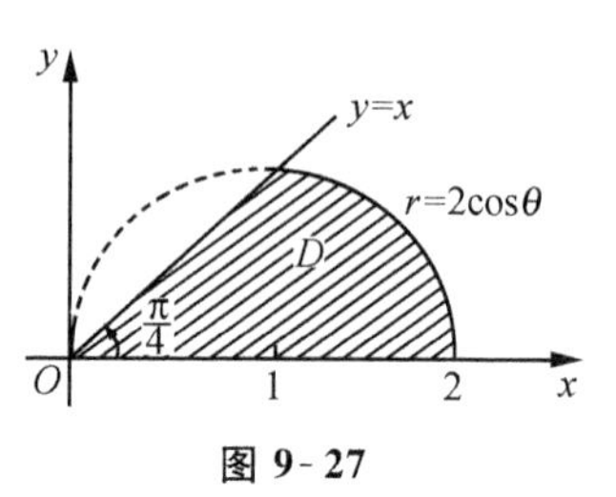

图 9-27

解 画出 D 的图形，如图 9-27 所示. 极点 O 在区域 D 的边界上，在极坐标系下用两射线 $\theta=0, \theta=\frac{\pi}{4}$ 去夹区域 D，得内曲线 $r=0$，外曲线 $r=2\cos\theta$，于是

$$\iint\limits_D \sqrt{x^2+y^2}\,\mathrm{d}x\mathrm{d}y = \int_0^{\frac{\pi}{4}}\left(\int_0^{2\cos\theta} r\cdot r\mathrm{d}r\right)\mathrm{d}\theta = \int_0^{\frac{\pi}{4}}\left(\frac{1}{3}r^3\Big|_0^{2\cos\theta}\right)\mathrm{d}\theta$$

$$= \frac{8}{3}\int_0^{\frac{\pi}{4}}\cos^3\theta\mathrm{d}\theta = \frac{8}{3}\int_0^{\frac{\pi}{4}}(1-\sin^2\theta)\mathrm{d}\sin\theta$$

$$= \frac{8}{3}\left[\sin\theta - \frac{1}{3}\sin^3\theta\right]\Big|_0^{\frac{\pi}{4}} = \frac{10\sqrt{2}}{9}.$$

三、无界区域上的广义积分

与一元函数在无限区间上的反常积分类似，我们可以定义积分区域是无界区域的广义二重积分，它是概率论与数理统计中有广泛应用的一种积分形式，其计算方法基本与前面相同.

例 9.15 计算 $I=\iint\limits_D x\mathrm{e}^{-y^2}\,\mathrm{d}x\mathrm{d}y$，其中 D 是曲线 $y=4x^2$ 和 $y=9x^2$ 在第一象限所围成的区域.

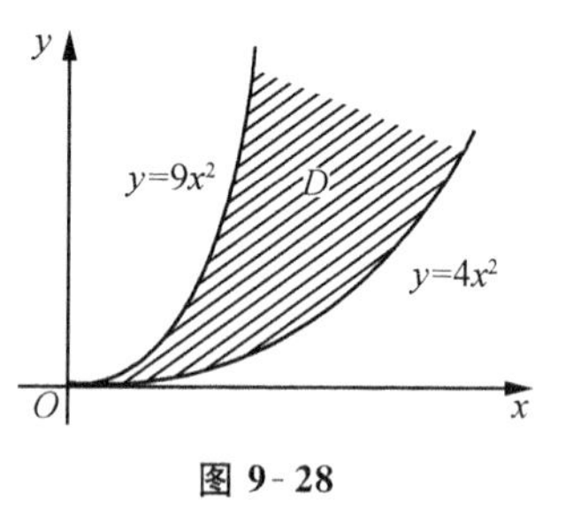

图 9-28

解 D 是无界区域，如图 9-28 所示. 用垂直于 y 轴的两条直线 $y=0$ 和 $y=+\infty$ 才能夹住区域 D，得左曲线为 $x=\frac{\sqrt{y}}{3}$，右曲线为 $x=\frac{\sqrt{y}}{2}$. 因此

$$D=\left\{(x,y)\,\middle|\,\frac{\sqrt{y}}{3}\leqslant x\leqslant\frac{\sqrt{y}}{2}, 0\leqslant y<+\infty\right\}.$$

于是

$$\iint_D x\mathrm{e}^{-y^2}\mathrm{d}x\mathrm{d}y=\int_0^{+\infty}\left(\int_{\frac{\sqrt{y}}{3}}^{\frac{\sqrt{y}}{2}}x\mathrm{e}^{-y^2}\mathrm{d}x\right)\mathrm{d}y$$

$$=\int_0^{+\infty}\mathrm{e}^{-y^2}\left(\int_{\frac{\sqrt{y}}{3}}^{\frac{\sqrt{y}}{2}}x\mathrm{d}x\right)\mathrm{d}y=\int_0^{+\infty}\mathrm{e}^{-y^2}\left(\frac{1}{2}x^2\Big|_{\frac{\sqrt{y}}{3}}^{\frac{\sqrt{y}}{2}}\right)\mathrm{d}y$$

$$=\frac{5}{72}\int_0^{+\infty}y\mathrm{e}^{-y^2}\mathrm{d}y=-\frac{5}{144}\int_0^{+\infty}\mathrm{e}^{-y^2}\mathrm{d}(-y^2)$$

$$=-\frac{5}{144}\left(\mathrm{e}^{-y^2}\Big|_0^{+\infty}\right)=\frac{5}{144}.$$

例 9.16　计算 $I=\iint_D\frac{1}{(x^2+y^2)^2}\mathrm{d}x\mathrm{d}y$，其中 $D=\{(x,y)\mid x^2+y^2\geqslant 1\}$.

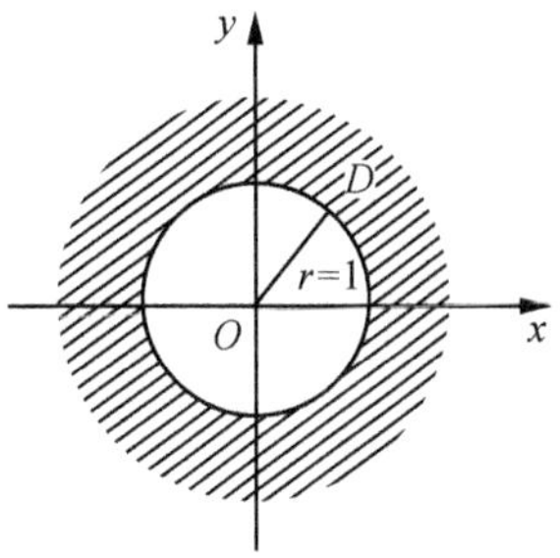

解　D 是无界区域，如图 9-29 所示. 因 D 的边界含有圆弧，故用极坐标来考虑，内曲线为 $r=1$，外曲线为 $r=+\infty$，θ 从 0 变到 2π. 因此，将 D 用极坐标表示：$D=\{(r,\theta)\mid 1\leqslant r\leqslant+\infty,0\leqslant\theta\leqslant 2\pi\}$. 于是

图 9-29

$$\iint_D\frac{1}{(x^2+y^2)^2}\mathrm{d}x\mathrm{d}y=\int_0^{2\pi}\left(\int_1^{+\infty}\frac{1}{r^4}\cdot r\mathrm{d}r\right)\mathrm{d}\theta$$

$$=\int_0^{2\pi}\left(-\frac{1}{2}\cdot\frac{1}{r^2}\Big|_1^{+\infty}\right)\mathrm{d}\theta$$

$$=\int_0^{2\pi}\left[-\frac{1}{2}(0-1)\right]\mathrm{d}\theta=\pi.$$

习题 9-2

1. 将二重积分 $I=\iint_D f(x,y)\mathrm{d}\sigma$ 按两种积分次序化为累次积分，其中 D 是由下列直线或曲线围成的区域.

(1) $y=x^3,y=1,x=-1$；

(2) $y=x^2,y=4-x^2$；

(3) $y=\frac{2}{x},y=2x,y=\frac{x}{2},x>0$；

(4) $y^2=2x,y=x-4$.

2. 交换下列积分次序.

(1) $\int_{-1}^{0}\mathrm{d}y\int_{1-y}^{2}f(x,y)\mathrm{d}x$;

(2) $\int_{0}^{2}\mathrm{d}y\int_{y^2}^{2y}f(x,y)\mathrm{d}x$;

(3) $\int_{-1}^{1}\mathrm{d}x\int_{-\sqrt{1-x^2}}^{1-x^2}f(x,y)\mathrm{d}y$;

(4) $\int_{0}^{1}\mathrm{d}y\int_{0}^{y}f(x,y)\mathrm{d}x+\int_{1}^{2}\mathrm{d}y\int_{0}^{2-y}f(x,y)\mathrm{d}x$.

3. 计算下列二重积分.

(1) $\iint\limits_{D}\mathrm{e}^{x+y}\mathrm{d}x\mathrm{d}y$,其中 $D=\{(x,y)\mid 0\leqslant x\leqslant 1,0\leqslant y\leqslant 1\}$;

(2) $\iint\limits_{D}\frac{1}{x}\mathrm{d}x\mathrm{d}y$,其中 D 是由 $y=\ln x,x=\mathrm{e},y=0$ 所围成的区域;

(3) $\iint\limits_{D}x^2y\mathrm{d}x\mathrm{d}y$,其中 D 是由 $x^2-y^2=1,y=0,y=1$ 所围成的区域;

(4) $\iint\limits_{D}\mathrm{e}^{-y^2}\mathrm{d}x\mathrm{d}y$,其中 D 是由 $x=0,y=1,y=x$ 所围成的区域;

(5) $\iint\limits_{D}y\mathrm{e}^{xy}\mathrm{d}x\mathrm{d}y$,其中 D 是由 $x=2,y=2,xy=1$ 所围成的区域.

4. 将二重积分 $\iint\limits_{D}f(x,y)\mathrm{d}\sigma$ 在极坐标系下化为二次积分,积分区域 D 分别如下:

(1) $\{(x,y)\mid a^2\leqslant x^2+y^2\leqslant b^2,x\geqslant 0\}$,其中 $0<a<b$;

(2) $\{(x,y)\mid x^2+y^2\leqslant ax\}$,其中 $a>0$.

5. 利用极坐标系计算下列二重积分.

(1) $\iint\limits_{D}(4-x-y)\mathrm{d}x\mathrm{d}y$,其中 D 是由圆 $x^2+y^2=1$ 围成的区域;

(2) $\iint\limits_{D}\sqrt{x^2+y^2}\mathrm{d}x\mathrm{d}y$,其中 D 是由圆 $(x-a)^2+y^2=a^2$ 和 $y=0$ 围成的在第一象限的区域;

(3) $\iint\limits_{D}\left(\frac{y}{x}\right)^2\mathrm{d}x\mathrm{d}y$,其中 D 由 $y=\sqrt{1-x^2},y=x,y=0$ 围成的,且 $x>0$;

(4) $\iint\limits_{D}\arctan\frac{y}{x}\mathrm{d}x\mathrm{d}y$,其中 $D=\{(x,y)\mid 1\leqslant x^2+y^2\leqslant 4,x\geqslant 0,y\geqslant 0\}$.

6. 计算下列无界区域上的广义二重积分.

(1) $\iint\limits_D e^{-(x+y)}\,dxdy, D=\{(x,y)\mid x\geqslant 0, y\geqslant x\}$;

(2) $\iint\limits_D \frac{1}{(x^2+y^2)^2}dxdy, D=\{(x,y)\mid x^2+y^2\geqslant 1,$ 且 $y>0\}$.

7. 求由下列曲线所围成的图形的面积.

(1) $y=2-x$ 与 $y^2=4x+4$;

(2) $y=x^2$ 与 $y=\sqrt{x}$;

(3) $x^2+y^2=1$ 与 $y=\sqrt{2}x^2$.

8. 计算由下列曲面所围成的立体的体积.

(1) $z=1+x+y, z=0, x+y=1, x=0, y=0$;

(2) $z=12-x^2+y, y=x^2, x=y^2, z=0$;

(3) $z=1-x^2-y^2, x=0, y=0, y=1-x, z=0$.

复习题九

1. 填空题.

(1) $\iint\limits_D (1+x^2+y^2)dxdy=$ ________, 其中 $D=\{(x,y)\mid x^2+y^2\leqslant 1\}$.

(2) $\int_0^2 dx\int_x^2 e^{-y^2}dy=$ ________.

(3) 将二次积分 $\int_0^1 dy\int_{\sqrt{y}}^{\sqrt{2-y}} f(x,y)dx$ 交换积分次序为 ________________.

(4) $\int_0^{+\infty}\int_0^{+\infty}(x+y)e^{-x-y}dxdy=$ ______________.

2. 单选题.

(1) $\int_0^1 dx\int_0^{1-x} f(x,y)dy=$ ________.

A. $\int_0^{1-x}dy\int_0^1 f(x,y)dx$　　B. $\int_0^1 dy\int_0^{1-x} f(x,y)dx$

C. $\int_0^1 dy\int_0^1 f(x,y)dx$　　D. $\int_0^1 dy\int_0^{1-y} f(x,y)dx$

(2) 若区域 D 是由直线 $x=1, y=-1$ 和直线 $x-y=1$ 所围成，则 $\iint\limits_D dxdy$

$=$ ________.

A. $\frac{1}{4}$　　B. 3　　C. 1　　D. $\frac{1}{2}$

(3) 若 $D=\{(x,y)\mid x^2+y^2\leqslant R^2,R>0\}$，且$\iint\limits_D\sqrt{R^2-x^2-y^2}\,\mathrm{d}x\mathrm{d}y=\pi$ 时，则 R 应取______.

A. $\sqrt[3]{\frac{3}{2}}$　　B. 3　　C. $\sqrt{2}$　　D. $-\sqrt[3]{\frac{3}{2}}$

(4) 若区域 D 是由直线 $y=1,y=0$ 与直线 $x=0,x=\pi$ 所围成，则 $\iint\limits_D x\sin xy\,\mathrm{d}x\mathrm{d}y=$ ________.

A. 2　　B. -2　　C. π　　D. $-\pi$

(5) 设 $f(x,y)=\begin{cases}xy^2, & 0\leqslant y\leqslant x\leqslant 1,\\ 0, & 其他,\end{cases}$ D 是全平面，则$\iint\limits_D f(x,y)\,\mathrm{d}x\mathrm{d}y=$ ________

A. $\frac{1}{15}$　　B. 3　　C. $\sqrt{2}$　　D. 15

3. 计算下列二重积分.

(1) $\iint\limits_D\frac{2x}{y^3}\mathrm{d}x\mathrm{d}y$，其中 D 是由曲线 $y=\frac{1}{x}$，$y=\sqrt{x}$ 与直线 $x=4$ 所围成的区域；

(2) $\iint\limits_D|x-y|\,\mathrm{d}x\mathrm{d}y$，其中 $D=\{(x,y)\mid 0\leqslant x\leqslant 1,0\leqslant y\leqslant 1\}$；

(3) $\iint\limits_D\ln(1+x^2+y^2)\mathrm{d}\sigma$，其中 D 是由圆 $x^2+y^2=1$ 及坐标轴所围成的在第一象限的区域；

(4) $\iint\limits_D x\mathrm{e}^{-y}\mathrm{d}x\mathrm{d}y$，其中 D 是由直线 $x=0,x=1$ 所围成的在第一象限的区域.

4. 计算曲面 $z=x^2+y^2,z=0,y=1$ 和 $y=x^2$ 所围成的立体的体积.

5. 设 $f(x,y)$ 连续，且 $f(x,y)=xy+\iint\limits_D f(u,v)\mathrm{d}u\mathrm{d}v$，其中 D 是由 $y=0$，$y=x^2,x=1$ 所围成的区域，求 $f(x,y)$.

6. 设 $f(x)$ 在$[a,b]$上连续且 $f(x)>0$，利用二重积分，证明：

$$\int_a^b f(x)\mathrm{d}x\int_a^b\frac{1}{f(x)}\mathrm{d}x\geqslant(b-a)^2.$$

第10章

无穷级数

无穷级数是微积分学的一个重要组成部分,是表示函数、研究函数性质和数值计算的有力工具.本章介绍无穷级数的一些基本知识,重点介绍常数项级数和幂级数.

§10.1　常数项级数的概念与性质

一、常数项级数的概念

考虑如下数列:

$$1,\frac{1}{2},\frac{1}{2^2},\cdots,\frac{1}{2^n},\cdots,$$

由此数列可构造如下新的数列:

$$S_1=1,S_2=1+\frac{1}{2},\cdots,$$

$$S_n=1+\frac{1}{2}+\cdots+\frac{1}{2^{n-1}}=\frac{1-\frac{1}{2^n}}{1-\frac{1}{2}}=2\left(1-\frac{1}{2^n}\right),\cdots.$$

显然有

$$S=\lim_{n\to\infty}S_n=\lim_{n\to\infty}2\left(1-\frac{1}{2^n}\right)=2.$$

很自然地,可将 $S=2$ 理解为数列 $\left\{\frac{1}{2^n}\right\}$ 各项相加(无限多项)的和,并记为

$$1+\frac{1}{2}+\frac{1}{2^2}+\cdots+\frac{1}{2^n}+\cdots=2.$$

通常简记为

$$\sum_{n=0}^{\infty}\frac{1}{2^n}=2.$$

一般地,给定一个实数序列 $u_1,u_2,\cdots,u_n,\cdots$,称

$$u_1+u_2+\cdots+u_n+\cdots$$

为**常数项无穷级数**,简称为**级数**,记为 $\sum\limits_{n=1}^{\infty}u_n$,即

$$\sum_{n=1}^{\infty}u_n=u_1+u_2+\cdots+u_n+\cdots, \tag{10.1}$$

其中第 n 项 u_n 称为**一般项**或**通项**,u_1 称为**首项**,首项下标也可记为其他整数,如级数 $\sum\limits_{n=0}^{\infty}u_n$ 的首项为 u_0,而级数 $\sum\limits_{n=2}^{\infty}u_n$ 的首项为 u_2.

级数(10.1)的前 n 项的和

$$S_n=u_1+u_2+\cdots+u_n=\sum_{i=1}^{n}u_i \tag{10.2}$$

称为级数(10.1)的前 n 项**部分和**. 当 n 依次取 1,2,3,… 时,它们构成一个新的数列$\{S_n\}$,即

$$S_1=u_1,S_2=u_1+u_2,\cdots,S_n=u_1+u_2+\cdots+u_n,\cdots,$$

数列$\{S_n\}$称为**部分和数列**. 根据数列$\{S_n\}$是否存在极限,我们引进级数(10.1)的收敛与发散的概念.

定义 10.1 若级数 $\sum\limits_{n=1}^{\infty}u_n$ 的部分和数列$\{S_n\}$存在极限 S,即

$$\lim_{n\to\infty}S_n=S,$$

则称无穷级数 $\sum\limits_{n=1}^{\infty}u_n$ **收敛**,极限 S 称为级数 $\sum\limits_{n=1}^{\infty}u_n$ 的**和**,并写成

$$S=u_1+u_2+\cdots+u_n+\cdots;$$

若$\{S_n\}$没有极限,则称无穷级数 $\sum\limits_{n=1}^{\infty}u_n$ **发散**.

若级数 $\sum\limits_{n=1}^{\infty}u_n$ 收敛于 S,则部分和 $S_n\approx S$,它们之间的差

$$r_n=S-S_n=u_{n+1}+u_{n+2}+\cdots \tag{10.3}$$

称为级数 $\sum\limits_{n=1}^{\infty}u_n$ 的**余项**.

例 10.1　讨论**几何级数** $\sum_{n=1}^{\infty} aq^{n-1}$ 的敛散性,其中 a,q 为非零常数.

解　该级数的部分和为

$$S_n = a + aq + \cdots + aq^{n-1} = \frac{a(1-q^n)}{1-q}(q \neq 1).$$

(1) 当 $|q| < 1$ 时,有 $\lim_{n\to\infty} S_n = \frac{a}{1-q}$. 所以,当 $|q| < 1$ 时,几何级数收敛,且有

$$\sum_{n=1}^{\infty} aq^{n-1} = \frac{a}{1-q}(|q| < 1).$$

(2) 当 $|q| > 1$ 时, $\lim_{n\to\infty} S_n = \infty$. 所以, $|q| > 1$ 时,几何级数发散.

(3) 当 $q = 1$ 时, $S_n = na \to \infty(n \to \infty$ 时),故级数发散;当 $q = -1$ 时, $S_n = \frac{a}{2}[1 + (-1)^{n-1}]$, $n \to \infty$ 时, S_n 的极限不存在,故级数发散.

综上, $|q| < 1$ 时,几何级数 $\sum_{n=1}^{\infty} aq^{n-1}$ 收敛, $|q| \geqslant 1$ 时,几何级数发散.

例 10.2　讨论级数 $\sum_{n=1}^{\infty} \frac{1}{n(n+1)}$ 的敛散性.

解　由

$$u_n = \frac{1}{n(n+1)} = \frac{1}{n} - \frac{1}{n+1}$$

可知

$$\begin{aligned} S_n &= \frac{1}{1\times 2} + \frac{1}{2\times 3} + \cdots + \frac{1}{n(n+1)} \\ &= \left(1 - \frac{1}{2}\right) + \left(\frac{1}{2} - \frac{1}{3}\right) + \cdots + \left(\frac{1}{n} - \frac{1}{n+1}\right) \\ &= 1 - \frac{1}{n+1}, \end{aligned}$$

于是

$$\lim_{n\to\infty} S_n = 1,$$

所以,所给级数收敛,且有

$$\sum_{n=1}^{\infty} \frac{1}{n(n+1)} = 1.$$

例 10.3　证明:**调和级数** $\sum_{n=1}^{\infty} \frac{1}{n}$ 发散.

证 由拉格朗日中值公式可知

$$\ln(n+1)-\ln n=\frac{1}{n+\theta}<\frac{1}{n}(0<\theta<1).$$

由此不等式可得

$$\begin{aligned}S_n&=1+\frac{1}{2}+\cdots+\frac{1}{n}\\&>(\ln 2-\ln 1)+(\ln 3-\ln 2)+\cdots+[\ln(n+1)-\ln n]\\&=\ln(n+1),\end{aligned}$$

于是

$$\lim_{n\to\infty}S_n=+\infty,$$

从而调和级数 $\sum_{n=1}^{\infty}\frac{1}{n}$ 发散.

定理 10.1(级数收敛的必要条件) 若级数 $\sum_{n=1}^{\infty}u_n$ 收敛,则有

$$\lim_{n\to\infty}u_n=0. \tag{10.4}$$

证 因级数 $\sum_{n=1}^{\infty}u_n$ 收敛,故极限

$$\lim_{n\to\infty}S_n \text{ 与} \lim_{n\to\infty}S_{n-1}$$

皆存在且极限值相等. 于是有

$$\lim_{n\to\infty}u_n=\lim_{n\to\infty}(S_n-S_{n-1})=\lim_{n\to\infty}S_n-\lim_{n\to\infty}S_{n-1}=0.$$

这个定理很重要,常用来判别级数发散. 例如,当 $|q|\geqslant 1$ 时,因 $\lim_{n\to\infty}aq^{n-1}\neq 0$ $(a\neq 0)$,故几何级数 $\sum_{n=1}^{\infty}aq^{n-1}$ 当 $|q|\geqslant 1$ 时发散.

但是,应注意的是,式(10.4)成立时,级数 $\sum_{n=1}^{\infty}u_n$ 不一定收敛. 例如,调和级数 $\sum_{n=1}^{\infty}\frac{1}{n}$ 发散,但有 $\lim_{n\to\infty}u_n=\lim_{n\to\infty}\frac{1}{n}=0$. 因此,式(10.4)成立是级数 $\sum_{n=1}^{\infty}u_n$ 收敛的必要条件,而不是充分条件. 换言之,式(10.4)不成立是级数 $\sum_{n=1}^{\infty}u_n$ 发散的充分条件,而不是必要条件.

例 10.4 判定级数 $\sum_{n=1}^{\infty}\frac{n^2+n+1}{n^2}$ 的敛散性.

解 因为

$$\lim_{n\to\infty}u_n=\lim_{n\to\infty}\frac{n^2+n+1}{n^2}=1\neq 0,$$

所以，由定理 10.1 可知，该级数发散.

二、无穷级数的基本性质

性质 10.1　设 a,b 为常数，级数 $\sum_{n=1}^{\infty}u_n$，$\sum_{n=1}^{\infty}v_n$ 均收敛，则级数 $\sum_{n=1}^{\infty}(au_n+bv_n)$ 收敛，且有

$$\sum_{n=1}^{\infty}(au_n+bv_n)=a\sum_{n=1}^{\infty}u_n+b\sum_{n=1}^{\infty}v_n. \tag{10.5}$$

证　设级数 $\sum_{n=1}^{\infty}(au_n+bv_n)$，$\sum_{n=1}^{\infty}u_n$，$\sum_{n=1}^{\infty}v_n$ 的部分和分别记为 S_n，A_n，B_n，则

$$\begin{aligned}S_n&=(au_1+bv_1)+(au_2+bv_2)+\cdots+(au_n+bv_n)\\&=(au_1+au_2+\cdots+au_n)+(bv_1+bv_2+\cdots+bv_n)\\&=aA_n+bB_n.\end{aligned}$$

因 $\sum_{n=1}^{\infty}u_n$，$\sum_{n=1}^{\infty}v_n$ 收敛，故它们的部分和的极限存在，设

$$\lim_{n\to\infty}A_n=A,\lim_{n\to\infty}B_n=B,$$

则有

$$\begin{aligned}\lim_{n\to\infty}S_n&=\lim_{n\to\infty}(aA_n+bB_n)=a\lim_{n\to\infty}A_n+b\lim_{n\to\infty}B_n\\&=aA+bB.\end{aligned}$$

由此可知，级数 $\sum_{n=1}^{\infty}(au_n+bv_n)$ 收敛，且式(10.5)成立.

例如，由性质 10.1 和例 10.1、例 10.2 可知，级数

$$\sum_{n=1}^{\infty}\left[\left(\frac{2}{5}\right)^{n-1}+\frac{1}{3n(n+1)}\right]$$

收敛，且有

$$\sum_{n=1}^{\infty}\left[\left(\frac{2}{5}\right)^{n-1}+\frac{1}{3n(n+1)}\right]=\frac{1}{1-\frac{2}{5}}+\frac{1}{3}=2.$$

性质 10.2　级数增加或去掉有限项，不改变级数的敛散性.

证明略.

例如，将例 10.2、例 10.3 中去掉前三项，根据性质 10.2，可知

$$\frac{1}{4\times5}+\frac{1}{5\times6}+\cdots=\sum_{n=1}^{\infty}\frac{1}{(n+3)(n+4)}\text{收敛},$$

$$\frac{1}{4}+\frac{1}{5}+\cdots=\sum_{n=1}^{\infty}\frac{1}{n+3}\text{发散}.$$

性质 10.3　收敛级数加括号后所成的级数，仍为收敛级数，且收敛于原级数的和.

证明略.

> **注** 加括号的收敛级数，去掉括号后的新级数不一定收敛，即性质 10.3 的逆命题不成立.

例如，级数

$$(1-1)+(1-1)+\cdots+(1-1)+\cdots$$

收敛，其和为零，但去掉括号后的级数

$$1-1+1-1+\cdots=\sum_{n=1}^{\infty}(-1)^{n-1}$$

发散.

习题 10-1

1. 写出下列级数的通项.

(1) $2-\frac{3}{2}+\frac{4}{3}-\frac{5}{4}+\cdots$；　(2) $\frac{1}{2}+\frac{2}{5}+\frac{3}{10}+\frac{4}{17}+\cdots$；

(3) $\frac{3}{2}+\frac{1}{4}+\frac{3}{6}+\frac{1}{8}+\cdots$；　(4) $\frac{\sqrt{x}}{2}+\frac{x}{2\cdot4}+\frac{x\sqrt{x}}{2\cdot4\cdot6}+\frac{x^2}{2\cdot4\cdot6\cdot8}+\cdots$.

2. 已知级数 $\sum_{n=1}^{\infty}u_n$ 的部分和 $S_n=\frac{3n}{2n+1}$，求 u_1,u_n.

3. 判定下列级数的敛散性，若收敛，求其和.

(1) $\sum_{n=1}^{\infty}\frac{1}{(2n-1)(2n+1)}$；　(2) $\sum_{n=1}^{\infty}(\sqrt{n+1}-\sqrt{n})$；

(3) $\sum_{n=2}^{\infty}\frac{1}{\sqrt[n]{n}}$；　(4) $\sum_{n=1}^{\infty}\frac{\sqrt{n+1}-\sqrt{n}}{\sqrt{n^2+n}}$.

4. 利用无穷级数的性质以及几何级数与调和级数的敛散性，判别下列级数的敛散性.

(1) $\sum_{n=1}^{\infty}\cos\frac{\pi}{n+1}$；　(2) $\sum_{n=1}^{\infty}\frac{n-\sqrt{n}}{3n-5}$；

(3) $\frac{2}{3}-\frac{2^2}{3^2}+\frac{2^3}{3^3}-\cdots$；　(4) $\sum_{n=1}^{\infty}\left(\frac{1}{2^n}+\frac{3^n}{5^n}\right)$；

(5) $\sum_{n=2}^{\infty}\frac{1}{\sqrt[n]{3}}$；　(6) $\frac{2}{4}-\frac{2}{3}+\frac{4}{7}-\frac{2^2}{3^2}+\frac{6}{10}-\frac{2^3}{3^3}+\cdots$.

§10.2　正项级数敛散性的判别

若级数 $\sum_{n=1}^{\infty}u_n$ 满足条件：$u_n \geqslant 0(n=1,2,\cdots)$，则称该级数为**正项级数**.

本节介绍判别正项级数敛散性的几个常用判别法.

定理 10.2　正项级数 $\sum_{n=1}^{\infty}u_n$ 收敛的充分必要条件是：它的部分和数列 $\{S_n\}$ 有上界.

证　由 $u_n \geqslant 0(n=1,2,\cdots)$ 可知

$$S_{n+1}=S_n+u_{n+1}\geqslant S_n\geqslant 0,n=1,2,\cdots,$$

于是，$\{S_n\}$ 是单调增加数列. 因此，根据定理 2.13，若 $\{S_n\}$ 有上界，则极限 $\lim\limits_{n\to\infty}S_n$ 存在，从而级数 $\sum_{n=1}^{\infty}u_n$ 收敛；若 $\{S_n\}$ 无上界，则 $\lim\limits_{n\to\infty}S_n=+\infty$，从而 $\sum_{n=1}^{\infty}u_n$ 发散.

定理 10.3（比较判别法）　设 $\sum_{n=1}^{\infty}u_n$ 与 $\sum_{n=1}^{\infty}v_n$ 都是正项级数，且 $u_n\leqslant v_n(n=1,2,\cdots)$，则当 $\sum_{n=1}^{\infty}v_n$ 收敛时，$\sum_{n=1}^{\infty}u_n$ 收敛；当 $\sum_{n=1}^{\infty}u_n$ 发散时，$\sum_{n=1}^{\infty}v_n$ 发散.

证　设 $\sum_{n=1}^{\infty}u_n$ 与 $\sum_{n=1}^{\infty}v_n$ 的部分和分别记为 A_n 与 B_n，则由 $u_n\leqslant v_n(n=1,2,\cdots)$，有

$$A_n=u_1+u_2+\cdots+u_n\leqslant v_1+v_2+\cdots+v_n=B_n,n=1,2,\cdots.$$

若 $\sum_{n=1}^{\infty}v_n$ 收敛，则由定理 10.2 可知，$\{B_n\}$ 有上界，从而 $\{A_n\}$ 有上界. 于是，再

由定理 10.2 可知，$\sum_{n=1}^{\infty} u_n$ 收敛.

若 $\sum_{n=1}^{\infty} u_n$ 发散，则 $\{A_n\}$ 无上界，从而 $\{B_n\}$ 无上界，由定理 10.2 可知，$\sum_{n=1}^{\infty} v_n$ 发散.

推论 10.1 设 $\sum_{n=1}^{\infty} u_n$ 与 $\sum_{n=1}^{\infty} v_n$ 为正项级数，且存在常数 $C>0$ 和自然数 N，使当 $n>N$ 时，有 $u_n \leqslant Cv_n$，则当 $\sum_{n=1}^{\infty} v_n$ 收敛时，$\sum_{n=1}^{\infty} u_n$ 收敛；当 $\sum_{n=1}^{\infty} u_n$ 发散时，$\sum_{n=1}^{\infty} v_n$ 发散.

由级数的性质和定理 10.3 不难证明该推论成立.

例 10.5 讨论 p 级数 $\sum_{n=1}^{\infty} \frac{1}{n^p}$ 的敛散性，其中 p 为常数.

解 分两种情形分别讨论.

(1) 当 $p \leqslant 1$ 时，有 $\frac{1}{n} \leqslant \frac{1}{n^p}(n-1,2,\cdots)$. 因调和级数 $\sum_{n=1}^{\infty} \frac{1}{n}$ 发散，故由比较判别法可知，$p \leqslant 1$ 时，p 级数 $\sum_{n=1}^{\infty} \frac{1}{n^p}$ 发散.

(2) 当 $p>1$ 时，由于

$$0<\frac{1}{m^p}=\int_{m-1}^{m} \frac{1}{m^p}\mathrm{d}x<\int_{m-1}^{m} \frac{1}{x^p}\mathrm{d}x(m=2,3,\cdots),$$

故 p 级数的部分和

$$\begin{aligned} S_n &= 1+\sum_{m=2}^{n} \frac{1}{m^p}<1+\sum_{m=2}^{n}\int_{m-1}^{m} \frac{1}{x^p}\mathrm{d}x \\ &= 1+\int_{1}^{n} \frac{1}{x^p}\mathrm{d}x = 1+\frac{1}{p-1}-\frac{1}{p-1}n^{1-p} \\ &< 1+\frac{1}{p-1}=\frac{p}{p-1}. \end{aligned}$$

于是，由定理 10.2 可知，$p>1$ 时，p 级数 $\sum_{n=1}^{\infty} \frac{1}{n^p}$ 收敛.

在使用比较判别法时，几何级数 $\sum_{n=1}^{\infty} aq^{n-1}$ 和 p 级数 $\sum_{n=1}^{\infty} \frac{1}{n^p}$ 是经常用来进行比较的已知级数. 因此，记住这两个级数何时收敛何时发散是十分必要的.

例 10.6 判别级数 $\sum_{n=1}^{\infty} 2^n \sin \frac{\pi}{3^n}$ 的敛散性.

解　由于 $x > 0$ 时，$0 < \sin x < x$，所以有

$$0 < 2^n \sin \frac{\pi}{3^n} < 2^n \cdot \frac{\pi}{3^n} = \pi\left(\frac{2}{3}\right)^n, n = 1,2,3,\cdots,$$

而几何级数 $\sum\limits_{n=1}^{\infty} \pi\left(\frac{2}{3}\right)^n$ 的公比 $q = \frac{2}{3} < 1$，故该几何级数收敛. 于是，由比较判别法可知，正项级数 $\sum\limits_{n=1}^{\infty} 2^n \sin \frac{\pi}{3^n}$ 收敛.

定理 10.4（极限形式的比较判别法）　设 $\sum\limits_{n=1}^{\infty} u_n$ 与 $\sum\limits_{n=1}^{\infty} v_n$ 是正项级数，且

$$\lim_{n\to\infty} \frac{u_n}{v_n} = A.$$

(1) 若 $0 < A < +\infty$，则 $\sum\limits_{n=1}^{\infty} u_n$ 与 $\sum\limits_{n=1}^{\infty} v_n$ 同时收敛或同时发散；

(2) 若 $A = 0$，且 $\sum\limits_{n=1}^{\infty} v_n$ 收敛，则 $\sum\limits_{n=1}^{\infty} u_n$ 收敛；

(3) 若 $A = +\infty$，且 $\sum\limits_{n=1}^{\infty} v_n$ 发散，则 $\sum\limits_{n=1}^{\infty} u_n$ 发散.

证　(1) 由于 $\lim\limits_{n\to\infty} \frac{u_n}{v_n} = A$，且 $0 < A < +\infty$，故对给定的 $\varepsilon = \frac{A}{2} > 0$，存在正整数 N，使当 $n > N$ 时，有

$$\left|\frac{u_n}{v_n} - A\right| < \varepsilon = \frac{A}{2},$$

即

$$\frac{A}{2} < \frac{u_n}{v_n} < \frac{3A}{2}.$$

于是，当 $n > N$ 时，有

$$\frac{1}{2} A v_n < u_n < \frac{3}{2} A v_n.$$

从而由推论 10.1 可知，级数 $\sum\limits_{n=1}^{\infty} u_n$ 与 $\sum\limits_{n=1}^{\infty} v_n$ 同时收敛或同时发散.

类似地可证(2)与(3). 于是定理得证.

推论 10.2　设 $\sum\limits_{n=1}^{\infty} u_n$ 与 $\sum\limits_{n=1}^{\infty} v_n$ 均为正项级数，$n \to \infty$ 时，u_n 与 v_n 均为无穷小，且

$$u_n \sim v_n (n \to \infty),$$

则级数 $\sum\limits_{n=1}^{\infty} u_n$ 与 $\sum\limits_{n=1}^{\infty} v_n$ 具有相同的敛散性.

例 10.7 判别下列级数的敛散性.

(1) $\sum\limits_{n=1}^{\infty} \ln\left(1+\frac{1}{n^2}\right)$； (2) $\sum\limits_{n=1}^{\infty} \frac{1}{\sqrt{n(n+1)}}$； (3) $\sum\limits_{n=1}^{\infty} \left(1-\cos\frac{\pi}{n}\right)$.

解 (1) 当 $n\to\infty$ 时,有

$$\ln\left(1+\frac{1}{n^2}\right)\sim\frac{1}{n^2},$$

因 $\sum\limits_{n=1}^{\infty} \frac{1}{n^2}$ 收敛,由推论 10.2 知 $\sum\limits_{n=1}^{\infty} \ln\left(1+\frac{1}{n^2}\right)$ 收敛.

(2) 当 $n\to\infty$ 时,有

$$\frac{1}{\sqrt{n(n+1)}}\sim\frac{1}{n},$$

而 $\sum\limits_{n=1}^{\infty} \frac{1}{n}$ 发散,由推论 10.2 知 $\sum\limits_{n=1}^{\infty} \frac{1}{\sqrt{n(n+1)}}$ 发散.

(3) 当 $n\to\infty$ 时,有

$$1-\cos\frac{\pi}{n}\sim\frac{\pi^2}{2n^2},$$

而 $\sum\limits_{n=1}^{\infty} \frac{\pi^2}{2n^2}$ 收敛,由推论 10.2 知 $\sum\limits_{n=1}^{\infty} \left(1-\cos\frac{\pi}{n}\right)$ 收敛.

例 10.8 判别级数 $\sum\limits_{n=1}^{\infty} \left(\frac{1}{n}-\ln\frac{n+1}{n}\right)$ 的敛散性.

解 令 $u(x)=x-\ln(1+x)>0(x>0)$, $v(x)=x^2$,由于

$$\lim_{x\to0^+}\frac{x-\ln(1+x)}{x^2}=\lim_{x\to0^+}\frac{1-\frac{1}{1+x}}{2x}=\lim_{x\to0^+}\frac{1}{2(1+x)}=\frac{1}{2},$$

从而

$$\lim_{n\to\infty}\frac{\frac{1}{n}-\ln\left(1+\frac{1}{n}\right)}{\frac{1}{n^2}}=\lim_{n\to\infty}n^2\left(\frac{1}{n}-\ln\frac{n+1}{n}\right)=\frac{1}{2}.$$

由 $p=2>1$ 知题设级数收敛.

使用比较判别法或其极限形式,需要找到一个已知级数做比较,这多少有些困难.下面介绍的几个判别法,可以利用级数自身的特点来判别级数的敛散性.

定理 10.5(比值判别法或达朗贝尔判别法)　设 $\sum_{n=1}^{\infty} u_n$ 是正项级数，且 $\lim_{n \to \infty} \frac{u_{n+1}}{u_n} = \rho$(或 $+\infty$)，则

(1) 当 $\rho < 1$ 时，级数收敛；

(2) 当 $\rho > 1$(包括 $\rho = +\infty$) 时，级数发散；

(3) 当 $\rho = 1$ 时，本判别法失效.

证　当 ρ 为有限数时，对任意的 $\varepsilon > 0$，存在 $N > 0$. 当 $n > N$ 时，有

$$\left| \frac{u_{n+1}}{u_n} - \rho \right| < \varepsilon,$$

即

$$\rho - \varepsilon < \frac{u_{n+1}}{u_n} < \rho + \varepsilon (n > N).$$

(1) 当 $\rho < 1$ 时，取 $0 < \varepsilon < 1 - \rho$，使 $r = \rho + \varepsilon < 1$，则有

$$u_{N+2} < r u_{N+1}, u_{N+3} < r u_{N+2} < r^2 u_{N+1}, \cdots,$$

$$u_{N+m} < r u_{N+m-1} < r^2 u_{N+m-2} < \cdots < r^{m-1} u_{N+1}, \cdots,$$

而级数 $\sum_{m=1}^{\infty} r^{m-1} u_{N+1}$ 收敛，由比较判别法知 $\sum_{m=1}^{\infty} u_{N+m} = \sum_{n=N+1}^{\infty} u_n$ 收敛，再由推论10.1知，级数 $\sum_{n=1}^{\infty} u_n$ 收敛.

(2) 当 $\rho > 1$ 时，取 $0 < \varepsilon < \rho - 1$，使 $r = \rho - \varepsilon > 1$，则当 $n > N$ 时，有 $\frac{u_{n+1}}{u_n} > r$，即 $u_{n+1} > r u_n > u_n$，即当 $n > N$ 时，级数 $\sum_{n=1}^{\infty} u_n$ 的一般项逐渐增大，从而 $\lim_{n \to \infty} u_n \neq 0$. 根据级数收敛的必要条件知，级数 $\sum_{n=1}^{\infty} u_n$ 发散.

类似地，可证明当 $\lim_{n \to \infty} \frac{u_{n+1}}{u_n} = \infty$ 时，级数 $\sum_{n=1}^{\infty} u_n$ 发散.

(3) 当 $\rho = 1$ 时，比值判别法失效.

例如，对 $\sum_{n=1}^{\infty} \frac{1}{n^p}$，有

$$\lim_{n \to \infty} \frac{u_{n+1}}{u_n} = \lim_{n \to \infty} \frac{\frac{1}{(n+1)^p}}{\frac{1}{n^p}} = \lim_{n \to \infty} \left(\frac{n}{n+1} \right)^p = 1,$$

但 $p>1$ 时，$\sum_{n=1}^{\infty}\frac{1}{n^p}$ 收敛，而 $p\leqslant 1$ 时，$\sum_{n=1}^{\infty}\frac{1}{n^p}$ 发散. 由此可知，$\lim_{n\to\infty}\frac{u_{n+1}}{u_n}=1$ 时，由比值判别法不能判别级数 $\sum_{n=1}^{\infty}u_n$ 的敛散性.

例 10.9 判别下列级数的敛散性.

(1) $\sum_{n=1}^{\infty}\frac{2^n}{n!}$；　　(2) $\sum_{n=1}^{\infty}n\left(\frac{x}{3}\right)^n, x>0$.

解 (1) 由于

$$\lim_{n\to\infty}\frac{u_{n+1}}{u_n}=\lim_{n\to\infty}\frac{\dfrac{2^{n+1}}{(n+1)!}}{\dfrac{2^n}{n!}}=\lim_{n\to\infty}\frac{2}{n+1}=0<1,$$

所以，级数 $\sum_{n=1}^{\infty}\frac{2^n}{n!}$ 收敛.

(2) 由于

$$\lim_{n\to\infty}\frac{u_{n+1}}{u_n}=\lim_{n\to\infty}\frac{(n+1)\left(\dfrac{x}{3}\right)^{n+1}}{n\left(\dfrac{x}{3}\right)^n}=\lim_{n\to\infty}\frac{(n+1)x}{3n}=\frac{x}{3},$$

所以，当 $0<x<3$ 时，级数 $\sum_{n=1}^{\infty}n\left(\frac{x}{3}\right)^n$ 收敛；当 $x>3$ 时，该级数发散；当 $x=3$ 时，$u_n=n\to+\infty(n\to\infty)$，级数发散. 总之，当 $0<x<3$ 时，$\sum_{n=1}^{\infty}n\left(\frac{x}{3}\right)^n$ 收敛；当 $x\geqslant 3$ 时，该级数发散.

定理 10.6（根值判别法或柯西判别法） 设 $\sum_{n=1}^{\infty}u_n$ 为正项级数，若有 $\lim_{n\to\infty}\sqrt[n]{u_n}=r$，则当 $r<1$ 时，级数收敛；当 $r>1$ 时，级数发散.

证明从略.

例 10.10 判别下列级数的敛散性.

(1) $\sum_{n=1}^{\infty}\left(\frac{na}{n+1}\right)^n(a>0)$；　　(2) $\sum_{n=1}^{\infty}\left(\frac{n}{3n-1}\right)^{2n-1}$.

解 (1) 因为

$$\lim_{n\to\infty}\sqrt[n]{u_n}=\lim_{n\to\infty}\frac{na}{n+1}=a,$$

所以，当 $a<1$ 时，该级数收敛；当 $a>1$ 时，该级数发散；当 $a=1$ 时，$\lim_{n\to\infty}u_n=$

$\lim\limits_{n\to\infty}\left(\frac{n}{n+1}\right)^n=\frac{1}{e}\neq 0$,该级数也发散.

(2) 由于

$$\begin{aligned}\lim_{n\to\infty}\sqrt[n]{u_n}&=\lim_{n\to\infty}\left(\frac{n}{3n-1}\right)^{\frac{2n-1}{n}}\\&=\lim_{n\to\infty}\left(\frac{n}{3n-1}\right)^2\left(\frac{n}{3n-1}\right)^{\frac{-1}{n}}\\&=\lim_{n\to\infty}\left(\frac{n}{3n-1}\right)^2\cdot\left(\frac{3n-1}{n}\right)^{\frac{1}{n}}\\&=\left(\frac{1}{3}\right)^2\times 1\\&=\frac{1}{9}<1,\end{aligned}$$

所以,该级数收敛.

本节介绍了判别正项级数敛散性的几种常用方法.实际运用时,先检查一般项是否收敛于零,若一般项收敛于零,再根据一般项的特点,选择适当的判别法判别其敛散性.

习题 10-2

1. 用比较判别法判别下列级数的敛散性.

(1) $\sum\limits_{n=1}^{\infty}\sin\frac{\pi}{3^n}$;　　(2) $\sum\limits_{n=1}^{\infty}\frac{1}{\sqrt{9n^2-5}}$;

(3) $\sum\limits_{n=2}^{\infty}\frac{1}{\sqrt{n}}\ln\frac{n+1}{n-1}$;　　(4) $\sum\limits_{n=3}^{\infty}\frac{\pi}{n}\tan\frac{\pi}{n}$.

2. 用比值判别法判别下列级数的敛散性.

(1) $\sum\limits_{n=1}^{\infty}\frac{n!}{4^n}$;　　(2) $\sum\limits_{n=1}^{\infty}\frac{1\cdot 3\cdot 5\cdot\cdots\cdot(2n-1)}{3^n n!}$;

(3) $\sum\limits_{n=1}^{\infty}n^2\sin\frac{\pi}{2^n}$;　　(4) $\sum\limits_{n=1}^{\infty}\frac{n^n}{2^n n!}$.

3. 用根值判别法判别下列级数的敛散性.

(1) $\sum\limits_{n=1}^{\infty}\left(\frac{n}{3n+2}\right)^n$;　　(2) $\sum\limits_{n=1}^{\infty}\frac{1}{3^n}\left(\frac{n+1}{n}\right)^{n^2}$;

(3) $\sum_{n=1}^{\infty}\frac{1}{[\ln(1+n)]^n}$；　　(4) $\sum_{n=1}^{\infty}\frac{n^p}{2^n}(p>0)$.

4. 用适当的方法判别下列级数的敛散性.

(1) $\sum_{n=1}^{\infty}\frac{2^n}{n^5}$；　　(2) $\sum_{n=1}^{\infty}\frac{n\cos^2\frac{n\pi}{2}}{5^n}$.

5. 证明：设$\{a_n\}$为非负数列，若$\sum_{n=1}^{\infty}a_n$收敛，则$\sum_{n=1}^{\infty}a_n^2$也收敛. 反之未必成立，请举出例子.

§10.3　任意项级数

上一节中我们讨论了关于正项级数敛散性的判别法，本节我们将进一步讨论一般常数项级数敛散性的判别法. 这里所谓的“任意项级数”，是指级数的各项可以是正数、负数或零. 下面先来讨论一种特殊的级数——交错级数，然后再讨论一般常数项级数.

一、交错级数

若$u_n>0(n=1,2,\cdots)$，则称级数$\sum_{n=1}^{\infty}(-1)^{n-1}u_n$为**交错级数**. 对交错级数，我们有下面的判别法：

定理 10.7(莱布尼兹判别法)　若交错级数$\sum_{n=1}^{\infty}(-1)^{n-1}u_n$满足条件：

(1) $u_n\geqslant u_{n+1}(n=1,2,\cdots)$；

(2) $\lim\limits_{n\to\infty}u_n=0$，

则级数$\sum_{n=1}^{\infty}(-1)^{n-1}u_n$收敛，并且它的和$S\leqslant u_1$.

证　设题设级数的部分和为S_n，由

$$0\leqslant S_{2n}=(u_1-u_2)+(u_3-u_4)+\cdots+(u_{2n-1}-u_{2n}),$$

易见数列$\{S_{2n}\}$是单调增加的. 又由条件(1)，有

$$S_{2n}=u_1-(u_2-u_3)-\cdots-(u_{2n-2}-u_{2n-1})-u_{2n}\leqslant u_1,$$

即数列$\{S_{2n}\}$是有界的，故$\{S_{2n}\}$的极限存在.

设$\lim\limits_{n\to\infty}S_{2n}=S$，由条件(2)，有

$$\lim_{n\to\infty}S_{2n+1}=\lim_{n\to\infty}(S_{2n}+u_{2n+1})=S,$$

所以$\lim\limits_{n\to\infty}S_n=S$，从而题设级数收敛于和 S，且 $S\leqslant u_1$.

例 10.11　判别下列级数的敛散性.

(1) $\sum\limits_{n=1}^{\infty}\dfrac{(-1)^{n+1}}{n^p}(0<p\leqslant 1)$；　　(2) $\sum\limits_{n=1}^{\infty}\dfrac{(-1)^{n+1}}{\sqrt{n(n+1)}}$.

解　(1) 由于

$$u_n=\frac{1}{n^p}>\frac{1}{(n+1)^p}=u_{n+1},n=1,2,3,\cdots,$$

$$\lim_{n\to\infty}u_n=\lim_{n\to\infty}\frac{1}{n^p}=0(0<p\leqslant 1),$$

故由莱布尼兹判别法可知，交错级数$\sum\limits_{n=1}^{\infty}\dfrac{(-1)^{n+1}}{n^p}(0<p\leqslant 1)$收敛.

(2) 由于

$$u_n=\frac{1}{\sqrt{n(n+1)}}>\frac{1}{\sqrt{(n+1)(n+2)}}=u_{n+1},n=1,2,3,\cdots,$$

$$\lim_{n\to\infty}u_n=\lim_{n\to\infty}\frac{1}{\sqrt{n(n+1)}}=0,$$

故由莱布尼兹判别法可知，级数$\sum\limits_{n=1}^{\infty}\dfrac{(-1)^{n+1}}{\sqrt{n(n+1)}}$收敛.

例 10.12　判别$\sum\limits_{n=1}^{\infty}(-1)^{n-1}\dfrac{\ln n}{n}$的敛散性.

解　$\sum\limits_{n=1}^{\infty}(-1)^{n-1}\dfrac{\ln n}{n}$为交错级数. 令 $f(x)=\dfrac{\ln x}{x}(x>3)$，则

$$f'(x)=\frac{1-\ln x}{x^2}<0(x>3),$$

即 $n>3$ 时，$\left\{\dfrac{\ln n}{n}\right\}$是递减数列. 又由洛必达法则，有

$$\lim_{n\to\infty}\frac{\ln n}{n}=\lim_{x\to+\infty}\frac{\ln x}{x}=\lim_{x\to+\infty}\frac{1}{x}=0,$$

由莱布尼兹判别法知$\sum\limits_{n=1}^{\infty}(-1)^{n-1}\dfrac{\ln n}{n}$收敛.

二、绝对收敛与条件收敛

现在，我们来讨论任意项级数

$$\sum_{n=1}^{\infty} u_n = u_1 + u_2 + \cdots + u_n + \cdots, \tag{10.6}$$

构造一个正项级数

$$\sum_{n=1}^{\infty} |u_n| = |u_1| + |u_2| + \cdots + |u_n| + \cdots, \tag{10.7}$$

称级数(10.7)为原级数(10.6)的**绝对值级数**.

上述两个级数的收敛性有一定的联系,我们有如下定理:

定理 10.8 若正项级数$\sum\limits_{n=1}^{\infty} |u_n|$收敛,则原级数$\sum\limits_{n=1}^{\infty} u_n$收敛.

证 令

$$v_n = \frac{1}{2}(u_n + |u_n|), n = 1, 2, \cdots,$$

则有

$$0 \leqslant v_n \leqslant |u_n|, n = 1, 2, \cdots,$$

于是,由级数$\sum\limits_{n=1}^{\infty} |u_n|$收敛,可知正项级数$\sum\limits_{n=1}^{\infty} v_n$也收敛. 从而,由性质 10.1 和 $u_n = 2v_n - |u_n|$ $(n = 1, 2, \cdots)$ 可知,级数$\sum\limits_{n=1}^{\infty} u_n$收敛.

定义 10.2 若级数$\sum\limits_{n=1}^{\infty} |u_n|$收敛,则称$\sum\limits_{n=1}^{\infty} u_n$为**绝对收敛**;若$\sum\limits_{n=1}^{\infty} |u_n|$发散,而$\sum\limits_{n=1}^{\infty} u_n$收敛,则称$\sum\limits_{n=1}^{\infty} u_n$为**条件收敛**.

例 10.13 讨论下列级数的敛散性.

(1) $\sum\limits_{n=1}^{\infty} \dfrac{\sin n}{n^2}$; (2) $\sum\limits_{n=1}^{\infty} \dfrac{a^n}{n!}$, a 为任一实数.

解 (1) 由于 $|u_n| = \left|\dfrac{\sin n}{n^2}\right| \leqslant \dfrac{1}{n^2}$,且$\sum\limits_{n=1}^{\infty} \dfrac{1}{n^2}$收敛,可见$\sum\limits_{n=1}^{\infty} \left|\dfrac{\sin n}{n^2}\right|$收敛. 于是,由定理 10.8 可知,级数$\sum\limits_{n=1}^{\infty} \dfrac{\sin n}{n^2}$收敛,且为绝对收敛.

(2) 对任意实数 a,有

$$\lim_{n \to \infty} \frac{|u_{n+1}|}{|u_n|} = \lim_{n \to \infty} \frac{\left|\dfrac{a^{n+1}}{(n+1)!}\right|}{\left|\dfrac{a^n}{n!}\right|} = \lim_{n \to \infty} \frac{|a|}{n+1} = 0 < 1,$$

所以对任一实数 a，级数 $\sum\limits_{n=1}^{\infty}\dfrac{|a|^n}{n!}$ 收敛，从而级数 $\sum\limits_{n=1}^{\infty}\dfrac{a^n}{n!}$ 绝对收敛.

此例表明，可以利用正项级数的各种判别法判别级数 $\sum\limits_{n=1}^{\infty}|u_n|$ 的敛散性，从而确定级数 $\sum\limits_{n=1}^{\infty}u_n$ 是否绝对收敛. 但当 $\sum\limits_{n=1}^{\infty}|u_n|$ 发散时，如何判断 $\sum\limits_{n=1}^{\infty}u_n$ 是否条件收敛呢?可以按定义或级数性质判定，对交错级数可以按莱布尼兹判别法判定.

例 10.14　讨论下列级数是绝对收敛还是条件收敛.

(1) $\sum\limits_{n=1}^{\infty}\dfrac{(-1)^{n+1}}{n^p}(0<p\leqslant 1)$；　　(2) $\sum\limits_{n=1}^{\infty}\dfrac{(-1)^{n+1}}{\sqrt{n(n+1)}}$；

(3) $\sum\limits_{n=1}^{\infty}(-1)^{n-1}\dfrac{\ln n}{n}$.

解　(1) 因 $\sum\limits_{n=1}^{\infty}\dfrac{1}{n^p}(0<p\leqslant 1)$ 发散，由例 10.11(1) 知，交错级数 $\sum\limits_{n=1}^{\infty}\dfrac{(-1)^{n+1}}{n^p}(0<p\leqslant 1)$ 收敛，故 $\sum\limits_{n=1}^{\infty}\dfrac{(-1)^{n+1}}{n^p}(0<p\leqslant 1)$ 为条件收敛.

(2) 对 $\sum\limits_{n=1}^{\infty}\left|\dfrac{(-1)^{n+1}}{\sqrt{n(n+1)}}\right|=\sum\limits_{n=1}^{\infty}\dfrac{1}{\sqrt{n(n+1)}}$，因为 $n\to\infty$ 时，

$$\frac{1}{\sqrt{n(n+1)}}\sim\frac{1}{n},$$

而 $\sum\limits_{n=1}^{\infty}\dfrac{1}{n}$ 发散，由比较判别法知 $\sum\limits_{n=1}^{\infty}\dfrac{1}{\sqrt{n(n+1)}}$ 发散. 又由例 10.11(2) 知，交错级数 $\sum\limits_{n=1}^{\infty}\dfrac{(-1)^{n+1}}{\sqrt{n(n+1)}}$ 收敛，故 $\sum\limits_{n=1}^{\infty}\dfrac{(-1)^{n+1}}{\sqrt{n(n+1)}}$ 为条件收敛.

(3) 对 $\sum\limits_{n=1}^{\infty}\left|(-1)^{n-1}\dfrac{\ln n}{n}\right|=\sum\limits_{n=1}^{\infty}\dfrac{\ln n}{n}$，因为

$$\frac{\ln n}{n}>\frac{1}{n}(n>3),$$

而 $\sum\limits_{n=1}^{\infty}\dfrac{1}{n}$ 发散，由比较判别法知 $\sum\limits_{n=1}^{\infty}\dfrac{\ln n}{n}$ 发散. 又由例 10.12 知交错级数 $\sum\limits_{n=1}^{\infty}(-1)^{n-1}\dfrac{\ln n}{n}$ 收敛，故 $\sum\limits_{n=1}^{\infty}(-1)^{n-1}\dfrac{\ln n}{n}$ 为条件收敛.

例 10.15　讨论级数 $\sum\limits_{n=1}^{\infty}\dfrac{1}{n\cdot 4^n}(a+1)^n$ 的敛散性(a 为常数).

解 因为

$$\lim_{n\to\infty}\left|\frac{u_{n+1}}{u_n}\right| = \lim_{n\to\infty}\left|\frac{(a+1)^{n+1}}{(n+1)4^{n+1}}\cdot\frac{n\cdot 4^n}{(a+1)^n}\right| = \lim_{n\to\infty}\frac{n\,|a+1|}{4(n+1)} = \frac{|a+1|}{4},$$

所以当$\left|\frac{a+1}{4}\right|<1$,即$-5<a<3$时,$\sum\limits_{n=1}^{\infty}\frac{1}{n\cdot 4^n}|a+1|^n$收敛,从而原级数绝对收敛;

当$\left|\frac{a+1}{4}\right|>1$,即$a<-5$或$a>3$时,$\sum\limits_{n=1}^{\infty}\frac{|a+1|^n}{n\cdot 4^n}$发散,且$\lim\limits_{n\to\infty}\frac{(a+1)^n}{n\cdot 4^n}=\infty$,故原级数发散;

当$a=-5$时,$\sum\limits_{n=1}^{\infty}(-1)^n\frac{1}{n}$收敛,且为条件收敛;

当$a=3$时,$\sum\limits_{n=1}^{\infty}\frac{1}{n}$发散.

综上,级数$\sum\limits_{n=1}^{\infty}\frac{1}{n\cdot 4^n}(a+1)^n$当$-5<a<3$时绝对收敛,当$a=-5$时条件收敛,当$a<-5$或$a\geqslant 3$时发散.

小结 判别任意项级数$\sum\limits_{n=1}^{\infty}u_n$敛散性的基本步骤如下:

(1) 检查$\lim\limits_{n\to\infty}u_n=0$是否成立,若不成立,则该级数发散;若成立,转入下一步.

(2) 利用正项级数判别法,判别级数$\sum\limits_{n=1}^{\infty}|u_n|$的敛散性.若$\sum\limits_{n=1}^{\infty}|u_n|$收敛,则$\sum\limits_{n=1}^{\infty}u_n$绝对收敛;若$\sum\limits_{n=1}^{\infty}|u_n|$发散,则转入下一步.

(3) 若$\sum\limits_{n=1}^{\infty}|u_n|$发散,且此结论是由比值判别法或根值判别法得出的,则$\sum\limits_{n=1}^{\infty}u_n$发散(因为$\lim\limits_{n\to\infty}u_n\neq 0$).若$\sum\limits_{n=1}^{\infty}|u_n|$发散不是由比值或根值判别法得出的,则需直接判别$\sum\limits_{n=1}^{\infty}u_n$的敛散性,若收敛,则为条件收敛.

(4) 对交错级数$\sum\limits_{n=1}^{\infty}(-1)^{n+1}u_n$,可利用莱布尼兹判别法判定.

习题 10-3

1. 判定下列交错级数的敛散性.

(1) $\sum\limits_{n=1}^{\infty}(-1)^n \frac{1}{\sqrt{n}}$;　　(2) $\sum\limits_{n=1}^{\infty}(-1)^{n-1} \frac{1}{2^n}$;　　(3) $\sum\limits_{n=1}^{\infty}(-1)^n \frac{n}{2n+1}$.

2. 判别下列级数是绝对收敛、条件收敛还是发散的.

(1) $\sum\limits_{n=1}^{\infty} \frac{(-1)^{n-1}}{\ln(1+n)}$;　　(2) $\sum\limits_{n=1}^{\infty} \frac{1}{3^n}\sin\frac{n\pi}{5}$;

(3) $\sum\limits_{n=1}^{\infty}(-1)^{n-1} \frac{n}{4^n}$;　　(4) $\sum\limits_{n=1}^{\infty}(-1)^{n-1} \frac{2^{n^2}}{n!}$;

(5) $\sum\limits_{n=1}^{\infty} \frac{(-1)^n}{\ln\left(1+\frac{1}{n}\right)}$;　　(6) $\sum\limits_{n=1}^{\infty}(-1)^{n-1} \frac{n+2}{(n+1)\sqrt{n}}$.

§10.4　幂级数

一、函数项级数的概念

设 $u_n(x)(n=0,1,2,\cdots)$ 为定义在某实数集合 X 上的函数序列,称

$$\sum_{n=0}^{\infty} u_n(x) = u_0(x) + u_1(x) + \cdots + u_n(x) + \cdots \tag{10.8}$$

为定义在集合 X 上的**函数项无穷级数**,简称为**函数项级数**或**函数级数**.

若对给定的点 $x_0 \in X$,常数项级数 $\sum\limits_{n=0}^{\infty} u_n(x_0)$ 收敛,则称函数项级数(10.8)在点 x_0 处收敛,x_0 为级数(10.8)的**收敛点**;若常数项级数 $\sum\limits_{n=0}^{\infty} u_n(x_0)$ 发散,则称函数项级数(10.8)在点 x_0 处发散,x_0 为级数(10.8)的**发散点**. 函数项级数(10.8)的所有收敛点(发散点)构成的集合,称为级数(10.8)的**收敛域**(**发散域**).

对于收敛域中的每一个 x,函数项级数(10.8)都有唯一确定的和(记为 $S(x)$)与之对应. 因此,

$$\sum_{n=0}^{\infty} u_n(x) = S(x)(x \text{ 属于收敛域})$$

是定义在收敛域上的一个函数.称 $S(x)$ 为函数项级数(10.8)的**和函数**,并称

$$S_n(x) = u_0(x) + u_1(x) + \cdots + u_n(x) = \sum_{i=0}^{n} u_i(x)$$

为函数项级数(10.8)的**部分和**.于是,当 x 属于函数项级数(10.8)的收敛域时,有

$$S(x) = \lim_{n\to\infty} S_n(x).$$

例如,我们知道,当 $|q| < 1$ 时,几何级数 $\sum_{n=0}^{\infty} q^n$ 收敛,且有

$$\sum_{n=0}^{\infty} q^n = \frac{1}{1-q}(|q| < 1).$$

于是,若令 $q = x$,则函数项级数 $\sum_{n=0}^{\infty} x^n$ 的收敛域为$(-1,1)$,和函数为

$$\sum_{n=0}^{\infty} x^n = S(x) = \frac{1}{1-x}, x \in (-1,1).$$

若令 $q = \frac{1}{x}$,则函数项级数 $\sum_{n=0}^{\infty} \frac{1}{x^n}$ 的收敛域为$(-\infty, -1) \cup (1, +\infty)$,和函数为

$$S(x) = \sum_{n=0}^{\infty} \frac{1}{x^n} = \frac{x}{x-1}, x \in (-\infty, -1) \cup (1, +\infty).$$

若令 $q = \sin x$,则函数项级数 $\sum_{n=0}^{\infty} \sin^n x$ 的收敛域为

$$D = \left\{ x \,\middle|\, x \in \mathbf{R}, x \neq k\pi + \frac{\pi}{2}, k \text{ 为整数} \right\},$$

其和函数为

$$S(x) = \sum_{n=0}^{\infty} \sin^n x = \frac{1}{1-\sin x}, x \in D.$$

二、幂级数及其收敛性

形如

$$\sum_{n=0}^{\infty} a_n x^n = a_0 + a_1 x + \cdots + a_n x^n + \cdots \tag{10.9}$$

或

$$\sum_{n=0}^{\infty} a_n (x-x_0)^n = a_0 + a_1(x-x_0) + \cdots + a_n(x-x_0)^n + \cdots \quad (10.10)$$

的函数项级数，称为**幂级数**，其中 $a_n(n=0,1,2,\cdots)$ 和 x_0 均为常数，并称 $a_n(n=0,1,2,\cdots)$ 为**幂级数的系数**.

幂级数是最简单、最常见的一类函数项级数. 例如，上面讨论的 $\sum\limits_{n=0}^{\infty} x^n$，它的收敛域为$(-1,1)$. 实际上，所有幂级数的收敛域都是区间(仅在 $x=0$ 处收敛的幂级数除外)，称为收敛区间.

定理 10.9(Abel 定理)　若幂级数 $\sum\limits_{n=0}^{\infty} a_n x^n$ 在点 $x_0 \neq 0$ 处收敛，则对 $|x| < |x_0|$ 的一切 x，$\sum\limits_{n=0}^{\infty} a_n x^n$ 绝对收敛；若 $\sum\limits_{n=0}^{\infty} a_n x^n$ 在点 x_1 处发散，则对 $|x| > |x_1|$ 的一切 x，$\sum\limits_{n=0}^{\infty} a_n x^n$ 发散.

证　(1) 设点 x_0 是收敛点，即 $\sum\limits_{n=0}^{\infty} a_n x_0^n$ 收敛，由级数收敛的必要条件知 $\lim\limits_{n\to\infty} a_n x_0^n = 0$. 于是，存在常数 M，使得

$$|a_n x_0^n| \leqslant M(n=0,1,2,\cdots).$$

因为

$$|a_n x^n| = \left| a_n x_0^n \cdot \frac{x^n}{x_0^n} \right| = |a_n x_0^n| \cdot \left| \frac{x}{x_0} \right|^n \leqslant M \left| \frac{x}{x_0} \right|^n,$$

而当 $\left| \frac{x}{x_0} \right| < 1$ 时，等比级数 $\sum\limits_{n=0}^{\infty} M \left| \frac{x}{x_0} \right|^n$ 收敛，所以，根据比较判别法知级数 $\sum\limits_{n=0}^{\infty} |a_n x^n|$ 收敛，即级数 $\sum\limits_{n=0}^{\infty} a_n x^n$ 绝对收敛.

(2) 采用反证法来证明第二部分. 设 $x=x_0$ 时级数发散，而另有一点 x_1 存在，它满足 $|x_1| > |x_0|$，并使得级数 $\sum\limits_{n=0}^{\infty} a_n x_1^n$ 收敛，则根据(1)的结论，当 $x=x_0$ 时级数也应收敛，这与假设矛盾. 从而得证.

定理 10.9 的结论表明，若幂级数在 $x=x_0 \neq 0$ 处收敛，则可断定对于开区间 $(-|x_0|, |x_0|)$ 内的任何 x，幂级数必收敛；若已知幂级数在点 $x=x_1$ 处发散，则可断定对闭区间 $[-|x_1|, |x_1|]$ 外的任何 x，幂级数必发散. 这样，若幂级数在数轴上既有收敛点(不仅是原点)也有发散点，则从数轴的原点出发沿正向走去，最

初只遇到收敛点，越过一个分界点后，就只遇到发散点，这个分界点可能是收敛点，也可能是发散点. 从原点出发沿负向走去的情形也是如此，且两个边界点 P 与 P' 关于原点对称（图 10-1）.

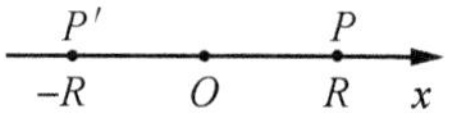

图 10-1

根据上述分析，可得到以下重要结论：

推论 10.3 若幂级数 $\sum_{n=0}^{\infty} a_n x^n$ 不是仅在 $x=0$ 一点收敛，也不是在整个数轴上都收敛，则必存在一个完全确定的正数 R，使得

(1) 当 $|x|<R$ 时，幂级数绝对收敛；

(2) 当 $|x|>R$ 时，幂级数发散；

(3) 当 $x=R$ 与 $x=-R$ 时，幂级数可能收敛也可能发散.

上述推论中的正数 R 称为幂级数的**收敛半径**. $(-R,R)$ 称为幂级数的**收敛区间**. 若幂级数的收敛域为 D，则

$$(-R,R)\subseteq D\subseteq[-R,R].$$

所以幂级数的收敛域 D 是收敛区间 $(-R,R)$ 与收敛端点的并集.

特别地，若幂级数只在 $x=0$ 处收敛，则规定收敛半径 $R=0$，收敛域只有一个点 $x=0$；若幂级数对一切 x 都收敛，则规定收敛半径 $R=+\infty$，此时收敛域为 $(-\infty,+\infty)$.

利用正项级数的比值判别法，可得求收敛半径 R 的如下定理：

定理 10.10 设幂级数 $\sum_{n=0}^{\infty} a_n x^n$ 满足

$$\lim_{n\to\infty}\left|\frac{a_{n+1}}{a_n}\right|=\rho.$$

(1) 若 $0<\rho<+\infty$，则 $R=\frac{1}{\rho}$；

(2) 若 $\rho=0$，则 $R=+\infty$；

(3) 若 $\rho=+\infty$，则 $R=0$.

证 (1) 令 $u_n(x)=a_n x^n$，则

$$\lim_{n\to\infty}\left|\frac{u_{n+1}(x)}{u_n(x)}\right|=\lim_{n\to\infty}\left|\frac{a_{n+1}}{a_n}\right||x|=\rho|x|. \tag{10.11}$$

于是，由 $0<\rho<+\infty$ 和比值判别法可知，当 $\rho|x|<1$，即 $|x|<\frac{1}{\rho}$ 时，幂级数

$\sum\limits_{n=0}^{\infty}a_nx^n$ 绝对收敛；当 $\rho|x|>1$，即 $|x|>\dfrac{1}{\rho}$ 时，幂级数 $\sum\limits_{n=0}^{\infty}a_nx^n$ 发散. 因此，$R=\dfrac{1}{\rho}$.

(2) 当 $\rho=0$ 时，对任意 $x\neq0$，由式(10.11)有

$$\lim_{n\to\infty}\left|\frac{u_{n+1}(x)}{u_n(x)}\right|=0<1,$$

故幂级数 $\sum\limits_{n=0}^{\infty}a_nx^n$ 绝对收敛. 因此，$R=+\infty$.

(3) 当 $\rho=+\infty$ 时，对任意 $x\neq0$，由式(10.11)有

$$\lim_{n\to\infty}\left|\frac{u_{n+1}(x)}{u_n(x)}\right|=+\infty>1,$$

故幂级数 $\sum\limits_{n=0}^{\infty}a_nx^n$ 发散. 因此，$R=0$.

注 求出幂级数 $\sum\limits_{n=0}^{\infty}a_nx^n$ 的收敛区间 $(-R,R)$ 之后，还需判别 $x=-R$ 和 $x=R$ 时的级数 $\sum\limits_{n=0}^{\infty}a_n(-R)^n$ 和 $\sum\limits_{n=0}^{\infty}a_nR^n$ 的敛散性. 若这两个级数之一收敛或全都收敛，则称区间 $[-R,R)$ 或 $(-R,R]$ 或 $[-R,R]$ 为**收敛域**，而**收敛区间专指开区间** $(-R,R)$.

例 10.16 求下列幂级数的收敛半径、收敛区间和收敛域.

(1) $\sum\limits_{n=0}^{\infty}\dfrac{x^n}{n^2\cdot3^n}$；　(2) $\sum\limits_{n=1}^{\infty}n!x^n$；　(3) $\sum\limits_{n=1}^{\infty}\dfrac{n+2}{(n+1)!}x^n$.

解 (1) 由

$$\rho=\lim_{n\to\infty}\left|\frac{a_{n+1}}{a_n}\right|=\lim_{n\to\infty}\frac{n^2 3^n}{(n+1)^2 3^{n+1}}=\lim_{n\to\infty}\frac{n^2}{3(n+1)^2}=\frac{1}{3}$$

可知收敛半径为 $R=3$.

当 $x=3$ 时，原幂级数化为 $\sum\limits_{n=0}^{\infty}\dfrac{1}{n^2}$，这是 $p=2$ 的 p 级数，收敛；当 $x=-3$ 时，原幂级数化为 $\sum\limits_{n=0}^{\infty}\dfrac{(-1)^n}{n^2}$，它显然绝对收敛.

因此，幂级数 $\sum\limits_{n=0}^{\infty}\dfrac{x^n}{n^2 3^n}$ 的收敛区间为 $(-3,3)$，收敛域为 $[-3,3]$.

(2) $\rho=\lim\limits_{n\to\infty}\left|\frac{a_{n+1}}{a_n}\right|=\lim\limits_{n\to\infty}\frac{(n+1)!}{n!}=\lim\limits_{n\to\infty}(n+1)=\infty$,

故收敛半径 $R=0$,收敛域为 $x=0$.

(3) $\rho=\lim\limits_{n\to\infty}\left|\frac{a_{n+1}}{a_n}\right|=\lim\limits_{n\to\infty}\frac{n+3}{(n+2)!}\cdot\frac{(n+1)!}{n+2}=\lim\limits_{n\to\infty}\frac{n+3}{(n+2)^2}=0$,

故收敛半径 $R=+\infty$,收敛域为$(-\infty,+\infty)$.

例 10.17 求下列幂级数的收敛半径、收敛区间和收敛域.

(1) $\sum\limits_{n=0}^{\infty}(-1)^{n+1}\frac{(x+3)^n}{n\cdot 2^n}$;　　(2) $\sum\limits_{n=1}^{\infty}\frac{x^{2n-1}}{2^n}$.

解 (1) 令 $t=x+3$,则原幂级数化为 $\sum\limits_{n=0}^{\infty}(-1)^{n+1}\frac{t^n}{n\cdot 2^n}$. 由于

$$\lim_{n\to\infty}\left|\frac{a_{n+1}}{a_n}\right|=\lim_{n\to\infty}\frac{n\cdot 2^n}{(n+1)\cdot 2^{n+1}}=\frac{1}{2}\lim_{n\to\infty}\frac{n}{n+1}=\frac{1}{2},$$

所以,幂级数$\sum\limits_{n=0}^{\infty}\frac{(-1)^{n+1}t^n}{n2^n}$的收敛半径为$R=2$. 当 $t=2$ 时,$\sum\limits_{n=0}^{\infty}\frac{(-1)^{n+1}}{n}$收敛;当 $t=-2$ 时,$\sum\limits_{n=0}^{\infty}\frac{(-1)^{n+1}(-2)^n}{n2^n}=-\sum\limits_{n=0}^{\infty}\frac{1}{n}$发散. 因此,幂级数$\sum\limits_{n=0}^{\infty}\frac{(-1)^{n+1}t^n}{n2^n}$的收敛区间为$(-2,2)$,收敛域为$(-2,2]$.

因此,原幂级数$\sum\limits_{n=0}^{\infty}\frac{(-1)^{n+1}(x+3)^n}{n2^n}$的收敛区间为$(-5,-1)$,收敛域为$(-5,-1]$.

(2) 此幂级数不能直接用定理 10.10 的方法求收敛半径,但可直接用比值判别法. 由于

$$\lim_{n\to\infty}\left|\frac{u_{n+1}(x)}{u_n(x)}\right|=\lim_{n\to\infty}\frac{|x|^{2n+1}}{2^{n+1}}\cdot\frac{2^n}{|x|^{2n-1}}=\frac{1}{2}|x|^2,$$

所以,当$\frac{|x|^2}{2}<1$,即$|x|<\sqrt{2}$时,级数收敛;当$\frac{|x|^2}{2}>1$,即$|x|>\sqrt{2}$时,级数发散. 即收敛半径 $R=\sqrt{2}$,收敛区间为$(-\sqrt{2},\sqrt{2})$.

又当 $x=\sqrt{2}$ 时,原幂级数为$\sum\limits_{n=1}^{\infty}\frac{1}{\sqrt{2}}$,发散;当 $x=-\sqrt{2}$ 时,原级数为$\sum\limits_{n=1}^{\infty}\frac{-1}{\sqrt{2}}$,发散. 故所求收敛域为$(-\sqrt{2},\sqrt{2})$.

三、幂级数的运算

下面介绍幂级数 $\sum_{n=0}^{\infty} a_n x^n$ 的一些基本性质，证明从略.

定理 10.11　设幂级数 $\sum_{n=0}^{\infty} a_n x^n$ 与 $\sum_{n=0}^{\infty} b_n x^n$ 的收敛区间分别为 $(-R_1, R_1)$ 与 $(-R_2, R_2)$，其中 $R_1 > 0, R_2 > 0$. 若记 $R = \min\{R_1, R_2\}$，则幂级数

$$\sum_{n=0}^{\infty} a_n x^n \pm \sum_{n=0}^{\infty} b_n x^n = \sum_{n=0}^{\infty} (a_n \pm b_n) x^n$$

的收敛区间为 $(-R, R)$.

定理 10.12　设幂级数 $\sum_{n=0}^{\infty} a_n x^n$ 的收敛半径为 $R > 0$，其和函数为 $S(x)$，则

(1) $S(x)$ 在 $(-R, R)$ 内连续，即有

$$\lim_{x \to x_0} S(x) = S(x_0) = \sum_{n=0}^{\infty} a_n x_0^n, \forall x_0 \in (-R, R).$$

若该幂级数在 $x=R$ 处收敛，则 $S(x)$ 在 $x=R$ 处左连续；若该幂级数在 $x=-R$ 处收敛，则 $S(x)$ 在 $x=-R$ 处右连续.

(2) $S(x)$ 在 $(-R, R)$ 内可导，且有逐项求导公式

$$S'(x) = \sum_{n=0}^{\infty} (a_n x^n)' = \sum_{n=1}^{\infty} n a_n x^{n-1}, \forall x \in (-R, R). \tag{10.12}$$

(3) $S(x)$ 在 $(-R, R)$ 内可积，且有逐项积分公式

$$\int_0^x S(t)\,\mathrm{d}t = \sum_{n=0}^{\infty} \int_0^x a_n t^n \,\mathrm{d}t = \sum_{n=0}^{\infty} \frac{a_n}{n+1} x^{n+1}, \forall x \in (-R, R). \tag{10.13}$$

例 10.18　求幂级数 $\sum_{n=1}^{\infty} n x^n$ 的和函数 $S(x)$.

解　由几何级数可知

$$\frac{1}{1-x} = \sum_{n=0}^{\infty} x^n, x \in (-1, 1).$$

于是，由定理 10.12 的逐项求导公式(10.12)，得

$$\left(\frac{1}{1-x}\right)' = \sum_{n=0}^{\infty} (x^n)' = \sum_{n=1}^{\infty} n x^{n-1}, x \in (-1, 1).$$

将上式两端同乘以 x，得

$$S(x) = \sum_{n=1}^{\infty} n x^n = x\left(\frac{1}{1-x}\right)' = \frac{x}{(1-x)^2}, x \in (-1, 1).$$

例 10.19 求幂级数$\sum\limits_{n=1}^{\infty}\frac{(-1)^{n-1}}{n}x^n$的和函数$S(x)$,并求级数$\sum\limits_{n=1}^{\infty}\frac{(-1)^{n-1}}{n}$的和.

解 $\rho=\lim\limits_{n\to\infty}\left|\frac{a_{n+1}}{a_n}\right|=\lim\limits_{n\to\infty}\frac{|(-1)^n|}{n+1}\cdot\frac{n}{|(-1)^{n-1}|}=\lim\limits_{n\to\infty}\frac{n}{n+1}=1$,

故收敛区间为$(-1,1)$. 又$x=-1$时,$\sum\limits_{n=1}^{\infty}\frac{-1}{n}$发散;$x=1$时,$\sum\limits_{n=1}^{\infty}\frac{(-1)^{n-1}}{n}$收敛,所以收敛域为$(-1,1]$.

令

$$S(x)=\sum_{n=1}^{\infty}\frac{(-1)^{n-1}}{n}x^n, \tag{10.14}$$

式(10.14)两边对x求导,并由几何级数得

$$S'(x)=\sum_{n=1}^{\infty}\left[\frac{(-1)^{n-1}}{n}x^n\right]'=\sum_{n=1}^{\infty}(-1)^{n-1}x^{n-1}$$
$$=\frac{1}{1-(-x)}=\frac{1}{1+x},$$

对上式两边积分得

$$\int_0^x S'(x)\mathrm{d}x=\int_0^x\frac{1}{1+x}\mathrm{d}x=\ln(1+x).$$

因为$S(0)=0$,从而得

$$S(x)=\ln(1+x),x\in(-1,1].$$

令$x=1$,则

$$\sum_{n=1}^{\infty}\frac{(-1)^{n-1}}{n}=S(1)=\ln 2.$$

例 10.20 求幂级数$\sum\limits_{n=0}^{\infty}\frac{x^{4n+1}}{4n+1}$的收敛区间与和函数.

解 因为

$$\lim_{n\to\infty}\left|\frac{u_{n+1}(x)}{u_n(x)}\right|=\lim_{n\to\infty}\frac{|x|^{4n+5}}{4n+5}\cdot\frac{4n+1}{|x|^{4n+1}}=|x|^4,$$

所以,当$|x|<1$时,幂级数收敛,即收敛区间为$(-1,1)$.

令

$$S(x)=\sum_{n=0}^{\infty}\frac{x^{4n+1}}{4n+1},$$

上式两边对x求导,并由几何级数得

$$S'(x)=\sum_{n=0}^{\infty}\left(\frac{x^{4n+1}}{4n+1}\right)'=\sum_{n=0}^{\infty}x^{4n}=\frac{1}{1-x^4}.$$

由 $S(0)=0$，且对上式两边积分，得

$$S(x)=\int_0^x S'(x)\mathrm{d}x=\int_0^x\frac{1}{1-x^4}\mathrm{d}x=\frac{1}{2}\int_0^x\left(\frac{1}{1+x^2}+\frac{1}{1-x^2}\right)\mathrm{d}x$$

$$=\frac{1}{2}\arctan x+\frac{1}{4}\ln\frac{1+x}{1-x}.$$

即

$$\sum_{n=0}^{\infty}\frac{x^{4n+1}}{4n+1}=\frac{1}{2}\arctan x+\frac{1}{4}\ln\frac{1+x}{1-x},x\in(-1,1).$$

习题 10-4

1. 求下列幂级数的收敛域.

(1) $\sum\limits_{n=1}^{\infty}\frac{(-1)^{n-1}}{\sqrt{n}}5^n x^n$；　(2) $\sum\limits_{n=0}^{\infty}\frac{2^n}{1+n^2}x^n$；

(3) $\sum\limits_{n=1}^{\infty}\frac{2n+1}{n!}x^n$；　(4) $\sum\limits_{n=1}^{\infty}\frac{(-1)^{n-1}}{n\cdot 3^n}(x-2)^n$；

(5) $\sum\limits_{n=1}^{\infty}\frac{(2x+1)^n}{n}$；　(6) $\sum\limits_{n=1}^{\infty}(-1)^n\frac{2^n}{2n+1}x^{2n}$.

2. 求下列幂级数的收敛域，并求它们在收敛域内的和函数 $S(x)$.

(1) $\sum\limits_{n=1}^{\infty}\frac{1}{n}x^n$；　(2) $\sum\limits_{n=0}^{\infty}\frac{1}{2n+1}x^{2n+1}$；

(3) $\sum\limits_{n=1}^{\infty}n^2x^{n-1}$；　(4) $\sum\limits_{n=1}^{\infty}\frac{n(n+1)}{2}x^{n-1}$.

3. 求幂级数 $\sum\limits_{n=1}^{\infty}\frac{2n-1}{2^n}x^{2n-2}$ 的和函数，并求 $\sum\limits_{n=1}^{\infty}\frac{2n-1}{2^n}$ 的和.

§10.5 函数的幂级数展开

由上一节我们知道,一个幂级数 $\sum_{n=0}^{\infty} a_n x^n$ 或 $\sum_{n=0}^{\infty} a_n (x-x_0)^n$ 在其收敛区间内表示一个函数,本节讨论与此相反的问题:给定一个函数后,能否在某区间内将其用一个幂级数表示?如果能,应如何表示?一般地,将一个函数表示成幂级数,称为**函数的幂级数展开**.若函数 $f(x)$ 能展开成幂级数

$$f(x)=\sum_{n=0}^{\infty} a_n (x-x_0)^n, x\in D, \tag{10.15}$$

则称上式为函数 $f(x)$ **在点** x_0 **处的幂级数展开式**,其中 D 为上式右边幂级数的收敛域.

一、泰勒(Taylor)公式与泰勒级数

在介绍函数幂级数的展开方法之前,先介绍如下定理:

定理 10.13 设函数 $f(x)$ 在点 x_0 的某邻域 $U(x_0)$ 内有直至 $n+1$ 阶的连续导数.令

$$f(x)=\sum_{k=0}^{n} \frac{1}{k!} f^{(k)}(x_0)(x-x_0)^k + R_n(x), \tag{10.16}$$

则对任一 $x\in U(x_0)$,有

$$R_n(x)=\frac{1}{(n+1)!} f^{(n+1)}(\xi)(x-x_0)^{n+1} (\xi\text{在} x \text{与} x_0 \text{之间}). \tag{10.17}$$

(注:约定 $0!=1, f^{(0)}(x)=f(x)$)

证明从略.

公式(10.16)称为函数 $f(x)$在点 x_0 处的 n 阶泰勒(Taylor)公式,简称为 n 阶**泰勒公式**.其中由式(10.17)确定的 $R_n(x)$称为**拉格朗日余项**.

$f(x)$的泰勒公式(10.16)表明,$f(x)$可近似地表示为

$$f(x)\approx \sum_{k=0}^{n} \frac{1}{k!} f^{(k)}(x_0)(x-x_0)^k,$$

其误差由余项 $R_n(x)$估计.

余项 $R_n(x)$的表达式(10.17)中的 ξ 在 x_0 与 x 之间,具体位置未确定,这与

拉格朗日中值定理类似. 实际上,当 $n=0$ 时,泰勒公式(10.16)就成为拉格朗日中值公式:

$$f(x)=f(x_0)+f'(\xi)(x-x_0),$$

其中 $R_0(x)=f'(\xi)(x-x_0)$ 即为余项. 所以,泰勒公式是拉格朗日中值公式的推广.

特别地,当 $x_0=0$ 时,泰勒公式(10.16)可化为

$$f(x)=\sum_{k=0}^{n}\frac{1}{k!}f^{(k)}(0)x^k+R_n(x), \tag{10.18}$$

其中余项

$$\begin{aligned}R_n(x)&=\frac{1}{(n+1)!}f^{(n+1)}(\xi)x^{n+1}(\xi\text{ 在 }0\text{ 与 }x\text{ 之间})\\&=\frac{1}{(n+1)!}f^{(n+1)}(\theta x)x^{n+1}(0<\theta<1),\end{aligned} \tag{10.19}$$

称式(10.18)为**麦克劳林(Maclaurin)公式**.

具有什么性质的函数才能展成幂级数? 幂级数展开式中的系数如何确定? 对此,有如下定理:

定理 10.14　设函数 $f(x)$ 在点 x_0 的某邻域 $U(x_0)$ 内有任意阶导数,且 $f(x)$ 在点 x_0 处的幂级数展开式为

$$f(x)=\sum_{k=0}^{\infty}a_k(x-x_0)^k, x\in U(x_0), \tag{10.20}$$

则有

$$a_n=\frac{1}{n!}f^{(n)}(x_0), n=0,1,2,\cdots. \tag{10.21}$$

证　根据幂级数可逐项求导的性质,对式(10.20)逐项求导,可得

$$f^{(n)}(x)=\sum_{k=n}^{\infty}k(k-1)\cdots(k-n+1)a_k(x-x_0)^{k-n}, n=0,1,2,\cdots, x\in U(x_0).$$

令 $x=x_0$,得

$$f^{(n)}(x_0)=n!a_n, n=0,1,2,\cdots,$$

由此即得式(10.21). 证毕.

将式(10.21)代入式(10.20),得

$$f(x)=\sum_{n=0}^{\infty}\frac{1}{n!}f^{(n)}(x_0)(x-x_0)^n, x\in U(x_0). \tag{10.22}$$

由此可见,若 $f(x)$ 有任意阶导数且能够展开为幂级数,则其展开式必为式

(10.22)的形式，而且是唯一的.

通常，称式(10.22)为函数 $f(x)$ 在点 x_0 处的**泰勒级数**. 特别地，当 $x_0=0$ 时，有

$$f(x)=\sum_{n=0}^{\infty}\frac{1}{n!}f^{(n)}(0)x^n,\qquad(10.23)$$

称为 $f(x)$ 的**麦克劳林级数**.

注意，式(10.22)右端幂级数的和函数 $S(x)$ 是否等于函数 $f(x)$ 呢？换言之，$f(x)$ 还应满足什么条件，式(10.22)右端幂级数才能收敛于 $f(x)$ 呢？

令式(10.22)右端级数前 $n+1$ 项的部分和为

$$S_{n+1}(x)=\sum_{k=0}^{n}\frac{1}{k!}f^{(k)}(x_0)(x-x_0)^k,$$

则式(10.22)右边级数收敛于 $f(x)$ 的充分必要条件是

$$\lim_{n\to\infty}S_{n+1}(x)=f(x),x\in U(x_0).$$

由泰勒公式，有

$$\lim_{n\to\infty}[f(x)-S_{n+1}(x)]=\lim_{n\to\infty}R_n(x)=0,x\in U(x_0).$$

于是由式(10.17)，有

$$R_n(x)=\frac{1}{(n+1)!}f^{(n+1)}(\xi)(x-x_0)^{n+1}\to 0(n\to\infty),$$

其中 ξ 在 x_0 与 x 之间或

$$\xi=x_0+\theta(x-x_0),0<\theta<1,x\in U(x_0).$$

由上述分析，我们有如下定理：

定理 10.15 设函数 $f(x)$ 在点 x_0 的某邻域 $U(x_0)$ 内有任意阶导数，则 $f(x)$ 能展成泰勒级数(10.22)的充分必要条件是

$$\lim_{n\to\infty}R_n(x)=\lim_{n\to\infty}\frac{1}{(n+1)!}f^{(n+1)}(\xi)(x-x_0)^{n+1}=0,$$

其中 ξ 在 x_0 与 x 之间.

二、直接展开法

把函数 $f(x)$ 展开成泰勒级数，可按下列步骤进行：

(1) 计算 $f^{(n)}(x_0)$，$n=0,1,2,\cdots$；

(2) 写出对应的泰勒级数 $\sum\limits_{n=0}^{\infty}\frac{f^{(n)}(x_0)}{n!}(x-x_0)^n$，并求出其收敛半径 R；

(3) 验证在 $|x-x_0|<R$ 内，$\lim\limits_{n\to\infty}R_n(x)=0$；

(4) 写出所求函数 $f(x)$ 的泰勒级数及其收敛区间：

$$f(x)=\sum_{n=0}^{\infty}\frac{f^{(n)}(x_0)}{n!}(x-x_0)^n,|x-x_0|<R.$$

下面我们来讨论基本初等函数的麦克劳林级数.

例 10.21　将函数 $f(x)=\mathrm{e}^x$ 展开成 x 的幂级数.

解　由 $f^{(n)}(x)=\mathrm{e}^x$，得 $f^{(n)}(0)=1(n=0,1,2,\cdots)$，于是 $f(x)$ 的麦克劳林级数为

$$1+x+\frac{1}{2!}x^2+\cdots+\frac{1}{n!}x^n+\cdots,$$

该级数的收敛半径为 $R=+\infty$.

对于任何有限的数 x，ξ（ξ 介于 0 与 x 之间），有

$$|R_n(x)|=\left|\frac{\mathrm{e}^{\xi}}{(n+1)!}x^{n+1}\right|<\mathrm{e}^{|x|}\cdot\frac{|x|^{n+1}}{(n+1)!}.$$

考虑正项级数 $\sum\limits_{n=0}^{\infty}u_n(x)=\sum\limits_{n=0}^{\infty}\frac{|x|^{n+1}}{(n+1)!}\mathrm{e}^{|x|}$，有

$$\lim_{n\to\infty}\frac{|u_{n+1}(x)|}{|u_n(x)|}=\lim_{n\to\infty}\frac{\left[\frac{|x|^{n+2}}{(n+2)!}\mathrm{e}^{|x|}\right]}{\left[\frac{|x|^{n+1}}{(n+1)!}\mathrm{e}^{|x|}\right]}=\lim_{n\to\infty}\frac{|x|}{n+2}=0<1,$$

于是，由比值判别法可知级数 $\sum\limits_{n=0}^{\infty}\frac{|x|^{n+1}}{(n+1)!}\mathrm{e}^{|x|}$ 收敛，故有

$$\lim_{n\to\infty}\frac{|x|^{n+1}}{(n+1)!}\mathrm{e}^{|x|}=0,x\in(-\infty,+\infty),$$

从而有

$$\lim_{n\to\infty}R_n(x)=0.$$

因此，由定理 10.15 可知，$f(x)=\mathrm{e}^x$ 能展开成麦克劳林级数，即

$$f(x)=1+x+\frac{1}{2!}x^2+\cdots+\frac{1}{n!}x^n+\cdots,x\in(-\infty,+\infty).$$

例 10.22　求函数 $f(x)=\sin x$ 的麦克劳林公式和麦克劳林级数.

解　由于

$$f^{(n)}(x)=\sin\left(x+\frac{n}{2}\pi\right),n=0,1,2,\cdots,$$

$$f^{(n)}(0)=\sin\frac{n\pi}{2},n=0,1,2,\cdots,$$

所以，$\sin x$ 的麦克劳林公式为

$$\sin x=\sum_{k=0}^{n}\frac{\sin\frac{k\pi}{2}}{k!}x^{k}+R_{n}(x).$$

其中余项

$$R_{n}(x)=\frac{x^{n+1}}{(n+1)!}\sin\left(\theta x+\frac{n+1}{2}\pi\right),0<\theta<1.$$

显然有

$$|R_{n}(x)|\leqslant\frac{1}{(n+1)!}|x|^{n+1},x\in(-\infty,+\infty).$$

于是，由上例可知

$$\lim_{n\to\infty}\frac{1}{(n+1)!}|x|^{n+1}=0,x\in(-\infty,+\infty),$$

从而有

$$\lim_{n\to\infty}R_{n}(x)=0,x\in(-\infty,+\infty).$$

因此，$\sin x$ 能展开成麦克劳林级数，即

$$\sin x=\sum_{k=0}^{\infty}\frac{\sin\frac{k\pi}{2}}{k!}x^{k},x\in(-\infty,+\infty).$$

注意到

$$\sin\frac{k\pi}{2}=\begin{cases}0, & k=2n,\\(-1)^{n}, & k=2n+1,\end{cases}n=0,1,2,\cdots,$$

于是，由上式得 $\sin x$ 的麦克劳林级数为

$$\sin x=\sum_{n=0}^{\infty}\frac{(-1)^{n}}{(2n+1)!}x^{2n+1},x\in(-\infty,+\infty).$$

利用幂级数的运算性质式(10.12)，得

$$\cos x=(\sin x)'=\left[\sum_{n=0}^{\infty}\frac{(-1)^{n}}{(2n+1)!}x^{2n+1}\right]'=\sum_{n=0}^{\infty}\frac{(-1)^{n}}{(2n)!}x^{2n},x\in(-\infty,+\infty).$$

三、间接展开法

利用幂级数的逐项求导或逐项积分的性质以及某些已知函数的泰勒级数展开式，求另一函数的泰勒级数展开式的方法称为**间接展开法**.

例 10.23 求下列函数的麦克劳林级数：

(1) $f(x)=\ln(1+x)$；　　　　(2) $f(x)=\arctan x$.

解　(1) 由

$$\frac{1}{1+x}=\sum_{n=0}^{\infty}(-1)^n x^n, x\in(-1,1)$$

和幂级数逐项积分性质,可得

$$\ln(1+x)=\int_0^x\frac{1}{1+t}\mathrm{d}t=\sum_{n=0}^{\infty}(-1)^n\int_0^x t^n\mathrm{d}t$$

$$=\sum_{n=0}^{\infty}\frac{(-1)^n}{n+1}x^{n+1}=\sum_{n=1}^{\infty}\frac{(-1)^{n-1}}{n}x^n, x\in(-1,1).$$

(2) 由

$$\frac{1}{1+x^2}=\sum_{n=0}^{\infty}(-1)^n x^{2n}, x\in(-1,1)$$

可得

$$\arctan x=\int_0^x\frac{1}{1+t^2}\mathrm{d}t=\sum_{n=0}^{\infty}(-1)^n\int_0^x t^{2n}\mathrm{d}t$$

$$=\sum_{n=0}^{\infty}\frac{(\ \ 1)^n}{2n+1}x^{2n+1}, x\in[-1,1].$$

(注:$x=\pm1$ 时,上式右端为收敛的交错级数)

例 10.24　将函数 $3^{\frac{x+1}{2}}$ 展开成 x 的幂级数.

解　$3^{\frac{x+1}{2}}=3^{\frac{1}{2}}\cdot 3^{\frac{x}{2}}=\sqrt{3}\mathrm{e}^{\frac{x}{2}\ln 3}$

$$=\sqrt{3}\left[1+\frac{\ln 3}{2}x+\frac{1}{2!}\left(\frac{\ln 3}{2}\right)^2x^2+\cdots\right], x\in(-\infty,+\infty).$$

掌握了将函数展开成麦克劳林级数的方法后,当要把函数展开成 $x-x_0$ 的幂级数时,只需把 $f(x)$ 转化成 $x-x_0$ 的表达式,把 $x-x_0$ 看成变量 t,展开成 t 的幂级数,即得 $x-x_0$ 的幂级数.对于较复杂的函数,可作变量替换,令 $x-x_0=t$,于是

$$f(x)=f(x_0+t)=\sum_{n=0}^{\infty}a_nt^n=\sum_{n=0}^{\infty}a_n(x-x_0)^n.$$

例 10.25　将函数 $f(x)=\dfrac{1}{x^2+4x+3}$ 展开成 $x-1$ 的幂级数.

解　$f(x)=\dfrac{1}{x^2+4x+3}=\dfrac{1}{(x+1)(x+3)}=\dfrac{1}{2(1+x)}-\dfrac{1}{2(3+x)}$

$$=\frac{1}{4\left(1+\dfrac{x-1}{2}\right)}-\frac{1}{8\left(1+\dfrac{x-1}{4}\right)},$$

而
$$\frac{1}{4\left(1+\frac{x-1}{2}\right)}=\frac{1}{4}\sum_{n=0}^{\infty}\frac{(-1)^n}{2^n}(x-1)^n(-1<x<3),$$
$$\frac{1}{8\left(1+\frac{x-1}{4}\right)}=\frac{1}{8}\sum_{n=0}^{\infty}\frac{(-1)^n}{4^n}(x-1)^n(-3<x<5),$$
所以
$$\frac{1}{x^2+4x+3}=\sum_{n=0}^{\infty}(-1)^n\left(\frac{1}{2^{n+2}}-\frac{1}{2^{2n+3}}\right)(x-1)^n(-1<x<3).$$
下面是几个常用函数的麦克劳林级数：

(1) $$\mathrm{e}^x=1+x+\frac{1}{2!}x^2+\cdots+\frac{1}{n!}x^n+\cdots=\sum_{n=0}^{\infty}\frac{1}{n!}x^n,x\in(-\infty,+\infty).$$

(2) $$\sin x=x-\frac{1}{3!}x^3+\cdots+\frac{(-1)^n}{(2n+1)!}x^{2n+1}+\cdots=\sum_{n=0}^{\infty}\frac{(-1)^n}{(2n+1)!}x^{2n+1},x\in(-\infty,+\infty).$$

(3) $$\cos x=1-\frac{1}{2!}x^2+\cdots+\frac{(-1)^n}{(2n)!}x^{2n}+\cdots=\sum_{n=0}^{\infty}\frac{(-1)^n}{(2n)!}x^{2n},x\in(-\infty,+\infty).$$

(4) $$\ln(1+x)=x-\frac{1}{2}x^2+\cdots+\frac{(-1)^{n-1}}{n}x^n+\cdots=\sum_{n=1}^{\infty}\frac{(-1)^{n-1}}{n}x^n,x\in(-1,1].$$

(5) $$(1+x)^\alpha=1+\alpha x+\frac{\alpha(\alpha-1)}{2!}x^2+\cdots+\frac{\alpha(\alpha-1)\cdots(\alpha-n+1)}{n!}x^n+\cdots=1+\sum_{n=1}^{\infty}\frac{\alpha(\alpha-1)\cdots(\alpha-n+1)}{n!}x^n,x\in(-1,1).$$

特别地，有
$$\frac{1}{1-x}=\sum_{n=0}^{\infty}x^n,x\in(-1,1),$$
$$\frac{1}{1+x}=\sum_{n=0}^{\infty}(-1)^nx^n,x\in(-1,1).$$

习题 10-5

1. 将下列函数展开成麦克劳林级数，并求其收敛域.

(1) $f(x)=\ln(3+x)$；　　(2) $f(x)=xe^{x^2}$；

(3) $f(x)=\sin^2 x$；　　(4) $f(x)=\ln(1+x-2x^2)$；

(5) $f(x)=3^x$；　　(6) $f(x)=\dfrac{3x}{x^2+x-2}$.

2. 求下列函数在指定点处的泰勒级数，并求其收敛域.

(1) $f(x)=\ln(1+x),x_0=2$；　　(2) $f(x)=\dfrac{1}{x},x_0=2$.

3. 将 $f(x)=\ln\dfrac{1}{2+2x+x^2}$展开成 $x+1$ 的幂级数.

*§ 10.6　级数在经济应用中的案例

本节介绍级数在经济应用中的两个案例.

一、商业银行通过存贷款业务创造货币量

假设有一笔款项 M 存入商业银行 A_1，按中央银行规定的法定准备金率 r，A_1 可将其中 $M(1-r)$的款项向客户贷出，获得该笔贷款的客户将此笔款项存入商业银行 A_2，A_2 再按央行规定向客户贷出 $M(1-r)^2$……存贷款业务按如此方式无限继续下去，则由此笔存款 M 在银行体系中所创造出的货币量为

$$D=M+M(1-r)+M(1-r)^2+\cdots+M(1-r)^n+\cdots.$$

D 的前 n 项和为

$$\begin{aligned}D_n&=M+M(1-r)+\cdots+M(1-r)^{n-1}\\&=M[1+(1-r)+\cdots+(1-r)^{n-1}]\\&=M\frac{1-(1-r)^n}{r},n=1,2,\cdots,\end{aligned}$$

由此得

$$D=\lim_{n\to\infty}D_n=\frac{M}{r}.$$

上式表明，一笔存款 M 经银行体系的存贷款运作后，银行体系中的货币量扩大为 $\frac{M}{r}$（因 $0<r<1$）. 例如，$r=0.2$ 时，$D=\frac{M}{0.2}=5M$，即为 M 的 5 倍.

上面的分析未考虑有现金漏出的情况.

有现金漏出时，设客户贷得款项后，按现金与存款的比率为 cu，留下 $\frac{cu}{1+cu}M$ 的现金使用，$\frac{1}{1+cu}M$ 存入另一商业银行……这种有现金漏出的存贷款业务无限继续下去，则由存款 M 所创造出的货币量为

$$D=M+M\frac{1-r}{1+cu}+M\left(\frac{1-r}{1+cu}\right)^2+\cdots+M\left(\frac{1-r}{1+cu}\right)^n+\cdots.$$

D 的前 n 项和为

$$\begin{aligned}D_n&=M+M\frac{1-r}{1+cu}+\cdots+M\left(\frac{1-r}{1+cu}\right)^{n-1}\\&=M\left[1+\frac{1-r}{1+cu}+\cdots+\left(\frac{1-r}{1+cu}\right)^{n-1}\right]\\&=M\cdot\frac{1-\left(\frac{1-r}{1+cu}\right)^n}{1-\frac{1-r}{1+cu}}=M\cdot\frac{1+cu}{r+cu}\left[1-\left(\frac{1-r}{1+cu}\right)^n\right].\end{aligned}$$

由此得

$$D=\lim_{n\to\infty}D_n=\left(\frac{1+cu}{r+cu}\right)M.$$

在货币银行学中，称 $\frac{1+cu}{r+cu}$ 为货币乘数. 它表示，在有现金漏出的情况下，一笔存款在银行体系的存贷运作下所创造出的货币量的倍数. 例如，$r=0.2$，$cu=0.5$ 时，$D\approx2.14M$，即 D 为 M 的 2 倍多.

二、劳资合同问题

某篮球明星与一篮球俱乐部签订一项合同，合同规定俱乐部在第 n 年年末给该明星或其后代支付 n 万元（$n=1,2,\cdots$）. 假定银行存款年利率为 r，按复利计算，问该俱乐部应在签约的当天向银行存入多少钱？

俱乐部在签约当天应向银行存入的钱是今后各年应付金额现值之和，即为

$$\frac{1}{1+r}+\frac{2}{(1+r)^2}+\cdots+\frac{n}{(1+r)^n}+\cdots=\sum_{n=1}^{\infty}\frac{n}{(1+r)^n}. \qquad (10.24)$$

由正项级数的比值判别法有

$$\lim_{n\to\infty}\frac{u_{n+1}}{u_n}=\lim_{n\to\infty}\frac{n+1}{(1+r)^{n+1}}\cdot\frac{(1+r)^n}{n}=\frac{1}{1+r}<1,$$

可知级数(10.24)收敛.

为了求出级数(10.24)的和，现考虑如下幂级数：

$$S(x)=\sum_{n=0}^{\infty}nx^n,x\in(-1,1). \qquad (10.25)$$

由例 10.18 可知

$$S(x)=\frac{x}{(1-x)^2},x\in(-1,1).$$

令 $x=\frac{1}{1+r}\in(-1,1)$，得

$$S\left(\frac{1}{1+r}\right)=\frac{1}{1+r}\cdot\frac{1}{\left(1-\frac{1}{1+r}\right)^2}=\frac{1+r}{r^2}.$$

例如，$r=0.04$ 时，$S\left(\frac{1}{1+r}\right)=650$ 万元；

$r=0.05$ 时 ，$S\left(\frac{1}{1+r}\right)=420$ 万元.

即年利率为 4%时，应存入银行 650 万元；年利率为 5%时，应存入银行 420 万元.

习题 10-6

设银行存款的年利率为 $r=0.05$，按年复利计算，某基金会希望通过存款 A 万元，实现第一年年末提取 19 万元，第二年年末提取 28 万元……第 n 年年末提取$(10+9n)$万元，并按此规律一直提取下去，问 A 至少应为多少？

复习题十

1. 填空题.

(1) 若级数$\sum_{n=1}^{\infty}u_n$收敛于S,则级数$\sum_{n=1}^{\infty}(u_n+u_{n+1})$收敛于________.

(2) 设级数$\sum_{n=1}^{\infty}\frac{2}{5^n}$,则其和$S=$________.

(3) 当a________时,级数$\sum_{n=1}^{\infty}\frac{n+1}{a^n}(a>0)$收敛.

(4) 级数$\sum_{n=2}^{\infty}\left(\frac{1}{\sqrt{n}-1}-\frac{1}{\sqrt{n}+1}\right)$的敛散性是________.

(5) 已知$\frac{1}{1-x}=\sum_{n=1}^{\infty}x^n$,则幂级数$\sum_{n=0}^{\infty}\frac{(-1)^n}{2^n}x^{2n}$的和函数$S(x)=$________.

(6) 函数$\frac{1}{2}(\mathrm{e}^x-\mathrm{e}^{-x})$展开成$x$的幂级数为________________.

2. 单选题.

(1) 下列命题正确的是________.

A. 若$\sum_{n=1}^{\infty}u_n$与$\sum_{n=1}^{\infty}v_n$都发散,则$\sum_{n=1}^{\infty}(u_n+v_n)$必定发散

B. 若$\sum_{n=1}^{\infty}u_n$收敛,$\sum_{n=1}^{\infty}v_n$发散,则$\sum_{n=1}^{\infty}(u_n+v_n)$必定发散

C. 若$\sum_{n=1}^{\infty}(u_n+v_n)$发散,则$\sum_{n=1}^{\infty}u_n$与$\sum_{n=1}^{\infty}v_n$都发散

D. 若$\sum_{n=1}^{\infty}(u_n+v_n)$收敛,则$\sum_{n=1}^{\infty}u_n$与$\sum_{n=1}^{\infty}v_n$都收敛

(2) 下列命题正确的是________.

A. 若$\sum_{n=1}^{\infty}|u_n|$收敛, 则$\sum_{n=1}^{\infty}u_n$必定收敛

B. 若$\sum_{n=1}^{\infty}|u_n|$发散, 则$\sum_{n=1}^{\infty}u_n$必定发散

C. 若$\sum_{n=1}^{\infty}u_n$收敛,则$\sum_{n=1}^{\infty}|u_n|$必定收敛

D. 若$\sum\limits_{n=1}^{\infty}u_n$发散，则$\sum\limits_{n=1}^{\infty}|u_n|$未必发散

(3) 下列级数绝对收敛的是________.

A. $\sum\limits_{n=1}^{\infty}\dfrac{(-1)^{n-1}}{\sqrt{2n^2+1}}$　　B. $\sum\limits_{n=1}^{\infty}\dfrac{(-1)^n}{\sqrt{2n+1}}$

C. $\sum\limits_{n=1}^{\infty}\dfrac{(-1)^{n-1}}{\sqrt{(2n+1)^3}}$　　D. $\sum\limits_{n=1}^{\infty}\dfrac{(-1)^{n-1}}{2n+1}$

(4) 正项级数$\sum\limits_{n=1}^{\infty}u_n$收敛的充分必要条件是________.

A. $\lim\limits_{n\to\infty}u_n=0$　　B. 数列$\{u_n\}$单调有界

C. 部分和数列$\{S_n\}$有上界　　D. $\lim\limits_{n\to\infty}\dfrac{u_{n+1}}{u_n}=\rho<1$

(5) 若幂级数$\sum\limits_{n=1}^{\infty}a_n(x+3)^n$在$x=-5$处收敛，则此级数在$x=0$处________.

A. 发散　　B. 条件收敛

C. 绝对收敛　　D. 敛散性不定

(6) 幂级数$\sum\limits_{n=1}^{\infty}2^nx^n$在收敛区间$\left(-\dfrac{1}{2},\dfrac{1}{2}\right)$内的和函数$S(x)$为________.

A. $\dfrac{1}{1+2x}$　　B. $\dfrac{1}{1-2x}$　　C. $\dfrac{2x}{1+2x}$　　D. $\dfrac{2x}{1-2x}$

3. 判定下列级数是否收敛，若收敛，求其和.

(1) $\sum\limits_{n=1}^{\infty}\ln\dfrac{n+2}{n+3}$；　　(2) $\sum\limits_{n=1}^{\infty}(\sqrt[2n+1]{a}-\sqrt[2n-1]{a})$($a>0$，$a$为常数).

4. 判定下列正项级数的敛散性.

(1) $\sum\limits_{n=1}^{\infty}\left(\dfrac{1}{3^n}+\ln\dfrac{1}{n}\right)$；　　(2) $\sum\limits_{n=1}^{\infty}\dfrac{\ln^n 3}{2^n}$；

(3) $\sum\limits_{n=1}^{\infty}n\sin\dfrac{1}{n}$；　　(4) $\sum\limits_{n=1}^{\infty}\dfrac{2^n+3}{n!}$；

(5) $\sum\limits_{n=1}^{\infty}\dfrac{n+1}{2n^3+n}$；　　(6) $\sum\limits_{n=1}^{\infty}\dfrac{n^n}{3^n\cdot n!}$.

5. 判定下列级数是否收敛，如果收敛，指出是绝对收敛还是条件收敛.

(1) $\sum\limits_{n=1}^{\infty}\dfrac{\sin x}{n\sqrt{n+1}}$；　　(2) $\sum\limits_{n=1}^{\infty}(-1)^n\tan\dfrac{2}{n}$；

(3) $\sum_{n=1}^{\infty}(-1)^{n-1}\frac{3^n}{n^3}$；　　(4) $\sum_{n=1}^{\infty}\frac{(-1)^n}{n}\ln\frac{n+1}{n}$.

6. 设级数$\sum_{n=1}^{\infty}u_n(u_n>0)$收敛，证明级数$\sum_{n=1}^{\infty}\frac{\sqrt{u_n}}{\sqrt[3]{n^2}}$也收敛.

7. 求下列幂级数的收敛域.

(1) $\sum_{n=1}^{\infty}\frac{x^n}{2^n+3^n}$；　　(2) $\sum_{n=1}^{\infty}\frac{n^2}{n^2+1}(1-2x)^n$；

(3) $\sum_{n=1}^{\infty}\frac{(-1)^n}{4^n\sqrt{n+1}}x^{2n+1}$；　　(4) $\sum_{n=1}^{\infty}\frac{(3x+1)^n}{\sqrt{n}}$.

8. 求幂级数$\sum_{n=1}^{\infty}\frac{n^2x^n}{n!}$的收敛域与和函数.

9. 求级数$\sum_{n=1}^{\infty}n(x-2)^n$的收敛域与和函数，并求$\sum_{n=1}^{\infty}\frac{n}{2^n}$的和.

10. 将下列函数展开成x的幂级数，并指出其收敛域.

(1) $f(x)=\ln(2-3x^2)$；　　(2) $f(x)=\frac{1}{(x-1)(x-4)}$.

11. 将$f(x)=x\ln x$展开成$x-1$的幂级数，并指出其收敛域.

习题参考答案

习题 1-1

1. (1) 不同；(2) 相同；(3) 不同；(4) 不同. **2.** (1) $[-3,0)\cup(0,1)$；(2) $[1,2]\cup(3,+\infty)$；(3) $(-\infty,-1]\cup[10,+\infty)$；(4) $(-1,0)\cup(0,1)$；(5) $\bigcup\limits_{k=0}^{\infty}[4k^2\pi^2,(2k+1)^2\pi^2]$ $(k\in\mathbf{Z})$；(6) $[-3,-2)\cup(3,4]$. **3.** $f\left(\frac{\pi}{6}\right)=\frac{1}{2}, f\left(\frac{\pi}{4}\right)=f\left(-\frac{\pi}{4}\right)=\frac{\sqrt{2}}{2}, f(-2)=0$.

4. (1) 在$(0,3)$上单调增加，在$(3,6)$上单调减少；(2) 在$(-\infty,0]$上单调减少，在$[0,+\infty)$上单调增加. **5.** (1) 有界；(2) 有界；(3) 无界.

6. (1) 偶函数；(2) 偶函数；(3) 奇函数；(4) 奇函数.

7. (1) $T=\pi$；(2) 非周期函数；(3) $T=2$.

习题 1-2

1. (1) $y=\frac{1}{3}(x^5+5)$；(2) $y=\ln(x+\sqrt{1+x^2})$；(3) $y=1+e^{x-1}$；(4) $y=3\arcsin\frac{x}{2}$.

2. (1) $y=e^u, u=\frac{2x}{1-x^2}$；(2) $y=\sqrt{u}, u=\tan v, v=e^x$；(3) $y=\ln u, u=\ln v, v=\ln x$；(4) $y=\arctan u, u=e^v, v=\sin w, w=\sqrt{x}$. **3.** $f[f(x)]=\frac{x}{1-2x}, f\{f[f(x)]\}=\frac{x}{1-3x}$.

4. $f(\cos x)=2\sin^2 x$. **5.** $f(x)=x^2-2$. **6.** $g(x)=\arcsin(1-x^2), D=[-\sqrt{2},\sqrt{2}]$.

习题 1-3

1. $R(x)=100x-2x^2$. **2.** (1) 9；(2) 9；(3) 因为 $L(Q)<0$.

3. (1) $L(Q)=8Q-7-Q^2$；(2) $L(4)=9, \overline{L}(4)=\frac{9}{4}$；(3) $Q=1$ 或 7.

4. $Q_d(P)=9000-3P$. **5.** 5, 20.

复习题一

1. (1) $(-\infty,0], \left(\frac{1}{4},\frac{3}{4}\right]$；(2) $\sin x\cdot|\cos x|$；(3) $[1,5]$；(4) $9x+14$；(5) 10, 80.

2. (1) D；(2) C；(3) D；(4) D. **3.** $f(x)=\frac{2}{3}\cdot\frac{x^2+x+1}{x-1}$. **4.** $y=10^{x-1}-3$.

5. (1) 奇函数；(2) 奇函数；(3) 非奇非偶函数；(4) 奇函数.

7. $f(x)=\frac{c}{a^2-b^2}\left(\frac{a}{x}-bx\right)$，奇函数. **8.** $\bigcup\limits_{k=-\infty}^{+\infty}[2k\pi,(2k+1)\pi]\ (k\in\mathbf{Z})$.

9. $C(x)=20000+50x, \overline{C}(x)=\frac{20000}{x}+50, R(x)=70x, L(x)=20x-20000$.

10. $R(x)=\begin{cases}130x, & 0\leqslant x\leqslant 700,\\ 117x+9100, & 700<x\leqslant 1000.\end{cases}$

11. (1) $L(Q)=-Q^2+12Q-10$, $L(6)=26$(万元)；(2) $L(7)=25$(万元)，赢利.

12. $P=30$ 元时，$L_{\max}=9$ 万元.

习题 2-1

1. (1) 收敛于 5；(2) 收敛于 0；(3) 收敛于 2；(4) 发散；(5) 发散；(6) 发散.

3. (1) $\lim\limits_{n\to\infty}x_n=0$；(2) $N=\left[\dfrac{1}{\varepsilon}\right]$；(3) 当 $\varepsilon=0.001$ 时，$N=1000$.

习题 2-2

2. (1) 不存在；(2) $\lim\limits_{x\to1}f(x)=3$，$\lim\limits_{x\to2}f(x)$不存在. 3. (1) 0；(2) 0；(3) 0.

习题 2-3

1. (1) $x\to2$ 或 $x\to\infty$；(2) $x\to0$；(3) $x\to+\infty$；(4) $x\to4^-$ 或 $x\to-\infty$.

2. (1) $x\to\pm2$；(2) $x\to1$ 或 $x\to\infty$；(3) $x\to0^-$；(4) $x\to5^+$.

3. (1) $+\infty$，$x=-\dfrac{\pi}{2}$为铅直渐近线；(2) 0，$y=0$ 为水平渐近线.

习题 2-4

1. (1) 3；(2) 3；(3) $\dfrac{1}{2}$；(4) $\dfrac{3}{2}$. 2. (1) $2a$；(2) -1；(3) $-\dfrac{\sqrt{2}}{4}$；(4) 3；(5) 3^{10}；(6) 0；(7) 1；(8) 0. 3. (1) $a=-5$，$b=6$；(2) $a=1$，$b=\dfrac{1}{2}-k$.

习题 2-5

1. (1) $\dfrac{5}{2}$；(2) 1；(3) 4；(4) 3；(5) $\sqrt{2}$；(6) 1. 2. (1) e^6；(2) e^{-5}；(3) e^{-1}；(4) e^{-4}；(5) e^5；(6) e. 3. $a=\ln3$.

习题 2-6

1. x^2-x^3 是比 $2x-x^2$ 高阶的无穷小. 2. 同阶无穷小且为等价无穷小.

3. 三阶无穷小. 4. (1) $\dfrac{1}{2}$；(2) $\dfrac{2}{9}$；(3) 3；(4) 10；(5) $\dfrac{1}{2}$；(6) e^{-1}.

习题 2-7

1. (1) 连续区间$(-\infty,+\infty)$；(2) 连续区间$(-\infty,+\infty)$. 2. (1) $x=-1$ 为可去间断点；(2) $x=0$ 为无穷间断点；(3) $x=0$ 为跳跃间断点；(4) $x=0$ 为振荡间断点.

3. (1) $a=b=1$；(2) $a=1$，$b=e$. 4. (1) 0；(2) 4；(3) 1；(4) $\dfrac{1}{\sqrt{e}}$.

复习题二

1. (1) $\dfrac{1}{a}$；(2) 2014，$\dfrac{1}{2015}$；(3) 等价；(4) 3；(5) $\dfrac{7}{5}$；(6) -3；(7) -1；(8) 可去.

2. (1) D；(2) B；(3) C；(4) D；(5) D；(6) D. 3. (1) 2；(2) x；(3) e^{-2}；(4) $\dfrac{3^3\cdot2^9}{5^4}$. 4. (1) $\dfrac{1}{4}$；(2) 2；(3) 4；(4) $\ln2+e^2$；(5) 1；(6) e；(7) 0；(8) $\dfrac{1}{3}$.

5. 仅当 $a=4$ 时极限存在，$\lim\limits_{x\to0}\dfrac{f(x)}{x^2}=4$. 6. $a=2$. 7. 1. 8. $a=1$.

9. (1) $f(x)=\begin{cases}1, & 0<x\leqslant \mathrm{e}, \\ \ln x, & x>\mathrm{e};\end{cases}$ (2) $f(x)$在$(0,+\infty)$内连续.

习题 3-1

1. (1) $-f'(x_0)$; (2) $3f'(x_0)$; (3) $2f'(x_0)$; (4) $-3f'(x_0)$. **2.** (2) $af'(0)$;

(2) $2af'(0)$. **3.** 切线方程 $y-\frac{1}{2}=\frac{\sqrt{3}}{2}\left(x-\frac{\pi}{6}\right)$,法线方程 $y-\frac{1}{2}=-\frac{2\sqrt{3}}{3}\left(x-\frac{\pi}{6}\right)$.

4. (1) 连续,不可导; (2) 连续,可导,$f'(0)=1$; (3) 连续,不可导; (4) 连续,可导,$f'(0)=0$. **5.** $a=3,b=-2,f'(1)=2$.

习题 3-2

1. (1) $4+4x^{-3}$; (2) $15x^2-2^x\ln 2+3\mathrm{e}^x$; (3) $-\frac{3+5x}{2\sqrt{x^3}}$; (4) $x+\frac{4}{x^3}+\frac{7}{4}x^{\frac{3}{4}}$;

(5) $\frac{4x}{(1+x^2)^2}$; (6) $(1+x\tan x)\sec x-\csc x\cot x$; (7) $2x\ln x\cos x+x\cos x-x^2\ln x\cdot\sin x$;

(8) $\frac{-(2+x^2)}{(\sin x+x\cos x)^2}$; (9) $\frac{2(\ln x-1)}{(x+\ln x)^2}$; (10) $(\sin x+x\cos x)\ln\sqrt{x}+\frac{1}{2}\sin x$;

(11) $\left(\arctan x+\frac{1}{1+x^2}\right)\mathrm{e}^x$; (12) $2x\arccos x-\frac{x^2}{\sqrt{1-x^2}}$.

2. (1) $\mathrm{e}^{-2x^2+3x-1}(-4x+3)$; (2) $3(1-x)^2(x^2-2x-1)(1+x^2)^{-4}$; (3) $(1-x^2)^{-\frac{3}{2}}$;

(4) $-\frac{1}{2}\mathrm{e}^{-\frac{x}{2}}(\cos 3x+6\sin 3x)$; (5) $2\csc 2x$; (6) $\frac{4\ln^3\ln x}{x\ln x}$; (7) $\frac{\ln x}{x\sqrt{1+\ln^2 x}}$; (8) $\frac{1}{x}3^{\ln x}\ln 3$;

(9) $6\sec^2(\mathrm{e}^{3x})\cdot\tan(\mathrm{e}^{3x})\cdot\mathrm{e}^{3x}$; (10) $\frac{1}{1+x^2}$; (11) $\frac{2\arcsin\frac{x}{2}}{\sqrt{4-x^2}}$; (12) $\frac{1}{\sqrt{1+x^2}}$; (13) $\sec x$;

(14) $\frac{2}{\mathrm{e}^{4x}+1}$. **3.** (1) $\sin 2x[f'(\sin^2 x)-f'(\cos^2 x)]$; (2) $\frac{-1}{|x|\sqrt{x^2-1}}f'\left(\arcsin\frac{1}{x}\right)$;

(3) $\mathrm{e}^{\sin f(2x)}2f'(2x)\cdot\cos f(2x)$. **4.** $-x\mathrm{e}^{x-1}$. **5.** $f'(x)=\begin{cases}2\sec^2 x, & x<0, \\ \mathrm{e}^x, & x>0, \\ \text{不存在}, & x=0.\end{cases}$

习题 3-3

1. (1) $2\ln x+3$; (2) $\frac{-(1+x^2)}{(1-x^2)^2}$; (3) $2x\mathrm{e}^{x^2}(2x^2+3)$; (4) $-2\mathrm{e}^x\sin x$; (5) $-x(1+x^2)^{-\frac{3}{2}}$; (6) $-\frac{1}{x^2}(\sin\ln x+\cos\ln x)$. **2.** $\frac{1}{4}\mathrm{e}^2$. **3.** $\frac{f''(x)f(x)-[f'(x)]^2}{[f(x)]^2}$.

4. (1) $\frac{(-1)^n n!\,a^n}{(ax+b)^{n+1}}$; (2) $(-1)^n n!\left[\frac{2}{(x-2)^{n+1}}-\frac{1}{(x-1)^{n+1}}\right]$.

习题 3-4

1. (1) $\frac{1+x^4}{1+y^2}$; (2) $\frac{5-y\mathrm{e}^{xy}}{x\mathrm{e}^{xy}+3y^2}$; (3) $\frac{1}{x}[\sec(xy)-y]$; (4) $\frac{x+y}{x-y}$. **2.** $y=x+1$.

3. $\frac{\mathrm{e}^{2y}(3-y)}{(2-y)^3}$. **4.** (1) $\left(\frac{1+x}{1-x}\right)^x\left(\ln\frac{1+x}{1-x}+\frac{2x}{1-x^2}\right)$; (2) $(\cot^2 x-\ln\sin x)(\sin x)^{\cos x+1}$;

(3) $\frac{1}{2}\sqrt{\frac{x-1}{(x+1)(x+2)}}\left(\frac{1}{x-1}-\frac{1}{x+1}-\frac{1}{x+2}\right)$. **5.** $\frac{\sin t}{1-\cos t}$. **6.** $-\frac{6t^2-6t+2}{(2t-1)^3}$.

习题 3-5

1. $\Delta y=-0.0099$, $dy=-0.01$. **2.** (1) $\frac{5}{2}x^2+C$；(2) $-\frac{1}{\omega}\cos\omega x+C$；(3) $-\frac{1}{2}e^{-2x}+C$；(4) $\frac{1}{2}\tan 2x+C$. **3.** (1) $2(e^{2x}-e^{-2x})dx$；(2) $\frac{3x^2}{2(x^3-1)}dx$；(3) $2x(1+x)e^{2x}dx$；(4) $\frac{e^x}{1+e^{2x}}dx$. **4.** (1) $\frac{\sqrt{1-y^2}}{1+\sqrt{1-y^2}}dx$；(2) $\frac{\sin y-y\cos x}{\sin x-x\cos y}dx$. **5.** 0.002.

复习题三

1. (1) $g(e)$；(2) $\sin 1$；(3) $\frac{3\pi}{4}$；(4) $y=x+1$；(5) $(1+2t)e^{2t}$；(6) $\frac{dx}{(x+y)^2}$；(7) 2；(8) $\frac{2(-1)^n n!}{(1+x)^{n+1}}$. **2.** (1) C；(2) C；(3) B；(4) A；(5) C；(6) A. **3.** (1) $\frac{\ln x-1}{(\ln x)^2}$；(2) $\cos x\sin x-x\sin^2 x+x\cos^2 x$；(3) $15x^4e^x\sin x+3x^5e^x\sin x+3x^5e^x\cos x$；(4) $3^x\left(\ln 3\cdot\arcsin x+\frac{1}{\sqrt{1-x^2}}\right)$；(5) $\frac{(t-1)\sin t+(t+1)\cos t+1}{(t+\cos t)^2}$；(6) $-\frac{x}{\sqrt{1-x^2}}\sin 2\sqrt{1-x^2}$；(7) $\arcsin\frac{x}{2}$；(8) $(\tan x)^{\sin x}(\cos x\ln\tan x+\sec x)$. **4.** (1) $3f'(3x)\cos f(3x)$；(2) $\frac{2f(x)f'(x)}{1+f^2(x)}$.
5. (1) $6\cos 3x-9x\sin 3x$；(2) $-\frac{1}{2(1-x)^2}-\frac{1-x^2}{(1+x^2)^2}$. **6.** (1) $-3^{\cos x}\ln 3\cdot\sin x dx$；(2) $\frac{2}{x\ln x^2}dx$；(3) $\frac{4x}{\sqrt{4-x^4}}\arcsin\frac{x^2}{2}dx$；(4) $x^x(\ln x+1)dx$. **7.** e^{-2}.
8. $\frac{1-y-x\tan(x+y)}{y+(1+x)\tan(x+y)}dx$ 或 $\frac{(1-y)\cos(x+y)-x\sin(x+y)}{y\cos(x+y)+(1+x)\sin(x+y)}dx$.

习题 4-1

1. $\xi=\frac{\pi}{2}$. **2.** $\xi=\ln\frac{e^b-e^a}{b-a}$.

习题 4-2

1. (1) 2；(2) $-\frac{1}{8}$；(3) 1；(4) 2；(5) $\frac{1}{6}$；(6) 2. **2.** (1) 1；(2) $+\infty$.

3. (1) $+\infty$；(2) $-\frac{2}{\pi}$；(3) 1；(4) 0；(5) $\frac{1}{2}$；(6) 1；(7) e^2；(8) 1. **4.** $\frac{1}{2}f''(0)$.

习题 4-3

1. (1) 单增区间$(-\infty,-3)$,$(5,+\infty)$,单减区间$(-3,5)$；
(2) 单增区间$(-\infty,0)$,$(1,+\infty)$,单减区间$(0,1)$；
(3) 单增区间$\left(\frac{1}{2},+\infty\right)$,单减区间$\left(0,\frac{1}{2}\right)$；
(4) 单增区间$(-\infty,-2)$,$(0,+\infty)$,单减区间$(-2,-1)$,$(-1,0)$.
3. (1) 凹区间$(3,+\infty)$,凸区间$(-\infty,3)$,拐点$(3,0)$；
(2) 凹区间$(2,+\infty)$,凸区间$(-\infty,2)$,拐点$(2,2e^{-2})$；

(3) 凹区间$(-3,0)$,$(0,+\infty)$,凸区间$(-\infty,-3)$,拐点$\left(-3,-\frac{11}{9}\right)$;

(4) 凹区间$[-1,1]$,凸区间$(-\infty,-1)$,$(1,+\infty)$,拐点$(-1,\ln 2)$,$(1,\ln 2)$.

4. $a=-\frac{3}{2}$,$b=\frac{9}{2}$.

习题 4-4

1. (1) 极小值 $y(0)=0$; (2) 极小值 $y(0)=0$,极大值 $y(2)=4e^{-2}$; (3) 极大值 $y(2)=2$,极小值 $y(3)=\frac{3}{2}$; (4) 极小值 $y(1)=0$,极大值 $y(e^2)=4e^{-2}$. **2.** $a=2$,极大值 $f\left(\frac{\pi}{3}\right)=\sqrt{3}$.

3. (1) $M=19$,$m=-6$; (2) $M=2$,$m=-2$; (3) $M=\ln 5$,$m=0$; (4) $m=f\left(\frac{1}{e}\right)=e^{-\frac{1}{e}}$,无最大值. **4.** 10 个单位,最大利润为 20.

习题 4-5

1. (1) $C'(x)=450+0.04x$; (2) $L(x)=40x-0.02x^2-2000$,$L'(x)=40-0.04x$; (3) 1000 吨. **2.** $C'(x)=3+x$,$R'(x)=\frac{50}{\sqrt{x}}$,$L'(x)=\frac{50}{\sqrt{x}}-3-x$. **3.** $\varepsilon_{QP}(1)=-\frac{1}{3}$,$\varepsilon_{QP}(2)=-1$,$\varepsilon_{QP}(3)=-3$. **4.** $\varepsilon_{QP}(P)=-0.66$. **5.** 140 个单位,最小平均成本为 176 元.

6. 140 台,14600 单位.

复习题四

1. (1) 3; (2) $\sqrt{3}$; (3) $(-2,1)$; (4) 7,-3; (5) $(0,1)$; (6) $(-\infty,1)$.

2. (1) B; (2) A; (3) C; (4) B; (5) A; (6) D. **4.** (1) $\frac{1}{2}$; (2) $\frac{3}{2}$; (3) $\frac{1}{2}$; (4) 1; (5) $-\frac{1}{2}$; (6) $\frac{1}{\sqrt[6]{e}}$. **5.** (1) 单调增区间$(-\infty,0)$,单调减区间$(0,+\infty)$; (2) 在$(-\infty,+\infty)$内单调增加. **7.** 凹区间$(-\infty,2)$,凸区间$(2,+\infty)$,拐点$(2,1)$.

8. (1) 极大值 $y(-1)=2$,极小值 $y(1)=-2$; (2) 极小值 $y\left(-\frac{\ln 2}{2}\right)=2\sqrt{2}$.

9. 直径∶高$=b$∶a. **10.** $C'(x)=\frac{1}{\sqrt{x}}$,$R'(x)=\frac{10}{(x+2)^2}$,$L'(x)=\frac{10}{(x+2)^2}-\frac{1}{\sqrt{x}}$.

11. (1) 1000 件; (2) 6000 件.

习题 5-1

1. (1) $-\frac{1}{x}+C$; (2) $-\frac{2}{3}x^{-\frac{3}{2}}+C$; (3) $\arcsin x+C$; (4) $2\sqrt{x}+\frac{2}{3}x^{\frac{3}{2}}+C$; (5) $\frac{5^x}{\ln 5}+\frac{1}{2}\ln|x|-\frac{1}{x}+\frac{x}{e^2}+C$; (6) $-\cot x+C$; (7) $-2\cos x+C$; (8) $\frac{1}{2}(x+\sin x)+C$; (9) $\frac{1}{2}\tan x+C$; (10) $\sin x-\cos x+C$; (11) $-\cot x-x+C$; (12) $\frac{(2e)^x}{\ln 2e}+C$; (13) $\tan x-\cot x+C$; (14) $e^x-2\sqrt{x}+C$. **2.** $y=\ln x+1$. **3.** $-\frac{1}{x\sqrt{1-x^2}}$.

习题 5-2

1. (1) $\frac{1}{2}\ln(2x+5)+C$; (2) $-e^{\cos x}+C$; (3) $\frac{1}{3}\arctan\frac{x}{3}+C$; (4) $-\frac{1}{2}(2-3x)^{\frac{3}{2}}+C$;

(5) $\frac{x}{2}+\frac{1}{12}\sin 6x+C$；(6) $-2\cos\sqrt{x}+C$；(7) $\arctan e^{x}+C$；(8) $\frac{1}{2}\sec^{2}x+C$；

(9) $-\frac{1}{4}\ln|3-2x^{2}|+C$；(10) $\ln(x^{2}-3x+8)+C$；(11) $\ln|1+\tan x|+C$；

(12) $\arcsin x-\sqrt{1-x^{2}}+C$；(13) $\frac{1}{4}\ln\left|\frac{x+1}{x-3}\right|+C$；(14) $\ln|\ln(\ln x)|+C$.

2. (1) $3\ln|1+\sqrt[3]{x+2}|+3\left(\frac{\sqrt[3]{(x+2)^{2}}}{2}-\sqrt[3]{x+2}\right)+C$；(2) $4\ln(\sqrt[4]{x}+1)+2\sqrt{x}-4\sqrt[4]{x}+C$；(3) $-\frac{\sqrt{1-x^{2}}}{x}-\arcsin x+C$；(4) $\frac{\sqrt{4-x^{2}}-2}{x}+\arcsin\frac{x}{2}+C$；(5) $\frac{1}{5}(1+x^{2})^{\frac{5}{2}}-\frac{1}{3}(1+x^{2})^{\frac{3}{2}}+C$；(6) $2\sqrt{e^{x}-1}-2\arctan\sqrt{e^{x}-1}+C$.

习题 5-3

(1) $\frac{1}{2}\left(xe^{2x}-\frac{1}{2}e^{2x}\right)+C$；(2) $x\arcsin x+\sqrt{1-x^{2}}+C$；(3) $x\ln^{2}x-2x\ln x+2x+C$；(4) $-x^{2}\cos x+2x\sin x+2\cos x+C$；(5) $\frac{2}{3}x^{\frac{3}{2}}\ln x-\frac{4}{9}x^{\frac{3}{2}}+C$；(6) $\frac{1}{2}[(x^{2}+1)\ln(x^{2}+1)-x^{2}]+C$；(7) $-\frac{1}{5}x(2-x)^{5}-\frac{1}{30}(2-x)^{6}+C$；(8) $-\frac{x}{4}\cos 2x+\frac{1}{8}\sin 2x+C$；
(9) $x(\arcsin x)^{2}+2\sqrt{1-x^{2}}\arcsin x-2x+C$；(10) $(\tan x)\ln\cos x+\tan x-x+C$.

复习题五

1. (1) $\arcsin\sqrt{x}+C$；(2) $e^{\frac{x}{3}}$；(3) $-\frac{2x}{(1+x^{2})^{2}}$；(4) $2(x-\arctan x)+C$；(5) $2\ln x-\ln^{2}x+C$； **2.** (1) D；(2) D；(3) D；(4) A. **3.** (1) $\frac{\sqrt{2}}{6}\arctan\frac{\sqrt{2}x}{3}+C$；(2) $2\arctan\sqrt{2x-1}+C$；(3) $\frac{2}{3}(1+\ln x)^{\frac{3}{2}}+C$；(4) $-e^{-x}(x^{2}+2x+2)+C$；(5) $x\sin x-\cos x+C$；(6) $\frac{x^{2}}{4}-\frac{x\sin 2x}{4}-\frac{1}{8}\cos 2x+C$.

习题 6-1

2. (1) $\int_{0}^{1}x^{2}dx$ 较大；(2) $\int_{0}^{1}xdx$ 较大；(3) $\int_{0}^{\frac{\pi}{2}}xdx$ 较大；(4) $\int_{0}^{1}e^{x}dx$ 较大.

3. (1) $6\leqslant\int_{1}^{4}(x^{2}+1)dx\leqslant 51$；(2) $\pi\leqslant\int_{\frac{\pi}{4}}^{\frac{5\pi}{4}}(1+\sin^{2}x)dx\leqslant 2\pi$；(3) $0\leqslant\int_{0}^{-2}xe^{x}dx\leqslant\frac{2}{e}$；(4) $\frac{\pi}{21}\leqslant\int_{\frac{\pi}{4}}^{\frac{\pi}{3}}\frac{dx}{1+\sin^{2}x}\leqslant\frac{\pi}{18}$.

习题 6-2

1. (1) $y'=e^{x^{2}-x}$；(2) $y'=\frac{1}{2\sqrt{x}}\cos(x+1)$；(3) $y'=2x\sqrt{1+x^{6}}-2\sqrt{1+8x^{3}}$；(4) $y'=\frac{2\sin x^{2}}{x}-\frac{\sin\sqrt{x}}{2x}$. **2.** (1) $-\frac{1}{2}$；(2) e；(3) 12；(4) 2. **3.** (1) $\frac{17}{6}$；(2) $45\frac{1}{6}$；

(3) -1；(4) 4；(5) $2-\arctan 2$；(6) $1-\frac{\pi}{4}$；(7) $2\sqrt{2}$；(8) $e-\frac{1}{2}$.

习题 6-3

1. (1) $\frac{51}{512}$；(2) $\frac{\pi}{6}-\frac{\sqrt{3}}{8}$；(3) $\frac{1}{4}$；(4) $e-\sqrt{e}$；(5) $2+2\ln\frac{2}{3}$；(6) $\frac{a^4}{16}\pi$；(7) $\arctan e-\frac{\pi}{4}$；(8) $\frac{3}{2}$；(9) $\sqrt{3}-\frac{\pi}{3}$；(10) π.　**2.** (1) $1-\frac{2}{e}$；(2) $4(2\ln 2-1)$；(3) $\frac{\pi}{4}-\frac{1}{2}$；(4) $2\left(1-\frac{1}{e}\right)$；(5) $\left(1+\frac{1}{e}\right)\ln\left(1+\frac{1}{e}\right)-\frac{1}{e}$；(6) 0.　**3.** (1) 0；(2) π；(3) $\frac{3\pi}{2}$；(4) 4π.

4. 1.

习题 6-4

(1) 发散；(2) π；(3) $\frac{1}{a}$；(4) $\ln 2$.

习题 6-5

1. (1) $\frac{3}{2}-\ln 2$；(2) $\frac{7}{6}$；(3) $2(\sqrt{2}-1)$；(4) 1；(5) $\frac{64}{3}$；(6) $\frac{1}{3}$.　**2.** (1) $\frac{3\pi}{10}$；(2) $\frac{64\pi}{3}$；(3) $\frac{\pi}{2}(e^2+e^{-2}-2)$；(4) $\frac{\pi}{6}$.

复习题六

1. (1) 1；(2) e；(3) $\frac{1}{3}$；(4) π；(5) $\frac{4}{\pi}-1$；(6) $x-1$；(7) 1；(8) $\frac{1}{3}$.　**2.** (1) $\frac{\pi}{6}-\frac{\sqrt{3}}{2}+1$；(2) $1+\ln\frac{2}{1+e}$；(3) $\frac{4}{3}$；(4) $2\left(\sqrt{3}-\frac{\pi}{3}\right)$；(5) $\frac{\pi}{2}$；(6) $2(e^x+1)$；(7) $1+\ln(1+e^{-1})$；(8) $\frac{\pi}{8}\ln 2$. 提示：令 $x=\frac{\pi}{4}-t$.　**3.** (1) $S=4-3\ln 3$，$V_x=\frac{8}{3}\pi$；(2) $\frac{64}{3}$.

习题 7-1

1. (1) 1；(2) 1；(3) 2；(4) 3.　**2.** (1) 通解；(2) 特解；(3) 通解；(4) 通解.　**3.** 特解为 $\ln y=x^2+2-e^{-x}$.

习题 7-2

1. (1) $e^{-y}-\cos x=C$；(2) $(y^2-1)(x^2-1)=C$；(3) $(x^2+3)^{\frac{3}{2}}=C(y^2+2)$；(4) $y=Ce^{-\sqrt{1+x^2}}$，$y=e^{1-\sqrt{1+x^2}}$；(5) $(1+y)e^{-y}=\frac{1}{2}x^2+C$，$(1+y)e^{-y}=\frac{1}{2}(1+x^2)$；(6) $(1+e^x)^3\tan y=C$，$(1+e^x)^3\tan y=8$ 或 $y=\arctan\frac{C}{(1+e^x)^3}$，$y=\arctan\frac{8}{(1+e^x)^3}$.

2. (1) $y=2x\arctan(Cx)$；(2) $y^3=3x^3\ln(Cx)$；(3) $e^{\arctan\frac{y}{x}}=C\sqrt{x^2+y^2}$；(4) $\ln x+e^{-\frac{y}{x}}=C$，$\ln x+e^{-\frac{y}{x}}=1$；(5) $y=2x\tan(\ln x^2+C)$，$y=2x\tan\left(\ln x^2+\frac{\pi}{4}\right)$.

3. (1) $y=e^{-x^2}\left(\frac{x^2}{2}+C\right)$；(2) $y=x(C+\ln|\ln x|)$；(3) $y=Ce^{-\cos x}-\cos x+1$；(4) $y=2\ln x+Cx+2$；$y=2\ln x-x+2$；(5) $y=(1+x)^2(e^x+C)$；$y=(1+x)^2e^x$.

习题 7-3

1. (1) $y=C_1+C_2e^x$；(2) $y=(C_1+C_2x)e^{-\frac{1}{2}x}$；(3) $y=C_1\cos\sqrt{2}x+C_2\sin\sqrt{2}x$；(4) $y=$

$C_1e^{-x}+C_2e^{3x}, y=e^{-x}+e^{3x}$；(5) $y=(C_1\cos3x+C_2\sin3x)e^x, y=-\frac{1}{3}\cos3x\cdot e^x$.

2. (1) $\sin x+\cos y=C$；(2) $y=Ce^{-2x}$；(3) $y=\frac{1}{6}x^3e^x+(C_1+C_2x)e^x$；(4) $y=C_1\cos2x+C_2\sin2x+2x, y=\sin2x+2x$；(5) $y=C_1e^x+C_2e^{3x}+e^{5x}, y=e^x+e^{3x}+e^{5x}$.

复习题七

1. (1) $y=e^{-2x}$；(2) $y=(x+C)\cos x$；(3) $x(Ax+B)e^x$；(4) $y=C_1(x-e^{-x})+C_2(x-e^{-x})+x$. **2.** (1) D；(2) B；(3) B；(4) B. **3.** (1) $\ln(y+\sqrt{1+y^2})=\arcsin x+C$；(2) $\cos y=C(e^x+1)$；$(1+e^x)\sec y=2\sqrt{2}$；(3) $y=x(\ln|y|+C)$；(4) $y=\frac{2x}{1+x^2}$；(5) $y=e^{-x^2}(\sin x-x\cos x+C)$；$y=e^{-x^2}(\sin x-x\cos x+1)$.

4. (1) $y=C_1e^{(1+\sqrt{3})x}+C_2e^{(1-\sqrt{3})x}$；(2) $y=(C_1\cos x+C_2\sin x)e^x+(1+x)^2$；(3) $y=C_1e^{-5x}+C_2e^{2x}+(1-12x)e^{-2x}$；(4) $y=e^{4x}\left(\frac{1}{2}x^2+x\right)$；(5) $y=\frac{5}{3}e^x+\frac{1}{3}e^{-2x}+\frac{1}{3}xe^x-x-2$.

5. $f(x)=C_1\ln x+C_2$.

习题 8-1

1. $x^2+y^2+z^2-2x-6y+4z=0$. **2.** (1) 旋转抛物面；(2) 椭圆柱面；(3) 单叶双曲面；(4) 圆锥面. **3.** $k=-3$.

习题 8-2

1. (1) $D=\{(x,y)\mid x\geqslant\sqrt{y}\text{ 且 }y\geqslant0\}$；(2) $D=\{(x,y)\mid |y-x^2|\leqslant1\}$；(3) $D=\left\{(x,y)\middle|0<x^2+y^2<1,\text{且 }x\geqslant\frac{y^2}{4}\right\}$；(4) $D=\{(x,y)\mid xy\geqslant1\text{ 且 }y>x^2\}$. **2.** $f(x,y)=xy-\frac{x^2-y^2}{4}$. **3.** $f(x)=e^x-x^2, z=e^{x-y}+y+2xy-y^2$. **4.** (1) $-\frac{1}{4}$；(2) $\frac{1}{2}$.

习题 8-3

1. (1) $z'_x(1,-1)=\frac{1}{2}-\frac{\pi}{4}, z'_y(1,-1)=\frac{1}{2}$；(2) $z'_x(1,0)=1$；(3) $z'_x(1,0)=2e, z'_y(1,1)=e$. **2.** (1) $z'_x=ye^{xy}-\frac{y^2}{x^2}, z'_y=xe^{xy}+\frac{2y}{x}$；(2) $z'_x=\frac{2xy}{x^2y-\ln y}, z'_y=\frac{x^2y-1}{y(x^2y-\ln y)}$；(3) $z'_x=\frac{1}{1+x^2}, z'_y=\frac{1}{1+y^2}$；(4) $z'_x=y[\cos(xy)-\sin(2xy)], z'_y=x[\cos(xy)-\sin(2xy)]$；(5) $z'_x=\frac{2}{y}\csc\frac{2x}{y}, z'_y=-\frac{2x}{y^2}\csc\frac{2x}{y}$；(6) $u'_x=\frac{z}{xy}x^{\frac{z}{y}}, u'_y=-\frac{z}{y^2}x^{\frac{z}{y}}\ln x, u'_z=\frac{\ln x}{y}x^{\frac{z}{y}}$.

4. (1) $z''_{xx}=-y^2e^{xy}, z''_{yy}=-x\sin y-x^2e^{xy}, z''_{xy}=\cos y-(1+xy)e^{xy}$；(2) $z''_{xx}=\frac{2xy}{(x^2+y^2)^2}, z''_{yy}=\frac{-2xy}{(x^2+y^2)^2}, z''_{xy}=\frac{y^2-x^2}{(x^2+y^2)^2}$；(3) $z''_{xx}=\frac{2x(x^2-3y^2)}{(x^2+y^2)^3}, z''_{yy}=\frac{2x(3y^2-x^2)}{(x^2+y^2)^3}, z''_{xy}=\frac{2y(3x^2-y^2)}{(x^2+y^2)^3}$；(4) $z''_{xx}=\frac{1}{x}, z''_{yy}=-\frac{x}{y^2}, z''_{xy}=\frac{1}{y}$. **5.** $dz=(y^2+e^x)\cos(xy^2+e^x)dx+2xy\cos(xy^2+e^x)dy$；(2) $dz=\frac{xdy-ydx}{x^2+y^2}$；(3) $dz=x^{\ln y}\left(\frac{\ln y}{x}dx+\frac{\ln x}{y}dy\right)$；(4) $du=x^{yz}\left(\frac{yz}{x}dx+z\ln x dy+y\ln x dz\right)$. **6.** $\Delta z=-0.119, dz=-0.125$. **7.** 1.08.

8. 长度减少 0.05 m.

习题 8-4

1. (1) $\frac{dz}{dt}=\frac{3-12t^2}{\sqrt{1-(3t-4t^3)^2}}$；(2) $\frac{dz}{dx}=\frac{e^x+3x^2e^{x^3}}{e^x+e^{x^3}}$；(3) $\frac{du}{dx}=e^{ax}\sin x$；(4) $\frac{\partial z}{\partial x}=\frac{2y^2}{x^3}\left[\frac{x^2}{x^2+y^2}-\ln(x^2+y^2)\right]$. **2**. (1) $dz=(2xf_1'+ye^{xy}f_2')dx+(xe^{xy}f_2'-2yf_1')dy$；(2) $dz=\left(e^yf_1'-\frac{y}{x^2}\cos\frac{y}{x}\cdot f_2'\right)dx+\left(xe^yf_1'+\frac{1}{x}\cos\frac{y}{x}f_2'\right)dy$. **3**. $\frac{\partial^2 z}{\partial x\partial y}=-\frac{y}{x^3}f_{11}''+yf_{12}''+2x^3yf_{22}''-\frac{1}{x^2}f_1'+2xf_2'$. **4**. (1) $\frac{dy}{dx}=-\frac{ye^x+y\cos(xy)}{e^x+x\cos(xy)}$；(2) $\frac{dy}{dx}=\frac{x+y}{x-y}$. **5**. (1) $dz=-\frac{z}{x}dx+\frac{z}{e^{xz}-y}dy$；(2) $dz=\frac{1}{2z-3z^2(x^2+z^2)}[(x^2+z^2-2x)dx+(2y-e^y)(x^2+z^2)dy]$.

6. $\frac{1}{1+e^u}-\frac{xye^u}{(1+e^u)^3}$.

习题 8-5

1. (1) 极小值 $f(6,18)=-108$；(2) 极小值 $f(1,1)=7$；(3) 极小值 $f\left(\frac{1}{2},-1\right)=-\frac{e}{2}$；(4) 极大值 $f\left(\frac{\pi}{3},\frac{\pi}{3}\right)=\frac{3\sqrt{3}}{2}$. **2**. 长 $2\sqrt{10}$米、宽 $3\sqrt{10}$米时，所用材料费最省.

3. 生产 120 件产品 A、80 件产品 B 时所得利润最大. **4**. A，B 分别为 100，25.

5. $x=\frac{19}{4},y=\frac{13}{4}$.

复习题八

1. (1) $\frac{y^2-xy-x^2}{x^2+y^2}e^{-\arctan\frac{y}{x}}$；(2) $2edx+(e+2)dy$；(3) $4dx-2dy$；(4) 0. **2**. (1) B；(2) A.

3. (1) $\frac{\partial z}{\partial x}=\frac{y\cos(xy)}{2\sqrt{\sin(xy)}},\frac{\partial x}{\partial y}=\frac{x\cos(xy)}{2\sqrt{\sin(xy)}}$；

(2) $\frac{\partial z}{\partial x}=\frac{1}{y}e^{\frac{x}{y}}\sin(x+y)+e^{\frac{x}{y}}\cos(x+y),\frac{\partial z}{\partial y}=-\frac{x}{y^2}e^{\frac{x}{y}}\sin(x+y)+e^{\frac{x}{y}}\cos(x+y)$；

(3) $\frac{\partial z}{\partial x}=y^2(1+xy)^{y-1},\frac{\partial z}{\partial y}=(1+xy)^y\left[\ln(1+xy)+\frac{xy}{1+xy}\right]$.

4. $z_{xx}''=-\frac{4}{(2x+y)^2}+2\cos2(x-y),z_{xy}''=z_{yx}''=-\frac{2}{(2x+y)^2}-2\cos2(x-y),z_{yy}''=-\frac{1}{(2x+y)^2}+2\cos2(x-y)$. **5**. $(2xe^{x^2}\sin y)dx+(e^{x^2}\cos y)dy$. **6**. $\frac{u^v}{x^2+y^2}\left(\frac{xv}{u}-y\ln u\right)$.

7. $-\frac{9x^2}{y+2z}dx-\frac{z}{y+2z}dy$. **8**. $f_{11}''+(x+y)f_{12}''+xyf_{22}''+f_2'$. **9**. 极小值 $z(5,2)=30$.

10. 12 张磁盘，10 盒磁带.

习题 9-1

1. (1) $\iint\limits_D(x+y)^2d\sigma\geqslant\iint\limits_D(x+y)^3d\sigma$；(2) $\iint\limits_D\ln(x+y)d\sigma\geqslant\iint\limits_D[\ln(x+y)]^2d\sigma$.

2. (1) $0\leqslant I\leqslant2$；(2) $2\leqslant I\leqslant8$.

习题 9-2

1. (1) $I=\int_{-1}^{1}\mathrm{d}x\int_{x^3}^{1}f(x,y)\mathrm{d}y=\int_{-1}^{1}\mathrm{d}y\int_{-1}^{\sqrt[3]{y}}f(x,y)\mathrm{d}x$;

(2) $I=\int_{-\sqrt{2}}^{\sqrt{2}}\mathrm{d}x\int_{x^2}^{4-x^2}f(x,y)\mathrm{d}y=\int_{0}^{2}\mathrm{d}y\int_{-\sqrt{y}}^{\sqrt{y}}f(x,y)\mathrm{d}x+\int_{2}^{4}\mathrm{d}y\int_{-\sqrt{4-y}}^{\sqrt{4-y}}f(x,y)\mathrm{d}x$;

(3) $I=\int_{0}^{1}\mathrm{d}x\int_{\frac{x}{2}}^{2x}f(x,y)\mathrm{d}y+\int_{1}^{2}\mathrm{d}x\int_{\frac{x}{2}}^{\frac{2}{x}}f(x,y)\mathrm{d}y=\int_{0}^{1}\mathrm{d}y\int_{\frac{y}{2}}^{2y}f(x,y)\mathrm{d}x+\int_{1}^{2}\mathrm{d}y\int_{\frac{y}{2}}^{\frac{2}{y}}f(x,y)\mathrm{d}x$;

(4) $I=\int_{0}^{2}\mathrm{d}x\int_{-\sqrt{2x}}^{\sqrt{2x}}f(x,y)\mathrm{d}y+\int_{2}^{6}\mathrm{d}x\int_{x-4}^{\sqrt{2x}}f(x,y)\mathrm{d}y=\int_{-2}^{4}\mathrm{d}y\int_{\frac{y^2}{2}}^{y+4}f(x,y)\mathrm{d}x$.

2. (1) $\int_{1}^{2}\mathrm{d}x\int_{1-x}^{0}f(x,y)\mathrm{d}y$; (2) $\int_{0}^{4}\mathrm{d}x\int_{\frac{x}{2}}^{\sqrt{x}}f(x,y)\mathrm{d}y$; (3) $\int_{-1}^{0}\mathrm{d}y\int_{-\sqrt{1-y^2}}^{\sqrt{1-y^2}}f(x,y)\mathrm{d}x+\int_{0}^{1}\mathrm{d}y\int_{-\sqrt{1-y}}^{\sqrt{1-y}}f(x,y)\mathrm{d}x$; (4) $\int_{0}^{1}\mathrm{d}x\int_{x}^{2-x}f(x,y)\mathrm{d}y$. **3.** (1) $(\mathrm{e}-1)^2$; (2) $\frac{1}{2}$; (3) $\frac{2}{15}(2^{\frac{5}{2}}-1)$; (4) $\frac{1}{2}-\frac{1}{2\mathrm{e}}$; (5) $\frac{1}{2}\mathrm{e}^4-2\mathrm{e}$. **4.** (1) $\int_{-\frac{\pi}{2}}^{\frac{\pi}{2}}\mathrm{d}\theta\int_{a}^{b}f(r\cos\theta,r\sin\theta)r\mathrm{d}r$; (2) $\int_{-\frac{\pi}{2}}^{\frac{\pi}{2}}\mathrm{d}\theta\int_{0}^{a\cos\theta}f(r\cos\theta,r\sin\theta)r\mathrm{d}r$. **5.** (1) 4π; (2) $\frac{16}{9}a^3$; (3) $\frac{1}{2}\left(1-\frac{\pi}{4}\right)$; (4) $\frac{3}{16}\pi^2$. **6.** (1) $\frac{1}{2}$; (2) $\frac{\pi}{2}$.

7. (1) $\frac{64}{3}$; (2) $\frac{1}{3}$; (3) $\frac{1}{6}+\frac{\pi}{4}$. **8.** (1) $\frac{5}{6}$; (2) $4\frac{9}{140}$; (3) $\frac{1}{3}$

复习题九

1. (1) $\frac{3\pi}{2}$; (2) $\frac{1}{2}(1-\mathrm{e}^{-4})$; (3) $\int_{0}^{1}\mathrm{d}x\int_{0}^{x^2}f(x,y)\mathrm{d}y+\int_{1}^{\sqrt{2}}\mathrm{d}x\int_{0}^{2-x^2}f(x,y)\mathrm{d}y$; (4) 2.

2. (1) D; (2) D; (3) A; (4) C; (5) A. **3.** (1) $\frac{243}{4}$; (2) $\frac{1}{3}$; (3) $\frac{\pi}{4}(2\ln 2-1)$; (4) $\frac{1}{2}$. **4.** $\frac{88}{105}$. **5.** $f(x,y)=xy+\frac{1}{8}$.

习题 10-1

1. (1) $u_n=(-1)^{n-1}\left(1+\frac{1}{n}\right)$; (2) $u_n=\frac{n}{n^2+1}$; (3) $u_n=\frac{2+(-1)^{n-1}}{2n}$; (4) $u_n=\frac{x^{\frac{n}{2}}}{(2n)!!}$.

2. $u_1=1,u_n=\frac{3}{4n^2-1}$. **3.** (1) 收敛, $S=\frac{1}{2}$; (2) 发散; (3) 发散; (4) 收敛, $S=1$.

4. (1) 发散; (2) 发散; (3) 收敛; (4) 收敛; (5) 发散; (6) 发散.

习题 10-2

1. (1) 收敛; (2) 发散; (3) 收敛; (4) 收敛. **2.** (1) 发散; (2) 收敛; (3) 收敛; (4) 发散. **3.** (1) 收敛; (2) 收敛; (3) 收敛; (4) 收敛. **4.** (1) 发散; (2) 收敛.

习题 10-3

1. (1) 收敛; (2) 收敛; (3) 发散. **2.** (1) 条件收敛; (2) 绝对收敛; (3) 绝对收敛; (4) 发散; (5) 发散; (6) 条件收敛.

习题 10-4

1. (1) $\left(-\frac{1}{5},\frac{1}{5}\right]$; (2) $\left[-\frac{1}{2},\frac{1}{2}\right]$; (3) $(-\infty,+\infty)$; (4) $(-1,5]$; (5) $[-1,0)$;

(6) $\left[-\frac{\sqrt{2}}{2},\frac{\sqrt{2}}{2}\right]$. **2.** (1) $[-1,1)$, $S(x)=\begin{cases}-\ln(1-x), & x\in(-1,1),\\ -\ln2, & x=-1;\end{cases}$ (2) $(-1,1)$, $S(x)=\frac{1}{2}\ln\frac{1+x}{1-x}$; (3) $(-1,1)$, $S(x)=\frac{1+x}{(1-x)^3}$; (4) $(-1,1)$, $S(x)=\frac{1}{(1-x)^3}$.

3. $S(x)=\frac{2+x^2}{(2-x^2)^2}$, $\sum\limits_{n=1}^{\infty}\frac{2n-1}{2^n}=3$.

习题 10-5

1. (1) $\ln3+\sum\limits_{n=1}^{\infty}\frac{(-1)^{n-1}}{n\cdot3^n}x^n, x\in(-3,3]$; (2) $\sum\limits_{n=0}^{\infty}\frac{x^{2n+1}}{n!}, x\in(-\infty,+\infty)$;
(3) $\frac{1}{2}-\frac{1}{2}\sum\limits_{n=0}^{\infty}\frac{(-1)^n}{(2n)!}(2x)^{2n}, x\in(-\infty,+\infty)$; (4) $\sum\limits_{n=1}^{\infty}\frac{(-1)^{n-1}2^n-1}{n}x^n, x\in\left(-\frac{1}{2},\frac{1}{2}\right]$;
(5) $\sum\limits_{n=0}^{\infty}\frac{(\ln3)^n}{n!}x^n, x\in(-\infty,+\infty)$; (6) $\sum\limits_{n=0}^{\infty}\left[\frac{(-1)^n}{2^n}-1\right]x^n, x\in(-1,1)$.

2. (1) $\ln3+\sum\limits_{n=1}^{\infty}\frac{(-1)^{n-1}}{n\cdot3^n}(x-2)^n, x\in(-1,5]$; (2) $\sum\limits_{n=0}^{\infty}\frac{(-1)^n}{2^{n+1}}(x-2)^n, x\in(0,4)$.

3. $\sum\limits_{n=1}^{\infty}\frac{(-1)^n}{n}(x+1)^{2n}, x\in[-2,0]$.

习题 10-6

3980 万元.

复习题十

1. (1) $2S-u_1$; (2) $\frac{1}{2}$; (3) >1; (4) 发散; (5) $\frac{2}{2+x^2}$; (6) $\sum\limits_{n=1}^{\infty}\frac{x^{2n-1}}{(2n-1)!}, x\in(-\infty,+\infty)$. **2.** (1) B; (2) A; (3) C; (4) C; (5) D; (6) D. **3.** (1) 发散; (2) 收敛, $S=1-a$.

4. (1) 发散; (2) 收敛; (3) 发散; (4) 收敛; (5) 收敛; (6) 收敛. **5.** (1) 绝对收敛; (2) 条件收敛; (3) 发散; (4) 绝对收敛. **7.** (1) $(-3,3)$; (2) $(0,1)$; (3) $[-2,2]$; (4) $\left[-\frac{2}{3},0\right)$. **8.** $(-\infty,+\infty)$, $S(x)=x(1+x)e^x$.

9. $(1,3)$, $S(x)=\frac{x-2}{(3-x)^2}$, $\sum\limits_{n=1}^{\infty}\frac{n}{2^n}=2$.

10. (1) $\ln2-\sum\limits_{n=1}^{\infty}\frac{1}{n}\left(\frac{3}{2}\right)^n x^{2n}, x\in\left[-\sqrt{\frac{2}{3}},\sqrt{\frac{2}{3}}\right]$; (2) $\frac{1}{3}\sum\limits_{n=0}^{\infty}\left(1-\frac{1}{4^{n+1}}\right)x^n, x\in[-1,1]$.

11. $(x-1)+\sum\limits_{n=1}^{\infty}(-1)^{n-1}\frac{1}{n(n+1)}(x-1)^{n+1}$, 收敛域 $(0,2]$.